PROBABILITY & STATISTICS

이공계 대학생들이 알아야 할

# 확률과 통계

이민영 지음

KM 경문사

# 머리말

오늘날 통계학은 자연과학, 인문학, 사회과학의 여러 학문 분야뿐만 아니라 실생활에서도 점점 응용범위가 넓어져서 그 중요성이 더욱 강조되는 학문이다. 이제 많은 학생들은 여러 분야에서 통계학의 기본 개념을 접하게 되어 통계학에 대한 이해는 필수적인 것이 되었다. 따라서 이 책은 통계학의 기본적이고 중요한 개념과 자료 분석들을 쉽게 이해할 수 있도록 학습하는 데 중점을 두었다.

통계학은 자료를 수집·정리하고 과학적으로 분석하여 의사결정자에게 최적의 정보를 제공하는 제반 방법론을 연구하는 학문이다. 실험이나 관측 또는 조사를 통하여 얻은 자료를 정리·요약하고, 이것을 기초로 분석하여 일정한 결론을 끌어내며 그 결과의 정확성에 대하여 확률적으로 판단을 내리는 방법을 통계학이라 할 수 있다.

이 책에서는 확률과 통계학의 기본 개념과 원리를 예제를 통해 명확하고 알기 쉽게 소개하였다. 또한 기본 개념을 바탕으로 적절한 방법들을 다양한 예제에 적용하고 연습문제를 통하여 최대한 학습 효과를 도출할 수 있도록 노력하였고, 연습문제의 풀이와 답은 부록에 실어 학생들이 스스로 공부하도록 구성하였다.

이 교재는 자연과학·공학계 대학생들이 한 학기 동안 학습할 교재로, 다음과 같이 구성하였다. Chapter 01부터 Chapter 03까지는 통계학의 기초가 되는 확률이론과 기본적인 확률분포를 설명하였고, 그 확률분포를 이용하여 기댓값과 분산을 구하는 방법을 알아보았다. Chapter 04부터 Chapter 05에서는 통계학에 대한 기본적인 이해와 함께 자료를 정리하고 요약하는 기술통계학과 앞에서 소개된 확률분포를 바탕으로 표본분포에 관해 다루었다. Chapter 06과 Chapter 07에서는 통계적 추론 중 가장 기본이 되는 추정과 검정을 다루었다. Chapter 08은 두 변수 사이에 관계가 있는지를 알아보는 상관분석과 두 변수 사이의 관계식에 대한 추론을 다루는 회귀분석을 소개하였고, Chapter 09에서는 모집단이 두 개 이상인 경우에 모비율이 동일한지 여부를 검정하는 카이제곱 검정을 설명하였다. Chapter 10과 Chapter 11에서는 세 집단 이상의 평균 차이를 분석하는 분산분석과 특수한 형태의 분포를 가정하지 않는 통계적 방법인 비모수적 검정법을 설명하였다. Chapter 12에서는 공학 분야에서 꼭 필요한 통계적 품질관리에 대하여 소개하였다. 또한 각 장이 끝날 때마다 본문에서 학습한 내용을 피드백할 수 있도록 다양한 연습문제와 풀이를 제시하였다.

끝으로, 이 책을 사용하는 독자 여러분이 확률과 통계에 대하여 전반적인 개념을 이해하고, 그것을 활용하는 데에 도움이 되길 기대하며, 이 책이 출판될 수 있도록 성원을 보내준 가족과 제자, 지인 여러분에게 깊은 감사의 뜻을 표한다.

지은이

# 차례

## 차례

CHAPTER

# 01

# 확률

CONTENTS

# 1.1 셈의 방법

이 장에서는 어떤 집합에서 발생하는 실험이나 원소의 개수 등 가능한 결과의 수를 판별하는 몇 가지의 방법에 대하여 생각한다.

## 1.1.1 곱의 원리(셈의 기본법칙)

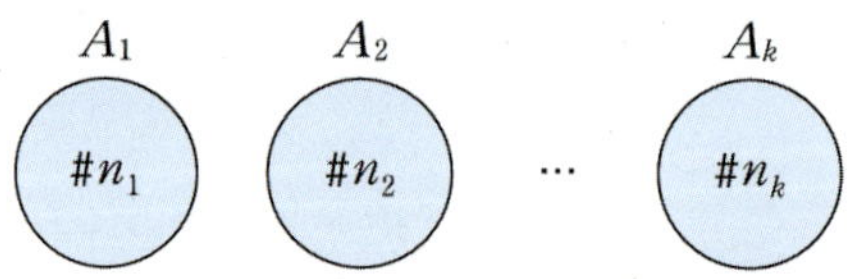


원소의 개수가 $n_1, n_2, \cdots, n_k$인 집합 $A_1, A_2, \cdots, A_k$에서 각각 한 개의 원소를 택하여 나열한 순서열의 개수는 $n_1 n_2 \cdots n_k$이다.

**예 1-1** 서울에서 대전으로 가는 방법은 세 가지 방법이 있고 대전에서 부산으로 가는 방법은 두 가지가 있다. 그러면 서울에서 대전을 거쳐 부산으로 가는 방법의 수는 몇 가지인가?

**풀이** 곱의 원리에 의해 서울에서 대전을 거쳐 부산으로 가는 방법의 수는 $3 \cdot 2 = 6$ 가지이다.

**예 1-2** 차의 번호판이 두 개의 다른 알파벳 문자와 첫 번째 숫자가 0이 아닌 세 개의 숫자가 차례로 구성되어 있다면 몇 개의 차의 번호판을 만들 수 있는가?

**풀이** 첫 번째 문자는 26개의 다른 방법으로, 두 번째 문자는 25개의 다른 방법으로 첫 번째 숫자는 아홉 가지 방법과 열 가지 방법에서의 다른 두 숫자를 각각 인쇄할 수 있다. 그러므로

$$26 \cdot 25 \cdot 9 \cdot 10 \cdot 10 = 585000$$

가지의 다른 번호판을 인쇄할 수 있다.

## 1.1.2 순열(Permutation)

$n$개의 원소를 가진 집합에서 $k$개의 서로 다른 원소를 택하여 이룬 순서열($z_1$, $z_2$, $\cdots$, $z_k$)을 $n$개에서 $k$개를 택한 순열(${}_nP_k$)이라 하고, 중복을 허락하여 이룬 순서열을 중복순열(${}_n\Pi_k$)이라 한다.

$$\begin{aligned} {}_nP_k &= n(n-1)(n-2)\cdots(n-k+1) = \frac{n!}{(n-k)!}, \\ {}_n\Pi_k &= n^k \end{aligned}$$

**NOTE** $n! = n \cdot (n-1) \cdots 2 \cdot 1, \ 0! = 1$

**예 1-3** 문자 a, b, c, d, e, f 중에서 세 개를 선택하여 만들 수 있는 단어의 수는 몇 가지인가?

**풀이** 중복허락 않음 : ${}_6P_3 = 6 \times 5 \times 4 = 120$

중복허락 : ${}_6\Pi_3 = 6^3$

**예 1-4** 10명 중에서 각각 다른 사람으로 회장, 부회장, 총무를 선출할 수 있는 방법은 몇 가지인가?

**풀이** ${}_{10}P_3 = 10 \times 9 \times 8 = 720$

---

**예 1-5** DADDY 문자를 사용하여 만들 수 있는 다른 단어(모두 사용) 수는 몇 가지인가?

**풀이** $D_1D_2D_3AY$, $D_2D_1D_3AY$, $D_3D_1D_2AY$,
$D_2D_3D_1AY$, $D_1D_3D_2AY$, $D_3D_2D_1AY$

위의 여섯 개 단어는 모두 같으므로 한 단어로 동일시한다. 따라서 총 가짓수를 $3! = 6$으로 나눈다.

$$\frac{5!}{3!} = \frac{120}{6} = 20$$

**정리 1-1**

$n_1$개 개체들이 같고, $n_2$개 개체들이 같고, $\cdots$, $n_r$개 개체들이 같은 총 $n$개의 순열의 수는 다음과 같다.

$$\frac{n!}{n_1!n_2!\cdots n_r!} \quad (\text{단}, \ \sum_{i=1}^{r} n_i = n)$$

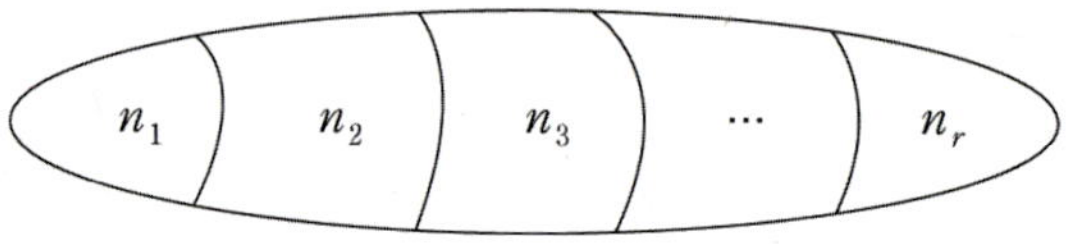

**예 1-6** 문자 banana로 만들 수 있는 단어의 수는 몇 가지인가?

**풀이** 문자 a가 3개, 문자 b가 1개, 그리고 문자 n이 2개이다. 따라서

$$\frac{6!}{3!1!2!} = 60$$

## 1.1.3 복원추출과 비복원추출

복원추출 : 원래 상태에서 $r$개 선택한다.

$$nn \cdots n = n^r$$

비복원추출 : 하나씩 차례로 $r$개 선택한다.

$$n(n-1)\cdots(n-r+1) = {}_nP_r = \frac{n!}{(n-r)!}$$

**예 1-7** 52장의 카드 한 패에서 3장을 선택하는 각각의 경우의 수를 구하여라.

( i ) 복원추출 (ii) 비복원추출 (iii) 동시추출

**풀이** ( i ) 복원추출 : $52 \times 52 \times 52 = 52^3$

(ii) 비복원추출 : $52 \times 51 \times 50$

(iii) 동시추출 : $\binom{52}{3} = {}_{52}C_3$

**NOTE** 축차추출 : 한 개씩 차례로 랜덤하게 추출(복원, 비복원추출)

동시추출 : 동시에 $n$개 추출(순서무관)

## 1.1.4 조합(Combination)

$n$개의 원소를 가진 집합에서 $k$개의 서로 다른 원소를 택하여 이룬 집합 $\{z_1, z_2, \cdots, z_k\}$를 $n$개에서 $k$개를 택한 조합$({}_nC_k)$이라 한다. 즉 선택된 $k$개의 개체는 순서에 무관하다.

**예 1-8** 4개의 문사 a, b, c, d에서 3개를 택하는 조합을 구하여라.

**풀이** $${}_4C_3 = \binom{4}{3} = \frac{4!}{(4-3)!3!} = 4$$

**NOTE** (i) $${}_nC_r = \frac{{}_nP_r}{r!} = \frac{n!}{r!(n-r)!}$$

(ii) 조합과 순열의 비교

$${}_4P_3 = 6 \times {}_4C_3 = 3! \times {}_4C_3$$

| 조합 | 순열 |
|---|---|
| abc | abc, acb, bac, bca, cab, cba |
| abd | abd, adb, bad, bda, dab, dba |
| acd | acd, adc, cad, cda, dac, dca |
| bcd | bcd, bdc, cbd, cdb, dbc, dcb |

**예 1-9** 6명의 사람 중에서 3명으로 구성된 위원회를 몇 개 만들 수 있는가?

**풀이** $${}_6C_3 = \binom{6}{3} = \frac{6 \times 5 \times 4}{3!} = 20$$

**예 1-10** 한 어린이에게 3개의 연필과 다른 어린이들에게 각각 2개의 연필을 준다면 4명의 어린이 중에서 9개의 연필을 나누어줄 수 있는 방법은 몇 가지인가?

**풀이** $\binom{9}{3}\binom{6}{2}\binom{4}{2}\binom{2}{2}=\frac{9!}{3!2!2!2!}=7560$

**정리 1-2 순서분할(Ordered Partition)**

$A$는 $n$개의 원소로 이루어지고 구성된 $A_1$은 $n_1$개의 원소, $A_2$는 $n_2$개의 원소, $\cdots$, 그리고 $A_r$은 $n_r$개의 원소를 포함한다고 할 때, $A$의 순서분할의 수는 다음과 같다.

$$\frac{n!}{n_1!n_2!\cdots n_r!}$$

**예 1-11** 12명의 학생들 중에서 4명의 학생들을 포함하는 세 팀 $A_1$, $A_2$, 그리고 $A_3$로 분할할 수 있는 방법은 몇 가지인가?

**풀이** 순서분할과 같이 $3!=6$가지 방법으로 정렬할 수 있는 각각의 분할 $\{A_1, A_2, A_3\}$를 생각하자. 먼저 정리에서 볼 수 있듯이 그러한 순서분할은

$$\binom{12}{4}\binom{8}{4}\binom{4}{4}=\frac{12!}{4!4!4!}=34650$$

가지이고, 비순서분할은

$$\frac{34650}{3!}=5775$$

가지가 있다.

NOTE 이항계수(binomial coefficients) ${}_nC_r = \binom{n}{r}$와 그 성질

$$(a+b)^n = \sum_{r=0}^{n}\binom{n}{r}a^r b^{n-r}$$

$$= \binom{n}{0}a^0b^n + \binom{n}{1}a^1b^{n-1} + \cdots + \binom{n}{n}a^nb^0$$

① $\binom{n}{r} = \binom{n}{n-r}$

② $\binom{n+1}{r} = \binom{n}{r-1} + \binom{n}{r}$

③ $\binom{n}{0} + \binom{n}{1} + \cdots + \binom{n}{n} = 2^n$

④ $\binom{n}{0} - \binom{n}{1} + \binom{n}{2} + \cdots + (-1)^n\binom{n}{n} = \sum_{r=0}^{n}(-1)^r\binom{n}{r} = 0$

⑤ $n, k \in N,\ k > n$ 이면 $\binom{n}{k} = 0$

---

**예 1-12** $n$개로 구성된 집합 $X$의 부분집합의 개수를 구하여라.

**풀이** 원소가 $r$개($r \le n$)인 $X$의 부분집합의 개수는 $\binom{n}{r}$이다. 따라서

$$\binom{n}{0} + \binom{n}{1} + \cdots + \binom{n}{n} = 2^n$$

---

**예 1-13** 주머니 안에 검은 공 4개와 흰 공 4개가 있다. 주머니에서 2개의 공을 다음과 같이 추출할 때 2개의 공이 모두 검은 공일 확률을 구하여라.

(ⅰ) 동시추출　　(ⅱ) 비복원추출　　(ⅲ) 복원추출

**풀이** (ⅰ) 동시추출: $\dfrac{\binom{4}{2}}{\binom{8}{2}} = \dfrac{3}{14}$

(ⅱ) 비복원추출: $\dfrac{4}{8} \times \dfrac{3}{7} = \dfrac{3}{14}$

(iii) 복원추출 : $\frac{4}{8} \times \frac{4}{8} = \frac{1}{4}$

## 1.1.5 수형도(Tree Diagrams)

수형도는 각 실험이 유한개의 방법으로 발생하는 실험의 수열에서 가능한 모든 결과를 계산하는 데 사용하는 방법이다.

**예 1-14** $A = \{1, 2\}$, $B = \{a, b, c\}$, $C = \{3, 4\}$일 때 $A \times B \times C$를 구하여라.

**풀이** 수형도는 다음과 같다.

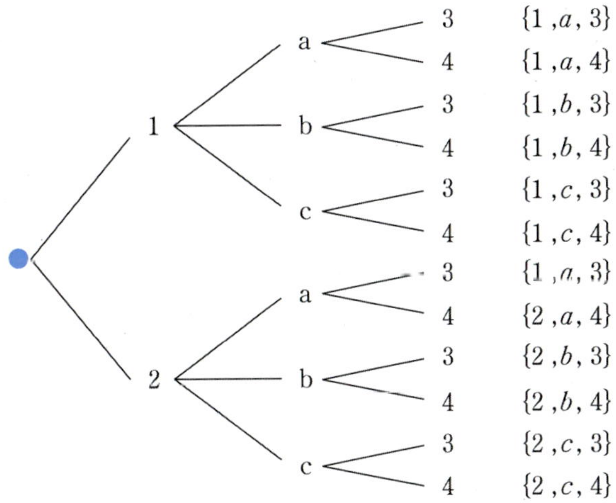


---

**예 1-15** 김씨와 박씨는 테니스 대회에서 경기를 하고자 한다. 연속하여 두 게임을 이긴 사람 또는 세 게임을 먼저 이긴 사람이 승리한다면 가능한 결과를 수형도로 표현하여라.

**풀이** 수형도는 다음과 같다.

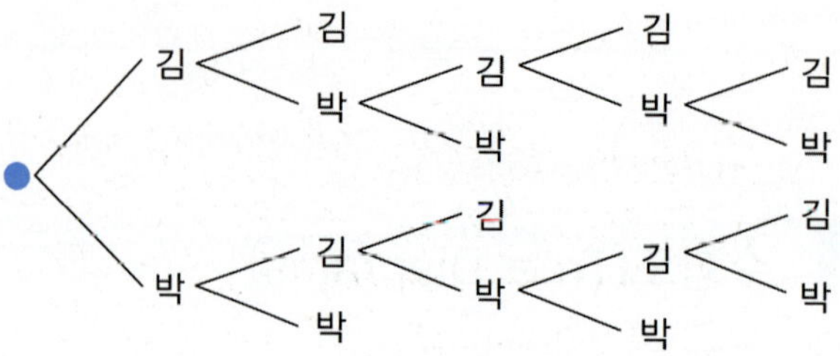

## 1.2 확률의 기본 개념

확률은 일어난 기회의 측도로써 실수 0과 1 사이의 값으로 나타낸다. 예를 들면 주사위를 한 번 던졌을 때 눈 3이 나올 확률은 $\frac{1}{6}$이다. 여기서 주목할 것은 주사위가 공정하게 각각의 눈들이 나타날 똑같은 가능성(equally likely)을 가졌다는 점이다. 또 확률값 $\frac{1}{6}$의 의미는 무수히 반복 시행함으로써 얻을 수 있는 값이다.

우리가 확률을 배우는 목적은 세 가지로 말 할 수 있다. 첫째는 날씨 예상, 지진 재해 예상, 전구의 평균수명, 그리고 보험회사에서 프리미엄(premium) 책정 등의 불확실성(uncertainity)을 측도한다. 둘째는 주가 주기, 경기 변동의 모형화 등의 법칙(law)을 발견한다. 셋째는 여론조사, 신약개발, 그리고 품질관리 등등의 통계에 이용한다.

### 1.2.1 표본공간과 사상

확률을 계산하려면 확률실험을 행한다. 이때 모든 가능한 실험결과들의 집합을 표본공간이라 하고 관심 있는 실험결과들의 집합을 사상 또는 사건(event)이라고 한다. 예를 들면 주사위를 1회 던졌을 때 표본공간 $S=\{1, 2, 3, 4, 5, 6\}$이고, 사상 $A=\{3\}$으로 사상은 항상 표본공간의 부분집합이다.

> 표본공간 : 표본추출이나 통계실험을 통해 얻어진 가능한 모든 결과로 $S$, $\Omega$로 표시한다.
>
> 사 상 : 표본공간 $S$의 부분집합을 사상 또는 사건이라 하며 $A$, $B$, $C$ 등을 이용해서 표시한다.

공집합 $\varnothing$은 불가능한 사상(impossible event)이며 $S$는 확실한 사상(sure event)이라 부른다.

여러 가지 집합 연산을 사용하여 새로운 사상의 형태는 다음과 같다.

(i) $A \cup B$는 $A$가 발생하거나 $B$가 발생(또는 양쪽 모두 발생)하는 사상이다. 즉 적어도 한 사상이 발생하는 사싱이다.

(ii) $A \cap B$는 $A$와 $B$가 동시에 발생하는 사상이다.

(iii) $A^c$는 $A$가 발생하지 않는 사상이다.

두 사건 $A$와 $B$가 공통된 부분이 없을 때, 즉 $A \cap B = \varnothing$일 때 서로 배반적(mutually exclusive)이라 부른다. 다시 말하면, $A$와 $B$가 동시에 일어나지 않을 때 서로 배반적이라고 한다.

## 1.2.2 확률 공리(Axiom)와 성질

확률의 고전적 정의와 공리적 정의는 다음과 같다.

**정의 1-1 고전적 정의**

표본공간 $S$가 유한이고 각각의 원소가 일어날 가능성이 같을 때 사상 $A$의 확률 $P(A)$로 정의되며 $|A|$는 사상 $A$의 원소의 개수를 나타낸다.

$$P(A) = \frac{|A|}{|S|}$$

**정의 1-2 공리적 정의**

(P1) $0 \le P(A) \le 1$

(P2) $P(S) = P(\Omega) = 1$

(P3) $A_1$과 $A_2$가 서로 배반인 사상에 대하여

$$P(A_1 \cup A_2) = P(A_1) + P(A_2)$$

를 만족할 때 $P$를 **확률함수**(probability function)라 하며 $P(A)$를 사상 $A$에 대한 **확률**(probability)이라고 한다.

NOTE 여기에서 (P2)와 (P3)을 이용하면 다음이 성립한다.

(i) $P(\varnothing) = 0$ $(1 = P(\varnothing \cup \Omega) = P(\varnothing) + P(\Omega) = P(\varnothing) + 1)$

(ii) 만일 $A_1, A_2, \cdots$ 수열들이 유한 또는 가산 무한개(countably infinite) 사상이고 서로 배반일 때($i \ne j$, $A_i \cap A_j = \varnothing$) 다음이 성립한다.

$$P(A_1 \cup A_2 \cup \cdots) = P(A_1) + P(A_2) + \cdots = \sum P(A_i)$$

(iii) 임의의 두 사상 $A_1 \cup A_2$에 대하여

$$P(A_1 \cup A_2) \le P(A_1) + P(A_2)$$

예를 들면 하나의 주사위를 던졌을 때

$$A_1 = \{\text{눈이 짝수}\},\ A_2 = \{\text{눈이 홀수}\},\ A_3 = \{\text{눈이 3}\}$$

인 사상이라 하자. 이때 $S = \{1, 2, \cdots, 6\}$이고

$$P(A_1) = P(A_2) = \frac{1}{2},\ P(A_3) = \frac{1}{6}$$

이다. 또한

$$P(A_1 \cap A_2) = P(\phi) = 0,$$

$$P(A_1 \cup A_2) = P(S) = 1,$$

$$P(A_1 \cup A_3) = P(A_1) + P(A_3) = \frac{2}{3},$$

$$P(A_2 \cup A_3) = P(A_2) = \frac{1}{2} < P(A_2) + P(A_3) = \frac{2}{3}$$

임을 알 수 있다. 위의 정의를 이용하면 다음의 정리들이 성립된다.

**정리 1-3**

$$P(A^c) = 1 - P(A)$$

**증명** $A \cup A^c = \Omega$, $A \cap A^c = \varnothing$ 이므로

$1 = P(\Omega) = P(A \cup A^c) = P(A) + P(A^c)$이다. 따라서

$$P(A^c) = 1 - P(A)$$

**정리 1-4**

$$P(A^c \cap B) = P(B) - P(A \cap B)$$

**증명** (i) $A \cap B = \varnothing$ 이면 $A^c \cap B = B$이므로

$$P(B) - P(A \cap B) = P(B)$$

(ii) $A \cap B \neq \varnothing$ 이면 $B = (A \cap B) \cup (A^c \cap B)$이므로

$$P(B) = P(A \cap B) + P(A^c \cap B)$$

($\because$ $(A \cap B)$ & $(A^c \cap B)$는 서로 배반)

**정리 1-5**

$$A \subset B\text{이면 } P(A^c \cap B) = P(B) - P(A)$$

**증명** $A \cap B = A$, $P(A^c \cap B) \geq 0$, 그리고 정리 1-4에 의해

$P(B) = P(A) + P(A^c \cap B)$

**정리 1-6**

$$P(A \cup B) = P(A) + P(B) - P(A \cap B)$$

**증명** $A \cup B = A \cup (A^c \cap B)$, $A \cap (A^c \cap B) = \varnothing$ 이고 정리 1-4에 의해

$$\begin{aligned} P(A \cup B) &= P(A) + P(A^c \cap B) \\ &= P(A) + P(B) - P(A \cap B) \end{aligned}$$

**예 1-16** $P(A) = 0.7$, $P(B) = 0.5$이고 $P(A \cap B) = 0.3$일 때 $P(A^c)$, $P(B^c)$, $P(A^c \cap B)$, $P(A \cup B)$, $P(A \cup B^c)$, $P(A \cap B^c)$, $P(A^c \cap B^c)$, $P(A^c \cup B^c)$의 확률을 구하여라.

**풀이** $P(A^c) = 1 - P(A) = 1 - 0.7 = 0.3$,

$P(B^c) = 1 - P(B) = 0.5$,

$P(A^c \cap B) = P(B) - P(A \cap B) = 0.5 - 0.3 = 0.2$,

$P(A \cup B) = P(A) + P(B) - P(A \cap B) = 0.9$,

$P(A \cup B^c) = 0.7 + 0.5 - 0.4 = 0.8$,

$P(A \cap B^c) = 0.7 - 0.3 = 0.4$,

$$\begin{aligned} P(A^c \cap B^c) &= P(B^c) - P(A \cap B^c) = 0.5 - 0.4 = 0.1 \\ &= P((A \cup B)^c) = 1 - P(A \cup B) = 1 - 0.9 = 0.1, \end{aligned}$$

$P(A^c \cup B^c) = P((A \cap B)^c) = 1 - P(A \cap B) = 1 - 0.3 = 0.7$

NOTE (1) $P(A \cup B) = P(A) + P(B) - P(A \cap B)$

(2) $P(A \cup B \cup C) = P(A) + P(B) + P(C)$

$$- P(A \cap B) - P(A \cap C) - P(B \cap C)$$

$$+ P(A \cap B \cap C)$$

---

**예 1-17** $P(A) = 0.4$, $P(B) = 0.3$, 그리고 $P(A \cap B) = 0.35$일 때, $P(A \cup B)$를 구하여라.

**풀이** $P(A \cap B) = 0.35 > P(B) = 0.3$ 이므로 모순이다.

**정리 1-7**

임의의 자연수 $n$에 대하여,

$$P(A_1 \cup A_2 \cup \cdots \cup A_n) \le P(A_1) + P(A_2) + \cdots + P(A_n).$$

즉 $P\left(\bigcup_{i=1}^{n} A_i\right) \le \sum_{i=1}^{n} P(A_i)$

**증명** $P(A_1 \cup A_2) \le P(A_1) + P(A_2)$, $\bigcup_{i=1}^{n} A_i = \left(\bigcup_{i=1}^{n-1} A_i\right) \cup A_n$이고

$$P\left(\bigcup_{i=1}^{n} A_i\right) \le P\left(\bigcup_{i=1}^{n-1} A_i\right) + P(A_n)$$

이므로 이 과정을 계속하면 위 식이 성립한다.

**예 1-18** 어떤 기계가 25개 부품으로 구성되어 있다. 각 부품의 수명은 5년 안에 고장나지 않을 확률 각각 0.998로 동일하다고 가정하자. 이때 이 기계가 5년 동안 고장나지 않을 확률을 구하여라.

**풀이** $A_i=\{i$ 번째 부품이 고장 날 사상$\}$,

$$A_1,\ A_2,\ \cdots,\ A_{25}$$

$B=\{$기계가 5년 동안 고장나지 않을 사상$\}$
이라 하자. 그러면

$B=A_1^c\cap A_2^c\cap\cdots\cap A_{25}^c$, i.e. $B^c=A_1\cup A_2\cup\cdots\cup A_{25}$.

따라서

$$\begin{aligned} P(B) &= 1-P(B^c) \\ &= 1-P\left(\bigcup_{i=1}^{25}A_i\right) \\ &\geq 1-\sum_{i=1}^{25}P(A_i) \\ &= 1-25(1-0.998)=0.95 \end{aligned}$$

---

**예 1-19** 두 사람이 일정한 장소에서 12시에서 1시 사이에 만나기로 하고, 두 사람 중 먼저 도착한 사람은 20분 동안 기다리기로 약속하였다. 두 사람이 12시에서 1시 사이에 랜덤하게 도착한다고 할 때, 두 사람이 만나게 될 확률을 구하여라.

**풀이** 두 사람이 도착하는 시각을 각각 12시 $x$분, $y$분이라 하면, 두 사람이 만난다는 것은 $|x-y|\leq 20$이다.

$S=\{(x,y)|0\leq x\leq 60,\ 0\leq y\leq 60\}$

$A=\{(x,y)\in S|\ |x-y|\leq 20\}$

$$P(A)=\frac{60^2-40^2}{60^2}=\frac{5}{9}$$

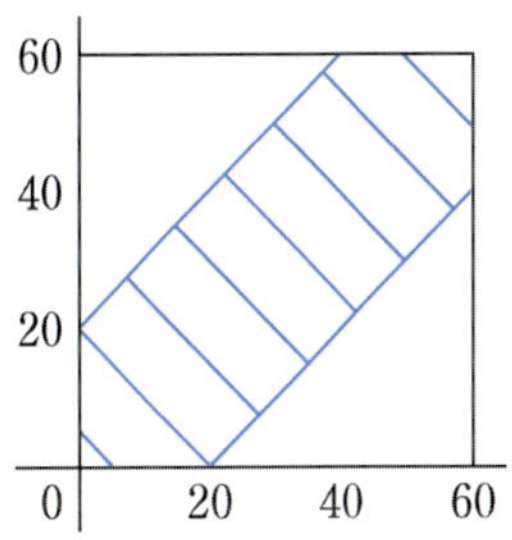

# 1.3 조건부 확률과 베이즈 정리

## 1.3.1 조건부 확률

조건부 확률은 한 사상이 일어났다는 조건 하에 다른 사상이 일어날 확률이다. 사상 $A$가 발생하고 난 후 사상 $B$가 발생한 확률, 즉 표본공간 $S$에서 축소된 공간 $A$에 관한 $B$의 상대확률로서 $P(B|A)$로 표기한다.

**정의 1-3**

$$P(B|A) = \frac{P(A \cap B)}{P(A)} \quad (\text{단 } P(A) > 0),$$

$$\text{혹은 } P(A \cap B) = P(A)P(B|A)$$

**예 1-20** 주사위를 한 번 던질 때 $B$는 짝수, $A$는 눈이 4 이상의 사상이라 하자. 이때 확률 $P(B|A)$를 구하여라.

**풀이** $P(A) = P(A|S) = \frac{3}{6}$ 이므로

$$P(B|A) = \frac{P(A \cap B)}{P(A)} = \frac{\frac{2}{6}}{\frac{3}{6}} = \frac{2}{3}$$

이다. 또 다른 방법으로는 표본공간이 $\{1, 2, 3, 4, 5, 6\}$에서 $\{4, 5, 6\}$으로 축소되어 $B$에 속하는 원소는 $\{4, 6\}$뿐이다. 그러므로

$$P(B|A) = \frac{|B \cap A|}{|A|} = \frac{2}{3}$$

---

**예 1-21** 한 쌍의 주사위를 던져 눈의 합이 6일 때 적어도 한 번 눈 2가 나올 확률을 구하여라.

**풀이** $A = \{$눈의 합이 6$\} = \{(1, 5), (2, 4), (3, 3), (4, 2), (5, 1)\}$이고

$B = \{$ 적어도 한 번 눈 2$\}$

$= \{(2, 1), (2, 2), (2, 3), (2, 4), (2, 5), (2, 6),$

$(1, 2), (3, 2), (4, 2), (5, 2), (6, 2)\}$,

$A \cap B = \{(2, 4), (4, 2)\}$이다. 따라서 정의에 의해

$$P(B|A) = \frac{P(A \cap B)}{P(A)} = \frac{\frac{2}{36}}{\frac{5}{36}} = \frac{2}{5}$$

이다. 표본공간을 축소하는 방법으로 계산하면

$$P(B|A) = \frac{|A \cap B|}{|A|} = \frac{2}{5}$$

이다.

---

**예 1-22** 어느 대학에서 40%가 여성이고 그 중 10%가 O형의 혈액형을 가졌다. 그 대학에서 랜덤하게(무작위) 한 사람을 뽑았을 때 O형을 가진 여성일 확률을 구하여라.

**풀이** 뽑힌 사람이 여성일 사상을 $A$, O형을 가질 사상을 $B$라 하면 40%가 여성이므로 $P(A) = 0.4$이고, 여성 중 10%가 O형의 혈액형을 가지고 있으므로 $P(B|A) = 0.1$ 이다. 따라서

$$P(A \cap B) = P(A)P(B|A) = 0.4 \times 0.1 = 0.04$$

**예 1-23** 주머니 안에 흰 공 3개와 빨간 공 2개가 있다. 하나씩 차례로 2개의 공을 무작위로 추출한다. 첫 번째 꺼낸 공이 빨간 공이였을 때, 두 번째 공이 빨간 공일 확률을 구하여라.

**풀이** $A=\{$두 번째 꺼낸 공이 빨간 공일 사상$\}$,
$B=\{$첫 번째 꺼낸 공이 빨간 공일 사상$\}$
일 때

$$P(B)=\frac{2}{5},\ \ P(A\cap B)=\frac{2}{5}\times\frac{1}{4}$$

이므로

$$P(A|B)=\frac{\frac{2}{5}\times\frac{1}{4}}{\frac{2}{5}}=\frac{1}{4}$$

표본공간을 축소하는 방법으로 계산하면 표본공간이 흰 공 3개, 빨간 공 한 개로 축소된다. 따라서

$$P(A|B)=\frac{1}{4}$$

---

**예 1-24** 주머니 안에 2개의 빨간 공과 3개의 흰 공이 있다. 한 개의 공을 무작위 추출하여 그 색깔을 확인한 후 같은 색깔의 공을 하나 더 주머니에 넣는다. 다음으로 두 번째 공을 추출한다. 이때 추출된 공이 모두 빨간 공일 확률을 구하여라.

**풀이** $A=\{$두 번째 추출된 공이 빨간 공일 사상$\}$,
$B=\{$첫 번째 추출된 공이 빨간 공일 사상$\}$
이라 하면

$$P(B)=\frac{2}{5},\ \ P(A|B)=\frac{3}{6}$$

따라서

$$P(A\cap B)=P(B)P(A\,|\,B)=\frac{2}{5}\times\frac{3}{6}=\frac{1}{5}$$

NOTE $A_1$, $A_2$, ⋯ 사건들이 상호배반 사상들이면 임의의 사상 $B$에 대하여 $A_1\cap B$, $A_2\cap B$, ⋯ 또한 상호배반 사상들이다. 따라서 다음이 성립한다.

$$P\left(\bigcup_{i=1}^{\infty}A_i\,\middle|\,B\right)=\frac{P\left(\left(\bigcup_{i=1}^{\infty}A_i\right)\cap B\right)}{P(B)}=\frac{P\left(\bigcup_{i=1}^{\infty}(A_i\cap B)\right)}{P(B)}$$

$$=\sum_{i=1}^{\infty}\frac{P(A_i\cap B)}{P(B)}=\sum_{i=1}^{\infty}P(A_i\,|\,B)$$

**정리 1-8**

$P(A_1)>0$와 $P(A_1\cap A_2)>0$인 사상 $A_1$, $A_2$, 그리고 $A_3$에 대하여 다음이 성립한다.

$$P(A_1\cap A_2\cap A_3)=P(A_1)P(A_2\,|\,A_1)P(A_3\,|\,A_1\cap A_2)$$

일반적으로

$$P(A_1\cap A_2\cap\cdots\cap A_k)>0\ \ (1\le k\le n-1)$$

인 사상 $A_1$, $A_2$, ⋯, $A_n$에 대하여

$$P(A_1\cap A_2\cap\cdots A_n)$$
$$=P(A_1)P(A_2\,|\,A_1)\cdots P(A_n\,|\,A_1\cap A_2\cap\cdots\cap A_{n-1})$$

증명 $P(A_2\,|\,A_1)=\dfrac{P(A_1\cap A_2)}{P(A_1)}$,

$$P(A_3\,|\,A_1\cap A_2)=\frac{P(A_1\cap A_2\cap A_3)}{P(A_1\cap A_2)}$$

을 대입하면 성립한다.

**예 1-25** 52장의 카드에서 한 장씩 뽑을 때 순서대로 2, 3, 8, 8이 나올 확률을 구하여라.

**풀이** $A_1 = \{$첫 번째 뽑은 카드가 2일 사상$\}$,
$A_2 = \{$두 번째 뽑은 카드가 3일 사상$\}$,
$A_3 = \{$세 번째 뽑은 카드가 8일 사상$\}$,
$A_4 = \{$네 번째 뽑은 카드가 8일 사상$\}$
이라 하면

$$P(A_1) = \frac{4}{52},\ P(A_2 | A_1) = \frac{4}{51},$$

$$P(A_3 | A_1 \cap A_2) = \frac{4}{50},\ P(A_4 | A_1 \cap A_2 \cap A_3) = \frac{3}{49}$$

정리 1-8에 의하여

$$P(A_1 \cap A_2 \cap A_3 \cap A_4) = \frac{4}{52} \times \frac{4}{51} \times \frac{4}{50} \times \frac{3}{49} = 0.00003$$

---

**예 1-26** $P(A) = 0.6$, $P(B) = 0.5$, 그리고 $P(A|B) = 0.4$일 때 $P(A \cup B)$를 구하여라.

**풀이** $P(A \cap B) = P(A|B)P(B) = 0.4 \times 0.5 = 0.2$이므로

$$P(A \cup B) = P(A) + P(B) - P(A \cap B)$$
$$= 0.6 + 0.5 - 0.2 = 0.9$$

## 1.3.2 베이즈 정리

$A_1, A_2, \cdots, A_n$이 표본공간 $S$를 분할(partition)한다고 가정하자. 즉 $A_i \cap A_j = \varnothing$ ($i \neq j$, $A_i$와 $A_j$는 서로 배반적)이고

$$A_1 \cup A_2 \cup \cdots \cup A_n = S$$

이다. 그러면 임의의 사상 $B$에 대하여

$$\begin{aligned} B = S \cap B &= (A_1 \cup A_2 \cup \cdots \cup A_n) \cap B \\ &= (A_1 \cap B) \cup (A_2 \cap B) \cup \cdots \cup (A_n \cap B) \end{aligned}$$

여기에서 $A_i \cap B$는 서로 배반적이므로 $A_i$의 조건부 확률은 다음과 같다.

$$P(B|A_i) = \frac{P(A_i \cap B)}{P(A_i)}$$

따라서 $P(A_i \cap B) = P(A_i)P(B|A_i)$이므로 다음과 같은 정리를 얻는다.

**정리 1-9 전체 확률 법칙(The total probability rule)**

사상 $A_1, A_2, \cdots, A_n$이 표본공간의 분할이고 $P(A_i) > 0$이면, 임의의 사상 $B$에 대하여

$$\begin{aligned} P(B) &= P(A_1 \cap B) + P(A_2 \cap B) + \cdots + P(A_n \cap B) \\ &= P(A_1)P(B|A_1) + P(A_2)P(B|A_2) \\ &\quad + \cdots + P(A_n)P(B|A_n) \end{aligned}$$

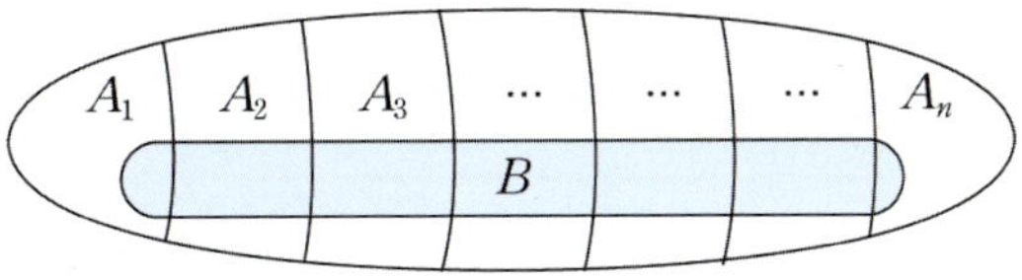

**예 1-27** 2개의 상자가 있다. 첫 번째 상자 안에는 빨간 공 2개, 흰 공 5개가 들어 있다. 두 번째 상자 안에는 빨간 공 3개, 흰 공 4개가 들어 있다. 첫 번째 상자에서 하나의 공을 꺼내 두 번째 상자에 넣고, 두 번째 상자에서 하나의 공을 꺼낼 때 빨간 공이 나올 확률을 구하여라.

**풀이** $A=\{$두 번째 꺼낸 공이 빨간 공일 사상$\}$,
$C_1=\{$첫 번째 꺼낸 공이 빨간 공일 사상$\}$,
$C_2=\{$첫 번째 꺼낸 공이 흰 공일 사상$\}$,
이라 하면

$$\begin{aligned} P(A) &= P(C_1 \cap A) + P(C_2 \cap A) \\ &= P(C_1)P(A \mid C_1) + P(C_2)P(A \mid C_2) \\ &= \frac{2}{7} \times \frac{4}{8} + \frac{5}{7} \times \frac{3}{8} = \frac{23}{56} \end{aligned}$$

앞의 정리 1−9와 $P(A_i \cap B) = P(A_i)P(B \mid A_i)$를 이용하여 베이즈 정리를 얻는다.

**정리 1-10 베이즈 정리(Bayes' Theorem)**

$A_1,\ A_2,\ \cdots,\ A_n$이 $S$의 분할이고 $B$를 임의의 사건이라 하면

$$\begin{aligned} P(A_i \mid B) &= \frac{P(A_i \cap B)}{P(B)} \\ &= \frac{P(A_i)P(B \mid A_i)}{P(A_1)P(B \mid A_1) + P(A_2)P(B \mid A_2) + \cdots + P(A_n)P(B \mid A_n)} \end{aligned}$$

(단 $P(A_i) > 0,\ P(B) > 0$)

**예 1-28** 어느 공장에서 세 개의 기계 $M_1, M_2, M_3$가 전체 품목의 40%, 35%, 25%를 각각 생산한다고 한다. 이 기계들의 생산품에 대한 불량률은 각각 5%, 3%, 4%이다. 한 생산품을 무작위로 추출할 때 이 생산품이 불량품일 확률을 구하여라. 또 불량품이 발견되었을 때 그것이 기계 $M_1$에서 생산되었을 확률을 구하여라.

**풀이** $B=\{$불량품$\}$, $A_1=\{$기계 $M_1$의 생산품$\}$,

$A_2=\{$기계 $M_2$의 생산품$\}$, $A_3=\{$기계 $M_3$의 생산품$\}$

이라 하자. 그러면 정리 1-9에 의하여

$$\begin{aligned} P(B) &= P(A_1\cap B)+P(A_2\cap B)+P(A_3\cap B) \\ &= P(A_1)P(B|A_1)+P(A_2)P(B|A_2)+P(A_3)P(B|A_3) \\ &= 0.4\times 0.05+0.35\times 0.03+0.25\times 0.04=0.0405 \end{aligned}$$

베이즈 정리(정리 1-10)에 의하여

$$\begin{aligned} P(A_1|B) &= \frac{P(A_1\cap B)}{P(B)} \\ &= \frac{P(A_1)P(B|A_1)}{\sum_{i=1}^{3}P(A_i)P(B|A_i)} \\ &= \frac{0.4\times 0.05}{0.0405}\fallingdotseq 0.49 \end{aligned}$$

---

**예 1-29** 한 질병에 대한 혈액검사의 적중률은 95%이다. 즉 실제 질병이 있는 사람의 혈액검사 결과가 양성으로 나타날 확률이 0.95이다. 또 실제로는 질병이 없는 사람의 혈액검사 결과가 양성으로 나타날 확률이 0.01이다. 이제 이 질병의 감염률이 1000명 중에서 5명 꼴로 희귀할 때, 혈액검사 결과가 양성으로 나타난 사람이 실제로 이 질병에 걸려 있을 확률을 구하여라.

**풀이** $B=${혈액검사를 받는 사람이 실제로 이 질병에 걸려 있을 사건},
$A=${혈액검사 결과가 양성으로 나타날 사건}
이라 하면

$$P(B)=0.005,\ P(A|B)=0.95,\ P(A|B^c)=0.01$$

이므로

$$\begin{aligned} P(B|A) &= \frac{P(A\cap B)}{P(A)} \\ &= \frac{P(A|B)P(B)}{P(A|B)P(B)+P(A|B^c)P(B^c)} \\ &= \frac{0.95\times 0.005}{0.95\times 0.005+0.01\times 0.995} \cong 0.323 \end{aligned}$$

즉 이 질병에 걸려 있으리라고 믿는 정도가 검사 전의 $P(B)=0.005$로부터 양성반응의 관측 후 $P(B|A)\cong 0.323$으로 변한다.

---

**예 1-30** 한 상자에 3장의 카드가 있다. 하나의 카드는 양면이 모두 빨간색이고, 두 번째 카드는 양면이 모두 초록색이며, 세 번째 카드는 한쪽은 빨간색이고 다른 쪽은 초록색이다. 상자에서 빨간색인 카드를 하나 꺼낼 때 뒷면도 빨간색일 확률을 구하여라.

**풀이** $C_1=${양면이 빨간색인 카드일 사상},
$C_2=${양면이 초록색인 카드일 사상},
$C_3=${한 면은 빨간색, 다른 면은 초록색일 사상},
$A=${보이는 면이 빨간색일 사상}
이라 하면 $1\le i\le 3$일 때

$$P(C_i)=\frac{1}{3},$$

$$P(A|C_1)=1,\ P(A|C_2)=0,\ P(A|C_3)=\frac{1}{2},$$

$$P(C_1|A)=\frac{P(A\cap C_1)}{P(A)}$$

$$= \frac{P(A|C_1)P(C_1)}{P(A|C_1)P(C_1)+P(A|C_2)P(C_2)+P(A|C_3)P(C_3)}$$

$$= \frac{1\times\frac{1}{3}}{1\times\frac{1}{3}+0+\frac{1}{2}\times\frac{1}{3}} = \frac{2}{3}$$

---

**예 1-31** 점 $O$을 출발하여 임의의 한 곳 $B_1$, $B_2$, $B_3$을 거쳐 $A_i$에 도착한다. 이때,

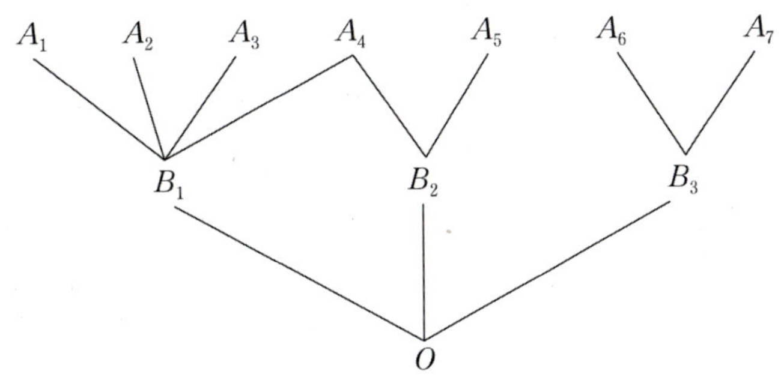


(ⅰ) $A_4$에 도착할 확률을 구하여라.

(ⅱ) $A_4$에 도착했을 때 $B_1$을 이용할 확률을 구하여라.

**풀이** (ⅰ) 
$$\begin{aligned} P(A_4) &= P(A_4\cap B_1)+P(A_4\cap B_2)+P(A_4\cap B_3) \\ &= P(A_4|B_1)P(B_1)+P(A_4|B_2)P(B_2)+P(A_4|B_3)P(B_3) \\ &= \frac{1}{4}\times\frac{1}{3}+\frac{1}{2}\times\frac{1}{3}+0\times\frac{1}{3}=\frac{1}{4} \end{aligned}$$

(ⅱ) 
$$\begin{aligned} P(B_1|A_4) &= \frac{P(A_4\cap B_1)}{P(A_4)} \\ &= \frac{P(A_4|B_1)P(B_1)}{P(A_4)} = \frac{P(A_4|B_1)P(B_1)}{\sum_{i=1}^{3}P(A_4|B_i)P(B_i)} \\ &= \frac{\frac{1}{4}\times\frac{1}{3}}{\frac{1}{4}} = \frac{1}{3} \end{aligned}$$

# 1.4 독립사건과 독립시행

## 1.4.1 독립사건

두 사상 $A$, $B$에 대하여 사상 $B$는 사상 $A$가 발생하거나 또는 발생하지 않거나 영향을 미치지 않는다. 이때 사상 $B$는 사상 $A$와 독립(independent)이라 한다.

다시 말하면 사상 $B$의 확률은 사상 $A$에 대한 $B$의 조건부 확률과 같다. 즉 $P(A|B)=P(A)$이거나 $P(B|A)=P(B)$이다.

**정의 1-4 독립**

$P(A\cap B)=P(A)\cdot P(B)$이면 사상 $A$와 $B$는 독립이다. 만일 이 식이 성립하지 않으면 종속(dependent)이라 한다.

NOTE (1) $P(A)=0$ 또는 $P(B)=0$이면 $A$와 $B$는 서로 독립이다.

(2) $P(A)>0$, $P(B)>0$이고 $A$와 $B$가 서로 배반이면 $A$와 $B$는 서로 독립이 아니다($\because P(A\cap B)=0<P(A)P(B)$).

**예 1-32** 한 쌍의 주사위를 던져 나오는 눈을 각각 $x$와 $y$라고 할 때 다음 두 사상은 독립인가?

(ⅰ) $A=\{x=2\}$와 $B=\{y=5\}$

(ⅱ) $A=\{x=2\}$와 $C=\{x+y=7\}$

(ⅲ) $A=\{x=2\}$와 $D=\{x+y=6\}$

**풀이** (ⅰ) $P(A)=P(B)=\frac{6}{36}=\frac{1}{6}$, $P(A\cap B)=\frac{1}{36}$ 이고

$$P(A)P(B)=P(A\cap B)=\frac{1}{36}$$

이므로 $A$와 $B$는 독립이다.

(ⅱ) 사상 $C=\{(1, 6), (2, 5), (3, 4), (4, 3), (5, 2), (6, 1)\}$이므로

$$P(C)=\frac{6}{36}=\frac{1}{6},$$

$$P(A\cap C)=\frac{1}{36}=P(A)\cdot P(C)$$

이다. 따라서 $A$와 $C$도 독립사상이다.

(ⅲ) 사상 $D=\{(1, 5), (2, 4), (3, 3), (4, 2), (5, 1)\}$이므로

$P(D)=\frac{5}{36}$ 이다. 따라서

$$P(A\cap D)=\frac{1}{36}\neq P(A)P(D)=\frac{1}{6}\times\frac{5}{36}$$

이므로 $A$와 $D$는 종속이다.

---

**예 1-33** $A$가 목표물을 명중할 확률은 $\frac{1}{2}$이고 $B$가 명중할 확률은 $\frac{2}{3}$이다. 두 사람이 목표물에 사격할 때 명중할 확률은 얼마인가?

**풀이** $P(A)=\frac{1}{2}$, $P(B)=\frac{2}{3}$ 이므로 $P(A\cup B)$를 구하면 된다.

사상 $A$와 사상 $B$가 목표물에 명중할 확률은 서로 영향을 받지 않아 $A$ 와 $B$는 독립이다. 즉 $P(A\cap B)=P(A)P(B)$이다. 따라서

$$\begin{aligned}P(A\cup B)&=P(A)+P(B)-P(A\cap B)\\&=P(A)+P(B)-P(A)\cdot P(B)\\&=\frac{1}{2}+\frac{2}{3}-\frac{1}{2}\cdot\frac{2}{3}\\&=\frac{5}{6}\end{aligned}$$

**정리 1-11**

임의의 두 사상 $A$, $B$에 대하여 $A$와 $B$가 독립이면 $A$와 $B^c$, $A^c$와 $B$, $A^c$와 $B^c$도 각각 독립이다.

**증명** 가정에 의하여

$$P(A \cap B) = P(A)P(B)$$

이고

$$P(A^c \cap B) = P(A^c)P(B)$$

임을 보이자.

$$\begin{aligned} P(A^c \cap B) &= P(B) - P(A \cap B) \\ &= P(B) - P(A)P(B) \\ &= P(B)(1 - P(A)) \\ &= P(B)P(A^c) \end{aligned}$$

같은 방법으로 $P(A \cap B^c) = P(A)P(B^c)$이다. 또한

$$P(A^c \cap B^c) = P((A \cup B)^c) = 1 - P(A \cup B)$$

이고

$$\begin{aligned} P(A^c)P(B^c) &= (1 - P(A))(1 - P(B)) \\ &= 1 - (P(A) + P(B) - P(A)P(B)) \\ &= 1 - P(A \cup B) \end{aligned}$$

이므로 $P(A^c \cap B^c) = P(A^c)P(B^c)$가 성립한다.

**예 1-34** $A$와 $B$가 독립이고 $P(A)=0.6$, $P(B)=0.3$이다. 이때 확률 $P(A\cup B^c)$를 구하여라.

**풀이**

$$\begin{aligned} P(A\cup B^c) &= P(A)+P(B^c)-P(A\cap B^c) \\ &= P(A)+P(B^c)-P(A)P(B^c) \\ &= 0.6+(1-0.3)-0.6\times 0.7 \\ &= 0.88 \end{aligned}$$

**NOTE** 다음 조건을 만족할 때 세 사건 $A$, $B$, $C$는 독립이다.

(i) $P(A\cap B)=P(A)P(B)$, $P(A\cap C)=P(A)P(C)$,
$P(B\cap C)=P(B)P(C)$

(ii) $P(A\cap B\cap C)=P(A)P(B)P(C)$

---

**예 1-35** 하나의 동전을 두 번 던졌을 때, 다음 세 사상의 독립성을 확인하여라.

$A=\{$첫 번째 동전이 앞면$\}$,
$B=\{$두 번째 동전이 앞면$\}$,
$C=\{$하나의 동전이 앞면$\}$

**풀이** 표본공간 $S=\{HH, HT, TH, TT\}$이고

$A=\{HH, HT\}$, $B=\{HH, TH\}$, $C=\{HT, TH\}$

이다. 그러므로

$$P(A)=P(B)=P(C)=\frac{2}{4}=\frac{1}{2},$$

$$P(A\cap B)=P(\{HH\})=\frac{1}{4},$$

$$P(A\cap C)=P(\{HT\})=\frac{1}{4},$$

$$P(B\cap C)=P(\{TH\})=\frac{1}{4}$$

이므로 두 사상들은 서로 독립이다. 그러나

$$P(A\cap B\cap C)=P(\varnothing)=0\neq\frac{1}{8}=P(A)P(B)P(C)$$

이므로 세 사상은 종속이다.

**NOTE** (1) $A\subset B$이면 $P(B-A)=P(B)-P(A)$

**증명** $A\subset B$이면 $B=A\cup(B-A)$, $A\cap(B-A)=\varnothing$ 이므로 $P(B)=P(A\cup(B-A))=P(A)+P(B-A)$이다. 따라서

$$P(B-A)=P(B)-P(A)$$

**NOTE** (2) ① $A, B, C$가 서로 독립이면 $A\cap B$, $C^c$도 독립이다.

② $A, B, C$가 서로 독립이면 $A$, $B\cup C$도 독립이다.

③ $A, B, C$가 서로 독립이면 $A$, $B\cap C$도 독립이다.

**증명** ① $A\cap B\cap C^c=(A\cap B)-(A\cap B\cap C)$ $(\because A\cap B\cap C\subset A\cap B)$

$$\begin{aligned}P(A\cap B\cap C^c)&=P(A\cap B)-P(A\cap B\cap C)\\&=P(A)P(B)-P(A)P(B)P(C)\\&=P(A)P(B)(1-P(C))\\&=P(A\cap B)P(C^c)\end{aligned}$$

② $$\begin{aligned}P(A\cap(B\cup C))&=P((A\cap B)\cup(A\cap C))\\&=P(A\cap B)+P(A\cap C)-P(A\cap B\cap C)\\&=P(A)P(B)+P(A)P(C)-P(A)P(B)P(C)\\&=P(A)P(B\cup C)\end{aligned}$$

③ $P(A\cap(B\cap C))=P(A\cap B\cap C)=P(A)P(B\cap C)$

---

**예 1-36** 1에서 30 사이의 자연수 중에서 하나의 수를 뽑을 때

$A=\{X$가 짝수인 사상$\}$,
$B=\{X$가 3의 배수인 사상$\}$,
$C=\{X$가 5의 배수인 사상$\}$

일 때 $A$, $B$, 그리고 $C$는 독립인가?

풀이 $P(A)=\frac{15}{30}=\frac{1}{2}$, $P(B)=\frac{10}{30}=\frac{1}{3}$, $P(C)=\frac{6}{30}=\frac{1}{5}$

$P(A\cap B)=P(6\text{의 배수})=\frac{5}{30}=\frac{1}{6}=P(A)P(B)$,

$P(A\cap C)=P(10\text{의 배수})=\frac{3}{30}=\frac{1}{10}=P(A)P(C)$,

$P(B\cap C)=P(15\text{의 배수})=\frac{2}{30}=\frac{1}{15}=P(B)P(C)$,

$P(A\cap B\cap C)=P(30\text{의 배수})=\frac{1}{30}=P(A)P(B)P(C)$

따라서 $A$, $B$ 그리고 $C$는 독립이다.

---

**예 1-37** $P(A)=\frac{1}{2}$, $P(B)=\frac{1}{4}$, $P(C)=\frac{1}{8}$일 때 다음을 구하여라.

(1) $A$, $B$, $C$가 상호배반일 때 $P(A^C\cap B^C\cap C^C)$

(2) $A$, $B$, $C$가 독립일 때 $P(A\cup B\cup C)$

풀이 (1) $P(A^C\cap B^C\cap C^C)=P((A\cup B\cup C)^C)=1-P(A\cup B\cup C)$
$$=1-P(A)-P(B)-P(C)$$
$$=\frac{1}{8}$$

(2) $P(A\cup B\cup C)=P((A^C\cap B^C\cap C^C)^C)=1-P(A^C\cap B^C\cap C^C)$
$$=1-P(A^C)-P(B^C)-P(C^C)$$
$$=1-\frac{1}{2}-\frac{3}{4}-\frac{7}{8}$$
$$=\frac{43}{64}$$

## 1.4.2 독립시행

**정의 1-5 이항확률(Binomial Probability)**

사상 $A$가 $n$회 독립시행으로 매번 확률 $p$로 동일하다고 가정하자. $K_A(n)$은 $n$회 독립시행에서 사상 $A$가 발생할 횟수일 때 다음 식이 성립하면 이항확률분포라 한다.

$$P(K_A(n)=m)=\binom{n}{m}p^m(1-p)^{n-m} \quad (0 \le m \le n)$$

표기(Notation) : $B(n,\ p)$

NOTE ① 시행횟수가 $n$번이다.

② 각 시행은 두 가지 결과 성공($S$), 실패($F$)이고 각각의 확률은 $p$, $1-p$이다.

③ 성공할 확률은 모든 시행에서 같다($P(S)=p$).

④ 매 시행은 독립시행이다.

⑤ $\displaystyle\sum_{m=0}^{n}\binom{n}{m}p^m(1-p)^{n-m}=(p+(1-p))^n=1$

**예 1-38** 5지선다형인 15개의 객관식 문제가 있다. 한 학생이 임의로 이 문항에 답한다고 한다면 적어도 8개가 정답일 확률은 얼마인가?

**풀이** $B\left(15,\ \dfrac{1}{5}\right)$이고 누적이항분포표를 이용하면

$$\begin{aligned}P(X\ge 8)&=P(X=8)+P(X=9)+\cdots+P(X=15)\\&=1-P(X\le 7)=1-0.996=0.004\end{aligned}$$

**예 1-39** 주사위를 6회 독립적으로 던질 때 눈 6이 나오는 횟수의 확률을 구하여라.

**풀이** $A=\{\text{눈 6이 나올 사상}\}$, $P(A)=\dfrac{1}{6}$

$$P(K_A(6)=0)=P_0=\binom{6}{0}\left(\frac{1}{6}\right)^0\left(\frac{5}{6}\right)^6=\left(\frac{5}{6}\right)^6,$$

$$P_1=\binom{6}{1}\left(\frac{1}{6}\right)^1\left(\frac{5}{6}\right)^5=\frac{6\times 5^5}{6^6},$$

$$P_2=\binom{6}{2}\left(\frac{1}{6}\right)^2\left(\frac{5}{6}\right)^4=\frac{3\times 5^5}{6^6},$$

$$P_3=\binom{6}{3}\left(\frac{1}{6}\right)^3\left(\frac{5}{6}\right)^3=\frac{3\times 4\times 5^4}{6^6},$$

$$P_4=\binom{6}{4}\left(\frac{1}{6}\right)^4\left(\frac{5}{6}\right)^2=\frac{3\times 5^3}{6^6},$$

$$P_5=\binom{6}{5}\left(\frac{1}{6}\right)^5\left(\frac{5}{6}\right)^1=\frac{6\times 5}{6^6},$$

$$P_6=\binom{6}{6}\left(\frac{1}{6}\right)^6\left(\frac{5}{6}\right)^0=\frac{1}{6^6}$$

## CHAPTER 01 연습문제

1-1 7명의 사람이 파티에서, (ⅰ) 7열의 의자에, (ⅱ) 원형 테이블 주위에 정렬하여 앉는 방법은 몇 가지인가?

1-2 6개의 깃발을 달고 있는 깃대에서, 4개의 붉은색 깃발과 2개의 청색 깃발로 만들어지는 서로 다른 신호의 종류는 몇 가지인가?

1-3 8개의 공이 들어 있는 단지에서 3개의 공을 선택하는 방법의 수를 (ⅰ) 복원추출, (ⅱ) 비복원추출로 각각 구하여라.

1-4 7명의 남성과 5명의 여성 중에서 3명의 남성과 2명의 여성을 포함하는 위원회를 구성할 수 있는 방법은 몇 가지인가?

1-5 한 반에 12명의 학생이 있다. 4명의 학생이 각각 시험을 본다면 12명의 학생이 세 가지의 다른 시험을 볼 수 있는 방법은 몇 가지인가?

1-6 항아리에 12개의 공이 있다. 항아리 안의 공을 3개씩 비복원으로 연속하여 뽑을 수 있는 방법은 몇 가지인가?

1-7 선생님이 6명의 자격이 있는 학생 중에서 한 명 또는 그 이상의 학생을 택할 수 있는 방법은 몇 가지인가?

1-8 A팀과 B팀이 선수권대회에서 게임을 한다. 연속적으로 2게임을 이기거나 4게임을 먼저 이기는 팀이 승리하는 것으로 한다. 선수권대회에서 발생할 수 있는 방법은 몇 가지인가?

1-9 다음의 그림에서 A, B, ⋯, F를 섬이라 하고, 선은 섬들을 연결하는 다리라고 하자. 한 사람이 A에서 시작하여 섬에서 섬으로 걷는다고 하자. 그가 같은 다리를 두 번 건너지 않고 걸을 수 있는 길의 수를 구하여라.

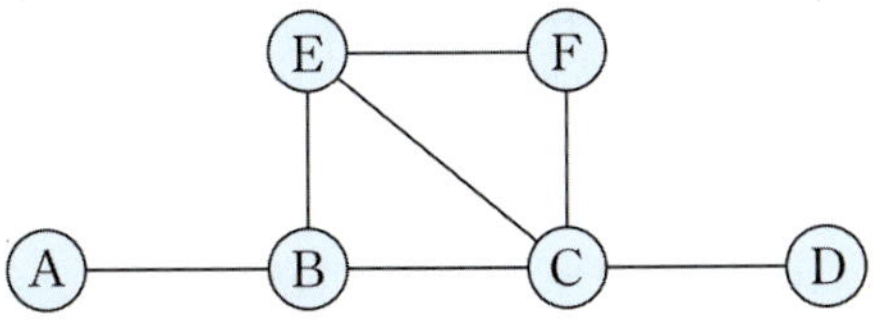


1-10 서로 다른 숫자로 구성된 세 자리 자연수가 있을 때 다음을 구하여라.

(1) 500보다 큰 숫자는 몇 개인가?

(2) 홀수인 숫자는 몇 개인가?

(3) 5의 배수는 몇 개인가?

1-11 3개의 볼트와 3개의 너트가 상자 안에 있다. 무작위로 2개를 택할 때 1개가 볼트이고 1개가 너트일 확률을 구하여라.

1-12 한 쌍의 주사위를 던졌다. 2개의 숫자의 최댓값이 4보다 클 확률을 구하여라.

1-13 사건 $A$, $B$가

$$P(A \cup B) = \frac{7}{8},\ P(A \cap B) = \frac{1}{4},\ P(A^c) = \frac{5}{8}$$

를 만족하는 사건이라고 할 때 $P(A \cap B^c)$를 구하여라.

1-14 사건 $A$, $B$가

$$P(A) = \frac{1}{2},\ P(A \cup B) = \frac{3}{4},\ P(B^c) = \frac{5}{8}$$

일 때 $P(A \cap B)$, $P(A^c \cap B^c)$, $P(A^c \cup B^c)$를 구하여라.

1-15 공정한 동전을 5번 던지는 실험을 생각하자. 앞면이 전혀 나오지 않을 확률을 구하여라.

**1-16** 15개의 전구 중에 5개의 결함이 있는 전구가 있는데 이것 중에서 무작위로 3개의 전구를 택하려고 한다. 이때

(i) 모두 결점이 없는 전구를 선택할 수 있는,

(ii) 오직 하나만의 결섬이 있는,

(iii) 적어도 하나가 결점이 있는 전구를 선택할 수 있는 확률 $P$를 구하여라.

**1-17** 학생 $A, B, C$ 세 명이 수영경기에 참가하고 있다. $A$와 $B$는 승률이 같고 $C$보다 승률이 2배이다. $B$나 $C$가 승리할 확률을 구하여라.

**1-18** 한 농구팀은 수비수, 공격수, 중견수 3명으로 구성되어 있다. 만일 3명으로 구성된 3개의 농구팀으로부터 각각 1명씩의 선수를 무작위로 선발한다.

(1) 선발된 선수가 완전한 팀을 이룰 확률은?

(2) 선발된 3명의 선수 모두가 같은 포지션일 확률은?

**1-19** 1에서 10 사이의 자연수 중에서 3개를 동시에 뽑을 때 다음의 확률을 구하여라.

(1) 합이 짝수

(2) 곱이 짝수

**1-20** 남자와 여자 각각 5명이 임의로 한 줄로 앉을 때, 같은 성의 어떤 두 사람도 함께 앉지 않을 확률을 구하여라.

**1-21** A와 B 두 사람이 내기 게임을 한다. 두 사람 모두 판돈으로 금화 12개씩 걸고, 먼저 여섯 게임을 이긴 사람이 내기에 건 금화 24개를 모두 갖기로 했다. 그러나 A가 다섯 게임을 이기고 B가 세 게임을 이겼을 때 경기가 중단되었다. 두 사람의 실력이 같다고 할 때, 그들은 내기 게임에 건 돈을 어떻게 나누어야 공정한가?

**1-22** 동전을 3회 던져 다음의 경우가 일어났을 때 그것들이 모두 앞면일 확률 $p$를 구하여라.

(1) 첫 번째 동전이 앞면이다.

(2) 동전 중의 하나는 앞면이다.

1-23 어느 대학에서 학생 25%가 수학에 낙제를 하고, 15%가 화학에 낙제를 하고 그리고 10%가 수학과 화학에 낙제를 하였다. 학생을 무작위로 택하였다.

(1) 그가 화학에 낙제하였다면 수학에 낙제할 확률은 얼마인가?

(2) 그가 수학에 낙제하였다면 화학에 낙제할 확률은 얼마인가?

(3) 그가 수학 또는 화학에 낙제할 확률은 얼마인가?

1-24 $A$와 $B$가

$$P(A)=\frac{1}{2},\ P(B)=\frac{1}{3},\ P(A\cap B)=\frac{1}{4}$$

을 만족하는 사건일 때 다음을 구하여라.

(1) $P(A|B)$ (2) $P(B|A)$ (3) $P(A\cup B)$

(4) $P(A^c|B^c)$ (5) $P(B^c|A^c)$

1-25 어떤 도시에 호텔 5개가 있는데 3명이 호텔에 투숙하려 한다. 3명이 각각 다른 호텔에 투숙할 확률은 얼마인가?

1-26 공장에서 세 개의 기계 $A$, $B$, $C$가 전체 품목의 60%, 30%, 10%를 각각 생산한다고 한다. 이 기계들의 불량품에 대한 비율은 각각 2%, 3%, 4%이다. 한 목록을 무작위로 추출하였고 불량품을 발견하였다. 그 품목이 기계 $C$에 의하여 만들어진 불량품일 확률은 얼마인가?

1-27 어떤 대학에서 남성의 4%와 여성의 1%가 180cm보다 크다. 더욱이 학생들의 60%는 여성이다. 한 학생을 무작위로 선택하였고 180cm보다 크다면 이 학생이 여성일 확률은 얼마인가?

**1-28** 한 남자가 10년 이상 생존할 확률은 $\frac{1}{4}$이고 그의 부인이 10년 이상 생존할 확률은 $\frac{1}{3}$이다.

(1) 둘 다 10년 동안 생존할 확률은?

(2) 적어도 한 사람이 10년을 생존할 확률은?

(3) 둘 다 10년을 생존하지 못할 확률은?

(4) 오직 부인만이 10년을 생존할 확률은?

**1-29** 상자 A에는 우량품 3개를 포함한 8개의 품목이 있고, 상자 B에는 2개의 우량품을 포함한 5개의 품목이 있다. 한 품목을 각 상자에서 무작위로 추출하였다.

(1) 2개 모두 우량품일 확률은?

(2) 하나는 우량품이고 하나는 불량품일 확률은?

(3) 한 품목이 불량품이고 다른 품목이 우량품일 때 상자 A로부터 우량품이 나올 확률은?

**1-30** 주사위가 던져졌을 때 숫자가 홀수이면 그것이 소수일 확률은 얼마인가?

**1-31** 어떤 대학에서 남학생의 25%와 여학생의 10%는 수학을 공부한다. 여학생은 전체 학생의 60%이다. 한 학생을 무작위로 선택하였더니 수학을 공부한다면 그 학생이 여학생일 확률은 얼마인가?

**1-32** $A$와 $B$가

$$P(A) = \frac{1}{4},\ P(A \cup B) = \frac{1}{3},\ P(B) = p$$

를 만족하는 사건이라고 하자.

(1) $A$와 $B$가 서로 배반적일 때 확률 $p$를 구하여라.

(2) $A$와 $B$가 독립일 때 확률 $p$를 구하여라.

1-33 항아리 $A$에는 붉은색 3개와 흰색 2개의 구슬이 들어 있고, 항아리 $B$에는 붉은색 2개와 흰색 5개의 구슬이 들어 있다. 항아리를 무작위로 선택하여 구슬을 꺼내고 다른 항아리에 넣은 후 두 번째 항아리로부터 구슬을 꺼낸다. 꺼낸 구슬 2개 모두 같은 색깔일 확률을 구하여라.

1-34 아래 그림의 회로도가 작동할 확률을 구하여라. (단, 회로도의 스위치들이 고장 날 확률은 0.1이다.)

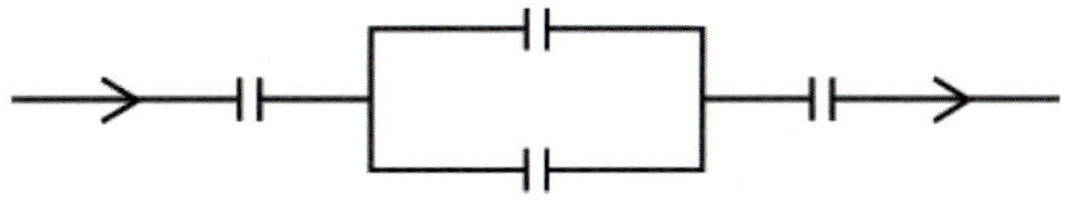

1-35 하나의 상자에 4개의 흰 공과 5개의 검은 공이 들어 있다.
A와 B가 차례로 비복원추출하였을 때 다음을 구하여라.

(1) $P(B흰 \mid A검)$

(2) $P(B흰)$

(3) $P(A흰 \mid B검)$

CHAPTER 02

# 확률변수와 확률분포

CONTENTS

# 2.1 확률변수

## 2.1.1 서론

확률 실험에서 관심이 되는 것은 표본공간의 원소보다는 그에 관련된 수치적 함수인 경우가 많이 있다.

한 쌍의 주사위를 던지는 시행에서 표본공간은

$$S = \{(i, j) | i, j = 1, 2, 3, 4, 5, 6\}$$

이고 관심의 대상은 두 주사위의 눈의 합이나 차, 즉 $X = i + j$, $|i - j|$가 된다. 이와 같은 확률 실험의 수치부여를 **확률변수**라 부른다. 확률변수에는 **이산확률변수**(discrete random variable)와 **연속확률변수**(continuous random variable)로 구별된다.

**정의 2-1 확률변수**

표본공간의 각 원소에 관한 실수값을 대응시키는 함수를 **확률변수**라 한다. 확률변수 $X$가 값 $x_1, x_2, \cdots, x_n$을 갖고, 각 값에 대응되는 확률이

$$f(x_1) = P(X = x_1),$$

$$f(x_2) = P(X = x_2),$$

$$\vdots$$

$$f(x_n) = P(X = x_n)$$

인 경우, $X$의 확률함수는 $f(x_i) = P(X = x_i) = P(x_i)$로 정의한다.

**예 2-1** 두 개의 주사위를 던지는 실험에서 확률변수 $X$는 두 눈의 합이라고 하자. 이때 확률변수 $X$의 값을 구하고 각각의 확률을 구하여라.

**풀이** 확률변수 $X = \{2, 3, \cdots, 12\}$이고, $P(X=2) = P(\{(1, 1)\}) = \frac{1}{36}$,

$$P(X=3) = P(\{(1, 2), (2, 1)\}) = \frac{2}{36} = \frac{1}{18},$$

$$P(X=5) = \frac{4}{36},$$

$$\vdots$$

$$P(X=12) = \frac{1}{36}$$

이다.

**| 확률분포표 |**

| $X$ | 2 | 3 | $\cdots$ | 12 | 합 |
|---|---|---|---|---|---|
| $P(X=x) = P(x)$ | $\frac{1}{36}$ | $\frac{1}{18}$ | $\cdots$ | $\frac{1}{36}$ | 1 |

---

**예 2-2** 두 개의 동전을 던질 때 확률변수 $Y$는 앞면이 나오는 횟수라 하자. 이때 $Y$의 값을 구하고 각각의 확률을 구하여라.

**풀이** 확률변수 $Y = \{0, 1, 2\}$이고, 각 값에 대응되는 확률은 다음과 같다. 표본공간은 $(T, T)$, $(T, H)$, $(H, T)$, $(H, H)$이다.

**| 확률분포표 |**

| $Y$ | 0 | 1 | 2 | 합 |
|---|---|---|---|---|
| $P(y) = f(y)$ | $\frac{1}{4}$ | $\frac{2}{4}$ | $\frac{1}{4}$ | 1 |

## 2.1.2 이산확률변수

$X$가 유한개 혹은 가산 무한개(denumerable) 값을 취할 수 있는 확률변수인 경우 이산확률변수(discrete random variable)라 하고 $X=\{x_1, x_2, \cdots\}$로 나타내고, $x_i$에서의 확률 $f(x_i)=P(X=x_i)$를 $X$의 **확률질량함수**(probability mass function)라 부르고 확률분포표는 다음과 같다.

| $X$ | $x_1$ | $x_2$ | $x_3$ | $\cdots$ | 합 |
|---|---|---|---|---|---|
| $f(x_i)=P(X=x_i)$ | $f(x_1)$ | $f(x_2)$ | $f(x_3)$ | $\cdots$ | 1 |

확률질량함수 $f$의 특성은 다음과 같다.

(i) $f(x_i) \geq 0,\ \sum_{i=1}^{\infty} f(x_i)=1$

(ii) $P(a \leq X \leq b)=\sum_{a \leq x_i \leq b} f(x_i)$

이산확률변수의 누적분포함수(분포함수)는 다음과 같이 정의한다.

**정의 2-2 누적분포함수**

$F(x)=P(X \leq x)=\sum_{x_i \leq x} P(x_i)$일 때 $F(x)$는 누적분포함수(cumulative distribution function)라 한다.

분포함수 $F$는 다음 성질을 만족한다.

(i) $F(-\infty)=0,\ F(\infty)=1,\ 0 \leq F(x) \leq 1$

(ii) $P(a < X \leq b)=F(b)-F(a)$

**예 2-3** 두 개의 동전을 던지는 시행에서 앞면이 나오는 횟수를 $X$라 할 때 누적 분포함수를 구하여라.

**풀이** $F(0)=P(X\le 0)=P(X=0)=\dfrac{1}{4}$

$F(1)=P(X\le 1)=P(X=0)+P(X=1)$

$\quad =\dfrac{1}{4}+\dfrac{2}{4}=\dfrac{3}{4},$

$F(2)=P(X\le 2)$

$\quad =P(X=0)+P(X=1)+P(X=2)=1,$

$F(a)=\sum_{x\le a} f(x)$ (이산분포인 경우)

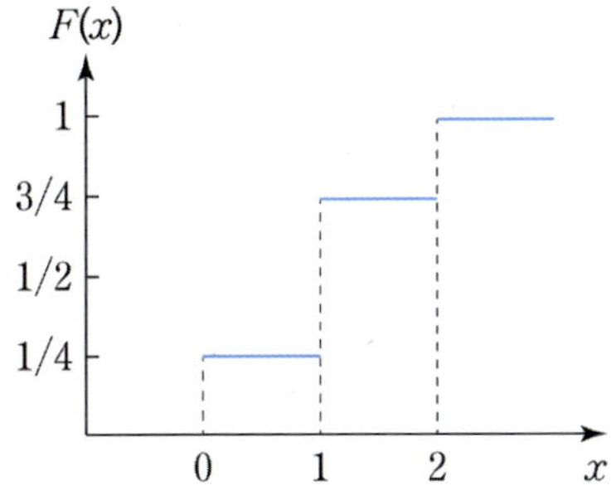


---

**예 2-4** 확률변수 $X$의 확률질량함수가

$f(x)=P(X=x)=c(x-4),\ x=0,1,2$일 때 다음을 구하여라.

(1) $c$

(2) $P(X>2)$

(3) $F(x)$

**풀이** (1) $\sum_{x=0}^{2} c(x-4)=-9c=1$에서 $c=-\dfrac{1}{9}$

(2) $P(X>1)=P(X=2)=\dfrac{2}{9}$

(3) $F(x)=P(X\le x)=\sum_{t=0}^{x}-\frac{1}{9}(t-4)=\begin{cases}0, & x<0\\ \frac{4}{9}, & 0\le x<1\\ \frac{7}{9}, & 1\le x<2\\ 1, & x\ge 2\end{cases}$

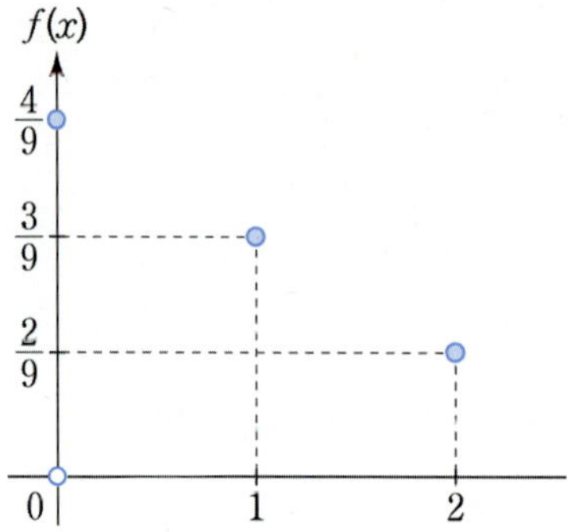


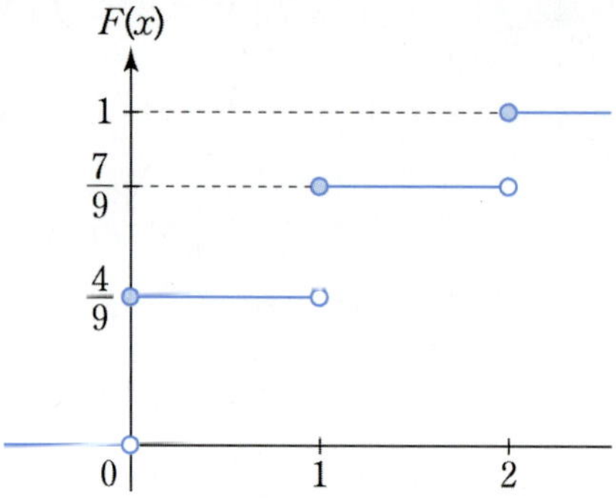


---

**예 2-5** 확률변수 $X$의 확률질량함수가

$f(x)=c\left(\frac{2}{3}\right)^x$, $x=1, 2, 3, \cdots$일 때 다음을 구하여라.

(1) $c$

(2) $P(X>2)$

(3) $F(x)$

**풀이** (1) $\sum_{x=1}^{\infty}c\left(\frac{2}{3}\right)^x=c\frac{\frac{2}{3}}{1-\frac{2}{3}}=2c=1$에서 $c=\frac{1}{2}$

(2) $P(X>2)=1-P(X=1)-P(X=2)$

$$=1-\frac{1}{2}\left(\frac{2}{3}\right)-\frac{1}{2}\left(\frac{2}{3}\right)^2=\frac{4}{9}$$

(3) $F(x)=P(X\le x)=\sum_{t=1}^{x}\frac{1}{2}\left(\frac{2}{3}\right)^t=\frac{1}{2}\left(\frac{2}{3}+\left(\frac{2}{3}\right)^2+\cdots+\left(\frac{2}{3}\right)^x\right)$

$$=1-\left(\frac{2}{3}\right)^x$$

## 2.1.3 연속확률변수

$X$가 실수 전체 혹은 (수직선상의) 어느 구간에 포함되는 실수 전체의 값을 취하는 연속성을 가지는 확률변수인 경우 **연속확률변수**(continuous random variable)라고 한다.

$P(a \leq X \leq b)$는 아래 그림에서 음영부분으로 이해한다.

$$P(a \leq X \leq b) = \int_a^b f(x)dx$$

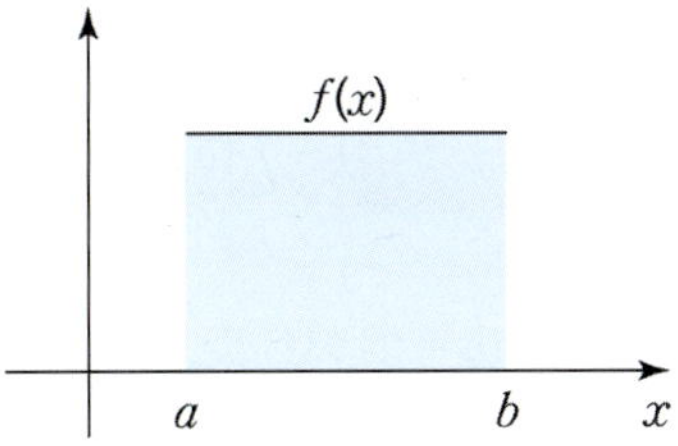


여기에서 $f$는 $X$의 **확률밀도함수**(probability density function)라 하고 다음 조건을 만족한다.

( i ) $f(x) \geq 0$

( ii ) $\int_{-\infty}^{\infty} f(x)dx = 1$

즉 $f$는 음이 아니고 $f(x)$가 그리는 그래프 밑에 있는 전체 영역의 넓이는 1이다. 연속확률변수의 누적분포함수(분포함수)는 다음과 같이 정의한다.

**정의 2-3 누적분포함수**

$F(x) = P(X \leq x) = \int_{-\infty}^{x} f(t)dt$일 때 $F(x)$는 누적분포함수라 한다.

분포함수 $F(x)$는 다음 성질을 만족한다.

( i ) $F(-\infty) = 0$, $F(\infty) = 1$, $0 \leq F(x) \leq 1$, $F(a) = \int_{-\infty}^{a} f(t)dt$

(ⅱ) $P(a < X \le b) = F(b) - F(a) = \int_a^b f(t)dt = P(a \le X \le b)$

(ⅲ) $F'(x) = f(x)$, 즉 $f$와 $F$의 관계는 미분적분 관계이다.

(ⅳ) $F(a)$는 증가함수이다($\because P(a) > 0$).

(ⅴ) $\lim_{a \to -\infty} F(a) = 0,\ \lim_{a \to \infty} F(a) = 1, 0 \le F(a) \le 1$

(ⅵ) $P(a < X \le b) = F(b) - F(a)$ (단 $a < b$)

$P(a \le X \le b) = F(b) - F(a) + f(a) = F(b) - F(a)$

($\because$ $X$는 연속확률변수)

$P(a \le X < b) = F(b) - F(a) + f(a) - f(b) = F(b) - F(a)$

($\because$ $X$는 연속확률변수)

$P(a < X < b) = F(b) - F(a) - f(b) = F(b) - F(a)$

($\because$ $X$는 연속확률변수)

$P(X = b) = F(b) - F(b-0)$이므로 $F(z)$가 $z = b$에서 연속이면

$P(X = b) = 0$

**예 2-6** $f(x) = \begin{cases} 1, & 0 \le x \le 1 \\ 0, & x < 0 \text{ 또는 } x > 1 \end{cases}$ 일 때 누적분포함수 $F(x)$를 구하여라.

**풀이** $0 < a \le 1,\ F(a) = \int_{-\infty}^{a} f(x)dx$

$$= \int_{-\infty}^{0} f(x)dx + \int_0^a f(x)dx$$

$$= \int_0^a 1dx = a$$

$a > 1,\ F(a) = \int_{-\infty}^{a} f(x)dx$

$$= \int_{-\infty}^{0} f(x)dx + \int_0^1 f(x)dx + \int_1^a f(x)dx$$

$$= \int_0^1 1dx = 1$$

$$F(x)=\begin{cases}0, & x \le 0\\ x, & 0 < x \le 1\\ 1, & x > 1\end{cases}$$

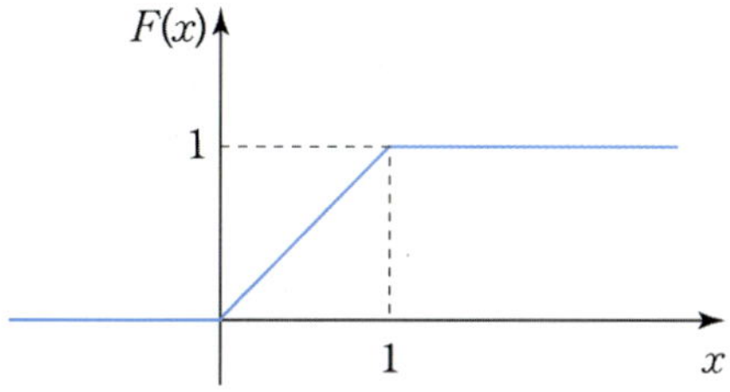


---

**예 2-7** $X$는 $f(x)=\begin{cases}cx, & 0 \le x \le 2\\ 0, & x < 0 \text{ 또는 } x > 2\end{cases}$ 분포를 갖는 연속확률변수라 하면 상수 $c$의 값을 구하고, 또 누적분포함수 $F(x)$를 구하여 $P(0 \le X \le 1)$을 구하여라.

**풀이** $f$는 연속확률변수이므로

$$\int_{-\infty}^{\infty} f(x)dx = \int_0^2 cx\,dx = \left[\frac{c}{2}x^2\right]_0^2 = 2c = 1$$

이다. 따라서 $c=\frac{1}{2}$이다. 누적분포함수 $F$는 다음과 같다.

$$F(x)=\begin{cases}0, & x < 0\\ \frac{1}{4}x^2, & 0 \le x \le 2\\ 1, & x > 2\end{cases}$$

여기에서 $0 \le x \le 2$이면 $F(x)=\int_0^x \frac{1}{2}t\,dt = \frac{1}{4}x^2$이다. 따라서

$$P(0 \le X \le 1) = F(1) - F(0) = \frac{1}{4}$$

**예 2-8** $X$의 분포함수가

$$F(x)=\begin{cases}0, & x<0\\ \frac{1}{2}x, & 0\le x<1\\ 1-\frac{1}{(2x)^2}, & x\ge 1\end{cases}$$

일 때 $P(X=0)$, $P(X=1)$, $P(X\ge 2)$를 구하여라.

**풀이** $P(X=0)=0$ ($\because$ $F(x)$는 $x-0$에서 연속이다)

$P(X-1)-F(1)-F(1-0)=\left(1-\frac{1}{4}\right)-\frac{1}{2}=\frac{1}{4}$

$$\begin{aligned}P(X\ge 2)&=1-P(X<2)\\&=1-[P(X\le 2)-P(X=2)]\\&=1-F(2)=\frac{1}{16}\end{aligned}$$ ($\because$ $F(x)$는 $x=2$에서 연속이다.)

---

**예 2-9** 어떤 조립기계 생산업자는 새로운 기계의 수명을 측정하는 함수로서 $f(x)=cxe^{-x}$, $x>0$일 때 다음을 구하여라.

(1) 확률밀도함수가 되기 위한 $c$값

(2) $P(X\ge 1)$

(3) 분포함수 $F(x)$

(4) $P(2<X<5)$

**풀이** (1) $\int_0^\infty cxe^{-x}dx=1$에서 $c=1$

(2) $P(X\ge 1)=\int_1^\infty xe^{-x}dx=2e^{-1}$

(3) $F(x)=\int_0^x f(t)dt=\int_0^x te^{-t}dt=1-(x+1)e^{-x}$, $x>0$

$$F(x)=\begin{cases}0, & x\le 0\\ 1-(x+1)e^{-x}, & x>0\end{cases}$$

(4) $X$는 연속확률변수이므로

$$\begin{aligned} P(2 < X < 5) &= F(5) - F(2) \\ &= (1 - 6e^{-5}) - (1 - 3e^{-2}) \\ &= 3e^{-2} - 6e^{-5} \\ &\approx 0.37 \end{aligned}$$

## 2.2 확률분포

### 2.2.1 이산분포

확률변수 $X$가 유한 개 또는 가산 무한개의 값 $x_1, x_2, \cdots$ (countable number)만을 취할 수 있을 때, 이 확률변수 $X$를 **이산확률변수**라 하고 $X$의 분포를 **이산분포**(discrete distribution)라 한다.

따라서 $P(x_i) = P(X = x_i) = f(x_i)$를 **확률질량함수**라 부르며 모든 $x_i$에 대하여

$$P(x_i) \geq 0, \quad \sum_{i=1}^{\infty} P(x_i) = 1, \quad F(a) = \sum_{x_i \leq a} P(x_i)$$

가 성립한다.

**예 2-10** $P(1) = \frac{1}{2}$, $P(2) = \frac{1}{3}$, $P(3) = \frac{1}{6}$일 때 누적분포함수를 구하여라.

**풀이**

$$F(a) = \begin{cases} 0, & a < 1 \\ P(1) = \frac{1}{2}, & 1 \leq a < 2 \\ P(1) + P(2) = \frac{5}{6}, & 2 \leq a < 3 \\ P(1) + P(2) + P(3) = 1, & a \geq 3 \end{cases}$$

(a) 베르누이분포(Bernoulli distribution)

**정의 2-4**

확률질량함수가 다음과 같을 때 확률변수 $X$를 베르누이확률변수라 하고 $X$의 분포를 베르누이분포라 한다.

$P(X=0)=P(0)=1-p$ (결과가 실패)

$P(X=1)=P(1)=p$ (결과가 성공)

NOTE (i) 두 개의 결과가 서로 배타적이고, 성공할 확률이 시행 때마다 똑같다.

(ii) $P(0)+P(1)=1,\ P(x)=f(x)=p^x(1-p)^{1-x},\ x=0, 1$

(b) 이항분포(Binomial distribution)

**정의 2-5**

확률질량함수가 다음과 같을 때 확률변수 $X$를 이항확률변수라 하고 $X$의 분포를 이항분포라 한다.

$$P(X=x)=\binom{n}{x}p^x(1-p)^{n-x},\quad x=0,1,\cdots,n$$

NOTE (i) $\sum_{x=0}^{\infty}P(x)=\sum_{x=0}^{n}\binom{n}{x}p^x(1-p)^{n-x}=(p+(1-p))^n=1$

(ii) $n$번 시행, 두 개의 결과, 독립시행

(iii) $n$이 충분히 크고 $p$가 충분히 작은 경우($np<5,\ n\ge 20$) 이항분포 $B(n, p)$는 포아송분포를 이용하여 근삿값을 구할 수 있다. 또 $n$이 충분히 크고 $p$가 0에 가깝지 않으면($np\ge 5$) 이항분포 $B(n, p)$는 정규분포를 이용하여 근삿값을 구할 수 있다.

**예 2-11** 공정한 동전을 4회 던졌을 때 2번의 앞면과 2번의 뒷면이 나올 확률을 구하여라.

**풀이** 앞면의 수를 $X$라 하면 이항분포이므로 $B\left(4, \frac{1}{2}\right)$이다. 따라서

$$P(X=2) = {}_4C_2\left(\frac{1}{2}\right)^2\left(\frac{1}{2}\right)^2 = \frac{3}{8}$$

---

**예 2-12** 주사위를 5번 던질 때 3의 눈이 3번 나올 확률을 구하여라.

**풀이** 매 시행마다 독립이고 3의 눈이 나올 확률은 $p = \frac{1}{6}$이다.

따라서 $B\left(5, \frac{1}{6}\right)$을 따르므로 $P(X=3) = {}_5C_3\left(\frac{1}{6}\right)^3\left(\frac{5}{6}\right)^2$이다.

---

**예 2-13** 주머니 안에 빨간 공 $a$개, 흰 공 $b$개가 들어 있다. 복원추출 $n$번 시행 중에서 빨간 공의 개수를 $X$라 하면 확률변수 $X$의 확률함수는?

**풀이** $X$는 이항분포 $B\left(n, \frac{a}{a+b}\right)$이다. 따라서

$$f(x) = \binom{n}{x}\left(\frac{a}{a+b}\right)^x\left(1-\frac{a}{a+b}\right)^{n-x}$$

$$= \binom{n}{x}\left(\frac{a}{a+b}\right)^x\left(\frac{b}{a+b}\right)^{n-x}, \quad x = 0, 1, 2, \cdots, n$$

(c) 기하분포(Geometric distribution)

**정의 2-6**

확률질량함수가 다음과 같을 때 확률변수 $X$를 기하확률변수라 하고 $X$의 분포를 기하분포라 한다.

$$P(X=n) = P(n) = p(1-p)^{n-1}, \quad n = 1, 2, 3, \cdots$$

즉 $(n-1)$번 시행이 실패이고 마지막 $n$번째 시행에서 성공한다.

NOTE (i) $\sum_{n=1}^{\infty} P(X=n) = p\sum_{n=1}^{\infty}(1-p)^{n-1} = p \times \frac{1}{1-(1-p)} = 1$

(ii) 누적분포함수 $F(x) = 1-(1-p)^x, \quad x = 1, 2, 3, \cdots$

**예 2-14** 사격자가 네 번째에 목표물을 명중할 확률을 구하여라. 단, 사격자가 매 시행마다 목표물에 명중할 확률은 각각 $\frac{1}{2}$이다.

**풀이** $P(X=4) = \left(1-\frac{1}{2}\right)^{4-1}\frac{1}{2} = \frac{1}{16}$

---

**예 2-15** 흰 공 10개, 검은 공 15개가 들어 있는 주머니에서 검은 공이 나올 때까지 복원추출할 때 다음을 구하여라.

(1) 10번째에 검은 공이 나올 확률

(2) 적어도 $k$회 추출해야 검은 공이 나올 확률

**풀이** (1) $P(X=10) = \left(\frac{10}{10+15}\right)^9\left(\frac{15}{10+15}\right)^1 = \left(\frac{2}{5}\right)^9\left(\frac{3}{5}\right)$

(2) $P(X \geq x) = P(X=k) + P(X=k+1) + \cdots, \quad x = k, k+1, \cdots$

$$= \left(\frac{2}{5}\right)^{k-1}\left(\frac{3}{5}\right)^1 + \left(\frac{2}{5}\right)^k\left(\frac{3}{5}\right)^1 + \cdots$$

$$= \left(\frac{3}{5}\right)\sum_{i=k}^{\infty}\left(\frac{2}{5}\right)^{i-1} = \left(\frac{3}{5}\right)\cdot\left(\frac{\left(\frac{2}{5}\right)^{k-1}}{1-\frac{2}{5}}\right)$$

$$= \left(\frac{2}{5}\right)^{k-1}$$

(d) 초기하분포(Hypergeometric distribution)

**정의 2-7**

확률질량함수가 다음과 같을 때 확률변수 $X$를 초기하확률변수라 하고 $X$의 분포를 초기하분포라 한다.

$$f(x) = P(X=x) = \frac{\binom{b}{x}\binom{w}{n-x}}{\binom{b+w}{n}},$$

$$\max(0, n-w) \le x \le \min(b, n)$$

**예 2-16** 검은 공 5개, 흰 공 4개가 들어 있는 주머니에서 3개의 공을 비복원추출할 때 검은 공이 2개 나올 확률을 초기하분포를 이용하여 구하여라.

**풀이** $P(X=2) = \dfrac{\binom{5}{2}\binom{4}{1}}{\binom{9}{3}} = \dfrac{10}{21}$

(e) 포아송분포(Poisson distribution)

**정의 2-8**

임의의 양수 $\lambda > 0$에 대하여 확률질량함수가 다음과 같을 때 확률변수 $X$를 포아송확률변수라 하고 $X$의 분포를 포아송분포라 한다.

$$P(X=x) = P(x) = e^{-\lambda}\frac{\lambda^x}{x!}, \quad x = 0, 1, 2, \cdots$$

NOTE (ⅰ) 이항분포에서 $p$가 매우 작고 $n$이 크면 계산이 복잡하여 포아송분포에 근사시켜 계산한다. (실제 많은 문제에서 $p \to 0$, $n \to \infty$ 이면, 즉 $np \le 5$, $n \ge 20$인 경우 적용한다.) $X$가 이항분포 $B(n, p)$이면 $\lambda = np$로 놓자. 그러면 다음 근사식이 성립한다.

$$\begin{aligned} P(X=x) &= \binom{n}{x} p^x (1-p)^{n-x} \\ &= \frac{n!}{(n-x)!x!} p^x (1-p)^{n-x} \\ &= \frac{n!}{(n-x)!x!} \left(\frac{\lambda}{n}\right)^x \left(1-\frac{\lambda}{n}\right)^{n-x} \\ &= \frac{n(n-1)\cdots(n-x+1)}{n^x} \frac{\lambda^x}{x!} \frac{\left(1-\frac{\lambda}{n}\right)^n}{\left(1-\frac{\lambda}{n}\right)^x} \\ &\cong e^{-\lambda} \frac{\lambda^x}{x!} \end{aligned}$$

($\because$ $p \to 0$, $n \to \infty$ 이면

$$\left(1-\frac{\lambda}{n}\right)^n \cong e^{-\lambda}, \left(1-\frac{\lambda}{n}\right)^x \cong e^{-\frac{\lambda x}{n}} \cong 1,$$

$$\frac{n(n-1)\cdots(n-x+1)}{n^x} \cong 1)$$

(ⅱ) $\sum_{x=0}^{\infty} P(x) = \sum_{x=0}^{\infty} e^{-\lambda} \frac{\lambda^x}{x!} = e^{-\lambda} \sum_{x=0}^{\infty} \frac{\lambda^x}{x!} = e^{-\lambda} e^{\lambda} = 1$

(ⅲ) 특성

① 희귀분포(rare distribution)($\because$ $p \to 0$)

② 독립성 : 겹치지 않은 시간이나 구간에서 서로 독립

③ 비집락성 : 단위구간에서 두 번 이상 발생하지 않음.

④ 비례성 : 단위구간에서 사건의 평균 발생횟수가 일정하고 시간이 공간에 변화하지 않음.

(ⅳ) 예제

① 일정한 시간 동안 어떤 식당에 오는 손님의 수

② 일정한 시간 동안 방사성 물질로부터 방출되는 특정한 입자의 수

③ 일정한 크기의 옷감에서 발견되는 결점의 수
④ 일정한 시간 내의 걸려오는 교환대의 발신음 수
⑤ 단위길이의 전선줄에 나타나는 흠의 수
⑥ 일주일 동안에 보험회사에서 접수되는 사망 보험금 청구건수
⑦ 백과사전 한 페이지에 나타나는 오자의 수

**예 2-17** 세 쌍둥이가 탄생할 확률이 0.0001이라 할 때 10000명의 신생아 중에서 적어도 4쌍 이상이 세 쌍둥이일 확률을 구하여라.

**풀이** 세 쌍둥이 수 $X$는 이항분포 $B(10000,\ 0.0001)$이고 $np=1,\ n=10000$이므로

$$P(X \geq 4) = \sum_{x=4}^{10000} \binom{10000}{x} (0.0001)^x (0.9999)^{10000-x}$$

이지만 계산이 복잡하므로 포아송분포로 근사하여 구한다.

$$\lambda = np = 1,$$

$$P(X \geq 4) = \sum_{x=4}^{\infty} e^{-1} \frac{1^x}{x!} = 1 - \sum_{x=0}^{3} e^{-1} \frac{1}{x!} = 0.019 \text{ (부록 이용)}$$

---

**예 2-18** 공장에서 생산된 물품의 2%가 불량품이라 하면 100개의 물품 중 3개가 불량품일 확률을 구하여라.

**풀이** 불량품 개수 $X$는 이항분포 $B(100,\ 0.02)$임을 알 수 있다. $np=100\times 0.02=2<5$ 이므로 포아송 근사 $\lambda=np=2$를 이용하여 구한다.

$$P(X=3) = \frac{e^{-2}2^3}{3!} = 0.18$$

---

**예 2-19** 어떤 책의 한 페이지당 오자의 수는 $\lambda=1$인 포아송분포라 하자. 이때 한 페이지에 적어도 하나의 오자를 발견할 확률을 구하여라.

**풀이** $P(X \geq 1) = 1 - P(X=0) = 1 - e^{-1}\frac{1^0}{0!} = 1 - e^{-1} = 0.63$

**예 2-20** 하루에 고속도로에서 발생하는 교통사고의 수는 $\lambda = 3$인 포아송분포라 가정하자. 이때 오늘 사고가 일어나지 않을 확률을 구하여라.

**풀이** $P(X=0) = e^{-3}\dfrac{3^0}{0!} = 0.05$

**NOTE** 포아송 과정은 수리가 가능한 시스템의 고장시간에 대한 중요한 모형이다.

$X$ : 제조품 중의 불량품 수(예 : 냉장고 문 고장률)

$\lambda$ : 많은 냉장고 문을 조사하여 결정 $\lambda > 0$

$\lambda = E(X) = np =$ 기댓값

---

**예 2-21** 1피트 전선에 정확히 하나의 흠이 있을 확률은 $\dfrac{1}{1000}$이다. 실제로 2개 이상의 흠이 있을 확률은 0이라 하자. 겹치지 않은 구간에서 흠의 개수가 확률적으로 독립이라 가정하면 3000피트의 전선에 정확하게 5개의 흠이 있을 확률을 구하여라.

**풀이** $P(X) = \dfrac{1}{1000}$ 이고 $X = 3000$ 이면

$E(X) = 3000 \times \dfrac{1}{1000} = 3 = \lambda$

이다. 따라서 $\lambda = 3$ 인 포아송분포를 근사적으로 따른다.

$P(X\ = 5) = 3^5 \dfrac{e^{-3}}{5!} = P(X \le 5) - P(X \le 4) = 0.101$ (부록 이용)

## 2.2.2 연속분포

시간, 높이, 무게와 같은 측정값은 어떤 구간에 있는 값이다(연속개념). 이런 값들은 연속성의 구간 위에서 모든 점을 가질 수 있다. 그 특성은 다음과 같다.

(ⅰ) $P[X \in (-\infty, \infty)] = \int_{-\infty}^{\infty} f(x)dx = 1$ (즉, 넓이 $= 1$)

(ⅱ) $P(a \le X \le b) = \int_a^b f(x)dx$

(iii) $f(x) \geq 0$

(iv) $P(a \leq X \leq b) = P(a < X \leq b) = P(a < X < b) = P(a \leq X < b)$

$\left(\because\ P(X=a) = \int_a^a f(x)dx = 0\right)$

(v) $F(a) = P[X \in (-\infty, a]] = \int_{-\infty}^{a} f(x)dx$

(vi) $F'(x) = f(x),\ F(x) = \int_{-\infty}^{x} f(t)dt$

(a) 균등분포(Uniform distribution)

**정의 2-9**

확률밀도함수가 다음과 같을 때 확률변수 $X$를 구간 $(a, b)$에서 **균등확률변수**라 하고 $X$의 분포를 **균등분포**라 한다.

$$f(x) = P(x) = \begin{cases} \dfrac{1}{b-a}, & a < x < b \\ 0, & \text{그 밖에} \end{cases}$$

NOTE (i) $f(x) \geq 0$

(ii) $\int_{-\infty}^{\infty} f(x)dx = \int_a^b \frac{1}{b-a}dx = 1$

**예 2-22** $X$는 구간 $[0, 10]$에서 균등하게 분포되어 있을 때 다음 확률을 구하여라.

(1) $P(2 < X < 9)$ (2) $P(X < 5)$ (3) $P(X > 6)$

**풀이** $X$의 누적분포함수(c.d.f) $F(x)$는 다음과 같다.

$$F(x) = \begin{cases} 0, & x < 0 \\ \dfrac{x}{10}, & 0 < x < 10 \\ 1, & x \geq 10 \end{cases} \quad \left(\because\ F(x) = \int_0^x f(t)dt = \int_0^x \frac{1}{10}dt = \frac{x}{10}\right)$$

그러므로

(1) $P(2 < X < 9) = F(9) - F(2) = \frac{9}{10} - \frac{2}{10} = \frac{7}{10}$

(2) $P(X < 5) = F(5) = \frac{5}{10} = \frac{1}{2}$

(3) $P(X > 6) = 1 - F(6) = 1 - \frac{6}{10} = \frac{2}{5}$

---

**예 2-23** $X$는 구간 $[0, 10]$에서 균등하게 분포되어 있을 때 다음 확률을 구하여라.

(1) $P(X < 3)$ (2) $P(X > 7)$ (3) $P(1 < X < 6)$ (4) $F(x)$

**풀이** (1) $P(X < 3) = \int_0^3 \frac{1}{10-0} dx = \frac{3}{10}$

(2) $P(X > 7) = \int_7^{10} \frac{1}{10-0} dx = \frac{3}{10}$

(3) $P(1 < X < 6) = \int_1^6 \frac{1}{10-0} dx = \frac{1}{2}$

(4) $F(x) = \int_{-\infty}^{x} f(y)dy = \begin{cases} 0, & x < 0 \\ \frac{x}{10}, & 0 \le x < 10 \\ 1, & x \ge 10 \end{cases}$

(b) 지수분포(Exponential distribution)

**정의 2-10**

확률밀도함수가 다음과 같을 때 확률변수 지수확률변수라 하고 $X$의 분포를 지수분포라 한다.

$$f(x) = \begin{cases} \lambda e^{-\lambda x}, & x \ge 0 \\ 0, & x < 0 \end{cases} \text{ (단, } \lambda > 0)$$

**NOTE** (i) $\int_{-\infty}^{\infty} f(x)dx = \int_0^{\infty} \lambda e^{-\lambda x} dx = \lambda \frac{1}{-\lambda} e^{-\lambda x} \Big|_0^{\infty} = 1$

(ii) $F(x)=\int_{-\infty}^{x} f(y)dy=\begin{cases}1-e^{-\lambda x}, & x\geq 0\\ 0, & x<0\end{cases}$

(iii) 지수분포는 수명분포로서 기계가 이미 $t$시간 동안 작동되었다고 가정할 때, 적어도 $s+t$시간 동안 작동할 기계의 확률은 적어도 $s$시간 동안 기계가 작동할 확률과 같은 무기억성(memoryless)의 특성이 있다. 즉

$$P(X>s+t\,|\,X>t)=P(X>s)$$

**예 2-24** 확률변수 $X$가 누적분포함수 $F(x)=1-e^{-0.1x}$를 가질 때 다음을 구하여라.

(1) $P(4\leq X\leq 5)$ (2) $f(x)$

**풀이** (1) $P(4\leq X\leq 5)=F(5)-F(4)$

$$=(1-e^{-0.5})-(1-e^{-0.4})$$

$$=e^{-0.4}-e^{-0.5}$$

(2) $f(x)=\dfrac{d}{dx}F(x)=0.1e^{-0.1x}$

---

**예 2-25** TV수상기의 평균수명은 8년인 지수분포를 따른다. 어떤 사람이 8년 전에 TV수상기를 샀다면, 그 수상기가 다시 8년을 사용할 수 있는 확률을 구하여라.

**풀이** $P(X>16\,|\,x>8)=P(X>8)=1-P(X\leq 8)$

$$=1-\left[1-e^{-\frac{1}{8}\cdot 8}\right]$$

$$=e^{-1}\cong 0.37$$

($\because$ 평균수명 $E(X)=\dfrac{1}{\lambda}=8$)

(c) 감마분포(Gamma distribution)

**정의 2-11**

확률밀도함수가 다음과 같을 때 확률변수 $X$를 감마확률변수라 하고 $X$의 분포를 감마분포라 한다.

$$f(x) = \begin{cases} \dfrac{\lambda^{\alpha} x^{\alpha-1} e^{-\lambda x}}{\Gamma(\alpha)}, & x \geq 0 \\ 0, & x < 0 \end{cases}$$

NOTE (i) $\Gamma(\alpha) = \int_0^{\infty} e^{-x} x^{\alpha-1} dx$, $\Gamma(n) = (n-1)!$,

$\Gamma(n) = (n-1)\Gamma(n-1)$, $\Gamma\left(\frac{1}{2}\right) = \sqrt{\pi}$

(ii) 만일 $\alpha = 1$이면 $f(x)$는 지수확률변수의 확률밀도함수이다.

(iii) 만일 $X_1 \sim \Gamma(\alpha_1, \lambda)$와 $X_2 \sim \Gamma(\alpha_2, \lambda)$가 독립이면

$$X_1 + X_2 \sim \Gamma(\alpha_1 + \alpha_2, \lambda)$$

**예 2-26** 확률변수 $X$가 $\alpha = 2$, $\lambda = 1$인 감마분표 $G(2, 1)$를 따른다고 할 때 $P(X \geq 1)$을 구하여라.

**풀이** $X \sim G(2, 1)$이면 확률밀도함수

$$f(x) = \begin{cases} \dfrac{xe^{-x}}{\Gamma_{(2)}}, & x \geq 0 \\ 0, & x < 0 \end{cases}$$

$$\begin{aligned} P(X \geq 1) &= 1 - P(X < 1) = 1 - \int_0^1 \frac{x \cdot e^{-x}}{\Gamma_{(2)}} dx \\ &= 1 - \left\{ \left[-xe^{-x}\right]_0^1 + \int_0^1 e^{-x} dx \right\} \\ &= 2e^{-1} \end{aligned}$$

(d) **정규분포**(Normal distribution)

**정의 2-12**

확률밀도함수가 다음과 같을 때 확률변수 $X$를 **정규확률변수**라 하고 $X$의 분포를 **정규분포**라 한다.

$$f(x) = \frac{1}{\sqrt{2\pi}\,\sigma} e^{-\frac{(x-\mu)^2}{2\sigma^2}}, \quad \mu : \text{평균}, \ \sigma : \text{표준편차}$$

정규분포는 통계학에 있어서 가장 중요한 분포로, 1733년 **드무아브르**(De Moivre)에 의하여 이항확률변수의 합의 근사분포로 처음 발표되었다.

정규분포는 **가우스 분포**(Gaussian distribution)라고도 한다. 정규분포의 평균은 $\mu$이고 분산은 $\sigma^2$이므로 $N(\mu, \sigma^2)$으로 표시한다. $N(0, 1)$은 **표준정규분포**라 부르며 이 책에서는 확률변수 $Z$를 사용한다. 임의의 정규확률변수 $X \sim N(\mu, \sigma^2)$은 표준정규확률변수 $Z \sim N(0, 1)$로 변환하여 뒤에 있는 부록표를 이용하여 확률값을 계산한다. 정규분포는 평균 $\mu$와 표준편차 $\sigma$에 의하여 완전히 결정되므로 평균을 0으로 이동하고 표준편차 $\sigma$로 나누면 표준정규분포에 일치한다. 즉

$$X \sim N(\mu, \sigma^2) \Rightarrow Z = \frac{X-\mu}{\sigma} \sim N(0, 1)$$

관계식 $X = \sigma Z + \mu$

실험실 측정에서 발생하는 오류, 숲 속에 있는 나무의 분포, 하늘에 있는 별들의 분포, 즉 자연적인 분포는 정규분포를 따른다. 그 특성은 다음과 같다.

(i) $f(x)$는 종 모양으로 $x = \mu$축에 좌우대칭이고 최댓값은 $\frac{1}{\sqrt{2\pi}\,\sigma}$이다.

(ii) $X = \mu \pm 3\sigma$에서 거의 $x$축과 접한다.

(iii) $\sigma$값이 크면 넓고 완만한 곡선을 이루고 작으면 좁고 높은 곡선을 이룬다.

(iv) $N(\mu, \sigma^2)$에서 평균 $E(X) = \mu$, 분산 $\mathrm{Var}(X) = \sigma^2$이다.

(v) 이항분포 $B(n, p)$에서 $n$이 크고 $p$가 0에 가깝지 않으면($np>5$, $n(1-p)>5$), 정규분포를 이용하여 근삿값을 구한다.

**예 2-27** 확률변수 $X$가 $N(20, 5^2)$일 때 다음을 구하여라.

(1) $P(X \geq 30)$ (2) $P(X < 15)$ (3) $P(10 < X < 25)$

**풀이** (1) $P(X \geq 30) = P\left(\frac{X-20}{5} \geq \frac{30-20}{5}\right)$

$$= P(Z \geq 2)$$

$$= 1 - P(Z < 2) = 1 - 0.9772 = 0.0228$$

(2) $P(X < 15) = P\left(\frac{X-20}{5} < \frac{15-20}{5}\right)$

$$= P(Z < -1) = 1 - P(Z \leq 1)$$

$$= 1 - 0.8413 = 0.1587$$

(3) $P(10 < X < 25) = P\left(\frac{10-20}{5} < \frac{X-20}{5} < \frac{25-20}{5}\right)$

$$= P(-2 < Z < 1)$$

$$= P(Z < 1) - P(Z < -2)$$

$$= P(Z < 1) - (1 - P(Z \leq 2))$$

$$= 0.8413 - (1 - 0.9772) = 0.8185$$

**NOTE** $P(\mu - \sigma \leq X \leq \mu + \sigma) = P(-1 \leq Z \leq 1) = 0.683$

$P(\mu - 2\sigma \leq X \leq \mu + 2\sigma) = P(-2 \leq Z \leq 2) = 0.954$

$P(\mu - 3\sigma \leq X \leq \mu + 3\sigma) = P(-3 \leq Z \leq 3) = 0.997$

$P(\mu - 1.96\sigma \leq X \leq \mu + 1.96\sigma) = P(-1.96 \leq Z \leq 1.96) = 0.95$

$P(\mu - 2.586\sigma \leq X \leq \mu + 2.586\sigma) = P(-2.586 \leq Z \leq 2.586) = 0.99$

---

**예 2-28** 어느 대학교의 학생의 키는 평균 171cm이고 표준편차 5인 정규분포를 따른다. 한 학생을 임의로 뽑았을 때 그 학생의 키가 165cm보다 작을 확률을 구하여라.

**풀이** $X \sim N(171, 5^2)$이므로

$$Z = \frac{X - 171}{5} \sim N(0, 1)$$

이다. 그러므로

$$\begin{aligned} P(X < 165) &= P\left(Z < \frac{165-171}{5}\right) \\ &= P(Z < -1.2) = 1 - P(Z \leq 1.2) \\ &= 0.1151 \end{aligned}$$

---

**예 2-29** 통계학 시험 점수는 평균 76이고 표준편차 15인 정규분포를 따른다. 학생의 상위 15%가 A학점을 받고 하위 10%가 F학점을 받는다고 할 때 다음을 구하여라.

(1) A학점의 최소 점수

(2) F학점의 최대 점수

**풀이** $X \sim N(76, 15^2)$

(1) $P(X \geq a) = P\left(Z \geq \dfrac{a-76}{15}\right) = 0.15$이므로

$\dfrac{a-76}{15} = 1.04$에서 $a = 91.6 \cong 92$점

(2) $P(X \leq b) = P\left(Z \leq \dfrac{b-76}{15}\right) = 0.1$이므로

$\dfrac{b-76}{15} = -1.29$에서 $b = 56.65 \cong 57$점

---

**예 2-30** 어느 방송국의 연속극 시청률이 20%이였다. 프로그램을 새 편성한 후에 100명의 시청자를 임의로 뽑아 이 연속극의 시청 여부를 질문하였다.

(1) 이 연속극의 시청률이 전과 동일하다면 100명 중 15명 이하가 시청할 확률을 구하여라.

(2) 시청자가 25명보다 많은 확률을 구하여라.

**풀이** 이 분포는 이항분포 $B\left(100, \dfrac{1}{5}\right)$이고

$$np = 20 > 5, \quad n(1-p) = 80 > 5$$

이므로 정규분포로 쉽게 근삿값을 구할 수 있다. 즉

$$B(n,\, p) \sim N(np,\, npq)$$

이므로 $B\left(100,\ \dfrac{1}{5}\right) \sim N(20,\ 4^2)$.

$$\begin{aligned} P(X \le 15) &\cong P\left(Z \le \frac{15.5-20}{4}\right) \\ &= P(Z \le -1.125) \\ &= 1 - P(Z \le 1.125) \\ &= 1 - 0.8697 = 0.1303 \end{aligned}$$

(15.5로 계산하는 것은 15를 포함하여 근삿값을 구한다.)

$$\begin{aligned} P(X > 25) &\cong P\left(Z > \frac{25.5-20}{4}\right) \\ &= P(Z > 1.375) = 1 - P(Z < 1.375) \\ &= 1 - 0.9155 = 0.0845 \end{aligned}$$

(25.5로 계산하는 것은 25를 포함하지 않고 근삿값을 구한다.)

## 2.3 결합확률분포

**정의 2-13**

두 개 이상의 확률변수가 동시에 취하는 여러 가지 값들에 확률을 대응시켜주는 관계를 **결합확률분포**(joint probability distribution)라 한다. 또 결합확률분포로부터 얻어진 한 확률변수의 분포를 **주변확률분포**(marginal probability distribution)라 한다.

결합(누적)분포함수(joint cumulative prob. dist. function)

$$F(a, b) = P(X \le a,\ Y \le b), \quad -\infty < a, b < \infty$$

주변확률분포(marginal prob. dist.)

$$F_X(a) = P(X \le a) = P(X \le a,\ Y < \infty) = F(a, \infty)$$

$$F_Y(b) = P(Y < b) = P(X < \infty,\ Y \le b) = F(\infty, b)$$

어느 지역의 한 가구의 TV 수와 자동차 수는 다음과 같은 확률관계를 가진다면, 각각의 주변확률분포는 다음과 같다.

**| 결합확률분포표 |**

| 자동차 수($Y$) \ TV 수($X$) | 1 | 2 | 3 | 4 | 계 |
|---|---|---|---|---|---|
| 0 | 0.20 | 0.15 | 0.10 | 0.00 | 0.45 |
| 1 | 0.10 | 0.20 | 0.07 | 0.03 | 0.40 |
| 2 | 0.04 | 0.05 | 0.04 | 0.02 | 0.15 |
| 계 | 0.34 | 0.40 | 0.21 | 0.05 | 1 |

▌$X$의 주변확률분포표▐

| $X$ | 1 | 2 | 3 | 4 |
|---|---|---|---|---|
| $P(X=x)$ | 0.34 | 0.40 | 0.21 | 0.05 |

▌$Y$의 주변확률분포표▐

| $Y$ | 0 | 1 | 2 |
|---|---|---|---|
| $P(Y=y)$ | 0.45 | 0.40 | 0.15 |

결합확률질량함수와 주변확률질량함수

$$P_{X,Y}(x, y) = P(X=x, Y=y)$$
$$P_X(x) = \sum_{y;\, P(x,\, y) \geq 0} P(x, y) = \sum_y f(x, y)$$
$$P_Y(y) = \sum_{x\,:\, P(x,\, y) \geq 0} P(x, y) = \sum_x f(x, y)$$

결합확률밀도함수와 주변확률밀도함수

$$P(X \in A,\ Y \in B) = \int_B \int_A f(x, y)\,dx\,dy$$
$$= \int_A \left( \int_B f(x, y)\,dy \right) dx$$

$$P(X \in A) = \int_A f_X(x)\,dx,\ P(Y \in B) = \int_B f_Y(y)\,dy$$

단, $f_X(x) = \int_{-\infty}^{\infty} f(x, y)\,dy,\ f_Y(y) = \int_{-\infty}^{\infty} f(x, y)\,dx$

NOTE (ⅰ) $f(x, y) \geq 0$

(ⅱ) $\int_{-\infty}^{\infty} \int_{-\infty}^{\infty} f(x, y)\,dx\,dy = 1$

**예 2-31** 확률벡터 $(X_1, X_2)$가 이산이고, 그 값은 0, 1, 2 이며 결합분포 $P(i, j) = P(X_1 = i,\ X_2 = j)$는 다음과 같다.

$$P(0, 0) = 0.15,\ P(0, 1) = 0.2,\ P(0, 2) = 0.1,$$
$$P(1, 0) = 0.2,\ P(1, 1) = 0.05,\ P(1, 2) = 0.15,$$
$$P(2, 0) = 0.05,\ P(2, 1) = 0.05,\ P(2, 2) = 0.05$$

이때 주변확률분포를 구하고 아래 확률을 구하여라.

(1) $P(X_1 \leq 1.8,\ X_2 \leq 0.7)$

(2) $P(1 \leq X_1 < 2,\ 0.7 \leq X_2 < 1.6)$

(3) $P(X_1 + X_2 = 2)$

(4) $P(X_1 = 2 | X_2 \geq 1)$

**풀이** 주변확률분포

$P(X_1 = 0) = 0.45,\ P(X_1 = 1) = 0.4,\ P(X_1 = 2) = 0.15$

$P(X_2 = 0) = 0.4,\ P(X_2 = 1) = 0.3,\ P(X_2 = 2) = 0.3$

(1) $P(X_1 \leq 1.8,\ X_2 \leq 0.7)$

$$= P(X_1 = 0,\ X_2 = 0) + P(X_1 = 1,\ X_2 = 0)$$
$$= 0.35$$

(2) $P(1 \leq X_1 < 2,\ 0.7 \leq X_2 < 1.6) = P(X_1 = 1,\ X_2 = 1) = 0.05$

(3) $P(X_1 + X_2 = 2)$

$$= P(X_1 = 0,\ X_2 = 2) + P(X_1 = 1,\ X_2 = 1) + P(X_1 = 2,\ X_2 = 0)$$
$$= 0.2$$

(4) $P(X_1 = 2 | X_2 \geq 1)$

$$= \frac{P(X_1 = 2,\ X_2 \geq 1)}{P(X_2 \geq 1)}$$
$$= \frac{P(X_1 = 2,\ X_2 = 1) + P(X_1 = 2,\ X_2 = 2)}{P(X_2 = 1) + P(X_2 = 2)}$$
$$= \frac{0.05 + 0.05}{0.3 + 0.3} = \frac{1}{6}$$

**예 2-32** $X$와 $Y$의 결합확률질량함수가 아래와 같을 때, 다음을 구하라.

$f(x, y) = c(x+y),\ x = 0, 1, 2,\ y = 0, 1, 2$

(1) $c$

(2) $f_X(1)$

(3) $P(0 < X < 2,\ Y \geq 1)$

(4) $P(X > Y)$

(5) $P(X + Y \geq 3)$

(6) $P(0 \leq X \leq 1 \mid Y \geq 1)$

**풀이** (1) $\sum_{x=0}^{2}\sum_{y=0}^{2} f(x, y) = 18c = 1$에서 $c = \frac{1}{18}$

(2) $f_X(x) = \sum_{y=0}^{2} \frac{1}{18}(x+y) = \frac{1}{6}(x+1)$에서 $f_X(1) = \frac{1}{3}$

(3) $P(0 < X < 2,\ Y \geq 1) = P(1, 1) + P(1, 2) = \frac{5}{18}$

(4) $P(X > Y) = P(1, 0) + P(2, 0) + P(2, 1) = \frac{1}{3}$

(5) $P(X + Y \geq 3) = P(1, 2) + P(2, 1) + P(2, 2) = \frac{5}{9}$

(6) $P(0 \leq X \leq 1 \mid Y \geq 1)$

$$= \sum_{x=0}^{1} P(x \mid Y \geq 1) = \frac{P((0,1), (0,2), (1,1), (1,2))}{P_Y(Y \geq 1)} = \frac{8}{15}$$

$\left(\because\ P_Y(y) = \sum_{x=0}^{2} \frac{1}{18}(x+y) = \frac{y+1}{6},\ y = 0, 1, 2\right.$

$\left. P_Y(Y \geq 1) = P_Y(1) + P_Y(2) = \frac{5}{6}\right)$

---

**예 2-33** $X_1$과 $X_2$의 결합확률질량함수가 다음과 같을 때 아래 확률을 구하여라.

$$f(x_1, x_2) = \begin{cases} \frac{x_1 + x_2}{21}, & x_1 = 1, 2, 3,\ x_2 = 1, 2 \\ 0, & \text{그 밖에} \end{cases}$$

(1) $P(X_1 = 3)$ (2) $P(X_2 = 2)$ (3) $f_1(3)$ (4) $f_2(2)$

**풀이** (1) $P(X_1 = 3) = f(3, 1) + f(3, 2) = \frac{3}{7}$

(2) $P(X_2 = 2) = f(1, 2) + f(2, 2) + f(3, 2) = \frac{4}{7}$

(3) $f_1(x_1) = \sum_{x_2 = 1}^{2} \frac{x_1 + x_2}{21} = \frac{2x_1 + 3}{21} \quad (x_1 = 1,\ 2,\ 3),$

$f_1(3) = \frac{3}{7}$

(4) $f_2(x_2) = \sum_{x_1 = 1}^{3} \frac{x_1 + x_2}{21} = \frac{6 + 3x_2}{21} \quad (x_2 = 1,\ 2),$

$f_2(2) = \frac{4}{7}$

**NOTE** (i) $P(X_1 = 3) = f_1(3),\ P(X_2 = 2) = f_2(2)$

(ii) $f(x_2 | x_1) = \frac{f(x_1, x_2)}{f_1(x_1)},\ f_1(x_1) > 0$

$$\int_{-\infty}^{\infty} f(x_2 | x_1) dx_2 = \int_{-\infty}^{\infty} \frac{f(x_1, x_2)}{f_1(x_1)} dx_2$$

$$= \frac{1}{f_1(x_1)} \int_{-\infty}^{\infty} f(x_1, x_2) dx_2$$

$$= \frac{f_1(x_1)}{f_1(x_1)} = 1$$

(iii) $P(a < X_2 < b | X_1 = x_1) = \int_a^b f(x_2 | x_1) dx_2$

(iv) $X_1, X_2, \cdots, X_n$ 의 결합확률밀도함수가 $f(x_1, x_2, \cdots, x_n)$일 때

$$P(a < X_1 < b) = \int_a^b f_1(x_1) dx_1.$$

(단, $f_1(x_1) = \int_{-\infty}^{\infty} \int_{-\infty}^{\infty} \cdots \int_{-\infty}^{\infty} f(x_1, x_2, \cdots, x_n) dx_2 \cdots dx_n$)

(v) $X_1$과 $X_2$ 독립 $\Leftrightarrow$

$$P(a < X_1 < b, c < X_2 < d) = P(a < X_1 < b) P(c < X_2 < d)$$

**예 2-34** $X_1$, $X_2$가 연속확률변수로서 다음과 같은 확률밀도함수를 가질 때 아래 확률을 구하여라.

$$f(x_1,\ x_2) = \begin{cases} e^{-(x_1+x_2)}, & x_1,\ x_2 \ge 0 \\ 0, & \text{그 밖에} \end{cases}$$

(1) $P(X_1 > 2,\ X_2 > 1)$

(2) $P(X_1 > 2 | X_2 > 1)$

(3) $P(X_1 > X_2 | 2X_1 > X_2)$

(4) $P(X_1 + X_2 < 2)$

**풀이** 만일 $f(x,\ y) = f_X(x) f_Y(y)$이면 $X$와 $Y$는 연속확률변수에서 독립이다. 만일 $P(x,\ y) = P_X(x) P_Y(y)$이면 $X$와 $Y$는 이산확률변수에서 독립이다. 따라서

$$f(x,\ y) = e^{-(x+y)} = \int_{-\infty}^{\infty} e^{-(x+y)} dy \int_{-\infty}^{\infty} e^{-(x+y)} dx$$

$$= f_X(x) f_Y(y)$$

이므로 $X$와 $Y$는 독립이다.

(1) $P(X_1 > 2,\ X_2 > 1) = P(X_1 > 2) P(X_2 > 1)$

$$= \int_2^{\infty} e^{-x_1} dx_1 \int_1^{\infty} e^{-x_2} dx_2$$

$$= e^{-2} e^{-1} = e^{-3}$$

(2) $P(X_1 > 2 | X_2 > 1) = \dfrac{P(X_1 > 2,\ X_2 > 1)}{P(X_2 > 1)} = \dfrac{e^{-3}}{e^{-1}} = e^{-2}$

(3) $$P(X_1 > X_2 | 2X_1 > X_2) = \frac{P(X_1 > X_2,\ 2X_1 > X_2)}{P(2X_1 > X_2)}$$

$$= \frac{P(X_1 > X_2)}{P(2X_1 > X_2)}$$

$$= \frac{1}{2} \bigg/ \frac{2}{3} = \frac{3}{4}$$

$$(\because P(X_1 > X_2) = \int_0^{\infty}\int_0^{x_1} f(x_1, x_2)dx_2dx_1$$

$$= \int_0^{\infty} e^{-x_1}\left(\int_0^{x_1} e^{-x_2}dx_2\right)dx_1$$

$$= \int_0^{\infty}(e^{-x_1} - e^{-2x_1})dx_1 = \frac{1}{2},$$

$$P(2X_1 > X_2) = \int_0^{\infty}\int_0^{2x_1} f(x_1, x_2)dx_2dx_1 = \frac{2}{3})$$

(4) $$P(X_1 + X_2 < 2) = \int_0^2\int_0^{2-x_1} e^{-x_1}e^{-x_2}dx_2dx_1$$

$$= \int_0^2 (e^{-x_1} - e^{-2})dx_1$$

$$= 1 - 3e^{-2}$$

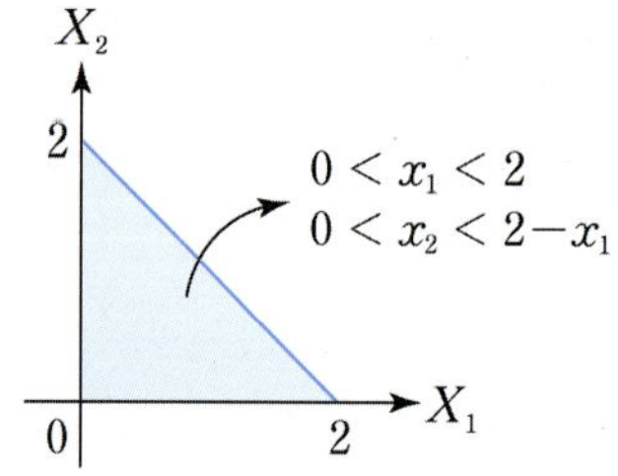


---

**예 2-35** $X$와 $Y$의 결합확률밀도함수가 아래와 같을 때, 다음을 구하여라.

$$f(x, y) = \begin{cases} c(x+1), & c < x < 1,\ 0 < y < 1 \\ 0, & \text{그 이외는} \end{cases}$$

(1) $c$

(2) $X$와 $Y$는 독립인가?

(3) $P(X + Y \leq 1)$

**풀이** (1) $\int_0^1\int_0^1 c(x+1)dxdy = c\int_0^1 \frac{3}{2}dy = \frac{3}{2}c = 1$에서 $c = \frac{2}{3}$

(2) $f_X(x) = \int_0^1 c(x+1)dy = \frac{2}{3}(x+1),\ 0 < x < 1$

$f_Y(y) = \int_0^1 c(x+1)dx = 1,\ 0 < y < 1$

따라서 $f(x, y) = f_X(x) \cdot f_Y(y)$이므로 $X$와 $Y$는 독립이다.

(3) $P(X+Y \le 1) = \int_0^1 \int_0^{1-y} \frac{2}{3}(x+1)dxdy$

$= \frac{2}{3}\int_0^1 \left(\frac{1}{2}y^2 - 2y + \frac{3}{2}\right)dy$

$= \frac{4}{9}$

---

**예 2-36** 어떤 회사원이 오전 8시에서 8시 30분 사이에 출발하여 40분이나 50분 걸려 사무실에 도착한다. 이 사람이 오전 9시 전에 회사에 도착할 확률을 구하여라.

**풀이** $X$: 출발시간, $Y$: 걸리는 시간

$X$와 $Y$는 독립 균등분포이므로 다음을 구할 수 있다.

$f_X(x) = \frac{1}{30}\ (0 \le x \le 30),\ f_Y(y) = \frac{1}{10}\ (40 \le y \le 50),$

$f(x, y) = f_X(x)f_Y(y) = \frac{1}{300}\ (0 \le x \le 30,\ 40 \le y \le 50),$

$P(X+Y \le 60) = \int_{40}^{50}\int_0^{60-y} \frac{1}{300}dxdy = \frac{1}{2}$

---

**예 2-37** 결합확률밀도함수

$$f(x, y) = \begin{cases} 6xy^2, & 0 < x < 1,\ 0 < y < 1 \\ 0, & \text{그 밖에} \end{cases}$$

일 때 다음을 구하여라.

(1) $P\left(0 < X < \frac{3}{4},\ \frac{1}{3} < Y < 2\right)$

(2) $X$와 $Y$는 독립인가?

풀이 (1) $P\left(0<X<\frac{3}{4},\ \frac{1}{3}<Y<2\right)=\int_{\frac{1}{3}}^{2}\int_{0}^{\frac{3}{4}}f(x,\ y)dxdy$

$$=\int_{\frac{1}{3}}^{1}\int_{0}^{\frac{3}{4}}6xy^2dxdy+\int_{1}^{2}\int_{0}^{\frac{3}{4}}0dxdy$$

$$=\frac{13}{24}$$

(2) $f_X(x)f_Y(y)=2x\cdot 3y^2=6xy^2=f(x,\ y)$이므로 독립이다.

---

예 2-38 결합확률밀도함수 $f(x,\ y)=\begin{cases}2, & 0<x<y<1\\ 0, & \text{그 밖에}\end{cases}$ 일 때 다음을 구하여라.

(1) 주변확률밀도함수 $f_X(x)$와 $f_Y(y)$

(2) $A_1=\left\{(x,\ y)\ \middle|\ \frac{1}{2}<x<y<1\right\}$,

$A_2=\left\{(x,\ y)\ \middle|\ x<y<1,\ 0<x\le\frac{1}{2}\right\}$일 때 $P(A_1)$, $P(A_2)$

(3) $f\ (x|y)$

(4) $P\left(0<X<\frac{1}{2}\right)$

(5) $X$와 $Y$는 독립인가?

(6) $P\left(0<X<\frac{1}{2}\ \middle|\ y=\frac{3}{4}\right)$

풀이 (1) 주변확률밀도함수 $f_Y(y)=\int_{0}^{y}2dx=\begin{cases}2y, & 0<y<1\\ 0, & \text{그 밖에}\end{cases}$

$$f_X(x)=\int_{x}^{1}2dy=\begin{cases}2(1-x), & 0<x<1\\ 0, & \text{그 밖에}\end{cases}$$

(2) $P(A_1)=\int_{\frac{1}{2}}^{1}\int_{x}^{1}2dydx=\frac{1}{4}$,

$P(A_2)=1-P(A_1)=1-\frac{1}{4}=\frac{3}{4}$

(3) $f(x|y) = \dfrac{f(x,\ y)}{f_Y(y)} = \dfrac{2}{2y} = \dfrac{1}{y}$ (단, $0 < y < 1$)

(4) $P\left(0 < X < \dfrac{1}{2}\right) = \displaystyle\int_0^{\frac{1}{2}} f_X(x)dx = \int_0^{\frac{1}{2}} 2(1-x)dx = \dfrac{3}{4}$

(5) $f(x,\ y) = 2 \neq 2(1-x)2y = f_X(x)f_Y(y)$이므로 독립이 아니다.

(6) $P\left(0 < X < \dfrac{1}{2} | y = \dfrac{3}{4}\right) = \displaystyle\int_0^{\frac{1}{2}} f\left(x \,\middle|\, \dfrac{3}{4}\right)dx = \dfrac{2}{3}$

NOTE 모든 상수 $a < b,\ c < d$에 대하여

$P(a < X \leq b,\ c < Y \leq d) = F(b,\ d) - F(b,\ c) - F(a,\ d) + F(a,\ c).$

## CHAPTER 02 연습문제

**2-1** $X$의 확률분포표가 다음과 같을 때 $a$의 값을 구하여라.

| $X$ | $-1$ | $0$ | $1$ | $2$ |
|---|---|---|---|---|
| $P(X=x)$ | $\frac{1}{8}$ | $a$ | $\frac{1}{8}$ | $\frac{2}{8}$ |

**2-2** $X$를 다음과 같이 확률밀도함수를 갖는 확률변수라 하자.

$$f(x)=\begin{cases} \dfrac{x^2}{3}, & -1<x<2 \\ 0, & \text{그 밖에} \end{cases} X$$

이때 $P(0 \leq X \leq 1)$을 구하여라.

**2-3** 주사위를 5회 던져 눈 2가 3회 나올 확률을 구하여라.

**2-4** 한 문제에 4가지 문항 중 하나가 정답인 선다형 5문제가 있다. 랜덤하게 5문제를 답할 때 80점 이상 맞을 확률을 구하여라.

**2-5** 확률밀도함수 $f(x)=e^{-x}$일 때 $P(0 \leq X \leq 1)$의 값을 구하여라.

**2-6** 확률변수 $X$의 확률밀도함수 $f(x)$가 다음과 같을 때 $k$의 값을 구하여라.

$$f(x)=\begin{cases} k(1-x^2), & -1 \leq x \leq 1 \\ 0, & x<-1 \text{ 또는 } x>1 \end{cases}$$

2-7 $X$가 다음 분포일 때 누적분포함수 $F$의 그래프를 구하여라.

| $x_i$ | $-3$ | $2$ | $6$ |
|---|---|---|---|
| $f(x_i)$ | $\frac{1}{4}$ | $\frac{1}{2}$ | $\frac{1}{4}$ |

2-8 $X$는 다음 분포인 연속확률변수라 하자.

$$f(x) = \begin{cases} kx, & 0 \le x \le 5 \\ 0, & \text{그 밖에} \end{cases}$$

(1) $k$를 구하여라.

(2) $P(1 \le X \le 3)$, $P(2 \le X \le 4)$, 그리고 $P(X \le 3)$을 구하여라.

2-9 확률변수 $X$의 확률밀도함수가 다음과 같을 때 확률 $P(X > 2)$를 구하여라.

$$f(x) = \begin{cases} 2e^{-2x}, & x \ge 0 \\ 0, & x < 0 \end{cases}$$

2-10 확률변수 $X$가 다음과 같은 확률밀도함수를 가질 때 누적분포함수 $F(x)$를 구하여라.

$$f(x) = \begin{cases} x, & 0 < x \le 1 \\ 2 - x, & 1 < x \le 2 \\ 0, & \text{그 밖에} \end{cases}$$

2-11 하나의 동전을 5회 던져서 나오는 앞면의 횟수를 $X$라 하면 $X$의 확률질량함수와 분포함수 $F(x)$를 구하여라.

2-12 어떤 연속변수 $X$의 분포함수 $F(x)$가 다음과 같이 주어져 있다.

$$F(x) = 1 - e^{-0.1x}, \quad x \ge 0$$

(1) 확률밀도함수 $f(x)$를 구하여라.

(2) $P(4 \le X \le 5)$를 구하여라.

**2-13** 결합확률질량함수가

$$P(x,\ y) = \begin{cases} cxy, & x = 1,\ 2,\ y = 2,\ 3 \\ 0, & \text{그 밖에} \end{cases}$$

일 때 다음을 구하여라.

(1) $c$ (2) $P(X = x)$ (3) $P(X + Y > 3)$

**2-14** 분포함수가

$$F(x) = \begin{cases} 0, & x < 0 \\ \dfrac{x+1}{2}, & 0 \le x < 1 \\ 1, & x \ge 1 \end{cases}$$

로 주어졌을 때 $P\left(-3 < X < \dfrac{1}{2}\right)$의 확률을 구하여라.

**2-15** 결합확률밀도함수가

$$f(x,\ y) = \begin{cases} 8xy, & 0 \le y \le x \le 1 \\ 0, & \text{그 밖에} \end{cases}$$

일 때 다음을 구하여라.

(1) $X$의 주변밀도함수 (2) $P\left(X < \dfrac{1}{2}\right)$

(3) $P\left(0 < Y < \dfrac{1}{3} \,\middle|\, x = \dfrac{1}{2}\right)$ (4) $P(X + Y \le 1)$

**2-16** $Z$가 표준정규분포를 갖는 확률변수라 할 때 다음을 구하여라.

(1) $P(1 \le Z \le 2)$ (2) $P(-1.37 < Z \le 2)$

(3) $P(|Z| \le 3)$

**2-17** $Z$가 표준정규분포를 갖는 확률변수라 할 때 다음에서 $t$의 값을 구하여라.

(1) $P(0 \le Z \le t) = 0.4938$ (2) $P(Z \le t) = 0.8212$

(3) $P(t \le Z \le 2) = 0.1$

2-18 사람들 중 2%가 왼손잡이라 가정할 때 100명 중 2명 이상이 왼손잡이일 확률을 구하여라.

2-19 원래의 부품과 예비품으로 구성된 한 시스템이 작동할 수 있는 시간(단위 : 개월) $X$의 p.d.f $f(x)$가 다음과 같을 때 시스템이 적어도 5개월 이상 작동할 확률은 얼마인가?

$$f(x) = \begin{cases} cxe^{-x/2}, & x > 0 \\ 0, & x \le 0 \end{cases}$$

2-20 어떤 대학의 입시에 응시한 학생 1000명의 수학 성적을 조사하였더니 평균이 50점, 표준편차가 15점인 정규분포를 이루었다. 이때 점수가 35점부터 65점까지 받은 학생 수는 약 몇 명인가?

2-21 1000명의 시험 성적의 평균은 65점, 표준편차가 10점인 정규분포라면 80점을 얻은 학생은 몇 등정도 되겠는가? 또한, 10%가 탈락(F학점)이라면 몇 점부터 pass가 되겠는가?

2-22 두 확률변수 $X$와 $Y$의 결합밀도함수가 다음과 같을 때 아래에 답하여라.

$$f(x, y) = \begin{cases} x+y, & 0 \le x \le 1,\ 0 \le y \le 1 \\ 0, & \text{그 밖에} \end{cases}$$

(1) 주변확률밀도함수 $f_X(x)$, $f_Y(y)$

(2) $X$와 $Y$는 독립인가?

(3) $F_X\left(\frac{1}{2}\right)$, $F\left(\frac{1}{2}, \frac{1}{4}\right)$

(4) $P\left(0 < Y < \frac{1}{2} \,\middle|\, x = \frac{1}{2}\right)$

CHAPTER 03

# 확률변수의 기댓값과 분산

CONTENTS

# 3.1 확률변수의 기댓값

**정의 3-1　기댓값**

다음과 같이 기댓값을 정의한다.

$$E(X)=\sum_{x:\ P(x)>0} xP(x)\ \text{(이산확률변수)},$$

$$E(X)=\int_{-\infty}^{\infty} xf(x)dx\ \text{(연속확률변수)}$$

기호로는 $E(X)=\mu$ (평균)로 표시한다.

**예 3-1**　$X$가 하나의 주사위를 던졌을 때 나오는 눈이라 할 때 기댓값 $E(X)$를 구하여라.

**풀이**　확률분포표는 다음과 같다.

| $X$ | 1 | 2 | 3 | 4 | 5 | 6 |
|---|---|---|---|---|---|---|
| $P(X=x)$ | $\frac{1}{6}$ | $\frac{1}{6}$ | $\frac{1}{6}$ | $\frac{1}{6}$ | $\frac{1}{6}$ | $\frac{1}{6}$ |

$$E(X)=1\times\frac{1}{6}+2\times\frac{1}{6}+3\times\frac{1}{6}+4\times\frac{1}{6}+5\times\frac{1}{6}+6\times\frac{1}{6}=\frac{7}{2}$$

**예 3-2** 베르누이확률변수의 기댓값을 구하여라.

**풀이** $P(0)=1-p,\ P(1)=p$이므로

$$E(X)=0\cdot(1-p)+1\cdot p=p$$

---

**예 3-3** 다음과 같이 주어진 복권에 대한 상금 $X$의 평균(기댓값)을 구하여라.

(단위 : 만 원)

| 상금 | 100 | 50 | 10 | 5 | 0 |
|---|---|---|---|---|---|
| 확률 | $\frac{1}{1000}$ | $\frac{1}{500}$ | $\frac{1}{100}$ | $\frac{1}{10}$ | $\frac{888}{1000}$ |

**풀이**

$$\begin{aligned}E(X)&=100\times\frac{1}{1000}+50\times\frac{1}{500}+10\times\frac{1}{100}+5\times\frac{1}{10}\\&=0.8(\text{만 원})\end{aligned}$$

---

**예 3-4** 이항확률변수$(X\sim B(n,\,p))$의 기댓값을 구하여라.

**풀이**

$$\begin{aligned}E(X)&=E(X=i)\\&=\sum_{i=0}^{n}iP(i)=\sum_{i=0}^{n}i\binom{n}{i}p^i(1-p)^{n-i}\\&=\sum_{i=1}^{n}\frac{i\,n!}{(n-i)!i!}p^i(1-p)^{n-i}\\&=np\sum_{i=1}^{n}\frac{(n-1)!}{(n-i)!(i-1)!}p^{i-1}(1-p)^{n-i}\\&=np\sum_{k=0}^{n-1}\frac{(n-1)!}{(n-k-1)!k!}p^k(1-p)^{n-k-1}\quad(\because\ i-1=k)\\&=np[p+(1-p)]^{n-1}=np\end{aligned}$$

---

**예 3-5** 기하확률변수의 기댓값을 구하여라.

**풀이** $P(X=n)=P(n)$

$$=(1-p)^{n-1}p$$

$$=pq^{n-1}\,(q=1-p),$$

$$E(X=n)=\sum_{n=1}^{\infty} np(1-p)^{n-1}$$

$$=p\sum_{n=1}^{\infty} nq^{n-1}$$

$$=p\sum_{n=1}^{\infty}\frac{d}{dq}(q^n)$$

$$=p\frac{d}{dq}\sum_{n-1}^{\infty} q^n$$

$$=p\frac{d}{dq}\left(\frac{q}{1-q}\right) \quad (\because\ 0<q<1)$$

$$=p\frac{(1-q)-q(-1)}{(1-q)^2}=\frac{1}{p}$$

---

**예 3-6** 포아송확률변수의 기댓값을 구하여라.

**풀이** $P(X=x)=P(x)=e^{-\lambda}\frac{\lambda^x}{x!},\quad x=0,\,1,\,2,\,\cdots,$

$$E(X=i)=\sum_{i=0}^{\infty} i\frac{e^{-\lambda}\lambda^i}{i!}$$

$$=\sum_{i=1}^{\infty} i\frac{e^{-\lambda}\lambda^i}{i!}$$

$$=\sum_{i=1}^{\infty}\frac{e^{-\lambda}\lambda^i}{(i-1)!}$$

$$=\lambda e^{-\lambda}\sum_{i=1}^{\infty}\frac{\lambda^{i-1}}{(i-1)!}$$

$$=\lambda e^{-\lambda}\sum_{k=0}^{\infty}\frac{\lambda^k}{k!} \quad (\because\ i-1=k)$$

$$=\lambda e^{-\lambda}e^{\lambda}=\lambda$$

**예 3-7** 균등확률변수의 기댓값을 구하여라.

**풀이**

$$f(x)=\begin{cases}\dfrac{1}{\beta-\alpha}, & \alpha<x<\beta \\ 0, & \text{그 밖에}\end{cases}$$

$$\begin{aligned}E(X)&=\int_{-\infty}^{\infty}xf(x)dx \\ &=\int_{\alpha}^{\beta}x\frac{1}{\beta-\alpha}dx \\ &=\frac{\beta^2-\alpha^2}{2(\beta-\alpha)}=\frac{\alpha+\beta}{2}\end{aligned}$$

---

**예 3-8** 지수확률변수의 기댓값을 구하여라.

**풀이**

$$f(x)=\begin{cases}\lambda e^{-\lambda x}, & x\geq 0 \\ 0, & x<0\end{cases}$$

$$\begin{aligned}E(X)&=\int_{0}^{\infty}x\lambda e^{-\lambda x}dx \\ &=[-xe^{-\lambda x}]_0^{\infty}+\int_0^{\infty}e^{-\lambda x}dx \\ &=\left[0-\frac{e^{-\lambda x}}{\lambda}\right]_0^{\infty}=\frac{1}{\lambda}\end{aligned}$$

---

**예 3-9** 정규확률변수의 기댓값을 구하여라.

**풀이**

$$f(x)=\frac{1}{\sqrt{2\pi}\,\sigma}e^{-\frac{(x-\mu)^2}{2\sigma^2}},\quad -\infty<x<\infty,\ \sigma>0,$$

$$\begin{aligned}E(X)&=\frac{1}{\sqrt{2\pi}\,\sigma}\int_{-\infty}^{\infty}xe^{-\frac{(x-\mu)^2}{2\sigma^2}}dx \\ &=\frac{1}{\sqrt{2\pi}\,\sigma}\int_{-\infty}^{\infty}(x-\mu)e^{-\frac{(x-\mu)^2}{2\sigma^2}}dx+\mu\frac{1}{\sqrt{2\pi}\,\sigma}\int_{-\infty}^{\infty}e^{-\frac{(x-\mu)^2}{2\sigma^2}}dx \\ &=\frac{1}{\sqrt{2\pi}\,\sigma}\int_{-\infty}^{\infty}te^{-\frac{t^2}{2\sigma^2}}dt+\mu\int_{-\infty}^{\infty}f(x)dx\end{aligned}$$

$$= 0 + \mu \cdot 1 \quad (\because \text{ 기함수})$$

$$= \mu$$

NOTE $E(X^n) = \begin{cases} \displaystyle\sum_{x\,:\,P(x)>0} x^n P(x) & (X\text{가 이산확률변수}) \\ \displaystyle\int_{-\infty}^{\infty} x^n f(x)dx & (X\text{가 연속확률변수}) \end{cases}$

---

**예 3-10** 확률분포표가 다음과 같을 때 기댓값을 구하여라.

| $X$ | $-1$ | $0$ | $1$ |
|---|---|---|---|
| $P(X=x)$ | $0.2$ | $0.3$ | $0.5$ |

(1) $E(2X)$ (2) $E(X^2)$

**풀이**

| $Y=2X$ | $-2$ | $0$ | $2$ |
|---|---|---|---|
| $P(Y=y)$ | $0.2$ | $0.3$ | $0.5$ |

| $Y=X^2$ | $0$ | $1$ |
|---|---|---|
| $P(Y=y)$ | $0.3$ | $0.7$ |

(1) $E(2X) = -2 \times 0.2 + 0 \times 0.3 + 2 \times 0.5 = 0.6$

(2) $E(X^2) = 0 \times 0.3 + 1 \times 0.7 = 0.7$

**정리 3-1**

다음이 성립한다.

(i) $E(aX+b) = aE(X) + b$

(ii) $E(X+Y) = E(X) + E(Y)$

(iii) 만일 $X$와 $Y$가 독립이면 $E(X \cdot Y) = E(X) \cdot E(Y)$

증명 (ⅰ) ① 이산인 경우 다음과 같다.

$$E(aX+b)=\sum_{x\,:\,f(x)>0}(ax+b)P(x)$$
$$=a\sum xP(x)+b\sum P(x)=aE(X)+b$$

② 연속인 경우 다음과 같다.

$$E(aX+b)=\int_{-\infty}^{\infty}(ax+b)f(x)dx$$
$$=a\int_{-\infty}^{\infty}xf(x)dx+b\int_{-\infty}^{\infty}f(x)dx=aE(X)+b$$

(ⅱ) ① 이산인 경우 다음과 같다.

$$E(X)=\sum_i x_iP(x_i)$$
$$=\sum_i x_i\left(\sum_j P(x_i,\ y_j)\right)$$
$$=\sum_i\sum_j x_iP(x_i,\ y_j)$$

$$E(Y)=\sum_j y_jP(y_j)$$
$$=\sum_j y_j\left(\sum_i P(x_i,\ y_j)\right)$$
$$=\sum_i\sum_j y_jP(x_i,\ y_j)$$

$$E(X)+E(Y)=\sum_i\sum_j(x_i+y_j)P(x_i,\ y_j)$$
$$=\sum_i\sum_j(x_i+y_j)P(X=x_i,\ Y=y_j)$$
$$=E(X+Y)$$

② 연속인 경우 다음과 같다.

$$E(X+Y) = \int_{-\infty}^{\infty}\int_{-\infty}^{\infty}(x+y)f(x,\ y)dxdy$$

$$= \int_{-\infty}^{\infty}\int_{-\infty}^{\infty}xf(x,\ y)dxdy + \int_{-\infty}^{\infty}\int_{-\infty}^{\infty}yf(x,\ y)dxdy$$

$$= \int_{-\infty}^{\infty}x\left(\int_{-\infty}^{\infty}f(x,\ y)dy\right)dx + \int_{-\infty}^{\infty}y\left(\int_{-\infty}^{\infty}f(x,\ y)dx\right)dy$$

$$= \int_{-\infty}^{\infty}xf_x(x)dx + \int_{-\infty}^{\infty}yf_y(y)dy$$

$$= E(X) + E(Y)$$

(iii) $E(XY) = \sum_i\sum_j x_i y_j P(x_i,\ y_j)$

$$= \sum_i\sum_j x_i y_j P(x_i)P(y_j) = E(X)E(Y)$$

---

**예 3-11** $X$와 $Y$가 각각 기댓값이 $E(X)=2$, $E(Y)=-3$일 때 $E(3X-5Y)$를 구하여라.

**풀이** $E(3X-5Y) = E(3X) + E(-5Y)$

$$= 3E(X) - 5E(Y)$$

$$= 3\times 2 - 5\times(-3) = 21$$

---

**예 3-12** 한 전구 수명의 확률변수 $X$가 지수분포를 이루며 $E(X)=1000$ 시간일 때 전구 수명 $X$가 500시간 이내일 확률은?

**풀이** $F(x) = 1 - e^{-\lambda x}$ $(x \geq 0)$, $\lambda = \dfrac{1}{1000}$ $\left(\because\ E(X) = \dfrac{1}{\lambda}\right)$

$P(X \leq 500) = F(500) = 1 - e^{-0.001\times 500}$

$$= 1 - e^{-0.5} \approx 0.393$$

**예 3-13** 한 전구 수명이 기댓값 $E(X)=1000$시간인 지수분포라 가정하자. 만일 우리가 100개의 전구를 구입하여 사용할 때 첫 번째 전구가 고장 날 시간은 언제인가? (단, 각각의 전구는 독립이고 같은 특성을 가지고 있다.)

**풀이** $X_j=\{j \text{ 번째 전구 수명}\}$, $T=\min(X_1, X_2, \cdots, X_{100})$이라 하자.

$$P(T>t)=P(X_1>t, X_2>t, \cdots, X_{100}>t)$$

$$=P(X_1>t)P(X_2>t)\cdots P(X_{100}>t)$$

$$=(e^{-0.001t})^{100}=e^{-0.1t},$$

$$(\because\ P(X_1>x)=\int_x^{\infty}\lambda e^{-\lambda t}dt=-e^{-\lambda t}\Big|_x^{\infty}=e^{-\lambda x},$$

$$\lambda=\frac{1}{E(X)}=0.001)$$

$$F(t)=P(T\le t)=1-e^{-0.1t},\ E(T)=\frac{1}{\lambda}=\frac{1}{0.1}=10\text{시간}$$

따라서 첫 번째 전구가 고장 날 시간은 10시간 후이다.

---

**예 3-14** 전구 수명이 $E(X)=600$시간인 지수분포라 가정하자. 그러나 공장장은 전구의 평균수명이 1000시간이라 주장하고 만일 전구 수명이 800시간 이전에 고장이 나면 새 전구와 교환시켜준다고 홍보하였다. 이때 한 전구의 생산비용이 200원이면 이 회사가 이익을 남기려면 최소한 가격은 얼마인가?

**풀이** 전구의 가격이 $p$이고 $Y$는 한 전구당 회사의 이익금이라 하자.

$$Y=\begin{cases}p-200, & X\ge 800\\ -200, & X<800\end{cases}$$ 이므로 $E(Y)=0$을 구하자.

$$E(Y)=(p-200)P(X\ge 800)-200\cdot P(X<800)$$

$$=(p-200)e^{-\frac{800}{600}}-200\left(1-e^{-\frac{800}{600}}\right)$$

$$=pe^{-\frac{4}{3}}-200=0$$

$$\Rightarrow\ p=200e^{\frac{4}{3}}=758.7\text{원}$$

따라서 이 회사는 759원 이상으로 가격을 책정하면 이익이다.

NOTE 이변량함수의 기댓값 : $X$와 $Y$가 결합확률함수 $P(x_i, y_j)$, $i=1, 2, \cdots n$, $j=1, 2, \cdots, m$을 갖는 확률변수라 할 때 어떤 함수 $g(x, y)$의 기댓값은

$$E[g(x, y)] = \sum_i \sum_j g(x, y) P(x_i, y_j)$$

$$= \int_{-\infty}^{\infty} \int_{-\infty}^{\infty} g(x, y) f(x_i, y_j) dx dy$$

이다.

---

예 3-15 나음의 결합확률분포를 이용하여 아래의 기댓값들을 구하여라.

| $Y$ \ $X$ | 0 | 1 | 2 | 3 |
|---|---|---|---|---|
| 1 | $\frac{1}{8}$ | 0 | 0 | $\frac{1}{8}$ |
| 2 | 0 | $\frac{1}{8}$ | $\frac{1}{8}$ | 0 |
| 3 | 0 | $\frac{2}{8}$ | $\frac{2}{8}$ | 0 |

(1) $E(X)$ (2) $E(XY)$ (3) $E\left(\frac{X}{Y}\right)$ (4) $E(X|Y=1)$

풀이 (1) $P_X(x) = \sum_{y=1}^{3} P(x, y)$이므로 $P_X(0) = \frac{1}{8}$, $P_X(1) = \frac{3}{8}$, $P_X(2) = \frac{3}{8}$, $P_X(3) = \frac{1}{8}$이다.

$$E(X) = \sum_{x=0}^{3} X \cdot P_X(x) = 0 \cdot \frac{1}{8} + 1 \cdot \frac{3}{8} + 2 \cdot \frac{3}{8} + 3 \cdot \frac{1}{8} = \frac{3}{2}$$

(2) $E(XY) = 0 \cdot 1 \cdot \frac{1}{8} + 3 \cdot 1 \cdot \frac{1}{8} + 1 \cdot 2 \cdot \frac{1}{8} + 2 \cdot 2 \cdot \frac{1}{8}$

$$+ 1 \cdot 3 \cdot \frac{2}{8} + 2 \cdot 3 \cdot \frac{2}{8}$$

$$= \frac{27}{8}$$

(3) $E\left(\frac{X}{Y}\right) = \frac{0}{1}\times\frac{1}{8}+\frac{3}{1}\times\frac{1}{8}+\frac{1}{2}\times\frac{1}{8}+\frac{2}{2}\times\frac{1}{8}+\frac{1}{3}\times\frac{2}{8}+\frac{2}{3}\times\frac{2}{8}$

$= \frac{13}{16}$

(4) $P_Y(1) = \sum_{x=0}^{3} P(x,\ 1) = \frac{1}{4},\ P(X|Y=1) = \frac{P(X\ ,Y=1)}{P_Y(1)}$ 이므로

$$E(X|Y=1) = \sum_{x=0}^{3} x \cdot P(X|Y=1) = 0 \cdot \frac{P(0,\ 1)}{\frac{1}{4}} + 1 \cdot \frac{P(1,\ 1)}{\frac{1}{4}} + 2 \cdot \frac{P(2,\ 1)}{\frac{1}{4}} + 3 \cdot \frac{P(3,\ 1)}{\frac{1}{4}}$$

$$= 0+0+0+3 \cdot \frac{\frac{1}{8}}{\frac{1}{4}} = \frac{3}{2}$$

---

**예 3-16** 결합확률밀도함수

$$f(x,\ y) = \begin{cases} x+y, & 0<x<1,\ 0<y<1 \\ 0, & \text{그 밖에} \end{cases}$$

일 때 다음의 기댓값을 구하여라.

(1) $E(X)$ (2) $E(X+Y)$

(3) $E(XY)$ (4) $E(Y|X)$

**풀이** (1) $E(X) = \int_0^1 x f_X(x)dx = \int_0^1 x\left(x+\frac{1}{2}\right)dx = \frac{7}{12}$

$\left(\because\ f_X(x) = \int_0^1 f(x,\ y)dy = \int_0^1 (x+y)dy = x+\frac{1}{2}\right)$

(2) $E(X+Y) = E(X)+E(Y) = \frac{7}{12}+\frac{7}{12} = \frac{7}{6}$

(3) $E(XY) = \int_0^1\int_0^1 xy(x+y)dxdy$

$= \int_0^1 \left(\frac{1}{3}y+\frac{1}{2}y^2\right)dy = \frac{1}{6}+\frac{1}{6} = \frac{1}{3}$

(4) $E(Y|X)=\int_0^1 yf(y|x)dy=\int_0^1 y\frac{(x+y)}{x+\frac{1}{2}}dy$

$$=\frac{1}{x+\frac{1}{2}}\left(\frac{1}{2}x+\frac{1}{3}\right)$$

$$(\because\ f(y|x)=\frac{f(x,\ y)}{f_X(x)}=\frac{x+y}{x+\frac{1}{2}},\ 0<y<1)$$

## 3.2 확률변수의 분산

**정의 3-2 분산**

분산(variance)은 분포가 그 평균으로부터 어느 정도 산포되어 있는지의 척도이다.

$$V(X)=E[(X-\mu)^2],\ \ \mu=E(X),$$

$$V(X)=\begin{cases}\sum(x_i-\mu)^2 f(x_i) & \text{(이산확률의변수인 경우)}\\ \int_{-\infty}^{\infty}(x-\mu)^2 f(x)dx & \text{(연속확률변수인 경우)}\end{cases}$$

표준편차(standard deviation) $\sigma(X)=\sqrt{V(X)}$,

$$\text{간편식}:\ V(X)=E[(X-E(X))^2]=E[X^2-2XE(X)+E^2(X)]$$

$$=E(X^2)-E^2(X)$$

**예 3-17** 다음과 같은 분포를 가질 때 각각의 분산을 구하여라.

| $X$ | $-1$ | $0$ | $1$ |
|---|---|---|---|
| 확률 | $\frac{1}{4}$ | $\frac{1}{2}$ | $\frac{1}{4}$ |

| $Y$ | $-1$ | $1$ |
|---|---|---|
| 확률 | $\frac{1}{2}$ | $\frac{1}{2}$ |

| $Z$ | $-3$ | $-2$ | $0$ | $2$ | $-3$ |
|---|---|---|---|---|---|
| 확률 | $\frac{1}{8}$ | $\frac{1}{4}$ | $\frac{1}{4}$ | $\frac{1}{4}$ | $\frac{1}{8}$ |

**풀이** $E(X) = -1 \times \frac{1}{4} + 0 \times \frac{1}{2} + 1 \times \frac{1}{4} = 0,$

$E(Y) = E(Z) = 0,$

$V(X) = (-1-0)^2 \times \frac{1}{4} + (0-0)^2 \times \frac{1}{2} + (1-0)^2 \frac{1}{4} = \frac{1}{2}$

혹은

$V(X) = E(X^2) - E^2(X) = \frac{1}{2} - 0 = \frac{1}{2}$

$(\because E(X^2) = (-1)^2 \times \frac{1}{4} + 0^2 \times \frac{1}{2} + 1^2 \times \frac{1}{4} = \frac{1}{2},\ E^2(X) = 0^2 = 0)$

같은 방법으로 $V(Y) = 1,\ V(Z) = 4.25$

---

**예 3-18** 이항분포의 분산을 구하여라.

**풀이** $X \sim B(n, p),\ f(x) = \binom{n}{x} p^x (1-p)^{n-x},\quad x = 0, 1, 2, \cdots, n$

$E(X) = np,$

$$V(X) = E(X^2) - E^2(X) = n^2p^2 - np^2 + np - (np)^2$$
$$= np(1-p).$$

$$\Bigg(\because E[X(X-1)]$$
$$= \sum_{x=0}^{n} x(x-1)f(x)$$
$$= \sum_{x=2}^{n} x(x-1)f(x)$$
$$= \sum_{x=2}^{n} x(x-1)\frac{n!}{x!(n-x)!}p^x(1-p)^{n-x}$$
$$= n(n-1)p^2 \sum_{x=2}^{n} \frac{(n-2)!}{(x-2)!(n-x)!}p^{x-2}(1-p)^{n-x}$$
$$= n(n-1)p^2 \sum_{y=0}^{n-2} \frac{(n-2)!}{y!(n-2-y)!}p^{y}(1-p)^{n-2-y} \quad (\because y = x-2)$$
$$= n(n-1)p^2[p + (1-p)]^{n-2}$$
$$= n^2p^2 - np^2 = E(X^2) - E(X)\Bigg)$$

**예 3-19** 포아송분포의 분산을 구하여라.

**풀이** $f(x)=\lambda^x\dfrac{e^{-\lambda}}{x!},\ \ E[X(X-1)]=\sum_{x=0}^{\infty}x(x-1)\lambda^x\dfrac{e^{-\lambda}}{x!}$

$$=\sum_{x=2}^{\infty}\frac{\lambda^2\lambda^{x-2}e^{-\lambda}}{(x-2)!}$$

$$=\lambda^2e^{-\lambda}\sum_{y=0}^{\infty}\frac{\lambda^y}{y!}=\lambda^2=E(X^2)-E(X)$$

$E(X^2)=\lambda^2+\lambda$이므로, $V(X)=E(X^2)-E^2(X)=\lambda^2+\lambda-\lambda^2=\lambda$

---

**예 3-20** 기하분포의 분산을 구하여라.

**풀이** $f(x)=p(1-p)^{x-1},\ \ x=1,\ 2,\ 3,\ \cdots,\ \ E(X)=\dfrac{1}{p}$

$$E[X(X-1)]=\sum_{x=1}^{\infty}x(x-1)pq^{x-1}$$

$$=pq\sum_{x=2}\frac{d^2}{dq^2}q^x=pq\frac{d^2}{dq^2}\sum_{x=2}^{\infty}q^x$$

$$=pq\frac{d^2}{dq^2}\left(\frac{q^2}{1-q}\right)$$

$$=pq[2(1-q)^{-3}]=\frac{2q}{p^2}$$

$$=E(X^2)-E(X)$$

$E(X^2)=\dfrac{2q}{p^2}+\dfrac{1}{p}$이므로, $V(X)=\dfrac{2q}{p^2}+\dfrac{1}{p}-\dfrac{1}{p^2}=\dfrac{q}{p^2}=\dfrac{(1-p)}{p^2}$

---

**예 3-21** 지수분포의 분산을 구하여라.

**풀이** $f(x)=\lambda e^{-\lambda x},\ \ x>0,\ \ E(X)=\dfrac{1}{\lambda}$

$$E(X^2)=\int_0^{\infty}x^2f(x)dx=\int_0^{\infty}x^2\lambda e^{-\lambda x}dx$$

$$=\left[-x^2e^{-\lambda x}\right]_0^{\infty}+2\int_0^{\infty}xe^{-\lambda x}dx=\frac{2}{\lambda^2},$$

$$V(X)=E(X^2)-E^2(X)=\frac{2}{\lambda^2}-\frac{1}{\lambda^2}=\frac{1}{\lambda^2}$$

---

**예 3-22** 정규분포의 분산을 구하여라.

**풀이** $f(x)=\frac{1}{\sqrt{2\pi}\,\sigma}e^{-\frac{(x-\mu)^2}{2\sigma^2}},\quad -\infty<x<\infty,\quad E(X)=\mu$

$$V(X)=\int_{-\infty}^{\infty}(x-\mu)^2 f(x)dx$$

$$=\int_{-\infty}^{\infty}\frac{(x-\mu)^2}{\sqrt{2\pi}\,\sigma}\exp\left[-\frac{1}{2}\left(\frac{x-\mu}{\sigma}\right)^2\right]dx$$

$$=\sigma^2\int_{-\infty}^{\infty}\frac{y^2}{\sqrt{2\pi}}e^{-\frac{y^2}{2}}dy\quad\left(\because\ y=\frac{x-\mu}{\sigma}\right)$$

$$=\sigma^2\int_{-\infty}^{\infty}\frac{y}{\sqrt{2\pi}}ye^{-\frac{y^2}{2}}dy$$

$$=\sigma^2\left(\left[-\frac{y}{\sqrt{2\pi}}e^{-\frac{y^2}{2}}\right]_{-\infty}^{\infty}+\int_{-\infty}^{\infty}\frac{1}{\sqrt{2\pi}}e^{-\frac{y^2}{2}}dy\right)$$

$$=\sigma^2(0+1)=\sigma^2$$

---

**예 3-23** 감마분포의 분산을 구하여라.

**풀이** $f(x)=\frac{\lambda^\alpha}{\Gamma(\alpha)}x^{\alpha-1}e^{-\lambda x},\ \alpha>0,\ \lambda>0,\ x>0$

$$\Gamma(\alpha)=\int_0^{\infty}t^{\alpha-1}e^{-t}dt$$

$$=\int_0^{\infty}u(t)v'(t)dt\quad(\because u(t)=t^{\alpha-1},\ v'(t)=e^{-t})$$

$$=[u(t)v(t)]_0^{\infty}-\int_0^{\infty}u'(t)v(t)dt$$

$$=(\alpha-1)\int_0^{\infty}t^{\alpha-2}e^{-t}dt=(\alpha-1)\Gamma(\alpha-1)\quad(\alpha>1)$$

그러므로 $\Gamma(1)=1,\ \Gamma(n)=(n-1)!,\ \Gamma\left(\frac{1}{2}\right)=\sqrt{\pi}$

$$E(X) = \int_0^\infty x \frac{\lambda^\alpha}{\Gamma(\alpha)} x^{\alpha-1} e^{-\lambda x} dx$$

$$= \frac{\lambda^\alpha}{\Gamma(\alpha)} \int_0^\infty x^\alpha e^{-\lambda x} dx$$

$$= \frac{1}{\lambda \Gamma(\alpha)} \int_0^\infty y^\alpha e^{-y} dy \quad (\because \ \lambda x = y)$$

$$= \frac{1}{\lambda} \frac{\Gamma(\alpha+1)}{\Gamma(\alpha)}$$

$$= \frac{1}{\lambda} \frac{\alpha \Gamma(\alpha)}{\Gamma(\alpha)} = \frac{\alpha}{\lambda}$$

$$E(X^2) = \int_0^\infty x^2 \frac{\lambda^\alpha}{\Gamma(\alpha)} x^{\alpha-1} e^{-\lambda x} dx$$

$$= \frac{\lambda^\alpha}{\Gamma(\alpha)} \int_0^\infty x^{\alpha+1} e^{-\lambda x} dx$$

$$= \frac{1}{\lambda^2 \Gamma(\alpha)} \int_0^\infty y^{\alpha+1} e^{-y} dy$$

$$= \frac{1}{\lambda^2} \frac{\Gamma(\alpha+2)}{\Gamma(\alpha)} = \frac{\alpha(\alpha+1)}{\lambda^2}$$

$$V(X) = \frac{\alpha(\alpha+1)}{\lambda^2} - \left(\frac{\alpha}{\lambda}\right)^2 = \frac{\alpha}{\lambda^2}$$

**정리 3-2**

확률변수 $X_1, X_2, \cdots, X_n$의 기댓값과 분산이 존재할 때,

(i) $V(X) \geq 0$

(ii) $V(X) = 0 \Leftrightarrow X$는 상수

(iii) $V(aX+b) = a^2 V(X)$

(iv) 만일 $X$와 $Y$가 독립이면 다음 식이 성립한다.

$$V(X+Y) = V(X) + V(Y)$$

또 $X_i$와 $X_j$들이 서로 독립이면 다음 식이 성립한다.

$$V(X_1 + X_2 + \cdots + X_n) = V(X_1) + V(X_2) + \cdots + V(X_n)$$

증명 (i) $(X-E(X))^2 \geq 0$

(ii) $E[(X-E(X))^2]=0 \Leftrightarrow X-E(X)=0 \Leftrightarrow X$는 상수

(iii)
$$\begin{aligned} V(aX+b) &= E\left[(aX+b-E(aX+b))^2\right] \\ &= E\left[(aX+b-aE(X)-b)^2\right] \\ &= E\left[(a^2(X-E(X))^2\right] \\ &= a^2E\left[(X-E(X))^2\right] = a^2V(X) \end{aligned}$$

(iv)
$$\begin{aligned} V(X+Y) &= E\left[(X+Y-E(X)-E(Y))^2\right] \\ &= E\left[[(X-\mu_1)+(Y-\mu_2)]^2\right] \\ &= E\left[(X-\mu_1)^2+(Y-\mu_2)^2+2(X-\mu_1)(Y-\mu_2)\right] \\ &= E\left[(X-\mu_1)^2\right]+E\left[(Y-\mu_2)^2\right]+2E\left[(X-\mu_1)(Y-\mu_2)\right] \\ &= V(X)+V(Y) \end{aligned}$$

($\because$ $X$와 $Y$가 독립이면 $E(X-\mu_1)E(Y-\mu_2)=0$)

**예 3-24** $X$는 지수분포로 $E(X)=2$이고 $Y$는 $N(-3, 2^2)$인 정규분포이다. 두 확률변수가 독립일 때 $V(3X-2Y+5)$를 구하여라.

**풀이**
$$\begin{aligned} V(3X-2Y+5) &= V(3X-2Y) \\ &= 9V(X)+4V(Y) \\ &= 9\times 4+4\times 4=52 \end{aligned}$$

---

**예 3-25** 공정한 주사위를 1회 던졌을 때 나타나는 눈을 $X$라 할 때 분산 $V(X)$를 구하여라.

**풀이**
$$E(X)=1\times\frac{1}{6}+\cdots+6\times\frac{1}{6}=\frac{7}{2},$$
$$E(X^2)=1^2\times\frac{1}{6}+\cdots+6^2\times\frac{1}{6}=\frac{91}{6},$$
$$V(X)=E(X^2)-E^2(X)=\frac{91}{6}-\left(\frac{7}{2}\right)^2=\frac{35}{12}$$

**예 3-26** 확률변수 $X$와 $Y$의 결합확률밀도함수가

$$f(x,y)=\begin{cases}\frac{1}{2}xy, & 0<x<y<2 \\ 0, & \text{그 이외는}\end{cases}$$ 일 때 다음을 구하여라

(1) $E(X)$

(2) $E(XY)$

(3) $V(Y)$

(4) $E[X|y=1]$

**풀이** (1) $f_X(x)=\int_x^2 \frac{1}{2}xydy=\frac{1}{4}x(4-x^2),\ 0<x<2$

$$f_Y(y)=\int_0^y \frac{1}{2}xydx=\frac{1}{4}y^3,\ 0<y<2$$

$$E(X)=\int_0^2 x\cdot\frac{1}{4}x(4-x^2)dx=\frac{16}{15}$$

(2) $E(XY)=\int_0^2\int_0^y xy\cdot\frac{1}{2}xydxdy=\int_0^2\frac{1}{6}y^5dy=\frac{16}{9}$

(3) $E(Y)=\int_0^2 y\cdot\frac{1}{4}y^3dy=\frac{8}{5},\ E(Y^2)=\int_0^2 y^2\cdot\frac{1}{4}y^3dy=\frac{8}{3}$

$$V(Y)=\frac{8}{3}-\left(\frac{8}{5}\right)^2=\frac{8}{75}$$

(4) $f(x|y)=\frac{f(x,y)}{f_Y(y)}=\frac{2x}{y^2}$

$$E(X|y=1)=\int_0^2 xf(x|y=1)=\int_0^2 x\cdot 2x\,dx=\frac{16}{3}$$

## 3.3 공분산과 상관계수

**정의 3-3 공분산 (covariance)**

두 확률변수 $X$와 $Y$가 같이 변하는 정도의 측도로서 $(X-\mu_X)(Y-\mu_Y)$의 평균을 사용한다. 즉

$$\begin{aligned}\mathrm{Cov}(X,\ Y) &= E[(X-\mu_X)(Y-\mu_Y)] \\ &= \sum_{all\,x}\sum_{all\,y}(X-\mu_X)(Y-\mu_Y)P(X=x,\ Y=y)\end{aligned}$$

NOTE $\mathrm{Cov}(X,\ Y) = E[(X-\mu_X)(Y-\mu_Y)]$

$$= E[XY - X\mu_X)Y\mu_Y + \mu_X\mu_Y$$

$$= E[XY] - \mu_X\mu_Y = E[XY] - E[X]E[Y]$$

**예 3-27** 하나의 동전을 3번 던졌을 때 나오는 앞면의 수를 $X$, 처음 2번의 시행에서 나오는 뒷면의 수를 $Y$라 했을 때 두 확률변수 $X$와 $Y$의 공분산을 구하여라.

**풀이** 결합분포표

| 표본공간 | $HHH$ | $HHT$ | $HTH$ | $THH$ | $HTT$ | $THT$ | $TTH$ | $TTT$ |
|---|---|---|---|---|---|---|---|---|
| $X$ | 3 | 2 | 2 | 2 | 1 | 1 | 1 | 0 |
| $Y$ | 0 | 0 | 1 | 1 | 1 | 1 | 2 | 2 |

| Y \ X | 0 | 1 | 2 | 3 | $f_Y(y)$ |
|---|---|---|---|---|---|
| 0 | 0 | 0 | $\frac{1}{8}$ | $\frac{1}{8}$ | $\frac{2}{8}$ |
| 1 | 0 | $\frac{2}{8}$ | $\frac{2}{8}$ | 0 | $\frac{4}{8}$ |
| 2 | $\frac{1}{8}$ | $\frac{1}{8}$ | 0 | 0 | $\frac{2}{8}$ |
| $f_X(x)$ | $\frac{1}{8}$ | $\frac{3}{8}$ | $\frac{3}{8}$ | $\frac{1}{8}$ | 1 |

주변확률분포표

| $X$ | 0 | 1 | 2 | 3 |
|---|---|---|---|---|
| $P(X=x)$ | $\frac{1}{8}$ | $\frac{3}{8}$ | $\frac{3}{8}$ | $\frac{1}{8}$ |

| $Y$ | 0 | 1 | 2 |
|---|---|---|---|
| $P(Y=y)$ | $\frac{2}{8}$ | $\frac{4}{8}$ | $\frac{2}{8}$ |

$\mu_X = 1.5$　　　　$\mu_Y = 1$

$$\begin{aligned}\mathrm{Cov}(X,\ Y) &= E[XY] - E[X]E[Y] \\ &= 1 \cdot 1 \cdot \frac{2}{8} + 1 \cdot 2 \cdot \frac{1}{8} + 2 \cdot 1 \cdot \frac{2}{8} - 1.5 \times 1 \\ &= -0.5\end{aligned}$$

따라서 한 확률변수가 평균보다 큰 값을 가질 때 다른 확률변수는 평균보다 작은 값을 가지는 경향이 있다. 즉 앞면의 수가 많을 때는 뒷면의 수가 적게 나타나기 때문이다.

NOTE 만일 $X$와 $Y$가 독립이면

$$\mathrm{Cov}(X,\ Y) = E(XY) - E(X)E(Y) = 0$$

---

**예 3-28** 주사위 2번 던질 때 $X$는 처음 시행의 눈, $Y$는 두 번째 시행의 눈일 때 $\mathrm{Cov}(X,\ Y)$를 구하여라.

**풀이** $E(X) = E(Y) = \frac{7}{2}$,

$$E(XY) = \sum_{x=1}^{6}\sum_{y=1}^{6} xyP(x,\ y)$$

$$= \sum\sum xy\frac{1}{36} = 21 \cdot \frac{21}{36} = \frac{49}{4},$$

$$\mathrm{Cov}(X, Y) = \frac{49}{4} - \frac{7}{2} \cdot \frac{7}{2} = 0$$

NOTE (i) 만일 $\mathrm{Cov}(X, Y) = 0$ 이면 $X$와 $Y$는 독립일 필요가 없다.

(ii) $$\begin{aligned}\mathrm{Var}(X+Y) &= E[(X+Y-E[X+Y])^2] \\ &= E[(X-E[X])^2] + E[(Y-E[Y])^2] \\ &\quad + 2E[(X-E[X])(Y-E[Y])] \\ &= \mathrm{Var}(X) + \mathrm{Var}(Y) + 2\mathrm{Cov}(X, Y)\end{aligned}$$

따라서 $X$와 $Y$가 독립이면 $V(X+Y) = V(X) + V(Y)$가 성립한다. 또한 다음 식이 성립한다.

$$V\left(\sum_{i-1}^{n} X_i\right) = \sum_{1}^{n} V(X_i) + 2\sum_{i}\sum_{<j} \mathrm{Cov}(X_i, Y_j)$$

---

**예 3-29** $X$가 $(-1, 1)$에서 균등확률분포이고 $Y = X^2$이면 $\mathrm{Cov}(X, Y) = 0$임을 보여라.

**풀이** $$\begin{aligned}\mathrm{Cov}(X, Y) &= E[XY] - E[X]E[Y] \\ &= \int_{-1}^{1} \frac{1}{2}x^3 dx - \int_{-1}^{1} \frac{1}{2}x\, dx \int_{-1}^{1} \frac{1}{2}x^2 dx \\ &= 0 - 0 = 0\end{aligned}$$

그러나 $X$와 $Y$는 종속이다.

**정리 3-3**

$X$, $Y$가 확률변수이고 $a, b$가 상수일 때 다음이 성립한다.

(i) $\mathrm{Cov}(aX, bY) = ab\mathrm{Cov}(X, Y)$

(ii) $\mathrm{Cov}(X+a, Y+b) = \mathrm{Cov}(X, Y)$

(ii) $\mathrm{Cov}(X, aX+b) = aV(X)$

**증명** (i), (ii)는 정의에 따라 증명한다.

(iii) $\text{Cov}(X, aX+b) = E[X(aX+b)] - E[X]E[aX+b]$

$$= aE[X^2] + bE[X] - aE^2[X] - bE[X]$$

$$= a(E[X^2] - E^2[X])$$

$$= aV(X)$$

**NOTE** (i) 양의 공분산: 두 변수 간의 양의 직선관계가 있음.

(ii) 음의 공분산: 두 변수 간의 음의 직선관계가 있음.

$\text{Cov}(X, Y) \to 0$: 선형 종속관계가 없음.

**예 3-30** 만일 $\text{Cov}(X, Y) = 0$이면 $X$와 $Y$는 독립일 필요는 없음을 보여라. (즉 $\text{Cov}(X, Y) = 0 \nrightarrow X$와 $Y$는 독립)

**풀이** 결합분포표가 다음과 같다고 하자.

| $Y$ \ $X$ | $-1$ | $0$ | $1$ | $f_Y(y)$ |
|---|---|---|---|---|
| $0$ | $0$ | $\frac{1}{3}$ | $0$ | $\frac{1}{3}$ |
| $1$ | $\frac{1}{3}$ | $0$ | $\frac{1}{3}$ | $\frac{2}{3}$ |
| $f_X(x)$ | $\frac{1}{3}$ | $\frac{1}{3}$ | $\frac{1}{3}$ | $1$ |

주변확률분포표

| $X$ | $-1$ | $0$ | $1$ |
|---|---|---|---|
| $P(X=x)$ | $\frac{1}{3}$ | $\frac{1}{3}$ | $\frac{1}{3}$ |

$E(X) = 0$

| $Y$ | $0$ | $1$ |
|---|---|---|
| $P(Y=y)$ | $\frac{1}{3}$ | $\frac{2}{3}$ |

$E(Y) = \frac{2}{3}$

그러므로

$$\text{Cov}(X, Y) = E(XY) - E(X)E(Y)$$

$$= -1 \times 1 \times \frac{1}{3} + 1 \times 1 \times \frac{1}{3} - 0 = 0.$$

그러나

$$P(X=0,\ Y=0)=\frac{1}{3}\neq P(X=0)P(Y=0)=\frac{1}{3}\cdot\frac{1}{3}=\frac{1}{9}$$

이므로, 따라서 $X$와 $Y$는 독립이 아니다.

공분산 값은 확률변수가 취하는 값의 단위에 의존하기 때문에 측정척도에 상관없는 척도가 필요하며 공분산을 두 확률변수의 표준편차의 곱으로 나누는데 이를 상관계수(correlation coefficient)라 한다.

**정의 3-4 상관계수**

$$r=\rho_{X,Y}=\mathrm{Corr}(X,\ Y)=\frac{\mathrm{Cov}(X,\ Y)}{\sigma_X\sigma_Y}$$

**예 3-31** 예 6−27에서 $X$와 $Y$의 상관계수 $\rho_{X,Y}$를 구하여라.

**풀이**

$$V(Y)=\sigma_Y^2=1^2\times\frac{4}{8}+2^2\times\frac{2}{8}-1^2=0.5,$$

$$V(X)=\sigma_X^2=1^2\times\frac{3}{8}+2^2\times\frac{3}{8}+3^2\times\frac{1}{8}-(1.5)^2=0.75,$$

$$\rho_{X,Y}=\mathrm{Corr}(X,\ Y)=\frac{\mathrm{Cov}(X,\ Y)}{\sigma_X\sigma_Y}=-\frac{0.5}{\sqrt{0.75}\sqrt{0.5}}=-0.632$$

NOTE $-1\leq\mathrm{Corr}(X,\ Y)=\rho_{XY}\leq 1$ (코시-슈바르츠 부등식)

$r=\mathrm{Corr}(X,\ Y)=1,\ -1;$ $Y$는 $X$의 일차함수관계

$$Y=aX+b\begin{cases}a>0, & \rho_{X,Y}=1\\ a<0, & \rho_{X,Y}=-1\end{cases}$$

$r=\mathrm{Corr}(X,\ Y)\to 0$ : $X$와 $Y$ 간의 선형관계가 거의 없음.

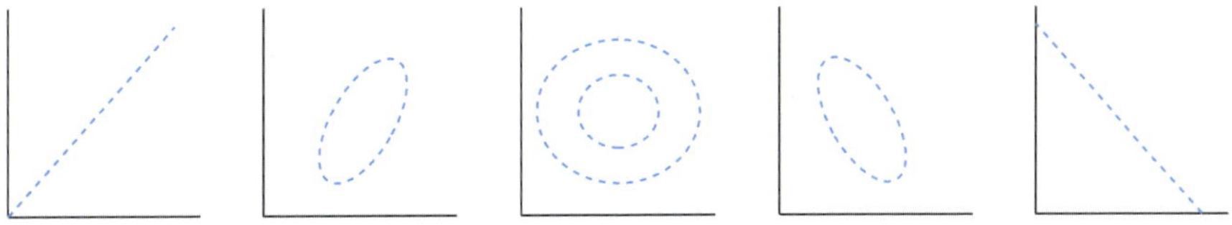

| $r=1$ | $r>0$ | $r=0$ | $r<0$ | $r=-1$ |
|---|---|---|---|---|
| 정상관 | 양의 상관 | 상관없다 | 음의 상관 | 역상관 |

**예 3-32** 한 개의 동전을 3번 던질 때 $X$는 2번 던질 때까지의 표면의 수이고, $Y$는 세 번째 던졌을 때 나타나는 표면의 수라 할 때 $X$와 $Y$의 결합확률분포를 구하고 공분산과 상관계수를 구하여라.

**풀이** 결합확률분포

| $Y$ \ $X$ | 0 | 1 | 2 | $f_Y(y)$ |
|---|---|---|---|---|
| 0 | $\frac{1}{8}$ | $\frac{2}{8}$ | $\frac{1}{8}$ | $\frac{1}{2}$ |
| 1 | $\frac{1}{8}$ | $\frac{2}{8}$ | $\frac{1}{8}$ | $\frac{1}{2}$ |
| $f_X(x)$ | $\frac{1}{4}$ | $\frac{1}{2}$ | $\frac{1}{4}$ | 1 |

$$\mu_X = 0\times\frac{1}{4}+1\times\frac{1}{2}+2\times\frac{1}{4}=1,$$

$$\mu_Y = 0\times\frac{1}{2}+1\times\frac{1}{2}=\frac{1}{2},$$

$$V(X)=\sigma_X^2=0^2\times\frac{1}{4}+1^2\times\frac{1}{2}+2^2\times\frac{1}{4}-1^2=\frac{1}{2},$$

$$V(Y)=\sigma_Y^2=0^2\times\frac{1}{2}+1^2\times\frac{1}{2}-\left(\frac{1}{2}\right)^2=\frac{1}{4},$$

$$\begin{aligned}\mathrm{Cov}(X,\ Y)&=E(XY)-E(X)E(Y)\\&=0\cdot0\cdot\frac{1}{8}+0\cdot1\cdot\frac{2}{8}+0\cdot2\cdot\frac{1}{8}\\&\quad+1\cdot0\cdot\frac{1}{8}+1\cdot1\cdot\frac{2}{8}+1\cdot2\cdot\frac{1}{8}-1\cdot\frac{1}{2}=0,\end{aligned}$$

$$\mathrm{Corr}(X,\ Y)=\frac{0}{\sqrt{\frac{1}{2}}\sqrt{\frac{1}{4}}}=0$$

**예 3-33** 확률변수 $X,\ Y$의 결합확률밀도함수가

$$f(x,\ y)=\begin{cases} e^{-y}, & 0\le x\le y<\infty \\ 0, & \text{그 밖에} \end{cases}$$

일 때 공분산과 상관계수를 구하여라.

**풀이** $f_X(x)=\int_x^{\infty} e^{-y}dy=e^{-x},\ 0<x<\infty$

$$f_Y(y)=\int_0^{y} e^{-y}dx=ye^{-y},\ 0<y<\infty$$

$$E(X)=\int_0^{\infty} xf_X(x)dx=\int_0^{\infty} xe^{-x}dx=1$$

$$E(Y)=\int_0^{\infty} yf_Y(y)dy=\int_0^{\infty} y\cdot ye^{-y}dy=2$$

$$E(XY)=\int_0^{\infty}\int_0^{y} xye^{-y}dxdy=\int_0^{\infty}\frac{1}{2}y^3e^{-y}dy=3$$

$$\mathrm{Cov}(X,Y)=E(XY)-E(X)E(Y)=3-2=1$$

$$V(X)=E(X^2)-E^2(X)=2-1=1$$

$$V(Y)=E(Y^2)-E^2(Y)=6-4=2$$

$$\mathrm{Corr}(X,\ Y)=\frac{\mathrm{Cov}(X,\ Y)}{\sigma_x\sigma_y}=\frac{1}{1\cdot\sqrt{2}}=\frac{\sqrt{2}}{2}$$

# 3.4 적률생성함수

적률생성함수는 평균과 분산을 계산하는 데 유용하게 사용되며, 두 확률변수의 독립성을 증명할 수 있다. 또한, 적률생성함수의 유일성 성질에 의해 그 분포를 결정할 수 있다.

**정의 3-5 적률생성함수(Moment generating function : M.G.F)**

$M_X(t) = E(e^{tX})$ : 원점에 대한 적률생성함수,

$M_{X-\mu}(t) = E\left(e^{t(X-\mu)}\right)$ : 평균에 대한 적률생성함수,

$X$: 확률변수, $\mu$: 평균, $-h < t < h \ (h > 0)$

NOTE (i) $M_X(t) = \begin{cases} \sum_{i=1} e^{tx_i} f(x_i) & (\text{이산형}) \\ \int_{-\infty}^{\infty} e^{tx} f(x)dx & (\text{연속형}) \end{cases}$

$M_X{}'(t) = \sum x_i\ e_i^{tx} f(x_i),\ M_X{}''(t) = \sum x_i^2\ e^{tx_i} f(x_i),$

$M_X^{(r)}(t) = \sum x_i^r e_i^{tx} f(x_i)$

(ii) $E(X^r) = M_X^{(r)}(0) = \begin{cases} \sum_{i=1} x_i{}^r f(x_i) \\ \int_{-\infty}^{\infty} x^r f(x)dx \end{cases}$

: 원점에 대한 $r$차 적률

$E[(X-\mu)^r] = M_{X-\mu}^{(r)}(0) = \begin{cases} \sum_{i=1} (x_i-\mu)^r f(x_i) \\ \int_{-\infty}^{\infty} (x-\mu)^r f(x)dx \end{cases}$

: 평균에 대한 $r$차 적률

**예 3-34** 1, 3, 5에 대한 1차, 2차 적률생성함수를 구하여라.

**풀이** (1) 1차 원섬적률 :

$$E(X) = M_X^{(1)}(0) = E(X \cdot e^{0 \cdot X}) = \frac{1+3+5}{3} = 3 = X\text{의 평균}$$

(2) 2차 원점적률 : $E(X^2) = \dfrac{1^2+3^2+5^2}{3} = \dfrac{35}{3} = X^2$의 평균

(3) 평균 $\mu$에 대한 1차 적률은 항상 0이다.

$$E[(X-\mu)] = \frac{(1-3)+(3-3)+(5-3)}{3} = 0$$

(4) 평균 $\mu$에 대한 2차 적률은 분산 $V(X)$이다.

$$E[(X-\mu)^2] = \frac{(1-3)^2+(3-3)^2+(5-3)^2}{3} = \frac{8}{3} = V(X)$$

---

**예 3-35** $X \sim B(n, p)$일 때 적률생성함수를 이용하여 분산을 구하여라.

**풀이**

$$M_X(t) = \sum_{x=0}^{n} e^{tx}\binom{n}{x}p^x q^{n-x}$$

$$= \sum_{x=0}^{n}\binom{n}{x}(pe^t)^x q^{n-x} = (pe^t+q)^n \quad (-\infty < t < \infty)$$

$M_X{}'(t) = n(pe^t+q)^{n-1}pe^t$, $M_X{}'(0) = np$,

$M_X{}''(0) = np + np^2(n-1)$,

$V(X) = M_X{}''(0) - \{M_X{}'(0)\}^2 = npq$

---

**예 3-36** $X \sim \mathrm{Poi}(\lambda)$일 때 적률생성함수를 이용하여 분산을 구하여라.

**풀이**

$$M_X(t) = E(e^{tX})$$

$$= \sum_{i=0}^{\infty} e^{ti} e^{-\lambda}\frac{\lambda^i}{i!}$$

$$= e^{-\lambda}\sum_{i=0}^{\infty}\frac{(\lambda e^t)^i}{i!}$$

$$= e^{-\lambda}e^{\lambda e^t} = e^{\lambda(e^t-1)}$$

$$M_X{}'(t) = \lambda e^{\lambda(e^t-1)}e^t = \lambda e^{t+\lambda(e^t-1)},$$

$$M_X{}'(0) = \lambda,$$

$$M_X{}''(t) = M_X{}'(t)[1+\lambda e^t],$$

$$M_X{}''(0) = \lambda(1+\lambda),$$

$$V(X) = E(X^2) - (E(X))^2 = \lambda(1+\lambda) - \lambda^2 = \lambda$$

---

**예 3-37** $X \sim \exp(\lambda)$(지수분포)일 때 적률생성함수를 이용하여 분산을 구하여라.

**풀이** $$M_X(t) = E(e^{tX}) = \int_0^{\infty} e^{tx} f(x)dx = \int_0^{\infty} e^{tx}\lambda e^{-\lambda x}dx$$

$$= \lambda\int_0^{\infty} e^{-(\lambda-t)x}dx$$

$$= \frac{\lambda}{\lambda - t} \quad (t < \lambda)$$

$M_X{}'(0) = \dfrac{1}{\lambda}$, $M_X{}''(0) = \dfrac{2}{\lambda^2}$ 이므로

$V(X) = E(X^2) - E(X)^2 = \dfrac{2}{\lambda^2} - \dfrac{1}{\lambda^2} = \dfrac{1}{\lambda^2}$ 이다.

---

**예 3-38** 확률질량 함수 $f(x) = \left(\dfrac{1}{2}\right)^x$, $x = 1, 2, \cdots$ 일 때 분산을 구하여라.

**풀이** $E(X) = \displaystyle\sum_{x=1}^{\infty} x \cdot \left(\frac{1}{2}\right)^x$ 를 구하기가 어려우므로 적률생성함수를 이용한다.

$$M_X(t) = E(e^{tx}) = \sum_{x=1}^{\infty} e^{tx} \cdot \left(\frac{1}{2}\right)^x = \sum\left(\frac{e^t}{2}\right)^x$$

$$= \frac{e^t}{2 - e^t} \quad (\text{단, } t < \ln 2)$$

$$M_X'(t) = \frac{2e^t}{(2-e^t)^2}, \quad M_X''(t) = \frac{2e^t(2+e^t)}{(2-e^t)^3}$$

$$M_X'(0) = E(X) = 2, \ M_X''(0) = E(X^2) = 6$$

$$V(X) = E(X^2) - E^2(X) = 2$$

**정리 3-4**

$Y = aX + b$ 일 때,

$$M_Y(t) = e^{bt} M_X(at).$$

증명 $M_Y(t) = E(e^{tY}) = E(e^{t(aX+b)})$

$$= E(e^{atX} e^{bt}) = e^{bt} E(e^{atX}) = e^{bt} M_X(at)$$

**정리 3-5**

$X_1, X_2, \cdots, X_n$ 이 동일한 M.G.F $M_{X_i}(t)$를 갖는 독립인 확률변수일 때, $Y = \sum_{i=1}^{n} X_i$의 M.G.F는

$$M_Y(t) = M_{X_1}(t) M_{X_2}(t) \cdots M_{X_n}(t).$$

특히 $X_1, X_2, \cdots, X_n$ 이 공통인 확률밀도함수 $f(x)$와 $M(t)$를 갖는다면

$$M_Y(t) = [M_{X_i}(t)]^n.$$

증명 $M_Y(t) = E(e^{tY}) = E\left(e^{t(X_1 + X_2 + \cdots + X_n)}\right)$

$$= E(e_1^{tX}) E(e_2^{tX}) \cdots E(e_n^{tX})$$

$$= M_{X_1}(t) M_{X_2}(t) \cdots M_{X_n}(t)$$

NOTE M.G.F의 유일성(M.G.F가 어떤 분포를 유일하게 결정)

$$X_1 \sim F_1(x), \ X_2 \sim F_2(x)$$

이고 각각의 M.G.F가 $M_1(t)$, $M_2(t)$일 때 다음이 성립한다.

모든 실수 $x$에 대하여 $F_1(x)=F_2(x)$ ⇔ 모든 $t$에서 $M_1(t)=M_2(t)$
(단, $h>0$, $-h<t<h$)

**정리 3-6**

$X$, $Y$가 서로 독립인 확률변수이면

$$M_{X,Y}(t_1, t_2)=M_X(t_1)M_Y(t_2)$$

가 성립하고, 그 역도 성립한다.

**증명** $M_{X,Y}(t_1, t_2)=E[e^{t_1X}\cdot e^{t_2Y}]=E[e^{t_1X}]E[e^{t_2Y}]$
$=M_X(t_1)M_Y(t_2)$

그 역의 증명은 기댓값의 성질에 의해 성립된다.

**NOTE** (ⅰ) M.G.F는 확률변수함수의 분포를 결정한다.

$B(n, p)\sim M_X(t)=(pe^t+q)^n$, Ber(베르누이) $\sim M_X(t)=pe^t+q$

Poi$(\lambda)\sim M_X(t)=e^{\lambda(e^t-1)}$, Unif $((a, b))\sim M_X(t)=\dfrac{e^{bt}-e^{at}}{(b-a)t}$

$N(\mu, \sigma^2)\sim M_X(t)=e^{\mu t+\frac{\sigma^2t^2}{2}}$, Exp$(\alpha)\sim M_X(t)=\dfrac{\alpha}{\alpha-t}$

(ⅱ) M.G.F는 독립인 확률변수들의 합의 분포를 결정한다.

① $X_1, X_2, \cdots, X_k\sim B(n, p)$, $Y=\sum_{i=1}^{k}X_i$ 이면
$M_Y(t)=[M_X(t)]^k=(pe^t+q)^{nk}$이므로 $Y\sim B(nk, p)$이다.

② $X\sim$ Exp$(\alpha)$, $Y=\sum_{i=1}^{n}X_i$ 이면
$M_Y(t)=[M_X(t)]^n=\left[\dfrac{\alpha}{\alpha-t}\right]^n$ 이다.

③ $X\sim$ Poi$(\lambda)$, $Y=\sum_{i=1}^{n}X_i$

$$M_Y(t)=\exp[\lambda_1(e^t-1)]\cdots\exp[\lambda_n(e^t-1)]$$
$$=\exp[(\lambda_1+\lambda_2+\cdots+\lambda_n)(e^t-1)]$$

이므로 $Y \sim \mathrm{Poi}(\lambda_1 + \lambda_2 + \cdots + \lambda_n)$이다.

(iii) 만일 변수의 M.G.F를 알 수 있으면 어떤 분포를 갖는지 알 수 있다.

$f(x) = \frac{1}{\theta} e^{-\frac{x}{\theta}}$, $x > 0$이면

$$M_X(t) = \int_0^\infty e^{tx} \frac{e^{-\frac{x}{\theta}}}{\theta} dx = \frac{1}{\theta} \int_0^\infty e^{-x\left(\frac{1}{\theta} - t\right)} dx$$

$$= \frac{1}{\theta} \left[ - \frac{1}{\frac{1}{\theta} - t} e^{-x} \right]_0^\infty$$

$$= \frac{1}{\theta} \frac{1}{\frac{1}{\theta} - t} = \frac{1}{1 - \theta t}$$

따라서 $M_X(t) = \frac{1}{1-\theta t}$이면 $X \sim \mathrm{Exp}\left(\frac{1}{\theta}\right)$이다.

$N(0, 1) \sim Z$이면

$$M_Z(t) = \int_{-\infty}^\infty e^{tz} \frac{1}{\sqrt{2\pi}} e^{-\frac{1}{2} z^2} dz$$

$$= \int_{-\infty}^\infty \frac{1}{\sqrt{2\pi}} e^{-\frac{1}{2} z^2 + tz} dz$$

$$= \int_{-\infty}^\infty \frac{1}{\sqrt{2\pi}} e^{-\frac{1}{2}(z-t)^2 + \frac{t^2}{2}} dz = e^{\frac{t^2}{2}}$$

따라서 $M_Z(t) = e^{t^2/2}$이면 $Z \sim N(0, 1)$이다.

## CHAPTER 03 연습문제

3-1 변수 $X$가 0, 1, 2의 값을 가질 때 확률함수가 $f(x)=\frac{1}{3}$일 경우 $E(X)$, Var(X)의 값은 얼마인가?

3-2 확률밀도함수 $f(x)=\begin{cases} 1, & 0 \le x \le 1 \\ 0, & x < 0,\ x > 1 \end{cases}$일 때 기댓값과 분산은 얼마인가?

3-3 변수 $X$가 평균 $\frac{1}{2}$이고 분산이 4인 정규분포를 이룬다. $P(X<2.5)$의 값은 얼마인가?

3-4 $X_1, X_2$ 각각 독립이고 $N(\mu_1, \sigma_1^2)$, $N(\mu_2, \sigma_2^2)$인 정규분포를 따르는 확률변수이면 $Y=2X_1-X_2$는 어떤 분포를 따르는가?

3-5 확률변수 $X$의 확률밀도함수 $f(x)=\begin{cases} x, & 0 \le x \le 1 \\ 2-x, & 1 \le x \le 2 \end{cases}$로 주어질 때 $X$의 평균과 표준편차를 구하여라.

3-6 6개의 숫자 1, 1, 2, 3, 4, 5를 써넣은 주사위를 던져서 나오는 눈의 수를 확률변수 $X$라 할 때 $Y=2X+3$의 기댓값 $E(Y)$와 분산 $V(Y)$를 구하여라.

3-7 $X$가 아래 분포의 확률변수이고 $Y=X^2$이다. 다음을 구하여라.

(1) $Y$의 분포 $g$

(2) $X$와 $Y$의 결합분포 $h$

(3) Cov$(X, Y)$와 $\rho(X, Y)$

| $x_i$ | $-2$ | $-1$ | $1$ | $2$ |
|---|---|---|---|---|
| $f(x_i)$ | $\frac{1}{4}$ | $\frac{1}{4}$ | $\frac{1}{4}$ | $\frac{1}{4}$ |

**3-8** 아래는 $X$와 $Y$의 결합분포일 때 다음을 구하여라.

(1) $E(X)$와 $E(Y)$ (2) $\mathrm{Cov}(X, Y)$

(3) $\sigma_X, \sigma_Y$ 그리고 $\rho(X, Y)$

| $X$ \ $Y$ | $-4$ | 2 | 7 | 합 |
|---|---|---|---|---|
| 1 | $\frac{1}{8}$ | $\frac{1}{4}$ | $\frac{1}{8}$ | $\frac{1}{2}$ |
| 5 | $\frac{1}{4}$ | $\frac{1}{8}$ | $\frac{1}{8}$ | $\frac{1}{2}$ |
| 합 | $\frac{3}{8}$ | $\frac{3}{8}$ | $\frac{1}{4}$ | 1 |

**3-9** 동전을 4번 던질 때 $X$는 앞면의 수이며 $Y$는 연속하여 나오는 앞면의 수일 때 다음을 구하여라.

(1) $X$와 $Y$의 결합분포 (2) $\mathrm{Cov}(X, Y)$와 $\rho(X, Y)$

**3-10** 분산이 4이고 평균에 대한 4차 적률이 64인 분포 곡선의 첨도를 구하여라.

**3-11** 확률변수 $X$와 $Y$의 결합확률질량함수가

$$f(x, y) = \begin{cases} \dfrac{4}{5xy}, & x = 1, 2, \ \ y = 2, 3 \\ 0, & \text{그 이외는} \end{cases}$$

일 때 다음을 구하여라.

(1) $E(X)$

(2) $E(Y)$

(3) $V(X)$

(4) $Corr(X, Y)$

**3-12** 확률변수 $X$와 $Y$의 결합확률밀도함수가

$$f(x, y) = \begin{cases} x + y, & 0 < x < 1, \ 0 < y < 1 \\ 0, & \text{그 밖에} \end{cases}$$

일 때 상관계수를 구하여라.

3-13 이산확률변수 $X$의 적률생성함수

$$M(t) = \frac{1}{6}e^t + \frac{2}{6}e^{2t} + \frac{3}{6}e^{3t}$$

일 때, $p(x)$를 구하여라.

3-14 연속확률변수 $X$가 정규분포 $N(\mu, \sigma^2)$일 때, $X$의 적률생성함수 $M_X(t)$를 구하여라.

CHAPTER 04

# 통계학과 자료정리

CONTENTS

# 4.1 모집단과 표본

통계학(statistics)은 자료를 수집, 정리, 분석 또는 해석하는 학문이다. 즉 연구목적에 필요한 자료 및 정보를 최적한 방법으로 수집하고, 수집된 자료를 과학적이고 논리적인 이론에 의하여 정리, 분석하는 학문이다.

통계학을 연구하는 데 필요한 기본적인 용어를 알아보자.

**정의 4-1**

모집단(population) : 통계적 연구대상이 되는 집합
표본(sample) : 연구를 위하여 선택된 모집단의 일부분
모수(parameter) : 모집단의 특성값

| | 모집단 | 표본 |
|---|---|---|
| 특성 | 모수 | 통계량 |
| 기호 | 모평균 $\mu$<br>모표준편차 $\sigma$, 모분산 $\sigma^2$<br>모비율 $p$, 표본크기 $N$ | 표본평균 $\overline{X}$<br>표본표준편차 $S$, 표본분산 $S^2$<br>표본비율 $\hat{p}$, 표본크기 $n$ |

통계조사에는 모집단 전체를 조사하는 **전수조사**(census)와 모집단 일부분을 조사하는 **표본조사**(sample survey)가 있다. 대부분의 경우 비용절감과 시간절약 등의 이유로 표본조사를 시행한다.

## 4.2 자료의 정리

자료의 종류에는 질적자료와 양적자료로 분류된다.

질적자료 : 숫자로 나타낼 수 없는 자료(예 : 성별, 교육수준)

양적자료 : 숫자로 나타낼 수 있는 자료(예 : 전구의 수명, 시험성적)

질적자료의 분석 방법으로는 **도수분포표, 상대도수 막대그래프, 원형그래프** 등이 있다.

도수(frequency) : 각 자료값이 나타나는 횟수(빈도수)

상대도수(relative frequency) : $\frac{\text{각 도수}}{\text{전체 도수}}$

어느 대학교의 신입생 중 20명을 뽑아서 주거지에 대해 조사한 결과를 다음과 같이 나타낼 수 있다.

(a) 도수분포표

| 주거지 | 자가 | 기숙사 | 하숙 | 자취 | 합계 |
|---|---|---|---|---|---|
| 도수 | 7 | 6 | 4 | 3 | 20 |
| 상대 도수 | $\frac{7}{20}=0.35$ | $\frac{6}{20}=0.30$ | $\frac{4}{20}=0.20$ | $\frac{3}{20}=0.15$ | 1.00 |

(b) 상대도수 막대그래프

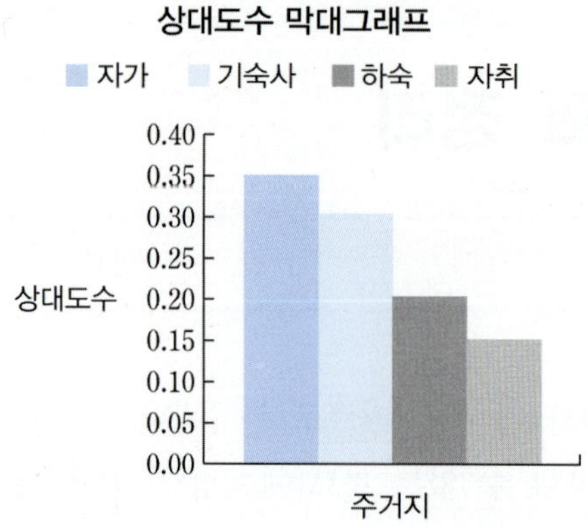


(c) 상대도수 원형그래프

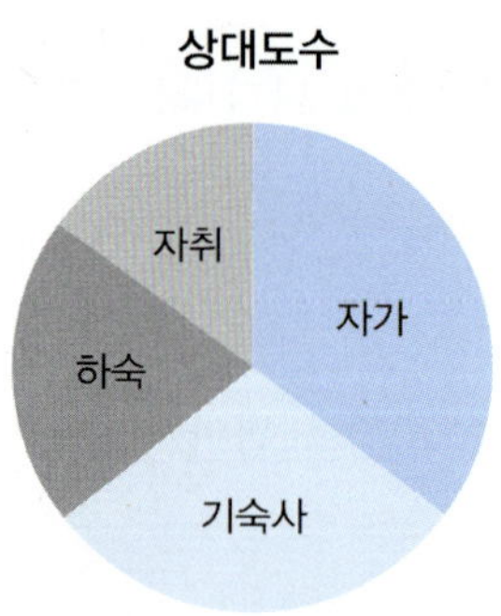


양적자료의 분석방법으로는 줄기-잎-그림, 도수분포표, 히스토그램(histogram) 등이 있다. 예를 들면 다음 자료는 1학년 20명의 통계학 기말고사 성적이다.

통계학 기말고사 성적

| | | | | |
|---|---|---|---|---|
| 53 | 62 | 97 | 65 | 79 |
| 88 | 77 | 71 | 51 | 83 |
| 73 | 86 | 64 | 82 | 92 |
| 69 | 94 | 76 | 55 | 75 |

(a) 줄기-잎-그림

| 줄기 | 잎 |
|---|---|
| 5 | 3 1 5 |
| 6 | 2 5 9 4 |
| 7 | 1 5 3 7 6 9 |
| 8 | 8 2 6 3 |
| 9 | 7 4 2 |

(b) 도수분포표

계급 : 자료집합을 몇 개의 집단으로 나눈다.

계급간격 : $\dfrac{\text{자료의 최댓값} - \text{자료의 최솟값}}{\text{계급의 수}} = \dfrac{97-51}{6} \approx 7.67 \approx 8$

첫 번째 계급의 하측 경계값 : 최솟값 $-\dfrac{1}{2}\times$단위 $= 51 - \dfrac{1}{2}\times 1 = 50.5$

| 계급번호 | 계급구간 | 도수 | 상대도수 |
|---|---|---|---|
| 1 | 50.5 ~ 58.5 | 3 | 0.15 |
| 2 | 58.5 ~ 66.5 | 3 | 0.15 |
| 3 | 66.5 ~ 74.5 | 3 | 0.15 |
| 4 | 74.5 ~ 82.5 | 5 | 0.25 |
| 5 | 82.5 ~ 90.5 | 3 | 0.15 |
| 6 | 90.5 ~ 98.5 | 3 | 0.15 |
| | | 20 | 1.00 |

(c) 히스토그램

양적자료의 도수분포표를 구한 다음 이를 그림으로 표현하는 방법

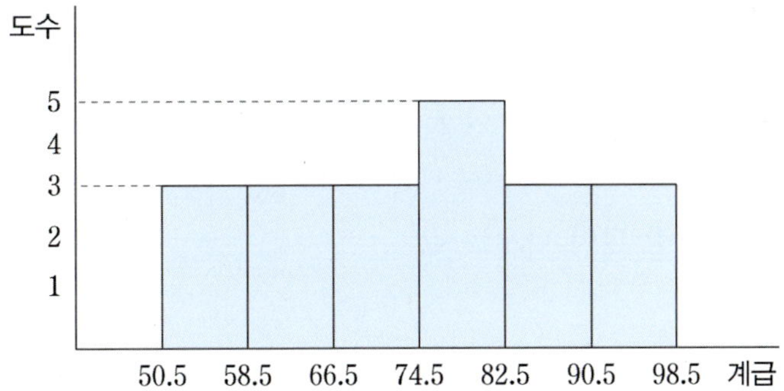

# 4.3 자료의 요약

도수분포표는 주어진 자료의 일반적인 분포를 나타낼 뿐이다. 이 절에서는 자료를 요약하여 분포의 특성을 하나의 수치로 나타낸 중심위치의 측도, 자료들이 분산되어 있는 정도를 나타낸 산포의 측도와 어떤 특정한 자료값이 주어진 자료의 어떤 위치에 있는지를 알 수 있는 상내적 위치의 측도에 관하여 알아본다.

## 4.3.1 중심위치의 측도

ⓐ 평균 : $\dfrac{x_1 + x_2 + \cdots + x_n}{n}$

모평균 : $\mu = \dfrac{1}{N}\sum_{i=1}^{N} x_i$

표본평균 : $\overline{X} = \dfrac{1}{n}\sum_{i=1}^{n} x_i$

ⓑ 중앙값(중위수)

$n$ 이 홀수이면 $\dfrac{n+1}{2}$ 번째 자료값

$n$ 이 짝수이면 $\dfrac{n}{2}$ 번째와 $\left(\dfrac{n}{2}+1\right)$ 번째 자료값의 평균

ⓒ 최빈값(mode)

자료 중 가장 많이 나오는 값

**예 4-1** 어느 회사 10명의 직원의 월급을 알아본 결과가 다음과 같다.

(단위 : 만 원)

| 80, 90, 120, 110, 130, 150, 100, 120, 100, 500 |
|---|

(1) 평균을 구하여라.

(2) 중앙값을 구하여라.

(3) 최빈값을 구하여라.

**풀이** (1) $\overline{X}=\dfrac{80+90+\ \cdots+500}{10}=150$

(2) $\dfrac{110+120}{2}=115$

(3) 최빈값은 100만 원, 120만 원

## 4.3.2 산포의 측도

ⓐ 범위(range)

R=자료의 최댓값−자료의 최솟값

ⓑ 사분위수

$Q=(Q_3-Q_1)$

$Q_3$ : 크기순으로 나열하여 75%에 해당하는 자료값

$Q_1$ : 크기순으로 나열하여 25%에 해당하는 자료값

ⓒ 분산

모분산 $\sigma^2=\dfrac{1}{N}\sum_{i=1}^{N}(x_i-m)^2$,

모표준편차 $\sigma=\sqrt{\dfrac{1}{N}\sum_{i=1}^{N}(x_i-m)^2}$

표본분산 $s^2 = \frac{1}{n-1}\sum_{i=1}^{n}(x_i - \overline{x})^2$,

표본 표준편차 $s = \sqrt{\frac{1}{n-1}\sum_{i=1}^{n}(x_i - \overline{x})^2}$

NOTE 표본분산에서 $n$ 대신에 $n-1$을 사용한 이유는 $s^2$의 기댓값이 모분산 $\sigma^2$이 되어 $s^2$이 $\sigma^2$의 좋은 추정량이기 때문이다. 즉 $E(s^2) = \sigma^2$인 불편추정량이다.

예 4-2 예 4-1의 자료를 이용하여 (1) 범위, (2) 사분위수, (3) 분산을 각각 구하여라.

풀이 (1) 범위$= 500 - 80 = 420$

(2) | 80 90 100 100 110 |   | 120 120 130 150 500 |

$Q_1$은 처음 반의 중앙값인 100이며 $Q_3$는 나머지 반의 중앙값인 130이다. 따라서 사분위수 범위는 $130 - 100 = 30$이다.

(3) 분산 $S^2 = \frac{(80-150)^2 + (90-150)^2 + \cdots + (500-150)^2}{10-1}$

ⓓ 변동계수

두 종류의 자료의 산포를 비교할 때 사용된다.

$$v = \frac{s}{\overline{x}} \quad (s : \text{표준편차}, \ \overline{x} : \text{산술평균})$$

예 4-3 다음 자료 1은 5명의 신생아의 몸무게이고, 자료 2는 5명의 성인의 몸무게이다. 자료값들 간의 변화가 더 심한 자료는 어떤 자료인가?

(단위 : kg)

| 자료 1 | 자료 2 |
|---|---|
| 4.0 3.0 3.5 3.4 3.6 | 71.0 64.0 67.0 66.0 59.0 |

**풀이** 신생아와 성인 몸무게의 변동계수를 구하면 다음과 같다.

| | 자료 1 | 자료 2 |
|---|---|---|
| 평균 | $\bar{x} = 3.5$ | $\bar{x} = 65.4$ |
| 표준편차 | $s = 0.36$ | $s = 4.39$ |
| 변동계수 | $v = \frac{0.36}{3.5} = 0.103$ | $v = \frac{4.39}{65.4} = 0.067$ |

따라서 변동계수를 비교하면 자료 1의 자료값이 평균을 중심으로 더 흩어져 있다고 말할 수 있다.

## 4.3.3 상대적 위치의 측도

ⓐ 백분위수

크기순으로 나열하여 백등분하였을 때의 자료값

**예 4-4** 예 4−1의 자료에서 85백분위수를 구하여라.

**풀이** 85백분위수는 130과 150의 중간값이다. 즉 $\frac{130 + 150}{2} = 140$이다.

ⓑ $Z$값

어떤 자료값이 평균으로부터 표준편차의 몇 배 만큼 떨어진 정도의 측도

$$Z = \frac{x - \bar{x}}{s}$$

**예 4-5** 다음은 철수의 수학, 영어, 국어 성적과 철수반 전체의 평균 및 표준편차 표이다. 3과목 중 성적이 가장 좋은 과목은 어느 과목인가?

| 과목 | 수학 | 영어 | 국어 |
|---|---|---|---|
| 철수성적 | 71 | 80 | 79 |
| 반평균 | 51 | 63 | 65 |
| 반표준편차 | 17 | 15 | 13 |

**풀이** 표준측도를 $\dfrac{x-\overline{x}}{s}$ 으로 계산하면

수학 : $\dfrac{71-51}{17}=\dfrac{20}{17}$, 영어 : $\dfrac{80-63}{15}=\dfrac{17}{15}$, 국어 : $\dfrac{79-65}{13}=\dfrac{14}{13}$

따라서 $\dfrac{14}{13}<\dfrac{17}{15}<\dfrac{20}{17}$ 이므로 수학 성적이 가장 좋다.

ⓒ 체비셰프 부등식

$$P(\mu-ks \le x \le \mu+ks)=P(-k \le Z \le k) \ge 1-\frac{1}{k^2}$$

즉 $k=2$인 경우 자료 중 적어도 75%가 $-2 \le Z \le 2$ 사이에 포함되어 있다.

**예 4-6** 어느 통계학 강좌를 수강한 100명의 학생들에 대하여 시험성적과 출석률, 그리고 숙제점수 등을 고려하여 종합적인 평가점수를 산출한 결과, 평균이 70점, 표준편차가 10점이었다. 이 강좌를 담당한 교수는 절대평가를 실시하여 90점 이상이면 A를 주려고 한다. 평가점수의 분포가 대칭임을 가정할 때 A학점을 받을 학생의 수는 최대한 몇 명까지 가능한가?

풀이 체비셰프 부등식을 이용하여 구한다.

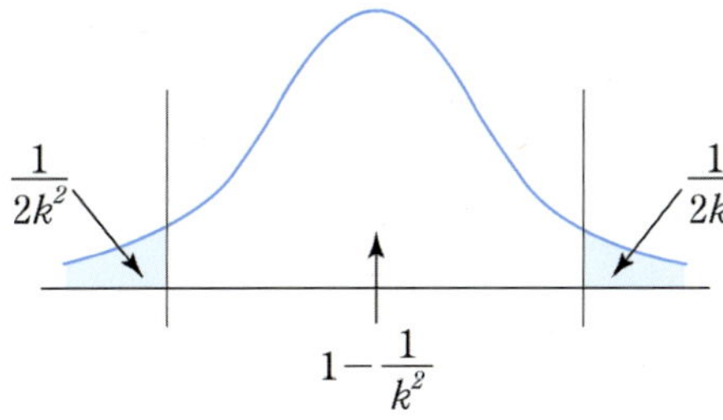


$$Z=\frac{90-70}{10}=2=k,\ \frac{1}{2k^2}=\frac{1}{2\cdot 2^2}=\frac{1}{8}$$

따라서 $\frac{1}{8}\times 100=12.5$ 명이므로 최대 12명까지 가능하다.

## CHAPTER 04 연습문제

**4-1** 우리나라 대학생의 시력상태를 알아보기 위하여 전국에서 1000명의 대학생을 뽑아 시력검사를 실시하였다. 이때 모집단과 표본이 무엇인가?

**4-2** 다음은 한 교과목의 중간시험 성적이다.

| | | | | | | | | | |
|---|---|---|---|---|---|---|---|---|---|
| 50 | 48 | 85 | 62 | 54 | 38 | 63 | 69 | 75 | 59 |
| 63 | 68 | 76 | 57 | 72 | 68 | 76 | 92 | 82 | 72 |
| 72 | 92 | 69 | 85 | 59 | 68 | 52 | 56 | 74 | 74 |
| 72 | 82 | 58 | 88 | 68 | 62 | 42 | 74 | 56 | 96 |

(1) 도수분포표를 작성하여라.
(2) 히스토그램을 그려라.
(3) 줄기-잎-그림을 그려라.

**4-3** 서울 어느 지역의 전세로 입주한 세입자의 평균 거주기간을 알아보기 위하여 7가구를 무작위로 추출하여 거주기간을 알아본 결과 다음과 같다.

(단위 : 년)

| | | | | | | |
|---|---|---|---|---|---|---|
| 6 | 12 | 7 | 8 | 9 | 11 | 17 |

(1) 평균을 구하여라.
(2) 중앙값을 구하여라.
(3) 사분위수 범위를 구하여라.

4-4 어느 대학의 남학생과 여학생의 키를 측정하여 다음과 같은 결과를 얻었다. 어느 자료값이 변화가 더 심한가?

| | 조사자수(명) | 평균키(cm) | 표준편차(cm) |
|---|---|---|---|
| 남학생 | 50 | 172 | 8 |
| 여학생 | 50 | 161 | 3 |

4-5 어떤 반에서 영어와 수학성적은 다음과 같다. 그러면 영어 76점, 수학 70점을 받은 학생은 어느 과목이 그 반에서 더 잘하는 편에 속한다고 볼 수 있는가?

| | 영어 | 수학 |
|---|---|---|
| 평균 | 69 | 56 |
| 표준편차 | 8.2 | 12.4 |

4-6 10개의 측정값 3, 4, 1, 7, 5, 9, 5, 2, 8, 6의 중앙값, 최빈값을 구하여라.

4-7 산술평균을 $\overline{X}$, 기하평균을 $G$, 조화평균을 $H$라 할 때 그 크기를 비교하여라.

4-8 예 8-7에서 80점 이상이면 적어도 B학점을 준다고 가정할 때, 적어도 B학점을 받을 학생의 수는 최대한 몇 명까지 가능한가?

4-9 연습문제 8.2에서 다음을 구하여라.

(1) 중앙값을 구하여라.

(2) 80백분위수를 구하여라.

4-10 도수분포곡선의 모양이 다음과 같을 때 산술평균($\overline{x}$), 중앙값($M_e$), 최빈값($M_o$)의 크기를 비교하여라.

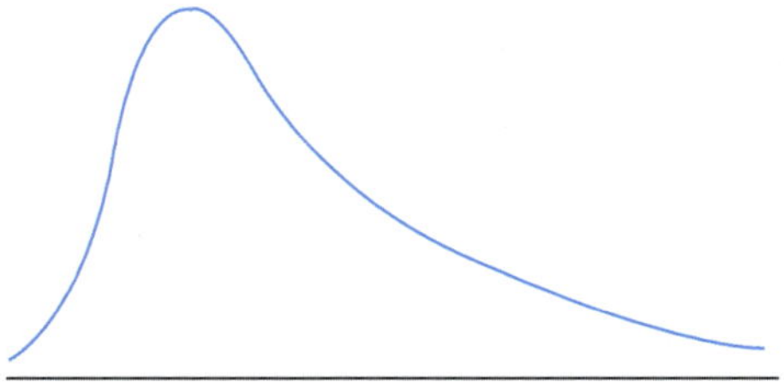

CHAPTER 05

# 표본분포

CONTENTS

# 5.1 표본추출법

필요한 정보나 자료를 얻기 위해서는 모집단 전체를 조사하는 것이 가장 바람직하지만, 현실적으로 모집단 전체를 조사한다는 것은 거의 불가능할 뿐만 아니라, 연구의 목적에 따라 모집단 전부를 조사할 필요가 없을 때도 있다. 따라서 모집단에 대한 어떤 정보나 특성을 알고자 할 때 모집단 전체를 조사하지 않고 모집단에서 추출한 표본을 조사하여 정보를 얻는 경우가 많다. 모집단에서 추출한 표본은 모집단의 일부에 지나지 않기 때문에 표본조사에 의해서는 모집단에 대한 정확한 정보를 알 수는 없으며 반드시 오차가 생기게 된다.

그러므로 모집단을 잘 내표하는 표본을 추출하여 이러한 오차를 줄여야 하며, 이때 추출한 표본으로부터 얻어진 정보와 모집단 전체를 조사함으로써 얻어질 수 있는 정보와의 관계를 파악한다면 모집단 전체의 특성을 이해하는 데 큰 도움이 될 것이다.

인구조사와 같이 모집단에 관한 어떤 지식이나 특성을 얻기 위하여 모집단 전체를 하나도 빠짐없이 모두 조사하는 통계조사를 **전수조사**(complete survey)라고 한다. 그리고 여론조사와 같이 모집단의 일부분인 표본을 추출하여 추출한 표본을 조사하여 그 결과를 바탕으로 모집단에 대한 특징을 추정하는 통계조사를 **표본조사**(sample survey)라 한다.

표본추출의 장점을 요약하면 다음과 같다.

(1) 경제성 : 비용 절약

(2) 신속성 : 시간 절약

(3) 정확성 : 비표본오차를 줄임(조사원으로 발생되는 오차 등)

(4) 파괴적인 조사를 해야 할 경우 : 전구의 수명조사, 혈액검사 등

(5) 전수조사가 불가능할 경우 : 새로 개발된 의약품의 효과검사 등

(6) 표본관리 용이

(7) 다량의 정보 획득

모집단의 특성을 잘 반영하는 표본을 추출하고 이러한 표본으로부터 모집단에 대한 정보를 효과적으로 얻을 수 있는 방법을 연구하는 것이 **표본추출법**이다. 그런 방법 중에서 가장 널리 사용되는 **단순랜덤추출법**에 대하여 알아본다. 그 예로는 비복원추출, 복원추출, 또는 난수표를 사용하여 추출하는 것이다. 그 외의 추출법으로는 층화추출, 계통추출, 집락추출, 그리고 다단계추출 등이 있다.

### (a) **단순랜덤추출**(simple random sampling)

크기 $N$인 모집단에서 크기 $n$인 표본을 추출할 때, 모집단의 모든 원소가 동일한 확률로 뽑히도록 표본을 추출하는 방법을 **단순랜덤추출법**(simple random sampling)이라 한다. 이 방법은 가장 기본적인 추출법으로 조사자의 주관에 입각하지 않고 카드를 뽑거나 정십이면체를 이용한 난수주사위나 난수표를 이용하여 표본을 추출하는 방법이다.

카드를 이용하는 방법 중 하나는 다음과 같다. 모집단 전체 대상의 번호를 각각 크기가 같은 카드 1장에 하나씩 적어서 주머니에 넣는다. 그리고 여러 번 흔들어서 카드를 잘 섞는다. 표본의 크기만큼 카드를 주머니에서 뽑아서 이런 카드에 적힌 번호를 표본으로 이용한다. 이와 같은 방법은 모집단의 크기가 매우 클 때는 실질적으로 사용하기가 불가능하다. 또한 모집단의 크기가 적당할 때도 매우 번거롭고 시간과 경비가 많이 드는 단점이 있다. 이에 반하여 난수표를 이용하는 방법은 좀 더 체계적이고 편리하다.

**난수표**(random number table)란 0부터 9까지의 숫자들이 동일한 확률 $\frac{1}{10}$을 가지면서 나타나도록 한 난수(random number)들의 집합이다. 난수표를 만드는 단순한 방법은 다음과 같다. 0, 1, ⋯, 9의 숫자를 적은 공 10개를 항아리에 넣는다. 공들을 잘 섞은 후 하나를 꺼내 그 숫자를 기록하고 그 공을 다시 항아리에 넣는 과정을 반복한다. 그러나 요즘은 컴퓨터를 이용하여 난수표를 만들고 있다.

다음은 부록의 난수표를 이용하는 방법을 알아보자. 1부터 500까지의 숫자 중에서 8개의 숫자를 랜덤하게 선택하고 싶다면 먼저 난수표의 시발점(행과 열)을 임의로 결정한다. 그리고 5개의 숫자가 모두 뽑힐 때까지 시발점으로부터 아래로 세 자리의 난수를 읽어 나간다.

예를 들어, 난수의 시발점을 15행 11열로 택했다고 하자. 15행 11열에서 세 자리씩 읽고 아래로 세 자리의 난수는 다음과 같다.

174, 177, 774, 662, 142, 684, 269, 851, 111, 165, 264, 952, ⋯

이 중에서 500을 넘는 숫자와 중복되는 숫자를 버리면 선택되는 8개의 숫자가 난수표에 의해 추출된 표본이 된다. 추출된 8개의 숫자는 다음과 같다.

174, 177, 142, 269, 111, 165, 264, 268

(b) **층화랜덤추출**(stratified random sampling)

모집단을 두 개 이상의 상호 배타적인 집단으로 분류하고 각 집단 내에서 무작위로 표본을 추출하는 방법이다. 모집단을 동질적인 층으로 나눌 수 있을 때 층화랜덤추출법을 사용하면 추정량의 분산을 줄일 수 있는 장점이 있다. 또한 층화를 통하여 표본의 대표성이 높아지고, 층별 특성을 파악할 수가 있다.

(c) **계통추출**(systematic sampling)

하나의 모집단 배열이 무작위로 되어 있을 때 체계적인 수단을 동원하여 추출하는 방법으로 표본을 시간적으로나 공간적으로 일정한 간격을 두고 계통적으로 취하는 추출법으로 방법이 간편하고 쉬워서 널리 이용된다.

모집단과 표본의 크기를 각각 $N$과 $n$이라 할 때 $k=\dfrac{N}{n}$을 **추출 간격**(sampling interval)이라 하면 계통추출법은 모집단의 처음 $k$개의 추출단위에서 임의로 하나를 추출하고, 그로부터 $k$번째마다 원소를 표본으로 추출해 나가는 것이다. 첫 번째 추출단위는 임의로 추출되지만, 첫 번째 추출단위가 선택되면 표본의 나머지는 앞의 과정에 의하여 결정된다.

(d) **집락추출**(cluster sampling)

모집단을 **집락**(cluster)이라 부르는 몇 개의 부분집단으로 분류하고 그 집락들 가운데서 몇 개의 집락을 랜덤추출하여 추출된 집락을 전수조사하거나 그 집락에서만 표본을 추출하는 방법이다. 집락추출법에서는 층화랜덤추출법과는 달리 부분집단, 즉 집락 사이에 이질성이 적어야 한다. 그래야만 추출된 집락이 모집단을 잘 대표할 수 있어 올바르게 추정할 수 있다.

(e) **다단계추출**(multi−stage sampling)

몇 단계의 표본추출법을 거쳐서 최종 표본의 선택이 이루어지도록 하는 방법이다.

# 5.2 표본분포

대부분의 경우 모집단 전체를 조사하는 것은 불가능하여 일반적으로 모수(모평균, 모분산, 모비율 등)는 알 수 없다.

따라서 모집단으로부터 대표성을 가진 표본을 뽑아 표본으로부터 표본의 평균, 분산과 같은 표본의 특성값, 즉 통계량을 이용하여 모수를 추정한다. 이런 통계량은 어떤 표본이 뽑히느냐에 따라 그 값이 달라지고, 그 값에 의하여 하나의 분포를 이루게 된다. 이 통계량의 분포를 **표본분포**(sampling distribution)라고 부른다.

## 5.2.1 평균의 표본분포

모집단의 평균의 알기 위해서는 표본분포 중에서도 평균의 표본분포가 중요하다. 평균의 표본분포를 설명하기 위하여 어떤 항아리에 1, 2, 3, 4라고 표시된 구슬 4개가 들어 있는데 이 중에서 2개를 무작위로 뽑아 평균을 구하는 경우를 살펴보자. 먼저 모집단으로부터 크기 2인 랜덤(임의)표본을 복원추출하는 경우를 생각해 보면 추출될 수 있는 가능한 표본의 수는 $4^2 = 16$이고 평균은 다음 표와 같다.

표 5.1 랜덤표본과 그 평균(복원추출)

| 표본 | (1, 1) | (1, 2) | (1, 3) | (1, 4) | (2, 1) | (2, 2) | (2, 3) | (2, 4) |
|---|---|---|---|---|---|---|---|---|
| $\overline{x}$ | 1 | 1.5 | 2 | 2.5 | 1.5 | 2 | 2.5 | 3 |
| 표본 | (3, 1) | (3, 2) | (3, 3) | (3, 4) | (4, 1) | (4, 2) | (4, 3) | (4, 4) |
| $\overline{x}$ | 2 | 2.5 | 3 | 3.5 | 2.5 | 3 | 3.5 | 4 |

표 5.1에서 평균이 1인 표본은 (1, 1)뿐이고 평균이 3인 표본은 (2, 4), (3, 3), (4, 2)의 세 가지이므로 표본을 복원추출할 때 표본의 평균이 1과 3이 될 확률은 각각 $\frac{1}{16}$과

$\frac{3}{16}$이 된다. 이와 같은 방법으로 하여 평균 $\overline{X}$의 표본분포를 구하면 표 5.2와 같다.

**표 5.2 평균의 표본분포(복원추출)**

| $\overline{x}$ | 1 | 1.5 | 2 | 2.5 | 3 | 3.5 | 4 | 합계 |
|---|---|---|---|---|---|---|---|---|
| $p(\overline{x})$ | $\frac{1}{16}$ | $\frac{2}{16}$ | $\frac{3}{16}$ | $\frac{4}{16}$ | $\frac{3}{16}$ | $\frac{2}{16}$ | $\frac{1}{16}$ | 1 |
| $\overline{x}p(\overline{x})$ | $\frac{1}{16}$ | $\frac{3}{16}$ | $\frac{6}{16}$ | $\frac{10}{16}$ | $\frac{9}{16}$ | $\frac{7}{16}$ | $\frac{4}{16}$ | $\frac{5}{2}$ |
| $\overline{x}^2p(\overline{x})$ | $\frac{1}{16}$ | $\frac{4.5}{16}$ | $\frac{12}{16}$ | $\frac{25}{16}$ | $\frac{27}{16}$ | $\frac{24.5}{16}$ | $\frac{16}{16}$ | $\frac{110}{16}$ |

표 5.2에서 본 바와 같이 표본평균 $\overline{X}$의 평균은 $\Sigma \overline{x}p(\overline{x}) = \frac{5}{2}$이다.

이제 주어진 항아리에서 크기가 2인 랜덤표본을 비복원추출로 뽑을 때를 생각해 보자. 비복원추출로 크기 2인 표본을 뽑을 때의 가능한 표본의 수는 ${}_4C_2 = 6$이다. 비복원추출로 표본을 뽑을 때의 가능한 표본과 평균이 표 5.3에 주어졌다.

**표 5.3 랜덤표본과 그 평균(비복원추출)**

| 표본 | {1, 2} | {1, 3} | {1. 4} | {2, 3} | {2, 4} | {3, 4} |
|---|---|---|---|---|---|---|
| $\overline{x}$ | 1.5 | 2 | 2.5 | 2.5 | 3 | 3.5 |

표 5.3에서 평균이 1.5인 표본은 {1, 2}뿐이고 평균이 2.5인 표본은 {1, 4}, {2, 3}의 두 가지이므로 표본을 비복원추출할 때 표본의 평균이 1.5와 2.5가 될 확률은 각각 $\frac{1}{6}$과 $\frac{2}{6}$가 된다. 이러한 방법으로 얻어진 비복원추출하는 경우 평균의 표본분포가 표 5.4에 주어졌다.

**표 5.4 평균의 표본분포(비복원추출)**

| $\overline{x}$ | 1.5 | 2 | 2.5 | 3 | 3.5 | 합계 |
|---|---|---|---|---|---|---|
| $p(\overline{x})$ | $\frac{1}{6}$ | $\frac{1}{6}$ | $\frac{2}{6}$ | $\frac{1}{6}$ | $\frac{1}{6}$ | 1 |
| $\overline{x}p(\overline{x})$ | $\frac{1.5}{6}$ | $\frac{2}{6}$ | $\frac{5}{6}$ | $\frac{3}{6}$ | $\frac{3.5}{6}$ | $\frac{5}{2}$ |
| $\overline{x}^2p(\overline{x})$ | $\frac{2.25}{6}$ | $\frac{4}{6}$ | $\frac{12.5}{6}$ | $\frac{9}{6}$ | $\frac{12.25}{6}$ | $\frac{40}{6}$ |

표 5.4에 나타난 바와 같이 표본평균 $\overline{x}$의 평균은 $\sum \overline{x} p(\overline{x}) = \frac{5}{2}$이다. 즉 $E(\overline{X}) = \frac{5}{2}$이다.

주어진 문제는 모집단 $\{1, 2, 3, 4\}$에서 크기 2인 임의표본을 뽑는 경우로 생각할 수 있다. 그러므로 모집단의 확률분포를 구하면 다음과 같다.

**표 5.5 모집단의 확률분포**

| $x$ | 1 | 2 | 3 | 4 | 합계 |
|---|---|---|---|---|---|
| $p(x)$ | $\frac{1}{4}$ | $\frac{1}{4}$ | $\frac{1}{4}$ | $\frac{1}{4}$ | 1 |
| $xp(x)$ | $\frac{1}{4}$ | $\frac{2}{4}$ | $\frac{3}{4}$ | 1 | $\frac{5}{2}$ |

## 5.2.2 표본평균의 기댓값

모평균 $\mu$와 표본평균 $\overline{X}$ 사이의 관계를 이용하여 표본평균의 기댓값을 구하고자 한다.

모평균 $\mu$와 표본평균 $\overline{X}$ 사이에 어떤 관계가 있는지 알아보기 위하여 5.2.1절에서 언급했던 모집단 $\{1, 2, 3, 4\}$으로부터 크기 2인 표본을 뽑는 경우를 생각해 보자.

표 5.5로부터 모평균은 $\mu = \sum \overline{x} p(\overline{x}) = \frac{5}{2}$이다. 복원추출이나 비복원추출의 경우에 표본평균 $\overline{X}$의 기댓값 $E(\overline{X})$는 공식 $E(\overline{X}) = \sum \overline{x} p(\overline{x})$를 사용하면 표 5.2와 5.4에 나타난 바와 같이 다음을 얻는다.

$$E(\overline{X}) = \sum \overline{x} p(\overline{x}) = \frac{5}{2}$$

즉, 표본평균 $\overline{X}$는 모집단으로부터 어떤 표본이 뽑히느냐에 따라 그 값이 달라질 수 있으나 평균값들의 평균은 모집단의 평균 $\mu = \frac{5}{2}$과 같게 된다는 사실을 알 수 있다.

**표본평균의 기댓값과 모평균의 관계**

모평균이 $\mu$인 모집단에서 크기 $n$인 랜덤표본을 뽑을 때 표본평균 $\overline{X}$에 대하여 다음이 항상 성립한다.

$$E(\overline{X}) = \mu$$

**증명** 랜덤표본을 $X_1, X_2, \cdots, X_n$이라 하면 이들은 서로 독립이고 동일한 분포를 따르고, $\overline{X} = \frac{1}{n}\sum_{i=1}^{n} X_i$이므로 기댓값의 성질에 의해 다음이 성립한다.

$$E(\overline{X}) = \frac{1}{n}E(X_1 + \cdots + X_n) = \frac{1}{n}[E(X_1) + \cdots + E(X_n)]$$

$$= \frac{1}{n}[\mu + \cdots + \mu] = \frac{1}{n} \cdot n\mu = \mu$$

## 5.2.3 표본평균의 분산

앞의 표와 같이 표본평균의 분산은 랜덤표본을 복원추출하거나 비복원추출로 추출함에 따라 그 값이 다르다. 5.2.1절의 예를 다음의 분산 공식에 적용해 보자.

(분산공식: $\mathrm{Var}(\overline{X}) = E[(\overline{X} - E(\overline{X}))^2] = E(\overline{X}^2) - [E(\overline{X})]^2$)

복원추출의 경우 : $\mathrm{Var}(\overline{X}) = \sum \overline{x}^2 p(\overline{x}) - [E(\overline{X})]^2 = \frac{110}{16} - (\frac{5}{2})^2 = \frac{5}{8}$

비복원추출의 경우 : $\mathrm{Var}(\overline{X}) = \sum \overline{x}^2 p(\overline{x}) - [E(\overline{X})]^2 = \frac{40}{6} - (\frac{5}{2})^2 = \frac{5}{12}$

앞의 예에서 공식을 이용하여 $\overline{X}$의 분산을 다시 구해보자. $N = 4$, $n = 2$이고 모집단에서의 분산은 $\sigma^2 = \frac{5}{4}$이므로 $\overline{X}$의 분산은 다음과 같다.

복원추출의 경우 : $\mathrm{Var}(\overline{X}) = \frac{1}{2} \cdot \frac{5}{4} = \frac{5}{8}$

비복원추출의 경우 : $\mathrm{Var}(\overline{X}) = \frac{4-2}{4-1} \cdot \frac{1}{2} \cdot \frac{5}{4} = \frac{5}{12}$

따라서 표본평균의 분산과 모집단의 분산 사이에는 다음과 같은 관계가 성립한다.

**표본평균의 분산**

모분산이 $\sigma^2$이고 크기가 $N$인 모집단에서 크기 $n$인 랜덤표본을 뽑을 때 표본평균 $\overline{X}$에 대하여 다음이 항상 성립한다.

복원추출 : $\mathrm{Var}(\overline{X}) = \dfrac{\sigma^2}{n}$

비복원추출 : $\mathrm{Var}(\overline{X}) = \dfrac{N-n}{N-1} \cdot \dfrac{\sigma^2}{n}$

**증명** 복원추출의 경우에 대해서만 증명하자. 랜덤표본 $X_1, X_2, \cdots, X_n$이 서로 독립이므로 독립일 때 분산의 성질에 의해 다음이 성립한다.

$$\begin{aligned}
\mathrm{Var}(\overline{X}) &= \frac{1}{n^2}\mathrm{Var}(X_1 + \cdots + X_n) \\
&= \frac{1}{n^2}[\mathrm{Var}(X_1) + \cdots + \mathrm{Var}(X_n)] \\
&= \frac{1}{n^2}[\sigma^2 + \cdots + \sigma^2] = \frac{n\sigma^2}{n^2} = \frac{\sigma^2}{n}
\end{aligned}$$

**예 5-1** 어느 대학교 신입생 전체 8,000명의 평균신장은 170$cm$이고, 분산은 10$cm$로 알려져 있다. 60명의 표본을 랜덤하게 뽑을 때 표본평균의 분산을 구하여라.

**풀이** 복원추출의 경우 : $\mathrm{Var}(\overline{X}) = \dfrac{\sigma^2}{n} = \dfrac{10}{60} \simeq 0.1667$

비복원추출의 경우 : $\mathrm{Var}(\overline{X}) = \dfrac{N-n}{N-1} \cdot \dfrac{\sigma^2}{n}$

$$= \frac{8000-60}{8000-1} \cdot \frac{10}{60} \simeq 0.1655$$

위의 [예 5-1]와 같이 모집단의 크기 $N$이 $n$에 비하여 매우 크면 $\frac{N-n}{N-1} \approx 1$이므로 복원추출의 경우나 비복원추출의 경우 $\mathrm{Var}(\overline{X})$의 값은 근사적으로 $\frac{\sigma^2}{n}$으로 같다. 또한 표본평균의 표준편차 $\sqrt{\mathrm{Var}(\overline{X})}$를 표준오차라고 부른다.

# 5.3 표본분포의 모양과 중심극한정리

이 절에서는 모집단의 분포가 정규분포인 경우와 정규분포가 아닌 경우를 나누어서 $\overline{X}$의 표본분포의 모양에 대해서 알아보자.

## 5.3.1 정규 모집단의 경우

모집단의 분포가 정규분포 $N(\mu,\ \sigma^2)$를 따르는 경우에 표본평균 $\overline{X}$의 분포도 표본의 크기 $n$에 관계없이 정규분포를 이루게 된다는 사실이 알려져 있다. 정규모집단은 무한모집단이므로 비복원추출과 복원추출에 관계없이 $E(\overline{X})=\mu,\ \mathrm{Var}(\overline{X})=\frac{\sigma^2}{n}$이 성립되므로 정리하면 다음과 같다.

**평균의 표본분포(정규모집단의 경우)**

모집단의 분포가 정규분포 $N(\mu,\ \sigma^2)$일 때, 표본평균 $\overline{X}$는 정규분포 $N\left(\mu,\ \frac{\sigma^2}{n}\right)$을 따른다.

그러므로 $Z=\frac{\overline{X}-\mu}{\sigma/\sqrt{n}}$의 분포는 표준정규분포 $N(0,\ 1)$를 따르고 분포의 모양은 다음과 같다.

| 그림 5-1 |

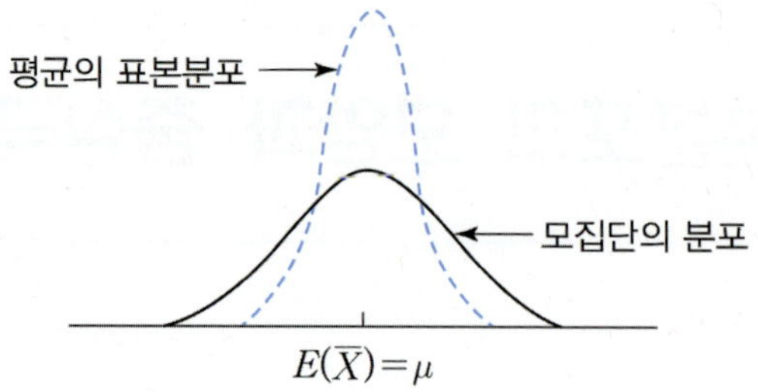


예 5-2 어느 공장에서 공급되는 형광등은 평균수명이 1,200시간, 표준편차가 100시간인 정규분포를 따른다고 한다. 100개의 형광등을 임의로 뽑아 평균수명을 잴 때 그 값이 1,220시간 이상일 확률을 구하라.

풀이 모집단은 모평균 $\mu = 1200$, 모표준편차 $\sigma = 100$인 정규분포를 따르므로 100개 표본의 평균 $\overline{X}$도 정규분포를 따른다. $\overline{X}$의 분포는 $N\left(1200, \dfrac{100^2}{100}\right)$을 따르고 $\overline{X}$를 표준화시켜 확률을 구하면 다음과 같다.

$$P(\overline{X} \geq 1220) = P\left(Z \geq \frac{1220-1200}{100/10}\right)$$
$$= P(Z \geq 2) = 1 - 0.9772 = 0.0228$$

즉, 100개의 형광등을 뽑을 때 그 평균수명이 1,220시간 이상이 될 확률은 2.28%이다.

## 5.3.2 비정규 모집단의 경우

모집단의 분포가 정규분포를 따르지 않으면 표본평균은 정규분포를 따른다고 할 수 없다. 그렇다면 모집단이 정규분포를 따르지 않는다면 표본평균의 분포는 어떻게 될까? 이 질문에 대한 답은 물론 모집단의 분포에 따라 결정될 것이다.

그러나 표본의 크기 $n$이 충분히 클 때는 표본평균의 표본분포는 모집단의 분포와 관계없이 정규분포에 근사한다는 사실이 알려져 있다. 이러한 사실을 **중심극한정리**(central limit theorem)라고 부르는데 정리하면 다음과 같다.

> **중심극한정리**
>
> 평균이 $\mu$이고 분산이 $\sigma^2$인 무한모집단에서 충분히 큰 크기 $n$의 랜덤표본을 뽑으면 모집단의 분포와 관계없이 표본평균 $\overline{X}$는 근사적으로 정규분포 $N\left(\mu,\ \frac{\sigma^2}{n}\right)$을 따른다.

중심극한정리는 $n$이 클 때 $\overline{X}$의 분포를 평균이 $\mu$이고 분산이 $\frac{\sigma^2}{n}$인 정규분포로 근사시키는 것을 의미한다. 중심극한정리에서 표본의 크기가 충분히 크다는 것은 $n \geq 30$ 이면 근사 정도가 만족함을 의미한다. 따라서 $Z = \frac{\overline{X} - \mu}{\sigma / \sqrt{n}}$의 분포는 근사적으로 표준정규분포 $N(0,\ 1)$을 따른다.

**그림 5-2**

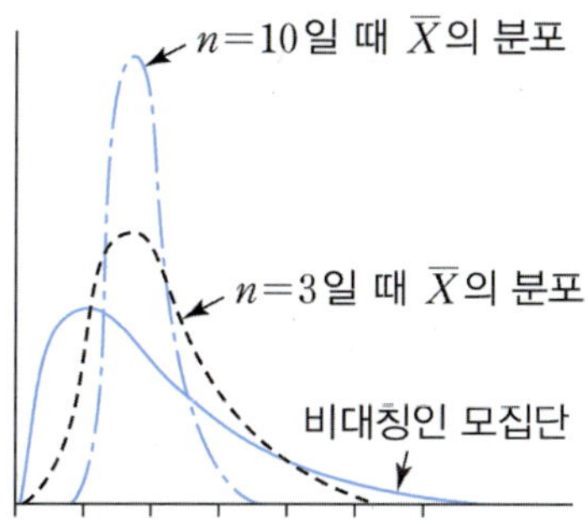


[그림 5-2]는 $\mu = 2,\ \sigma = 1.41$인 비대칭인 모집단에서 표본의 크기가 $n = 3$, $n = 10$일 때의 표본평균 $\overline{X}$의 분포를 나타낸다. 이 그림에서 표본의 크기가 커질수록 표본평균의 분포가 좀 더 정규분포(대칭성)에 가까운 형태로 나타나고 있음을 보여준다.

**예 5-3** 어느 대기업의 사원의 평균체중이 $65kg$이고 표준편차가 $5kg$이었다. 이 중에서 100명의 사원을 랜덤추출할 때 그 평균이 $64kg$이상 $66kg$미만이 될 확률을 구하여라.

**풀이** 중심극한정리에 의해 $\overline{X}$의 분포는 정규분포 $N\left(65, \left(\frac{5}{10}\right)^2\right)$으로 근사되므로

$$= P\left(\frac{64-65}{1/2} \le \frac{\overline{X}-65}{1/2} < \frac{66-65}{1/2}\right)$$

$$= P(-2 \le Z < 2) = 0.9544\,P(64 \le \overline{X} < 66)$$

그러나 한 사원의 체중이 64$kg$ 이상 66$kg$ 미만이 될 확률은 다음과 같다.

$$P(64 \le X < 66) = P\left(\frac{64-65}{5} \le \frac{X-65}{5} < \frac{66-65}{5}\right)$$

$$= P\left(-\frac{1}{5} \le Z < \frac{1}{5}\right) = 0.1586$$

이와 같은 이유는 모집단의 표준편차는 5로 평균체중 65$kg$을 중심으로 널리 퍼져있고 표본평균의 표준편차(표준오차)는 $\frac{1}{2}$로 작기 때문에 평균체중 65$kg$을 중심으로 몰려 있음을 알 수 있다.

---

**예 5-4** 어느 공장에서 생산되는 제품의 무게는 과거의 경험에 의하면 평균이 10g이고 표준편차가 1g이라고 한다. 이 제품 중 100개를 추출했을 때 그 무게의 평균이 9.9g과 10.1g 사이에 있을 확률을 구하여라.

**풀이** 중심극한정리에 의해 $\overline{X}$의 분포는 정규분포 $N\left(10, \left(\frac{1}{10}\right)^2\right)$으로 근사되므로

$$P(9.9 \le \overline{X} \le 10.1) = P\left(\frac{9.9-10}{1/10} \le Z \le \frac{10.1-10}{1/10}\right)$$

$$= P(-1 \le Z \le 1) = 0.6826$$

## CHAPTER 05 연습문제

5-1 $N(20, 16)$인 정규모집단으로부터 64개의 표본을 추출할 때 표본평균이 19에서 21 사이에 있을 확률은 얼마인가?

5-2 무한모집단에서 표본을 랜덤추출할 때, 표본의 크기를 64개에서 6,400개로 늘린다면 평균의 표준오차에는 어떤 변화가 있을까요?

5-3 크기가 3인 모집단 $\{1, 2, 3\}$에서 크기 2인 표본을 비복원추출하는 경우 표본평균의 기댓값은 얼마인가?

5-4 어떤 제품의 수명을 검사한 결과 평균 32시간, 표준편차 8시간이었다. 임의로 20개를 추출하여 조사할 때 표본평균의 분포와 표준오차는 얼마인가?

5-5 모평균 20, 모분산이 16인 무한모집단으로부터 추출한 크기 64인 표본의 평균은 어느 분포에 접근하는가?

5-6 어떤 공장에서 생산하는 전구는 평균수명이 800시간이고 표준편차가 40시간인 근사적 정규분포를 한다고 한다. 이 제품 중에서 임의로 16개를 추출했을 때 평균수명이 775시간 미만일 확률은 얼마인가?
(단, $P(0 \leq Z \leq 1.5) = 0.4332$, $P(0 \leq Z \leq 2.5) = 0.4938$)

5-7 어느 공장에서 생산하는 실의 강도는 평균이 6.8kg이고 표준편차가 1.2kg인 정규분포를 한다. 이 공장에서 생산하는 실에서 임의로 100개의 표본을 추출하여 그 평균을 $\overline{X}$라 할 때 $P(6.5 \leq \overline{X} \leq 7.0)$은 얼마인가?

**5-8** 사슴농장에서 기르는 사슴의 평균수명을 조사하니 평균이 9.5년, 표준편차가 3.6년이라고 한다. 이 농장에서 기르는 사슴들 가운데 36마리를 임의로 추출하여 평균수명이 8.5년 이하일 확률을 구하여라.

**5-9** 과거의 경험으로 비추어볼 때 비행기 승객 1인당 평균 짐의 무게는 15kg이고 표준편차는 5kg이라 한다. 어느 특정한 날에 랜덤추출한 64명의 승객들의 평균 짐의 무게가 17kg 이상일 확률은?

**5-10** 어느 공장에서 생산되는 제품의 무게는 과거의 경험으로 볼 때 평균이 6g이고 표준편차가 2.5g이라 한다. 이 공장에서 생산되는 제품 중 50개를 랜덤추출할 때 평균무게가 5.75g과 6.25g 사이일 확률은?

CHAPTER 06

# 추정

CONTENTS

모집단에서 랜덤표본을 추출하여 표본자료에 함축된 정보를 이용하여 모집단의 특성을 찾아내는 분석과정을 **통계적 추론**(statistical inference)이라 한다. 통계적 추론은 표본을 이용하여 모집단의 어떤 미지의 모수를 추측하는 **추정**(estimation)과 모집단에 대한 어떤 예상 또는 주장의 옳고 그름을 판정하거나, 주장 또는 추측의 타당성 여부를 확인하여 채택 또는 기각을 결정하는 **가설검정**(hypothesis testing)의 두 분야로 구분된다.

이 장에서는 표본으로부터 미지의 모수값을 추측하는 점추정과 미지의 모수값을 포함할 만한 구간을 설정하는 구간추정에 대하여 알아보자.

## 6.1 점추정

점추정 : 모수를 하나의 값으로 추정

점추정을 할 때 점추정 값이 참값과 일치하는 것은 거의 바랄 수 없다. 그러므로 어떤 추정량이 좋은 추정량인지를 알아야 한다. 따라서 다음과 같은 성질을 갖는 추정량이 바람직하다.

불편추정량(unbiased estimator) : $E(\hat{\theta}) = \theta$이면 $\hat{\theta}$를 모수 $\theta$의 불편추정량이라 한다.

예를 들어 표본평균 $\overline{X}$는 모평균 $\mu$의 불편추정량이다.

$$E(\overline{X}) = E\left(\frac{1}{n}\sum_{i=1}^{n} X_i\right) = \frac{1}{n}E(X_1 + X_2 + \cdots + X_n)$$

$$= \frac{1}{n}(\mu + \cdots + \mu) = \mu$$

또 표본분산 $s^2$은 모분산 $\sigma^2$의 불편추정량이다.

$$E(s^2) = E\left[\frac{1}{n-1}\sum_{i=1}^{n}(X_i - \overline{X})^2\right]$$

$$= \frac{1}{n-1}E\left[\sum_{i=1}^{n} X_i^2 - n\overline{X}^2\right]$$

$$= \frac{1}{n-1}\left[\sum E(X_i^2) - nE(\overline{X}^2)\right]$$

$$= \frac{1}{n-1}\left[n(\mu^2 + \sigma^2) - n\left(\mu^2 + \frac{\sigma^2}{n}\right)\right]$$

$$= \sigma^2 \quad (\because V(\overline{X}) = E(\overline{X}^2) - E^2(\overline{X}))$$

그러나 표본표준편차 $s$는 모표준편차 $\sigma$의 불편추정량은 아니지만, 즉 $E(s) < \sigma$이지만 $n > 10$이면 오차가 아주 작아 $s$를 $\sigma$의 불편추정량으로 간주한다. 어떤 추정량의 표준편차는 그 추정량의 정밀도를 나타낸다. 이런 추정량의 표준편차를 **표준오차**(standard error)라 한다.

예를 들어 $\overline{X}$의 표준오차는 $SE(\overline{X}) = \frac{\sigma}{\sqrt{n}}$이고 그것의 추정값은 $\widehat{SE}(\overline{X}) = \frac{s}{\sqrt{n}}$이다.

> 최소분산 불편추정량(Minimum Variance Unbiased Estimator) : 추정량으로서 최소의 분산을 갖는 불편추정량

좋은 통계량으로서 지녀야 할 성질은 이 밖에도 여러 가지 있으나 여기에서는 언급하지 않는다.

**예 6-1** 어떤 통조림의 내용물이 300g이라고 표시되어 있다. 실제 무게를 추정하기 위하여 10개의 통조림을 랜덤하게 뽑아 조사한 결과 다음의 정보를 얻었다.

| 295 | 302 | 285 | 290 | 310 | 298 | 305 | 300 | 292 | 287 |
|---|---|---|---|---|---|---|---|---|---|

통조림 무게의 평균과 표준오차(표본 표준편차)를 구하여라.

**풀이** $\overline{X} = \sum \frac{X_i}{n} = \frac{2964}{10} = 296.4$,

$s^2 = \frac{1}{n-1}\sum(X_i - \overline{X})^2 = 64.978$,

$s = \sqrt{s^2} = 8.06$

따라서 $\mu$의 추정량 $\hat{\mu} = \overline{X} = 296.4$,

표준오차 $\widehat{SE}(\overline{X}) = \frac{s}{\sqrt{n}} = \frac{8.06}{\sqrt{10}} = 2.55$이다.

모비율은 실업률, 찬성률, 불량률 등과 같이 모집단에서 어떤 특성을 갖는 개체들의 비율이다. 모집단 전체에서 지정된 특성을 갖는 개체들의 비율을 $p$라 하고 크기 $n$의 랜덤표본 $X_1, X_2, \cdots, X_n$을 추출하여 지정된 특성을 갖는 관측들의 개수를 $X$라 하면 $X$는 이항분포 $B(n, p)$를 따른다.

> 모비율 $p$의 추정량 = 표본비율 $\hat{p}$(sample proportion)
>
> $$\hat{p} = \frac{X}{n}$$

표본비율 $\hat{p}$는 다음 성질을 갖는다.

(i) $\hat{p}$는 $p$의 불편추정량이다. 즉 $E(\hat{p}) = p$

$$E(\hat{p}) = E\left(\frac{X}{n}\right) = \frac{E(X)}{n} = \frac{np}{n} = p$$

(ii) $\text{Var}(\hat{p}) = \text{Var}\left(\frac{X}{n}\right) = \frac{\text{Var}(X)}{n^2} = \frac{p(1-p)}{n}$

따라서 표준오차 $\widehat{SE}(\hat{p}) = \sqrt{\frac{\hat{p}(1-\hat{p})}{n}}$ 이다.

**예 6-2** 방송국에서 새 프로그램에 대한 여론을 조사하기 위하여 1,000명을 랜덤하게 추출하여 찬반을 조사하였다. 조사 결과 900명이 찬성했다. 찬성률에 대한 추정값을 구하고 표준오차를 구하여라.

**풀이** $\hat{p} = \frac{X}{n} = \frac{900}{1000} = \frac{9}{10}$, $\widehat{SE}(\hat{p}) = \sqrt{\frac{(0.9)(0.1)}{1000}} = \frac{0.3}{10\sqrt{10}}$

# 6.2 구간추정

정규모집단에서 모평균 $\mu$가 미지일 때 모평균 $\mu$에 대한 신뢰구간을 추정해보자. $\overline{X} \sim N\left(\mu, \dfrac{\sigma^2}{n}\right)$이므로 표준화시키면,

$$Z = \frac{\overline{X} - \mu}{\frac{\sigma}{\sqrt{n}}} \sim N(0, 1)$$

을 따른다. 표준정규분포의 성질을 이용하여

$$P(-z_{\alpha/2} < Z < z_{\alpha/2}) = 1 - \alpha$$

이므로

$$P\left(-z_{\alpha/2} < \frac{\overline{X} - \mu}{\frac{\sigma}{\sqrt{n}}} < z_{\alpha/2}\right) = 1 - \alpha.$$

만일 $\alpha$ (유의수준, 위험률)가 0.05라 하면

$$\begin{aligned}
& P(-1.96 < z < 1.96) = 0.95 \\
& \Leftrightarrow P\left(-1.96 < \frac{\overline{X} - \mu}{\frac{\sigma}{\sqrt{n}}} < 1.96\right) = 0.95 \\
& \Leftrightarrow P\left(\mu - 1.96\frac{\sigma}{\sqrt{n}} < \overline{X} < \mu + 1.96\frac{\sigma}{\sqrt{n}}\right) = 0.95 \\
& \Leftrightarrow P\left(\overline{X} - 1.96\frac{\sigma}{\sqrt{n}} < \mu < \overline{X} + 1.96\frac{\sigma}{\sqrt{n}}\right) = 0.95
\end{aligned}$$

따라서 미지의 모수 $\mu$에 대한 95% 신뢰구간은 다음과 같다.

$$\left(\overline{X}-1.96\frac{\sigma}{\sqrt{n}},\ \overline{X}+1.96\frac{\sigma}{\sqrt{n}}\right)$$

> **구간추정(interval estimation)**: 점추정에 오차의 개념을 포함한 추정법
>
> $(1-\alpha)$로 신뢰도가 지정되면 $P(L<\theta<U)=1-\alpha$이다. 이때 $(L, U)$를 모수 $\theta$에 대한 $100(1-\alpha)\%$ 신뢰구간이라 하면 $(1-\alpha)$는 구간의 신뢰수준(confidence level), $\alpha$는 유의수준(significance level), $L$은 신뢰하한, $U$는 신뢰상한이라 한다.

## 6.2.1 대표본($n \geq 30$)에서 모평균의 신뢰구간

모집단의 분포가 정규분포이면 표본분포 $\overline{X}$도 정규분포이고 모집단이 비정규분포일지라도 $n$이 충분히 클 때에는 중심극한정리에 의하여 $\overline{X}$는 근사적으로 정규분포를 따르므로 $\mu$의 신뢰구간은 다음과 같다.

> **대표본에서 모평균 $\mu$의 $100(1-\alpha)\%$ 신뢰구간**
>
> $$\left(\overline{X}-z_{\alpha/2}\frac{s}{\sqrt{n}},\ \overline{X}+z_{\alpha/2}\frac{s}{\sqrt{n}}\right)$$

## 6.2.2 소표본($n < 30$)에서 모평균의 신뢰구간

소표본에서는 모집단이 정규분포를 따를 때에도 $\sigma$ 대신에 $s$를 대입하면 오차로 인하여 정규분포와 많이 다를 수 있으므로 $t$분포를 따른다.

> $t$ 분포 : $X_1, X_2, \cdots, X_n$이 $N(\mu, \sigma^2)$에서 랜덤표본일 때 $t = \dfrac{\overline{X} - \mu}{\dfrac{s}{\sqrt{n}}}$는
>
> 자유도 $n-1$인 $t$ 분포를 이룬다.
>
> 자유도 : 독립변수의 개수

NOTE $t$ 분포의 특성

(ⅰ) 원점에 대하여 좌우대칭이다.

(ⅱ) 꼬리가 두껍다.

(ⅲ) 자유도가 커질수록 정규분포에 근사한다.

> **소표본에서 모평균 $\mu$의 $100(1-\alpha)$% 신뢰구간**
>
> $$\left(\overline{X} - t_{\alpha/2}(n-1)\frac{s}{\sqrt{n}},\ \overline{X} + t_{\alpha/2}(n-1)\frac{s}{\sqrt{n}}\right)$$

모집단의 분포가 정규분포를 따르지 않고 표본크기가 작으면($n < 30$) 모평균 $\mu$에 대한 신뢰구간을 구할 수 없다.

**예 6-3** 어느 고등학교 3학년 학생들의 평균 수면시간을 조사하기 위하여 64명에 대하여 조사한 결과 $\overline{x} = 6$(시간), $s = 1$(시간)이였다. 평균 수면시간의 95% 신뢰구간을 구하여라.

**풀이** 랜덤표본의 크기가 $64(>30)$개이므로 대표본으로 간주하여 다음의 신뢰구간을 얻는다. $\mu$에 대한 95% 신뢰구간은 다음과 같다.

$$\left(\overline{X} - z_{0.025}\frac{s}{\sqrt{n}},\ \overline{X} + z_{0.025}\frac{s}{\sqrt{n}}\right)\ (z_{0.025} = 1.96)$$

$$= \left(6 - 1.96\frac{1}{\sqrt{64}},\ 6 + 1.96\frac{1}{\sqrt{64}}\right) = (6 - 0.245,\ 6 + 0.245)$$

$$= (5.755,\ 6.245)$$

**예 6-4** 시중에서 인기 있는 7가지 캔 통조림의 주성분 비율을 조사하기 위하여 다음의 자료를 얻었다. 평균 주성분 비율의 90% 신뢰구간을 구하여라. 단, 캔 통조림의 주성분 비율은 정규분포를 따른다고 한다.

| 72 | 65 | 31 | 78 | 62 | 57 | 81 |
|---|---|---|---|---|---|---|

**풀이** 랜덤표본의 크기가 7이므로 소표본이다.

$$\overline{X} = 63.714,\ s = 16.790,\ t_{0.05}(7-1) = 1.943$$

$$\left(\overline{X} - t_{0.05}(n-1)\frac{s}{\sqrt{n}},\ \overline{X} + t_{0.05}(n-1)\frac{s}{\sqrt{n}}\right)$$

$$= \left(63.714 - 1.943 \times \frac{16.790}{\sqrt{7}},\ 63.714 + 1.943 \times \frac{16.790}{\sqrt{7}}\right)$$

$$= (51.385,\ 76.043)$$

## 6.2.3 모비율의 신뢰구간

$X$는 이항분포 $B(n, p)$를 따르고 표본비율 $\hat{p} = \frac{X}{n}$이므로, $n$이 충분히 클 때 $X$의 분포는 근사적으로 $N(np, np(1-p))$이다. 따라서

$$Z = \frac{X - np}{\sqrt{n\hat{p}(1-\hat{p})}} = \frac{\hat{p} - p}{\sqrt{\frac{\hat{p}(1-\hat{p})}{n}}}$$

는 근사적으로 $N(0, 1)$을 따른다.

**모비율 $p$의 $100(1-\alpha)\%$ 신뢰구간**

$$\left(\hat{p} - z_{\alpha/2}\sqrt{\frac{\hat{p}(1-\hat{p})}{n}},\ \hat{p} + z_{\alpha/2}\sqrt{\frac{\hat{p}(1-\hat{p})}{n}}\right)$$

**예 6-5** 어떤 중소기업의 제조공정에서 불량률을 추정하려고 한다. 500개의 표본을 랜덤하게 추출하여 조사한 결과 그중에 50개가 불량품이었다. 불량률에 대한 95% 신뢰구간을 구하여라.

**풀이** 표본비율 $\hat{p} = \dfrac{X}{n} = \dfrac{50}{500} = 0.1$

표준오차 $\widehat{SE}(\hat{p}) = \sqrt{\dfrac{\hat{p}(1-\hat{p})}{n}} = \sqrt{\dfrac{0.1 \times 0.9}{500}} \cong 0.0134$

$z_{a/2} = z_{0.025} = 1.96$

따라서 불량률 $p$의 95%의 신뢰구간은 다음과 같다.

$\hat{p} \pm z_{a/2}\sqrt{\dfrac{\hat{p}(1-\hat{p})}{n}} = 0.1 \pm (1.96)(0.0134) \cong (0.0737, 0.1263)$

**예 6-6** 시중에서 판매되는 컴퓨터의 불량을 추정하려 한다. 870대의 컴퓨터를 랜덤추출하여 조사하였더니 불량품이 330대였다. 판매되는 컴퓨터의 불량률에 대한 90% 신뢰구간을 구하여라.

**풀이** $\hat{p} = \dfrac{330}{870} = 0.38,\ \widehat{SE}(\hat{p}) = \sqrt{\dfrac{(0.38)(1-0.38)}{870}} = 0.016,$

$z_{\alpha/2} = z_{0.05} = 1.64$

따라서 불량품 $p$ 의 90%의 신뢰구간은 다음과 같다.

$(0.38 - 1.64 \cdot 0.016,\ 0.38 + 1.64 \cdot 0.016) = (0.354,\ 0.406)$

# 6.3 두 모집단의 비교

## 6.3.1 대표본에서 두 모평균의 차에 관한 추정

도시와 농촌의 소득 수준의 차이의 비교, 성인 남녀의 평균 한 달 용돈 차이의 비교 등 서로 다른 두 모집단에 대한 비교가 필요하다. 모집단 1에서 $X_1, X_2, \cdots, X_{n_1}$의 확률표본을 택하고, 모집단 2에서 $Y_1, Y_2, \cdots, Y_{n_2}$의 확률표본을 택했다고 하자. 물론 각 확률표본들은 상호 독립적으로 추출되었다. 각 집단의 표본평균 $\overline{X}, \overline{Y}$라고 하면 각 집단의 모평균 $\mu_1$과 $\mu_2$의 차이는 $\overline{X}-\overline{Y}$로 추정할 수 있을 것이다. 이때 각 집단의 표준편차를 $\sigma_1, \sigma_2$라고 하면 두 집단의 표본크기 $n_1, n_2$가 작지 않을 때 $(n_1 \geq 30, n_2 \geq 30)$ 중심극한정리에 의하여 다음의 관계가 성립한다.

$$\overline{X} \sim N\left(\mu_1, \frac{s_1^2}{n_1}\right), \quad \overline{Y} \sim N\left(\mu_2, \frac{s_2^2}{n_2}\right)$$

$$E[\overline{X}-\overline{Y}] = \mu_1 - \mu_2, \quad V[\overline{X}-\overline{Y}] = \frac{S_1^2}{n_1} + \frac{S_2^2}{n_2}$$

또 통계량 $\overline{X}-\overline{Y}$의 분포는 정규분포를 따르므로, 즉

$$N\left(\mu_1 - \mu_2, \frac{S_1^2}{n_1} + \frac{S_2^2}{n_2}\right)$$

이다. 그러므로 $\overline{X}-\overline{Y}$를 표준화시키면 다음과 같다.

$$Z = \frac{\overline{X}-\overline{Y}-(\mu_1-\mu_2)}{\sqrt{\frac{S_1^2}{n_1}+\frac{S_2^2}{n_2}}} \sim N(0, 1)$$

따라서 모평균의 차 $(\mu_1 - \mu_2)$의 $100(1-\alpha)\%$ 신뢰구간은 다음과 같다.

$$P\left((\overline{X}-\overline{Y})-z_{\alpha/2}\sqrt{\frac{S_1^2}{n_1}+\frac{S_2^2}{n_2}} \le \mu_1-\mu_2 \le (\overline{X}-\overline{Y})+z_{\alpha/2}\sqrt{\frac{S_1^2}{n_1}+\frac{S_2^2}{n_2}}\right)=1-\alpha$$

**대표본에서 $\mu_1-\mu_2$의 $100(1-\alpha)\%$ 신뢰구간**

$$\left(\overline{X}-\overline{Y}\pm z_{\alpha/2}\sqrt{\frac{S_1^2}{n_1}+\frac{S_2^2}{n_2}}\right)$$

**예 6-7** 서울 지역의 지하철 5호선과 4호선을 이용하는 승객들의 1인당 1일 이용요금이 어느 정도인지를 알아보기 위하여 지하철 5호선과 지하철 4호선 이용승객 중 각각 50명, 30명을 무작위로 추출하여 1일 평균 이용금액을 조사하였더니 다음과 같았다. 이러한 자료를 바탕으로 지하철 5호선 1일 평균 이용금액과 지하철 4호선 1일 평균 이용금액 차이 $(\mu_1-\mu_2)$에 대하여 95% 신뢰수준으로 구간추정하여라.

(단위 : 원)

| | 지하철 5호선 | 지하철 4호선 |
|---|---|---|
| 표본크기 | $n_1=50$ | $n_2=30$ |
| 표본평균 | $\overline{X}=1330$ | $\overline{Y}=1255$ |
| 표본표준편차 | $S_1=215$ | $S_2=238$ |

**풀이** 하루 동안 지하철 5호선을 이용하는 모든 승객들을 모집단 1, 하루 동안 지하철 4호선을 이용하는 모든 승객들을 모집단 2라 하자.

$(\overline{X}-\overline{Y})=1330-1255=75,$

$z_{\alpha/2}=z_{0.05/2}=z_{0.025}=1.96,$

$$S_{\overline{X}-\overline{Y}}=\sqrt{\frac{S_1^2}{n_1}+\frac{S_2^2}{n_2}}$$

$$=\sqrt{\frac{(215)^2}{50}+\frac{(238)^2}{30}}=53.03$$

그러므로 $(\mu_1-\mu_2)$의 95% 신뢰구간을 추정하면 다음과 같다.

$$P\left[(\overline{X}-\overline{Y})-1.96S_{\overline{X}-\overline{Y}}\le \mu_1-\mu_2\le(\overline{X}-\overline{Y})+1.96S_{\overline{X}-\overline{Y}}\right]=0.95$$

$$\Leftrightarrow P(75-1.96\times53.03\le \mu_1-\mu_2\le 75+1.96\times53.03)=0.95$$

$$\Leftrightarrow P(75-103.94\le \mu_1-\mu_2\le 75+103.94)=0.95$$

$$\Leftrightarrow P(-28.94\le \mu_1-\mu_2\le 178.94)=0.95$$

따라서 $(\mu_1-\mu_2)$의 95% 신뢰구간은 $(-28.94, 178.94)$이다.

## 6.3.2 소표본에서 두 모평균의 차에 관한 추정

두 표본이 독립이라는 가정하에 두 모집단의 분산이 미지이기는 하나 같다고 가정할 수 있을 때, 즉 $\sigma_1^2=\sigma_2^2$이고 $n_1, n_2<30$인 소표본의 경우 $(\mu_1-\mu_2)$의 구간추정은 $t$분포를 이용한다.

공통분산의 추정은 다음의 합동분산(pooled variance)을 이용하여 $\overline{X}-\overline{Y}$를 표준화시킨 $t$통계량 분포는 아래와 같다.

$$\text{합동분산}:\ S_p^2=\frac{(n_1-1)S_1^2+(n_2-1)S_2^2}{n_1+n_2-2}$$

$t$통계량의 분포 : 두 모집단이 서로 분산이 같은 정규분포를 따를 때

$$t=\frac{\overline{X}-\overline{Y}-(\mu_1-\mu_2)}{S_p\sqrt{\frac{1}{n_1}+\frac{1}{n_2}}},$$

자유도 $n_1+n_2-2$인 $t$분포를 따른다.

따라서 소표본에서 모평균의 차 $\mu_1-\mu_2$의 $100(1-\alpha)\%$ 신뢰구간은 다음과 같다.

$$P\left[(\overline{X}-\overline{Y})-t_{\alpha/2}(n_1+n_2-2)S_p\sqrt{\frac{1}{n_1}+\frac{1}{n_2}}\le\mu_1-\mu_2\right.$$
$$\left.\le(\overline{X}-\overline{Y})+t_{\alpha/2}(n_1+n_2-2)S_p\sqrt{\frac{1}{n_1}+\frac{1}{n_2}}\right]=1-\alpha$$

**소표본에서 $\mu_1 - \mu_2$의 $100(1-\alpha)\%$ 신뢰구간**

$$\left((\overline{X} - \overline{Y}) \pm t_{\alpha/2}(n_1 + n_2 - 2) S_p \sqrt{\frac{1}{n_1} + \frac{1}{n_2}}\right)$$

**예 6-8** 어느 대학에서는 교양과목으로 L교수가 사회학과 120명과 경영학과 200명의 학생들을 대상으로 강의를 담당하는데, 동일한 조건하에서 한 학기 동안 강의를 한 다음 기말고사 시험을 치른 결과 사회학과 120명 중 8명을, 경영학과 200명 중 12명을 무작위로 선출하여 그 표본들의 평균점수와 표준편차를 계산해보니 다음과 같았다. 교양과목을 수강한 사회학과와 경영학과 학생들의 기말고사 시험에서 받은 평균점수의 차이 $(\mu_1 - \mu_2)$를 90% 신뢰수준으로 구간추정하여라.

| | 사회학과 | 경영학과 |
|---|---|---|
| 표본크기 | $n_1 = 8$ | $n_2 = 12$ |
| 표본평균 | $\overline{X} = 76.9$ | $\overline{Y} = 72.7$ |
| 표본표준오차 | $S_1 = 4.85$ | $S_2 = 6.35$ |

**풀이** $\overline{X_1} - \overline{X_2} = 76.9 - 72.7 = 4.2$(점)이고, 자유도

$df = n_1 + n_2 - 2 = 8 + 12 - 2 = 18$

이며, $\frac{\alpha}{2} = \frac{0.1}{2} = 0.05$일 때의 $t$값은 부록의 $t$분포표에서

$t_{(18\,:\,0.05)} = 1.734$이다. 한편 합동표준편차 $S_p$는 다음과 같다.

$$S_p = \sqrt{\frac{(n_1 - 1)S_1^2 + (n_2 - 1)S_2^2}{n_1 + n_2 - 2}}$$

$$= \sqrt{\frac{(7)(4.85)^2 + (11)(6.35)^2}{8 + 12 - 2}} = 5.813$$

그러므로 $(\mu_1 - \mu_2)$의 90% 신뢰구간을 추정하면 다음과 같다.

$$P\left[(\overline{X}-\overline{Y})-1.734\cdot S_p\sqrt{\frac{1}{n_1}+\frac{1}{n_2}}\right.$$

$$\left.\le \mu_1-\mu_2 \le (\overline{X}-\overline{Y})+1.734\cdot S_p\sqrt{\frac{1}{n_1}+\frac{1}{n_2}}\right]=0.90$$

$$\Leftrightarrow P(4.2-1.734\times 5.813\times 0.456$$

$$\le \mu_1-\mu_2 \le 4.2+1.734\times 5.813\times 0.456)=0.90$$

$$\Leftrightarrow P(4.2-4.6 \le \mu_1-\mu_2 \le 4.2+4.6)=0.90$$

$$\Leftrightarrow P(-0.4 \le \mu_1-\mu_2 \le 8.8)=0.90$$

따라서 $(\mu_1-\mu_2)$의 90% 신뢰구간은 $(-0.4,\ 8.8)$이다. 즉 사회학과 학생들의 교양과목 평균이 경영학과 학생들의 점수보다 최저 0.4점 작거나 최고 8.8점 클 가능성이 90%이다.

## 6.3.3 대표본에서 두 모비율의 차에 관한 추정

통계분석을 실시할 때 가끔 두 모집단의 모비율을 비교하는 경우가 있다. 예를 들어 서울지역과 경북지역 고등학교의 대학입시 합격률, 남자와 여자의 정부에 대한 지지율 등과 같은 것이 있다.

여기서 두 모집단의 모비율 차이 $p_1-p_2$에 관한 통계적 추론을 위하여 다음과 같은 과정을 생각해볼 수 있다. 두 모비율의 차 $p_1-p_2$에 대한 신뢰구간을 추정하기 위해서는 두 표본비율의 차의 분포를 사용한다. 두 표본비율 $\widehat{p_1}$, $\widehat{p_2}$는 각각 모비율 $p_1$, $p_2$의 추정량이므로 두 표본비율의 차 $\widehat{p_1}-\widehat{p_2}$는 대표본일 경우 평균이 $p_1-p_2$이고 분산이

$$\frac{p_1(1-p_1)}{n_1}+\frac{p_2(1-p_2)}{n_2}$$

인 정규분포에 접근하게 된다. 여기서 두 모비율 $p_1$과 $p_2$를 모르기 때문에 표본비율 $\widehat{p_1}$과 $\widehat{p_2}$로 대치한다. 따라서

$$Z = \frac{(\hat{p_1} - \hat{p_2}) - (p_1 - p_2)}{\sqrt{\frac{\hat{p_1}(1-\hat{p_1})}{n_1} + \frac{\hat{p_2}(1-\hat{p_2})}{n_2}}}$$

는 근사적으로 표준정규분포 $N(0, 1)$을 따른다.

두 모집단비율의 차$(p_1 - p_2)$를 구간추정하고자 할 때는 각 모집단에서 $np \geq 5$, $n(1-p) \geq 5$인 대표본을 추출하여 이 두 표본들의 비율의 차로서 모집단 비율의 차를 구간추정하는 것이 가장 바람직하다.

> **두 모비율의 차$(p_1 - p_2)$의 $100(1-\alpha)\%$ 신뢰구간**
>
> $$(\hat{p_1} - \hat{p_2}) \pm z_{\alpha/2}\sqrt{\frac{\hat{p_1}(1-\hat{p_1})}{n_1} + \frac{\hat{p_2}(1-\hat{p_2})}{n_2}}$$

**예 6-9** ○○일보는 지난 해 12월 15일 전국의 유권자 중 $A$도시에서 100명의 유권자를, $B$도시에서 200명의 유권자를 임의로 추출하여 12월 18일에 실시하는 대통령 선거에 대한 전화 여론조사를 실시하여 '투표에 꼭 참여하겠다'는 응답률을 조사한 결과 $A$도시에서는 65명이, $B$도시에서는 110명이 '투표에 꼭 참여하겠다'는 응답을 했다고 한다. $A$도시와 $B$도시의 전체 유권자들 가운데 '투표에 꼭 참여하겠다'는 비율의 차이를 95% 신뢰수준으로 구간추정하여라.

**풀이** $A$도시의 유권자 중 '투표에 꼭 참여하겠다'는 모집단비율을 $p_1$, $B$도시의 유권자 중 '투표에 꼭 참여하겠다'는 모집단의 비율을 $p_2$라 하고, 표본비율을 각각 $\hat{p_1}$, $\hat{p_2}$, 표본의 크기를 $n_1$, $n_2$라고 하면

$$\hat{p_1} - \hat{p_2} = \frac{65}{100} - \frac{110}{200} = 0.65 - 0.55 = 0.10,$$

$$z_{\alpha/2} = z_{0.05/2} = z_{0.025} = 1.96,$$

$$S_{\hat{p_1} - \hat{p_2}} = \sqrt{\frac{\hat{p_1}(1-\hat{p_1})}{n_1} + \frac{\hat{p_2}(1-\hat{p_2})}{n_2}}$$

$$= \sqrt{\frac{(0.65)(0.35)}{100} + \frac{(0.55)(0.45)}{200}}$$
$$= \sqrt{0.0022750 + 0.0035125}$$
$$= 0.05927 \fallingdotseq 0.06$$

따라서 구하는 신뢰구간은 다음과 같다.

$$P[(\hat{p_1} - \hat{p_2}) - 1.96 S_{\hat{p_1} - \hat{p_2}} \le p_1 - p_2 \le (\hat{p_1} - \hat{p_2}) + 1.96 S_{\hat{p_1} - \hat{p_2}}] = 0.95$$
$$\Leftrightarrow P(0.10 - 1.96 \times 0.06 \le p_1 - p_2 \le 0.10 + 1.96 \times 0.06) = 0.95$$
$$\Leftrightarrow P(0.0176 \le p_1 - p_2 \le 0.1176) = 0.95$$

즉 $(p_1 - p_2)$의 95% 신뢰구간은 $(0.0176, 0.1176)$이다.

## 6.3.4 짝진표본(대응 표본)에서 두 모평균의 차에 관한 추정

짝진표본(paired sample 또는 matched sample)이란 동일한 집단의 특성을 서로 다른 두 지역이나 서로 다른 두 시점에서 측정한 값으로 표본을 구성할 때 이루어지는 경우로, 자료형식은 두 집단의 표본과 동일하다. 예를 들어 통계학을 배우기 전과 후의 통계 자료분석 능력의 차이라든지 피임약을 사용하기 전과 후의 혈압 차이를 분석하고자 할 때 두 관찰값이 대응된 쌍을 이루기 때문에 다음과 같은 방법을 이용하여 두 모집단의 평균 차에 대한 추정을 할 수 있다. 짝진표본의 특징은 표본 내에서 한 쌍을 이루는 두 관측은 서로 독립이 아니지만 각 쌍은 서로 독립인 점이다. 짝진표본의 자료구조를 정리하면 다음과 같다.

| 짝번호 | 표본 1 | 표본 2 | 차이 |
|---|---|---|---|
| 1 | $X_1$ | $Y_1$ | $D_1 = X_1 - Y_1$ |
| 2 | $X_2$ | $Y_2$ | $D_2 = X_2 - Y_2$ |
| 3 | $X_3$ | $Y_3$ | $D_3 = X_3 - Y_3$ |
| ⋮ | ⋮ | ⋮ | ⋮ |
| $n$ | $X_n$ | $Y_n$ | $D_n = X_n - Y_n$ |

여기서 $(X_1, Y_1), (X_2, Y_2), \cdots, (X_n, Y_n)$은 서로 독립이다. 그러나 $(X_1, X_2, \cdots, X_n)$과 $(Y_1, Y_2, \cdots, Y_n)$은 서로 독립이 아니다. 확률표본 $D_1, D_2, \cdots, D_n$으로

부터 표본평균과 표준편차는 다음과 같다.

$$\overline{D}=\frac{1}{n}\sum_{i=1}^{n}D_i\,,\quad S_D=\sqrt{\frac{1}{n-1}\sum_{i=1}^{n}(D_i-\overline{D})^2}$$

여기서 $\overline{D}$는 평균이 $\mu_1-\mu_2=\mu_D$인 정규분포를 따르므로 대표본인 경우 $z$통계량을 이용하면 다음과 같다.

$$Z=\frac{\overline{D}-\mu_D}{\dfrac{S_D}{\sqrt{n}}}\sim N(0,\,1)$$

이 통계량을 이용하면 짝진표본의 $100(1-\alpha)\%$ 신뢰구간은 다음과 같다.

$$\overline{D}\pm z_{\alpha/2}\cdot\frac{S_D}{\sqrt{n}}$$

한편 소표본이고 모집단이 정규분포를 따른다면

$$t=\frac{\overline{D}-\mu_D}{\dfrac{S_D}{\sqrt{n}}}\sim t\,(n-1)$$

이 된다. 이 통계량을 이용하면 $(\mu_1-\mu_2)$에 대한 $100(1-\alpha)\%$ 신뢰구간은 다음과 같다.

**짝진표본의 $(\mu_1-\mu_2)$에 대한 $100(1-\alpha)\%$ 신뢰구간**

(a) 대표본일 때 :

$$P\left[\overline{D}-z_{\alpha/2}\frac{S_D}{\sqrt{n}}\leq\mu_1-\mu_2\leq\overline{D}+z_{\alpha/2}\frac{S_D}{\sqrt{n}}\right]=1-\alpha$$

(b) 소표본일 때 :

$$P\left[\overline{D}-t_{\alpha/2}(n-1)\frac{S_D}{\sqrt{n}}\leq\mu_1-\mu_2\leq\overline{D}+t_{\alpha/2}(n-1)\frac{S_D}{\sqrt{n}}\right]=1-\alpha$$

**예 6-10** 여덟 명의 사람이 한 다이어트 프로그램에 한 달 동안 참석하였는데, 처음 시작할 때와 한 달 후 다이어트 프로그램이 끝났을 때 측정한 체중이 다음 표와 같다. 다이어트 프로그램이 체중을 줄이는 효과가 있는지를 체중의 차에 대한 95% 신뢰구간을 구하여라.

| 사람 | 처음 체중($X$) | 나중 체중($Y$) | $D=X-Y$ |
|---|---|---|---|
| 1 | 110 | 95 | 15 |
| 2 | 95 | 91 | 4 |
| 3 | 87 | 85 | 2 |
| 4 | 105 | 98 | 7 |
| 5 | 70 | 68 | 2 |
| 6 | 123 | 110 | 13 |
| 7 | 77 | 74 | 3 |
| 8 | 99 | 95 | 4 |

**풀이** 자료에 의하여 $D$의 평균과 표준편차는 각각

$$\overline{D}=\frac{1}{8}\sum_{i=1}^{8}D_i=6.25,\ S_D=\sqrt{\frac{1}{8-1}\sum_{i=1}^{8}(D_i-6.25)^2}=5.06$$

이며, 짝진표본의 평균차에 대한 $100(1-\alpha)\%$는 다음과 같다.

$$P\left[\overline{D}-t_{\alpha/2}(n-1)\frac{S_D}{\sqrt{n}}\le\mu_1-\mu_2\le\overline{D}+t_{\alpha/2}(n-1)\frac{S_D}{\sqrt{n}}\right]=1-\alpha$$

$$P\left[6.25-4.232\cdot\frac{5.06}{\sqrt{8}}\le\mu_1-\mu_2\le6.25+4.232\cdot\frac{5.06}{\sqrt{8}}\right]=0.95$$

$$\therefore\ P[2.018\le\mu_1-\mu_2\le10.482]=0.95$$

즉 $(\mu_1-\mu_2)$의 95% 신뢰구간은 $(2.018, 10.482)$이다.

# 6.4 표본크기의 결정

표본을 추출할 때 표본크기를 어느 정도로 하는 것이 가장 바람직하겠는가? 물론 표본크기가 클수록 모집단과의 오차가 작아지므로 정확한 정보를 얻을 수는 있지만, 이렇게 되면 시간과 노력의 낭비가 많아져서 표본추출의 의미를 상실하기 쉽다. 반면에 표본크기를 작게 할수록 시간과 노력의 낭비는 적지만 모집단과의 오차가 커져서 충분한 정보를 제공하지 못할 위험이 뒤따른다. 따라서 여기서는 일정한 신뢰구간의 폭을 유지할 수 있는 적절한 표본크기에 대해 살펴보기로 하자.

## 6.4.1 모평균의 추정에서 표본크기의 결정

신뢰구간의 폭이 좁을수록 좋은 구간추정이 될 수 있는데, 신뢰구간의 폭은 신뢰구간의 양 끝점에 의해 결정된다. 신뢰구간의 양 끝점

$$\overline{X} \pm z_{\alpha/2}\frac{\sigma}{\sqrt{n}} \quad (\text{또는 } \overline{X} \pm z_{\alpha/2}\frac{S}{\sqrt{n}})$$

는 신뢰구간이 일정($z$값이 일정)할 경우 $\sigma$와 $n$에 의해 결정되는데, $\sigma$는 조작이 매우 어렵거나 불가능하므로 주로 표본크기 $n$에 의해 결정된다고 볼 수 있다.

따라서 일정한 신뢰수준 하에서 신뢰구간의 폭을 좁히기 위해서는 $n$을 크게 하면 된다. 신뢰구간을 계산하는 식 $\overline{X} \pm z_{\alpha/2}\frac{\sigma}{\sqrt{n}}$는 모수를 추정하기 위해 $\overline{X}$로부터 넓힐 수 있는 범위를 나타내는 것이다. 그런데 범위는 $\frac{\sigma}{\sqrt{n}}$(표본평균의 표본오차)로 표시되므로 $z_{\alpha/2}\frac{\sigma}{\sqrt{n}}$는 오차의 범위를 나타낸다. 신뢰구간의 한쪽 폭에 해당하는 표본오차를 $d$라고 하면, 즉 $z_{\alpha/2}\frac{\sigma}{\sqrt{n}} = d$라고 하면 신뢰수준과 표준편차가 주어졌을 경우

$d$를 일정하게 유지하기 위한 $n$은 다음과 같이 구할 수 있다.

> **표본크기의 결정**
>
> (a) 모집단의 분산을 아는 경우 : $n \geq \left[\left(\frac{z_{\alpha/2}\sigma}{d}\right)^2\right]$을 만족하는 최소의 정수
>
> (b) 모집단의 분산을 모르는 경우 : $n \geq \left[\left(\frac{z_{\alpha/2}s}{d}\right)^2\right]$을 만족하는 최소의 정수

**예 6-11** 우리나라의 사회 및 문화환경의 변화로 이혼이 늘면서 하루 평균 $\mu = 233$쌍, 표준편차 $\sigma = 35$쌍이라고 한다. 하루 평균 이혼율을 95% 신뢰수준하에서, 그리고 5명 이하의 표본오차로 추정하기 위해서는 표본크기가 얼마 정도 되어야 하는가?

**풀이** 95% 신뢰수준에 해당하는 $z$ 값은 $z_{\alpha/2} = z_{0.05/2} = 1.96$이고, $d = 5$, $\sigma = 35$이므로 구하려는 표본크기는 다음과 같다.

$$n \geq \left(\frac{z_{\alpha/2}\sigma}{d}\right)^2 = \frac{(1.96)^2(35)^2}{(5)^2} = 188.238$$

그러므로 189쌍을 표본으로 추출해야 한다.

## 6.4.2 모비율 추정에서 표본크기의 결정

대표본에서 표본비율 $\hat{p}$의 $100(1-\alpha)\%$ 오차한계는

$$z_{\alpha/2} \cdot \sqrt{\hat{p}(1-\hat{p})/n}$$

로 주어진다. 따라서 오차한계를 $d$ 이내로 하기 위한 표본크기 $n$은 등식 $z_{\alpha/2} \cdot$

$\sqrt{\hat{p}(1-\hat{p})/n} = d$를 만족하며, 위 식을 $n$에 관하여 풀면 다음과 같다.

$$n = \hat{p}(1-\hat{p})\left(\frac{z_{\alpha/2}}{d}\right)^2$$

이때 $\hat{p}$는 과거의 경험에 의해 추정된 $p$값이거나, 사전조사에 의해 추정된 $p$값이다. 그러나 $p$값에 대한 지식이 전혀 없거나 사전조사도 어려울 때에는 $\hat{p}(1-\hat{p})$의 최댓값을 사용할 수 있다. 즉

$$\hat{p} + (1-\hat{p}) = 1$$

이므로 $\hat{p}(1-\hat{p})$의 최댓값은 $\hat{p} = \frac{1}{2}$일 때 $\frac{1}{4}$이다. 따라서 이때의 표본크기는 다음과 같다.

$$n = \frac{1}{4}\left(\frac{z_{\alpha/2}}{d}\right)^2$$

이들을 요약하면 다음과 같다.

**모비율의 추정에서 표본크기**

모비율 $p$의 추정에서 $100(1-\alpha)\%$ 오차한계가 $d$가 되기 위한 표본크기는 다음과 같다.

(a) $p$의 값이 대략 $\hat{p}$로 추정된 경우 : $n \geq \hat{p}(1-\hat{p})\left(\frac{z_{\alpha/2}}{d}\right)^2$

(b) $p$에 대한 정보가 전혀 없는 경우 : $n \geq \frac{1}{4}\left(\frac{z_{\alpha/2}}{d}\right)^2$

**예 6-12** 어느 대학에서는 학생들의 흡연율을 조사하고자 한다. 흡연율의 90% 추정오차한계가 5% 이내가 되기 위한 표본크기를 구하여라.

**풀이** $\alpha = 0.1$, $d = 0.05$이며 흡연율에 대한 사전정보는 전혀 없으므로, 표본크기 $n$은 다음을 만족한다.

$$n \geq \frac{1}{4}\left(\frac{z_{\alpha/2}}{d}\right)^2 = \frac{1}{4}\left(\frac{1.645}{0.05}\right)^2 = 270.6$$

따라서 필요한 표본크기는 $n = 271$ 이다.

## CHAPTER 06 연습문제

6-1 어느 모집단의 표준편차는 4이고 그 집단에서 100개를 추출하여 평균을 알아보니 501.2였다. 모집단의 평균 $\mu$에 대한 95% 신뢰구간은?

6-2 어느 회사의 자동차 타이어의 수명은 평균 30,000km이고, 표준편차 2,000km인 정규분포에 따른다고 한다. 한 사람이 4개의 타이어를 샀을 때 이 4개의 평균 수명이 25,000km 이상으로 될 확률은?

6-3 $X_1$, $X_2$, $\cdots$, $X_{100}$이 서로 독립으로 $N(50,\ 15^2)$을 따를 때 $\overline{X}$가 $47 < \overline{X} < 53$인 범위에 있을 확률은?

6-4 한 타이어 제조회사에서 개발 중인 공정은 기존의 공정에 비하여 타이어의 평균 수명은 증가하고 표준편차는 기존 공정의 표준편차 $\sigma = 5{,}000\text{km}$가 그대로 유지되리라고 기대된다. 새로운 공정에 의한 시제품을 $n = 100$개 생산하여 실험한 결과 표본의 평균수명이 $\overline{x} = 38{,}000\text{km}$이었다. 새로운 공정에 의한 타이어의 평균수명 $\mu$는 얼마인가? 그리고 표본평균의 표준편차는 얼마인가?

6-5 한 공장에서 생산하는 플라스틱판의 경우 그 두께의 변이 정도가 중요한 특성값이라고 한다. 이 공장에서 생산되는 플라스틱 판 중에서 10개의 표본을 추출하여 그 두께를 측정한 결과가 mm단위로 다음과 같았다.

| 236, 228, 226, 225, 232, 228, 227, 229, 225, 230 |
|---|

이 공장에서 생산하는 플라스틱판 두께의 표준편차 $\sigma$의 추정값을 구하여라.

**6-6** 어떤 대학교의 기말고사 통계학 시험에서 학생들의 통계학 성적이 $N(\mu, \sigma^2)$을 따른다고 하고 $\mu$와 $\sigma^2$은 알 수 없다고 가정하자. 여기서 크기 $n=15$인 확률표본을 추출하여 $\overline{x}=27.38$점과 $S=2.26$을 얻었다고 하자. $\mu$에 대한 90% 신뢰구간을 구하여라.

**6-7** 국회의원 선거기간 중에 한 후보가 자신의 구역구의 전체 유권자를 모집단으로 하여 $n=112$의 확률표본을 추출하여 그 중에 자신을 지지하는 유권자의 수 $x=59$를 얻었다. 여기서 표본비율

$$\hat{p}=\frac{x}{n}=\frac{59}{112}=0.527$$

을 가지고 이 후보는 선거에서 이길 것을 확신할 수 있겠는가? 모비율 $p$에 대한 95% 신뢰구간을 구하여라.

**6-8** 어느 통계학자가 D대학교 신입생의 평균체중을 추정하려고 한다. 모표준편차 $\sigma$는 8kg으로 알려져 있다고 가정하고 95% 신뢰도를 가지고 그의 추정값 $\overline{x}$와 모평균 $\mu$와의 차이가 1.5kg보다 작게 하려면 얼마나 많은 학생의 몸무게를 재어야 하는가? (단, 신입생의 무게는 정규분포를 따른다고 가정하자.)

**6-9** 어느 공장에서 생산되고 있는 전구는 평균수명 1200시간, 표준편차 100시간으로 품질관리를 하고 있다. 현재 생산되고 있는 전구의 평균수명이 추정에서 99% 신뢰도를 가지고 추정값 $\overline{x}$와 모평균 $\mu$와 차가 25시간 이내가 되기 위한 표본크기를 구하여라. (단, 표준편차는 100시간으로 변함이 없다고 가정하자.)

**6-10** 어느 대학교에서 학생회장 선거에서 특정 후보에 대한 지지율을 조사하고자 한다. 지난번의 조사결과에 의하면 이 후보에 대한 지지율이 38%이었다. 지지율이 95% 추정최대오차가 3% 이내가 되기 위한 표본크기를 구하여라.

**6-11** 어느 생활연구소에서 대학교 1학년 300명과 고등학교 3학년 200명 학생의 한 달 용돈 평균의 차이를 조사한 결과 대학생은 평균 35만 원, 표준편차 2만 원이고 고등학생은 평균 25만 원, 표준편차 1.5만 원이었다. 두 집단의 용돈의 평균의 차에 대한 95% 신뢰구간을 구하여라.

**6-12** 집단 1에서 15명을 택해 영어 성적의 평균을 측정한 결과 $\overline{x} = 70.1$점이었고, 집단 2에서 8명을 택해 조사한 결과 $\overline{y} = 75.3$점이었다고 하자. 또 각 집단의 분산은 $\sigma_X = 60$, $\sigma_Y = 40$으로 알려져 있다고 하자. 집단 1과 집단 2의 영어 성적의 평균 차 $\mu_X - \mu_Y$의 90% 신뢰구간을 구하여라.

**6-13** 두 학급에서 4명과 3명의 학생을 랜덤하게 뽑아 수학 성적을 조사해본 결과 각각 64, 66, 86, 77점과 56, 71, 53점이 나타났다. 자료로부터 학급 1과 학급 2의 수학 성적의 평균 차 $\mu_X - \mu_Y$의 90% 신뢰구간을 구하여라. (단, 각 학급 학생의 성적은 정규분포를 따르고 동일한 분산을 갖는다고 가정하자.)

**6-14** 어느 광고회사가 두 신문 $A$, $B$를 각각 구독하는 가정 중에서 연간 소득이 1,100만 원 이상인 가정에 대한 비율의 차를 추정하기 위하여 다음과 같은 중간조사결과를 얻었다고 하자.

| 구독하는 신문 | 표본크기 | 소득 1,100만 원 이상인 가구 |
|---|---|---|
| $A$ | 500 | 300 |
| $B$ | 500 | 200 |

두 모비율의 차 $p_A - p_B$에 대한 95% 신뢰구간을 구하여라.

CHAPTER

# 07 검정

CONTENTS

통계추론의 또 다른 분야는 **가설검정**(testing hypothesis)이다. 가설검정은 표본에 담긴 정보를 이용하여 가설의 옳고 그름을 통계적으로 판정한다. 수집된 표본 결과가 확률적 오차를 수반하므로 오류의 허용확률을 미리 정해놓고 그 기준에 따라 가설의 채택이나 기각을 결정한다.

예를 들어 어느 전구 생산 공정에서 평균수명이 1000시간이 되도록 품질 관리를 하였다. 이제 품질을 개선하기 위하여 새로운 공법이 개발되었고 기존의 전구에 비하여 평균수명이 길다고 주장한다.

이와 같은 주장을 확인하기 위해 100개의 표본을 랜덤하게 추출하여 수명을 측정한 결과 평균수명이 $\bar{x} = 1030$(시간), 표준편차 $s = 100$(시간)이었다. 이 자료로부터 새 공법에 의한 전구의 평균수명은 기존 전구의 평균수명보다 길어졌다고 확신할 수 있는가?

이와 같은 문제에서는 새 공법에 의한 평균수명이 기존의 공법에 의한 평균수명보다 증가했다는 확신이 있을 때에만 새 공법을 채택하게 된다. 따라서 다음과 같은 가설을 세운다.

$$H_0 : \mu = 1000, \quad H_1 : \mu > 1000$$

여기에서 $H_0$를 **귀무가설**(null hypothesis)이라 하며 $H_1$을 **대립가설**(alternative hy-pothesis)이라 한다.

표본으로부터 확실한 근거에 의하여 입증하고자 하는 가설을 대립가설 $H_1$으로 정하고 $H_0$는 대립가설이 참이라는 확실한 근거가 없는 경우에 받아들이는 가설이다. 그러므로 귀무가설 $H_0$를 채택할 때에는 아무런 확신도 할 수 없다. 귀무가설 $H_0$와 대립가설 $H_1$ 중에서 어느 것을 선택할 것인지는 표본평균 $\overline{X}$의 값에 따른다. 즉 $\overline{X}$의 값이 충분히 크면 대립가설 $H_1$을 선택하여 새 공법을 채택하는 결정을 내린다. 표본분포 $\overline{X}$는 정규분포 $N\left(\mu, \dfrac{\sigma^2}{n}\right)$을 따르므로

$$Z = \frac{\overline{X} - 1000}{\dfrac{100}{\sqrt{100}}} = \frac{\overline{X} - 1000}{10}$$

은 표준정규분포 $N(0, 1)$이다. 이제 $\overline{X}$의 값이 충분히 커서 $Z \ge z_{0.05} = 1.645$(즉, 유의수준 $\alpha = 0.05(5\%)$)일 때 $H_0$를 기각하고 $H_1$을 채택한다.

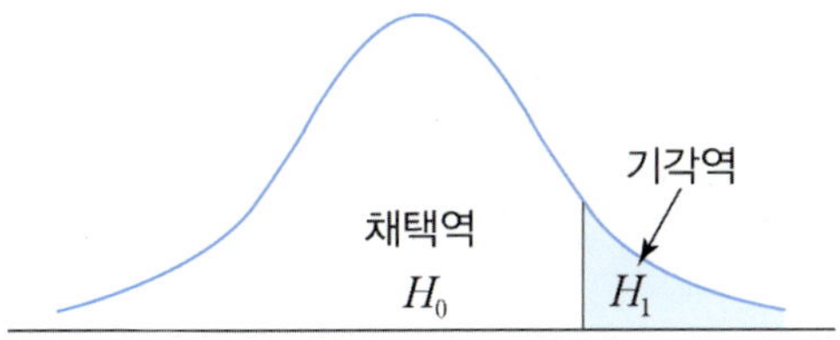


따라서 $Z = \dfrac{\overline{X} - 1000}{10} = \dfrac{1030 - 1000}{10} = \dfrac{30}{10} \geq 1.645$이므로, 귀무가설 $H_0$를 기각하고 대립가설 $H_1$을 채택하는 결정을 내린다.

| |
|---|
| 대립가설 $H_1$ : 분석자가 주장하는 가설, 모집단의 특성에 대한 새로운 사실이나 주장하는 가설<br>귀무가설 $H_0$ : 대립가설이 참이 아닌 가설 |

흔히 사용하는 유의수준 $\alpha$ 값은 0.05(5%), 0.01(1%), 0.1(10%) 등이다.

| |
|---|
| 유의수준 : 귀무가설 $H_0$가 참일 때 대립가설 $H_1$을 채택하는 오류를 범할 확률의 최대허용한계 |

대립가설에는 모수의 영역이 한쪽만 주어지는 단측검정(one-sided test)과 양쪽이 주어지는 양측검정(two-sided test)이 있다. 즉,

(ⅰ) $H_1$ : $\theta > \theta_0$ (단측) $H_0$ : $\theta = \theta_0$(또는 $\theta \leq \theta_0$)

(ⅱ) $H_1$ : $\theta < \theta_0$ (단측) $H_0$ : $\theta = \theta_0$(또는 $\theta \geq \theta_0$)

(ⅲ) $H_1$ : $\theta \neq \theta_0$(양측) $H_0$ : $\theta = \theta_0$

# 7.1 모평균의 검정

## 7.1.1 대표본에서 모평균의 검정($n \geq 30$)

모평균 $\mu$는 표본평균 $\overline{X}$로 추정하며 $\mu_0$는 가정된 모평균의 값이고 $\alpha$는 유의수준이며 $z_\alpha$는 표준정규분포에서 오른쪽 꼬리부분의 면적이 $\alpha$가 되는 점이다.

귀무가설 $H_0$ : $\mu = \mu_0$, 검정통계량 $Z = \dfrac{\overline{X} - \mu_0}{\dfrac{s}{\sqrt{n}}}$

대립가설(기각역) (i) $H_1$: $\mu > \mu_0$ 일 때 $Z \geq z_\alpha$

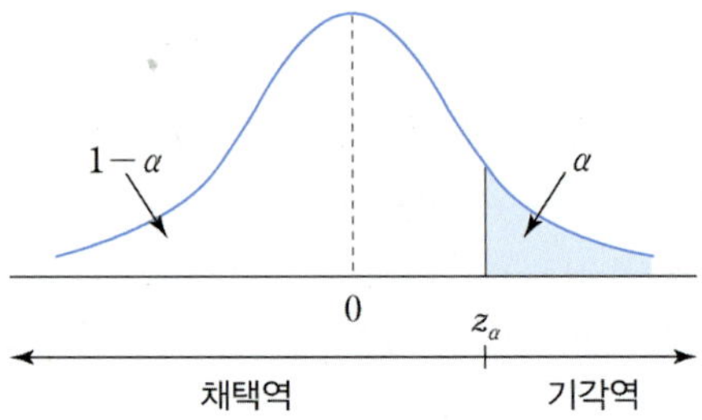


(ii) $H_1$: $\mu < \mu_0$ 일 때 $Z \leq -z_\alpha$

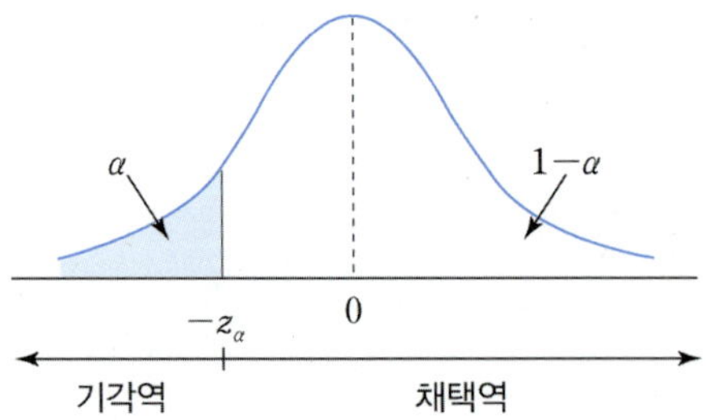

(iii) $H_1$: $\mu \neq \mu_0$ 일 때 $|Z| \geq z_{\alpha/2}$

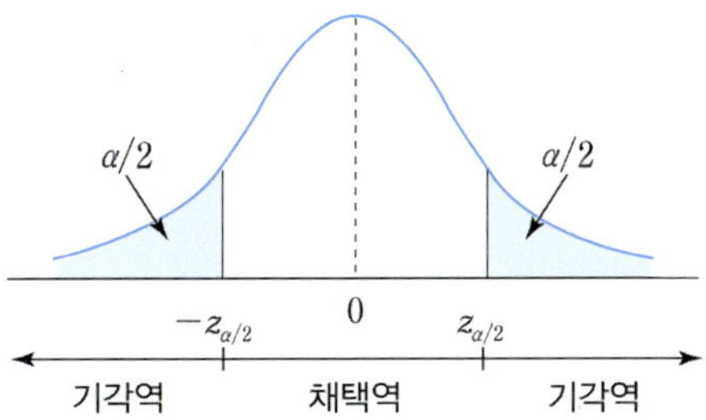


**대표본에서 모평균의 검정**

귀무가설 : $H_0$ : $\mu = \mu_0$ 검정통계량 : $Z = \dfrac{\overline{X} - \mu_0}{\dfrac{s}{\sqrt{n}}}$

대립가설(기각역) : (i) $H_1$: $\mu > \mu_0$ 일 때, $Z \geq z_\alpha$

(ii) $H_1$: $\mu < \mu_0$ 일 때, $Z \leq -z_\alpha$

(iii) $H_1$: $\mu \neq \mu_0$ 일 때, $|Z| \geq z_{\alpha/2}$

**예 7-1** 어느 꽁치 통조림의 염분 함량이 5%라고 표시되어 있다. 이를 확인하기 위하여 64통을 조사한 결과 염분 함량이 $\overline{x} = 5.2(\%)$, $s = 0.8(\%)$이었다. 이 통조림의 염분 함량 표시는 정당하다고 할 수 있는가? 유의수준 5%에서 검정하여라.

**풀이** 함량 표시가 정당하지 않은 것은 $\mu \neq 5.2(\%)$이다. 따라서 다음 검정을 시행한다.

귀무가설 $H_0$: $\mu = 5.2$, 대립가설 $H_1$: $\mu \neq 5.2$

유의수준 $\alpha = 0.05$, $|Z| \geq z_{\alpha/2} = z_{0.025} = 1.96$

$$\text{검정통계량 } Z = \frac{\overline{X} - \mu_0}{\dfrac{s}{\sqrt{n}}} = \frac{5.2 - 5}{\dfrac{0.8}{\sqrt{64}}} = 2 > 1.96$$

따라서 유의수준 5%에서 $H_0$는 기각된다. 즉 함량 표시는 정당하지 않다.

## 7.1.2 소표본에서 모평균의 검정

모집단의 분포가 정규분포이면 소표본($n < 30$)이 추출되는 경우 $t$통계량 $t = \frac{\overline{X} - \mu}{\frac{s}{\sqrt{n}}}$는 자유도 $n-1$인 $t$분포를 이용한다.

**소표본에서 모평균의 검정**

귀무가설 : $H_0 : \mu = \mu_0$ 　　　　검정통계량 : $t = \frac{\overline{X} - \mu}{\frac{s}{\sqrt{n}}}$

대립가설(기각역) : (ⅰ) $H_1 : \mu > \mu_0$일 때, $t \geq t_\alpha(n-1)$

(ⅱ) $H_1 : \mu < \mu_0$일 때, $t \leq -t_\alpha(n-1)$

(ⅲ) $H_1 : \mu \neq \mu_0$일 때, $|t| \geq t_{\alpha/2}(n-1)$

**예 7-2** 새로 나온 담배 1개피당 니코틴 함량이 20mg이라고 하자. 이를 확인하기 위하여 10개피를 조사한 결과 다음의 자료를 얻었다.

| 20 | 18 | 23 | 20 | 22 | 19 | 25 | 23 | 24 | 21 |
|---|---|---|---|---|---|---|---|---|---|

평균 니코틴 함량이 20mg 이상이라고 할 수 있는가? 유의수준 5%에서 검정하여라.

**풀이** 표본크기가 10이므로 $t$ 분포를 이용한다.

귀무가설 $H_0 : \mu = 20$, 대립가설 $H_1 : \mu > 20$

$\overline{x} = 21.5$, $s = 2.273$, $t_{0.05}(9) = 1.833$

$$t = \frac{21.5 - 20}{\frac{2.273}{\sqrt{10}}} = 2.087 > 1.833$$

따라서 유의수준 5%에서 $H_0$를 기각한다. 즉 평균 니코틴 함량이 20mg 이상이라고 할 수 있다.

# 7.2 모비율의 검정

$X$가 이항분포 $B(n, p)$이며 표본비율 $\hat{p}=\dfrac{X}{n}$의 기댓값과 분산은 각각 $p$, $\dfrac{p(1-p)}{n}$이다. 표본크기 $n$개의 랜덤표본을 추출하여 $n$이 충분히 크면($np_0 > 5$, $n(1-p_0) > 5$)

$$Z=\frac{\hat{p}-p}{\sqrt{\dfrac{p(1-p)}{n}}}$$

는 근사적으로 표준정규분표 $N(0, 1)$을 따른다.

**대표본에서 모비율의 검정**

귀무가설 : $H_0$: $p=p_0$

대립가설(기각역) : (ⅰ) $H_1$: $p > p_0$일 때, $Z \geq z_\alpha$

(ⅱ) $H_1$: $p < p_0$일 때, $Z \leq -z_\alpha$

(ⅲ) $H_1$: $p \neq p_0$일 때, $|Z| \geq z_{\alpha/2}$

검정통계량 : $Z=\dfrac{\hat{p}-p_0}{\sqrt{\dfrac{p_0(1-p_0)}{n}}}$

**예 7-3** 어느 항공사에서 예약 취소율을 10% 정도로 예상하였다. 실제로 금년의 예약 취소는 100건 중 15건이었다. 이 항공사의 예상이 잘못되었다고 확신할 수 있는가? 유의수준 5%에서 검정하여라.

**풀이** 귀무가설과 대립가설은 다음과 같이 세울 수 있다.

$H_0 : p = 0.1, \ H_1 : p \neq 0.1$

주어진 자료에서 $p_0 = 0.1$이고 $\hat{p} = \frac{15}{100} = 0.15$이다. 검정통계량의 값은

$$|Z| = \frac{0.15 - 0.1}{\sqrt{\frac{0.1 \times 0.9}{100}}} = 1.67 < z_{0.025} = 1.96$$

이므로, $H_0$를 기각하지 못한다. 즉 항공사의 예측이 잘못되었다는 근거는 없다.

# 7.3 두 모평균과 두 모비율의 차에 관한 검정

## 7.3.1 대표본에서 두 모평균의 차에 관한 검정

일반적으로 두 개의 모집단을 비교, 연구하기 위한 목적은 두 모집단의 유사성을 찾아내거나 차이를 측정하기 위한 것이다. 두 모집단에서 상호 독립적인 확률분포를 각각 $n_1, n_2$개를 추출하고 표본분산을 각각 $S_1^2, S_2^2$이라 하면 다음이 성립된다.

$$E[\overline{X}-\overline{Y}]=E[\overline{X}]-E[\overline{Y}]=\mu_1-\mu_2,$$

$$V[\overline{X}-\overline{Y}]=V[\overline{X}]-V[\overline{Y}]=\frac{S_1^2}{n_1}+\frac{S_2^2}{n_2},$$

$$Z=\frac{(\overline{X}-\overline{Y})-(\mu_1-\mu_2)}{\sqrt{\frac{S_1^2}{n_1}+\frac{S_2^2}{n_2}}}\sim N(0,\,1)$$

이것은 대략 표준정규분포 $N(0, 1)$을 따름을 이용하여 두 모평균의 차에 관한 검정법을 유도한다. 귀무가설이 $H_0$ : $\mu_1=\mu_2$로 주어질 때, $\mu_1-\mu_2=0$이므로 위의 $Z$통계량은

$$Z=\frac{\overline{X_1}-\overline{X_2}}{\sqrt{\frac{S_1^2}{n_1}+\frac{S_2^2}{n_2}}}$$

로 표시되며, 따라서 다음과 같은 $Z$검정법을 만들 수 있다.

**대표본에서 $\mu_1 - \mu_2$에 관한 검정**

귀무가설 : $H_0 \ : \ \mu_1 = \mu_2$

대립가설(기각역) : ( i ) $H_1 : \ \mu_1 > \mu_2$일 때, $Z \geq z_\alpha$

( ii ) $H_1 : \ \mu_1 < \mu_2$일 때, $Z \leq -z_\alpha$

( iii ) $H_1 : \ \mu_1 \neq \mu_2$일 때, $|Z| \geq z_{\alpha/2}$

검정통계량 : $Z = \dfrac{\overline{X_1} - \overline{X_2}}{\sqrt{\dfrac{S_1^2}{n_1} + \dfrac{S_2^2}{n_2}}}$

**예 7-4** 화장비누를 제조 판매하는 회사가 있다. 두 종류의 기계를 설치하여 만드는데 제품의 특성 중에서 강도 차이가 있는지를 검사하려고 한다. 이 검사를 위해 임의로 표본을 추출하여 일정 시간 동안 물속에 담근 후에 조사하였다. 조사결과 다음과 같은 자료를 얻었다. 여기서 평균수치가 높은 것일수록 강도가 더 높다는 것을 의미한다. 다음 자료를 이용하여 두 기계로 만든 비누제품의 품질은 같다고 할 수 있는가? 유의수준 $\alpha = 5\%$에서 검정하여라.

| 기계 A | 기계 B |
|---|---|
| $n_1 = 35$ | $n_2 = 30$ |
| $\overline{x} = 2.4$ | $\overline{y} = 4.5$ |
| $S_1 = 4.0$ | $S_2 = 6.2$ |

**풀이** 1) 가설의 검정 : $H_0 : \mu_1 = \mu_2$

$H_1 : \mu_1 \neq \mu_2$

2) 유의수준의 결정 : $\alpha = 0.05$

3) 기각치의 결정 : $\alpha = 0.05$이고 양측검정이므로, 기각역은 분포의 양쪽에 $\dfrac{\alpha}{2} = 0.025$의 면적만큼 설정된다. 이때 기각치는

$$\pm z_{0.025} = \pm 1.96$$

이다. 따라서

$H_0$ 의 기각역 : $Z \geq 1.96$ 또는 $Z \leq -1.96$

$H_0$ 의 채택역 : $-1.96 < Z < 1.96$

4) 검정통계량의 계산과 기각치의 비교 :

$$\sqrt{\frac{S_1^2}{n_1}+\frac{S_2^2}{n_2}}=\sqrt{\frac{(4.0)^2}{35}+\frac{(6.2)^2}{30}}=1.32$$

$$\therefore\ |Z|=\left|\frac{(\overline{X}-\overline{Y})}{\sqrt{\frac{S_1^2}{n_1}+\frac{S_2^2}{n_2}}}\right|=\left|\frac{(2.4-4.5)}{1.32}\right|=1.59$$

$$|Z|=1.59<z_{\alpha/2}=1.96$$

이므로 기각역에 포함되지 않는다. 따라서 $H_0$ 가 채택된다.

5) 결과의 해석 : 두 기계로 만든 비누제품의 품질 차이가 있다는 근거는 없다.

## 7.3.2 소표본에서 두 모평균의 차에 관한 검정

두 모집단의 분산이 미지이고 두 표본의 크기 또한 작을 때 검정에 사용될 통계량의 형태에 대하여 알아보자. 다음에 정의될 통계량은 한 개의 표본을 사용할 때와 마찬가지로 표준화된 정규분포가 아니라 $t$분포를 따르게 됨은 사실이나 다음의 세 가지 가정을 필요로 한다.

① $X_1,\ X_2,\ \cdots,\ X_{n_1}$ : $N(\mu_1,\ \sigma_1^2)$의 분포를 갖는 모집단 1에서 추출된 확률표본

② $Y_1,\ Y_2,\ \cdots,\ Y_{n_2}$ : $N(\mu_2,\ \sigma_2^2)$의 분포를 갖는 모집단 2에서 추출된 확률표본

③ $X_1,\ X_2,\ \cdots,\ X_{n_1}$과 $Y_1,\ Y_2,\ \cdots,\ Y_{n_2}$는 서로 독립이다.

즉 두 개의 모집단이 모두 정규분포를 따르고, 분산이 서로 동일할 때($\sigma_1^2=\sigma_2^2=\sigma^2$)를 말한다.

이상의 세 가정이 만족된다는 조건하에서 우리가 사용할 수 있는 통계량의 형태는 다음의 식과 같다.

$$t = \frac{(\overline{X_1} - \overline{X_2}) - (\mu_1 - \mu_2)}{S_p\sqrt{\frac{1}{n_1} + \frac{1}{n_2}}}$$

위의 식은 자유도 $n_1 + n_2 - 2$인 $t$분포를 따른다.

$$\left(\text{단, } S_p^2 = \frac{(n_1 - 1)S_1^2 + (n_2 - 1)S_2^2}{n_1 + n_2 - 2}\right)$$

**소표본에서 $\mu_1 - \mu_2$에 관한 검정**

귀무가설 : $H_0 : \mu_1 = \mu_2$

대립가설(기각역) : (i) $H_1 : \mu_1 > \mu_2$ 일 때 $t \geq t_\alpha(n_1 + n_2 - 2)$

(ii) $H_1 : \mu_1 < \mu_2$ 일 때 $t \leq -t_\alpha(n_1 + n_2 - 2)$

(iii) $H_1 : \mu_1 \neq \mu_2$ 일 때 $|t| \geq t_{\alpha/2}(n_1 + n_2 - 2)$

검정통계량 : $t = \frac{\overline{X_1} - \overline{X_2}}{S_p\sqrt{\frac{1}{n_1} + \frac{1}{n_2}}}$, $\left(S_p = \sqrt{\frac{(n_1 - 1)S_1^2 + (n_2 - 1)S_2^2}{n_1 + n_2 - 2}}\right)$

**예 7-5** 어떤 화학약품의 제조에 상표가 다른 두 종류의 원료를 사용하고 있다. 각 원료에서 그 주성분 A의 함량은 다음과 같다. 다만 함량들은 정규분포를 따르고 모분산이 같다고 한다. 상표 1의 주성분 A의 평균 함량을 $\mu_1$, 상표 2의 주성분 A의 평균 함량을 $\mu_2$ 라 한다. 상표 1의 주성분 A의 평균 함량과 상표 2의 주성분 A의 평균 함량 간에 차이가 있는지를 유의수준 $\alpha = 0.05$에서 가설검정하여라.

| 상표 1 | 80.4 | 78.2 | 80.1 | 77.1 | 79.6 | 80.4 | 81.6 | 79.9 | 84.4 | 80.9 | 83.1 |
|---|---|---|---|---|---|---|---|---|---|---|---|
| 상표 2 | 80.0 | 81.2 | 79.5 | 78.0 | 76.1 | 77.0 | 80.1 | 79.9 | 78.8 | 80.8 | |

**풀이** 1) 가설의 검정 : $H_0 : \mu_1 = \mu_2$

$H_1 : \mu_1 \neq \mu_2$

2) 유의수준의 결정 : $\alpha = 0.05$

3) 기각치의 결정 : $\alpha = 0.05$ 이고 양측검정이므로, 기각역은 분포의 양쪽에 $\frac{\alpha}{2} = 0.025$ 의 면적만큼 설정된다. 이때 기각치는

$$t_{\alpha/2}(n_1 + n_2 - 2) = t(n_1 + n_2 - 2 : \alpha/2) = t(19 : 0.025) = 2.093$$

이다. 따라서

$H_0$ 의 기각역 : $t \geq 2.093$ 또는 $t \leq -2.093$

$H_0$ 의 채택역 : $-2.093 < t < 2.093$.

4) 검정통계량의 계산과 기각치의 비교

$$n_1 = 11,\ n_2 = 10,\ \overline{x}_1 = 80.52,\ \overline{x}_2 = 79.14$$

$$(n_1 - 1)S_1^2 = \sum_{i=1}^{11}(x_i - \overline{x})^2 = \sum x_i^2 - \frac{(\sum x_i)^2}{n_1}$$

$$= 71356.49 - \frac{(885.7)^2}{11} \fallingdotseq 41.536$$

$$(n_2 - 1)S_2^2 = \sum_{i=1}^{10}(y_i - \overline{y})^2 = \sum y_i^2 - \frac{(\sum y_i)^2}{n_2}$$

$$= 62656 - \frac{(791.4)^2}{10} = 24.604$$

$$S_p^2 = \frac{41.536 + 24.604}{11 + 10 - 2} = 3.481$$

$$\therefore\ |t| = \left| \frac{|\overline{X_1} - \overline{X_2}|}{\sqrt{S_p^2\left(\frac{1}{n_1} + \frac{1}{n_2}\right)}} \right|$$

$$= \left| \frac{(80.52 - 79.14)}{\sqrt{3.481\left(\frac{1}{11} + \frac{1}{10}\right)}} \right|$$

$$= \left| \frac{1.38}{0.813} \right| \fallingdotseq 1.697$$

$|t| = 1.697 < t(19 : 0.025) = 2.093$ 이므로 기각역에 포함되지 않는다. 따라서 $H_0$ 가 채택된다.

5) 결과의 해석 : 상표 1과 2의 주성분 A의 평균 함량 간에 차이가 있다는 근거는 없다.

## 7.3.3 두 모비율의 차에 관한 검정

두 모비율의 차에 관한 추론은 $\hat{p_1} - \hat{p_2}$에 기초하며, $\hat{p_1}$과 $\hat{p_2}$의 기댓값은 각각 $p_1$, $p_2$이고, 분산은 각각

$$\frac{p_1(1-p_1)}{n_1}, \quad \frac{p_2(1-p_2)}{n_2}$$

이다. 따라서 대표본에서 $\hat{p_1} - \hat{p_2}$를 표준화시킨 통계량

$$Z = \frac{(\hat{p_1} - \hat{p_2}) - (p_1 - p_2)}{\sqrt{\frac{p_1(1-p_1)}{n_1} + \frac{p_2(1-p_2)}{n_2}}} \sim N(0,\ 1)$$

는 근사적으로 표준정규분포 $N(0, 1)$을 따름을 이용하여 $p_1 - p_2$에 관한 추론 문제를 다룰 수 있다. 두 모비율이 같다는 귀무가설은 $H_0 : p_1 = p_2$이며, 이때에 미지의 공통인 모비율 $p$는

$$\hat{p} = \frac{X_1 + X_2}{n_1 + n_2}$$

로 추정될 수 있다. 따라서 $H_0$가 참일 때 $\hat{p_1} - \hat{p_2}$의 표준오차는

$$\sqrt{\hat{p}(1-\hat{p})} \times \sqrt{\frac{1}{n_1}+\frac{1}{n_2}}$$

이다. 이를 이용하여 앞의 $Z$통계량은 다음과 같이 쓸 수 있다. 즉

$$Z = \frac{\hat{p_1} - \hat{p_2}}{\sqrt{\hat{p}(1-\hat{p})}\sqrt{\frac{1}{n_1}+\frac{1}{n_2}}}$$

$H_0$가 참일 때 $Z$통계량은 근사적으로 $N(0, 1)$을 따름을 이용하여 다음과 같은 $Z$검정법을 만들 수 있다.

**대표본에서 $p_1 - p_2$에 관한 검정**

귀무가설 : $H_0 : p_1 = p_2$

대립가설(기각역) : (i) $p_1 > p_2$일 때 $Z \geq z_\alpha$

(ii) $p_1 < p_2$일 때 $Z \leq -z_\alpha$

(iii) $p_1 \neq p_2$ 일 때 $|Z| \geq z_{\alpha/2}$

검정통계량 : $Z = \dfrac{\hat{p_1} - \hat{p_2}}{\sqrt{\hat{p}(1-\hat{p})}\sqrt{\frac{1}{n_1}+\frac{1}{n_2}}}$

**예 7-6** 완구제품을 생산하는 제조업체에서 제품의 품질관리를 위하여 A공정라인, B공정라인에서 각각 제조된 완구제품을 조사하고 있다. 품질검사원이 임의로 표본을 추출하여 조사한 결과, A공정라인에서 제조한 제품은 105개 중 16개가 불량품이었으며, B공정라인에서는 96개 중 20개가 불량품이었다. A, B 두 공정라인의 불량비율에 차가 있다고 할 수 있는가? 유의수준 $\alpha = 0.05$로 검정하여라.

**풀이** A, B 두 공정라인에서 만든 제품의 모집단 불량률에 차가 있는지 없는지에 관심이 있으므로 다음과 같이 설정되는 양측검정이 된다.

| A 공정라인 | $n_1=105$, $X_1=16$, $\hat{p}_1=\frac{16}{105}=0.152$ |
|---|---|
| B 공정라인 | $n_2=96$, $X_2=20$, $\hat{p}_2=\frac{20}{96}=0.208$ |

1) 가설의 검정 : $H_0$ : $p_1=p_2$ 혹은 $p_1-p_2=0$

   $H_1$ : $p_1 \neq p_2$ 혹은 $p_1-p_2 \neq 0$

2) 유의수준의 검정 : $\alpha=0.05$

3) 기각치의 결정 : 양측검정이므로 기각치는

$$z_{0.025}=1.96,\quad -z_{0.025}=-1.96$$

이다. 따라서

$H_0$의 기각역 : $Z \geq 1.96$ 혹은 $Z \leq -1.96$

$H_0$의 채택역 : $-1.96 \leq Z \leq 1.96$

4) 검정통계량 계산과 기각치의 비교 : 모집단 비율의 통합추정값 $\hat{p}$를 구하면

$$\hat{p}=\frac{X_1+X_2}{n_1+n_2}=\frac{16+20}{105+96}=0.179$$

이다. 그러므로 검정통계량 $Z$값은 다음과 같다.

$$Z=\frac{\hat{p}_1-\hat{p}_2}{\sqrt{\hat{p}(1-\hat{p})\left(\frac{1}{n_1}+\frac{1}{n_2}\right)}}=\frac{0.152-0.208}{\sqrt{0.179(1-0.179)\left(\frac{1}{105}+\frac{1}{96}\right)}}$$

$$=-1.037$$

$Z=-1.037$는 기각치 $\pm 1.96$의 범위 내에 속하므로 귀무가설 $H_0$가 채택된다.

5) 결과의 해석 : A, B 두 공정라인에서 만든 완구제품의 불량률은 차이가 있다는 근거는 없다.

## 7.3.4 짝진(대응)표본에서 두 모평균의 차에 관한 검정

어느 실험에서 두 실험을 비교하고자 할 때에는 동질적인 실험단위를 얻기가 어려운 경우가 많다. 예를 들면 속독법을 배우기 전과 후의 1분간 독파능력을 측정한다든지, 에어로빅 댄스를 배우기 전과 후의 몸무게를 관찰한다든지, 어느 회사에서 직업훈련이 근로자의 능률향상에 효과가 있는지를 알고 싶다면 이는 동일 대상물을 서로 다른 두 시점에서 관측하는 것으로 파악될 수 있으며, 이처럼 두 관측값이 대응된 쌍을 이루면 좀더 간편한 방식에 의해서 두 모평균의 차이에 대한 검정을 할 수 있는 것이다. 이러한 대응된 쌍의 비교에서의 자료의 구조를 다음과 같이 나타낼 수 있다. $X$와 $Y$는 처리 1, 처리 2에 의한 측정값을 뜻한다.

| 쌍번호 | 처리 1 | 처리 2 | 차이 |
|---|---|---|---|
| 1 | $X_1$ | $Y_1$ | $D_1 = X_1 - Y_1$ |
| 2 | $X_2$ | $Y_2$ | $D_2 = X_2 - Y_2$ |
| ⋮ | ⋮ | ⋮ | ⋮ |
| $n$ | $X_n$ | $Y_n$ | $D_n = X_n - Y_n$ |

이제 $(X_1, Y_1), (X_2, Y_2), \cdots, (X_n, Y_n)$에서 $X_i$와 $Y_i$는 각각 정규분포에 따르고, 또 $(X_i, Y_i)$들은 서로 독립이라고 가정하고 처리 1의 모평균 $\mu_1$과 처리 2의 모평균 $\mu_2$ 간의 차에 관한 검정을 다루어보자. 두 관측값의 차이를 $D_i$라 하면

$$D_i = X_i - Y_i, \quad i = 1, 2, \cdots, n$$

이 될 것이다. $D_i$의 표본평균과 표본분산은 다음과 같이 정의된다.

$$\overline{D} = \frac{1}{n}\sum_{i=1}^{n} D_i, \quad S_D^2 = \frac{1}{n-1}\sum_{i=1}^{n}(D_i - \overline{D})^2$$

이때 두 관측값의 차이 $D_i = X_i - Y_i$, $i = 1, 2, \cdots, n$은 평균과 분산이

$$E(D_i) = E(X_i - Y_i) = \mu_1 - \mu_2 = \delta \ (\delta : \text{어떤 상수}),$$
$$\mathrm{Var}(D_i) = \mathrm{Var}(X_i - Y_i) = \delta_D^2$$

인 정규모집단에서 추출된 확률표본으로 간주할 수 있다. 따라서 $\mu_1 = \mu_2$일 때

$$Z = \frac{\overline{D}}{S_D / \sqrt{n}}$$

는 근사적으로 정규분포를 따름을 이용하여 다음 검정법을 구할 수 있다.

**대응표본의 모평균에 관한 검정**

귀무가설 : $H_0 : \mu_1 - \mu_2 = \delta = 0$

대립가설(기각역) : (i) $H_1 : \delta \neq 0$일 때 $|t| \geq t_{\alpha/2, n-1}$이면 $H_0$를 기각

(ii) $H_1 : \delta > 0$일 때 $t \geq t_{\alpha, n-1}$이면 $H_0$를 기각

(iii) $H_1 : \delta < 0$일 때 $t \leq -t_{\alpha, n-1}$이면 $H_0$를 기각

검정통계량 : ① 대표본일 때 : $Z = \dfrac{\overline{D}}{S_D / \sqrt{n}}$

② 소표본일 때 : $t = \dfrac{\overline{D}}{S_D / \sqrt{n}}$

**예 7-7** 두 종류의 타이어에 대하여 열처리 전후에 변화가 있는 것 같아서 6개의 샘플을 취해 열처리 전에 한 번 측정하고 동일 샘플에 대해 열처리 후에 대응을 지어 측정한 결과 다음 자료를 얻었다. 열처리 전과 후의 평균값에 차가 있다고 할 수 있는가? 유의수준 5%에서 검정하여라.

| 처리 전(A) | 처리 후(B) | 차(D) |
|---|---|---|
| 1.94 | 2.00 | - 0.06 |
| 2.00 | 1.99 | 0.01 |
| 1.98 | 1.95 | 0.03 |
| 2.03 | 2.07 | - 0.04 |
| 2.03 | 2.01 | 0.02 |
| 1.96 | 1.98 | - 0.02 |
| | 합계 | - 0.06 |

**풀이** 1) 가설의 검정 : $H_0 : \delta = 0 \ (\mu_1 - \mu_2 = 0)$

$H_1 : \delta \neq 0 \ (\mu_1 - \mu_2 \neq 0)$

2) 유의수준의 검정 : $\alpha = 0.05$

3) 기각치의 검정 : $\sigma_d$는 미지, $n = 6$,

$$\text{자유도 } df = n-1 = 5,\ \overline{D} = \sum \frac{D_i}{n} = -0.01$$

$|t| \geq t(n-1 : \alpha/2) = t(5 : 0.025) = 2.571$

$H_0$의 기각역 : $t \geq 2.571$ 또는 $t \leq -2.571$

$H_0$의 채택역 : $-2.571 \leq t \leq 2.571$

4) 검정통계량 계산과 기각치의 비교 :

$$\begin{aligned} S_D^2 &= \frac{\sum (D_i - \overline{D})^2}{n-1} \\ &= \frac{1}{n-1}\left[\sum D_i^2 - \frac{(\sum D_i)^2}{n}\right] \\ &= \frac{1}{6-1}\left[0.007 - \frac{(-0.06)^2}{6}\right] = 0.00128 \\ \therefore\ |t| &= \left|\frac{\overline{D}}{\sqrt{\frac{S_D^2}{n}}}\right| = \frac{0.01}{\sqrt{\frac{0.00128}{6}}} = 0.685 \end{aligned}$$

$|t| = 0.685 < t(5 : 0.025) = 2.571$이 성립하므로 $H_0$를 채택한다.

5) 결과의 해석 : 열처리 전후의 평균값에 차가 있다는 근거는 없다.

---

**예 7-8** 어느 한의원에서 다이어트 약을 개발하여 이 약이 실제로 체중감량에 효과가 있는지를 알아보기 위하여 49명을 대상으로 실험하였다. 약을 투여하기 전의 몸무게와 1개월 간 약을 투여한 후의 몸무게를 측정하여 조사한 몸무게의 차의 표본평균 $\overline{D} = 0.6\text{kg}$이고 표본표준편차 $S_D = 2\text{kg}$이었다. 이 약이 다이어트에 효과적이라고 할 수 있는지 유의수준 1%에서 검정하여라.

**풀이** 1) 가설의 검정 : $H_0 :\ \mu_1 = \mu_2$

$H_1 :\ \mu_1 > \mu_2$

2) 유의수준의 검정 : $\alpha = 0.01$

3) 기각치의 결정 : $\alpha = 0.01$이고 단측검정이므로, 기각역은 분포의 오른쪽 $\alpha = 0.01$의 넓이만큼 설정된다. 따라서 기각치는 $z_{0.01} = 2.326$

이다.

$H_0$의 기각역: $Z > 2,326$

4) 검정통계량 계산과 기각치의 비교

$$Z = \frac{\overline{D}}{\frac{S_D}{\sqrt{n}}} = \frac{0.6}{\frac{2}{\sqrt{49}}} = 2.1$$

$Z = 2.1 < z_{0.01} = 2.326$

이므로 기각역에 포함되지 않아 $H_0$가 채택된다.

5) 결과의 해석: 이 약이 다이어트에 효과가 있다는 근거는 없다.

## CHAPTER 07 연습문제

7-1 어떤 기계의 부품은 지름이 1.20cm로 표시되어 있다. 이를 확인하기 위하여 36개의 같은 부품을 조사한 결과

$$\overline{x} = 1.25(\text{cm}),\ \ s = 0.16(\text{cm})$$

을 얻었다. 이 부품의 크기 표시는 정당하다고 할 수 있는가? 유의수준 1%에서 검정하여라.

7-2 어느 특수 전구 생산회사에서는 전구의 평균수명에 대하여 15,000시간 이상을 보증한다고 선전하고 있다. 이를 확인하기 위하여 100개의 전구를 단축실험으로 검사한 결과

$$\overline{x} = 15,200(\text{시간}),\ \ s = 1,220(\text{시간})$$

을 얻었다. 이 회사의 선전을 믿을 수 있는가? 유의수준 5%에서 검정하여라.

7-3 어느 지역의 가구당 평균소득이 650만 원이었다. 어느 마을에서 그 마을의 가구당 평균소득이 전국의 평균소득과 차이가 있는지를 알아보기 위하여 16가구를 랜덤하게 추출하여 조사한 결과 $\overline{x} = 600$(만 원), $s = 80$(만 원)을 얻었다. 이 마을의 평균소득이 전국의 평균소득과 다른지를 유의수준 5%에서 검정하여라. 단, 이 마을의 농가소득은 정규분포를 따른다고 가정하자.

7-4 모대학에서 학생들이 수업에 등록하는 데에 걸리는 평균시간은 50분이었고 표준편차는 10분이었다. 새로운 등록 절차를 시도하고 있다. 새로운 시스템하에서 9명의 학생들로 이루어진 확률표본의 평균 등록시간은 44분이고 표준편차가 9분이었다면, 모평균이 50보다 작다는 가설을 유의수준 5%에서 검정하여라. 단, 시간들의 모집단을 정규모집단이라고 가정하자.

**7-5** 어떤 제약회사에서 신약을 새로 개발하여 일주일간 치료하면 치유율이 70% 이상이라고 선전하였다. 이를 확인하기 위하여 30명의 환자에게 이 약을 투약한 결과 이중 27명이 완치되었다. 이 제약회사의 선전은 신빙성이 있다고 할 수 있는가? 유의수준 10%에서 결정하여라.

**7-6** 지난달에 어느 TV 방송국의 저녁 뉴스시간의 시청률이 38%로서 상당히 높은 것으로 나타났다. 이 시청률이 이달에도 변함이 없는지를 알아보기 위해 200세대를 전화번호부에서 랜덤하게 뽑아 조사한 결과, 그 중 64세대가 이 방송국의 뉴스를 시청하고 있는 것으로 나타났다. 시청률이 변동되었다는 근거가 있는가? 유의수준 1%에서 검정하여라.

**7-7** 어느 고등학교에서 교복착용 문제에 대하여 학부모들 중에서 적어도 50% 이상이 찬성하면 시행하려고 한다. 임의로 추출한 50명의 학부모를 대상으로 의견을 조사한 결과 27명이 찬성하였다. 유의수준 5%에서 검정하여라.

**7-8** 어두운 방에서 눈이 적응하는 데 걸리는 시간을 측정하는 실험이 있다. 이때까지의 연구결과 적응시간은 평균 7.95초, 표준편차가 0.03초인 정규분포를 이룬다고 한다. 이제 이전의 실험방법을 일부 변경한 후 16명의 사람을 무작위로 선택하여 이 실험의 결과를 알아본 결과 적응시간의 평균이 7.962초였다. 실험방법의 변경으로 인하여 적응시간의 평균이 달라졌다고 볼 수 있는가? 유의수준 5%에서 검정하여라.

**7-9** 전국의 비구, 비구니를 대상으로 설문조사한 결과 '노후에 대비해 저축한다'고 응답한 스님들의 연평균 저축액이 125만 원이라고 한다. 비구, 비구니 25명을 임의로 추출하여 연평균 저축액을 검사한 결과 그 평균은 120만 원, 표준편차는 15만 원이었다. 표본조사의 결과로 보아 전국의 스님(비구, 비구니)들의 연평균 저축액이 125만 원이라는 주장은 옳다고 할 수 있는가? 유의수준 5%로 검정하여라.

7-10 한 여성운동단체에서는 기업체에 취업한 여성은 같은 학력의 남학생보다 초임이 적다고 주장하였다. 이를 확인하기 위하여 여성 30명과 남성 40명을 무작위로 추출하여 초임을 조사한 결과 다음 자료를 얻었다. 여성의 초임이 남성의 초임보다 적다고 할 수 있는지를 유의수준 5%에서 검정하여라.

| | 표본크기 | 표본평균 | 표본표준편차 |
|---|---|---|---|
| 여자 | $n_1 = 30$ | $\bar{x} = 325{,}000$(원) | $s_1 = 24{,}000$(원) |
| 남자 | $n_2 = 40$ | $\bar{y} = 351{,}000$(원) | $s_2 = 22{,}000$(원) |

7-11 10개의 구역에 질소비료를 주었더니 어떤 곡식의 평균 생산량이 $\bar{x} = 82.5$kg이고 표준편차는 $S_1 = 10$kg이었다. 또 15개 구역에 인산비료를 준 결과 그 곡식의 평균 생산량이 $\bar{y} = 90.5$kg이고 표준편차는 $S_2 = 20$kg이었다. 유의수준 5%에서 볼 때 두 비료의 차이가 있다고 할 수 있는가? 단, 두 모집단은 정규분포라 가정하고 두 모분산도 같다고 가정하자.

7-12 어떤 제조업체에서 품질관리를 위하여 A, B 두 반에서 각각 제조한 제품을 조사하고 있다. 임의로 표본을 추출하여 조사한 결과 A반에서 제조한 제품은 105개 중 16개가 불량품이었으며 B반에서는 96개 중 20개가 불량품이었다. A, B 두 반의 불량비율에 차가 있다고 할 수 있는가? 유의수준 5%에서 검정하여라.

**7-13** 어느 TV방송국의 한 프로그램에서는 10명의 참가자를 대상으로 한 달 동안 집중력 강화훈련을 진행하였다. 이 훈련의 효과를 알아보기 위해 훈련시작 전의 기억 단어 개수와 훈련 종료 후의 기억 단어 개수를 조사한 결과는 다음과 같다. 이 훈련이 집중력을 높이는 데 효과가 있다고 할 수 있는지 유의수준 5%에서 검정하여라.

| 대상자 \ 실험 | 시작 전 기억 단어 개수 | 종료 후 기억 단어 개수 |
|---|---|---|
| 1 | 110 | 112 |
| 2 | 74 | 77 |
| 3 | 95 | 99 |
| 4 | 88 | 90 |
| 5 | 83 | 86 |
| 6 | 95 | 97 |
| 7 | 91 | 95 |
| 8 | 85 | 87 |
| 9 | 98 | 100 |
| 10 | 68 | 70 |

CHAPTER 08

# 상관분석과 회귀분석

CONTENTS

## 8.1 상관분석

상관분석(Correlation Analysis)은 두 변수 간 또는 그 이상의 변수들에 상관관계가 존재하는가를 파악하고, 상관관계의 정도를 값으로 측정하는 것이다. 예를 들면, 대입수학능력 시험 점수가 높은 학생이 대학 성적도 높을 것인지 의문이다. 만약 내입수학능력 시험 점수가 높은 학생이 대학 성적도 높다고 하면 양의 상관관계가 있다고 하며 반대로 대입수학능력 시험 점수가 높은 학생이 대학 성적이 낮다면 음의 상관관계가 있다고 한다. 먼저 두 변수 사이의 관계를 살펴본다고 할 때, 이를 쉽게 파악하려면 두 변수의 두 축 ($X$, $Y$)으로 이뤄지는 좌표평면 위에 데이터 점($x_i$, $y_j$)을 표기해 보면 되는데, 이 그림을 산점도(Scatter Plot)라 부른다. 두 변수에 대한 연관성 정도를 알아보기 위하여 산점 도를 작성하여 이들 간의 관계를 먼저 알아보는 것이 좋다.

두 변수 $X$와 $Y$ 간의 상관관계를 나타내는 상관계수($\rho$)는 $X$와 $Y$의 공분산 $Cov(X, Y)$를 $X$의 표준편차($\sigma_x$)와 $Y$의 표준편차($\sigma_y$)의 곱으로 나눠준 것으로 $-1$과 $1$ 사이 값을 가진다.

$$\text{상관관계 : } \rho = \frac{Cov(X, Y)}{\sigma_x \sigma_y}, \quad Cov(X, Y) = E(XY) - E(X)E(Y)$$

상관계수가 1에 가까울수록 양의 상관관계, $-1$에 가까울수록 음의 상관관계가 강하다고 말할 수 있다.

산점도가 대체로 좌에서 우로 올라가는 모양일 경우 한 변수가 늘어나면 다른 한 변수가 늘어나는 양의 상관관계다. 산점도가 좌에서 우로 내려가는 모양을 보이면 이를 음의 상관관계라고 한다. 즉, 한 변수가 커지거나 작아지면, 다른 변수는 작아지거나 커지는 역(reverse) 관계다. 그리고 $\rho$가 0에 가까우면, 좌표평면 위에 산점도가 대개 공(Globe) 같은 모양으로 펴져 있는데, 서로 선형 관계가 없음을 말한다.

산점도(scatter plot)에서 보듯이 상관계수는 두 변수 $X$, $Y$ 간의 선형 관계가 있느냐 하는 것을 나타낸다. 즉, $\rho = \pm 1$이라면, 두 변수가 완전한 선형 관계임을 의미한다. 두 변수의 좌푯값이 모두 일직선에 있다는 것이다. 부호는 두 변수 간에 대체적인 증감 관계의 방향성을 나타낼 뿐이다. 절댓값 크기는 선형집중성의 정도를 의미한다. 따라서 $\rho = 0$은 전혀 선형 관계가 없음을 뜻한다.

| 값 | 상관관계 정도 |
|---|---|
| ±0.9 이상 | 상관관계가 아주 높다. |
| ±0.7~0.9 미만 | 상관관계가 높다. |
| ±0.4~0.7 미만 | 상관관계가 다소 높다. |
| ±0.2~0.4 미만 | 상관관계가 있으나 낮다. |
| ±0.2 미만 | 상관관계가 거의 없다. |

이처럼 두 변수 사이에 어떤 선형적 관계를 갖고 있는지, 그리고 그런 선형적 관계의 강도(strength)를 상관계수로써 규명하는 것을 상관분석(Correlation Analysis)이라 한다. 이러한 두 변수 사이의 관계를 하나의 수치로 나타낸 것을 **상관계수**(sample correlation coefficient)라고 한다. 실제로 어떤 모집단에서 두 변수 사이의 모상관계수를 구하는 일은 드물기 때문에 일반적으로 표본에서 추출된 값을 이용하여 표본 상관계수를 구한다. 두 변수 $X$와 $Y$ 사이의 표본 상관계수를 보통 $r$로 나타내는데, 이는 다음과 같이 정의한다.

**표본 상관계수** : 두 변수(표본)의 관계를 하나의 수로 나타냄

$$r = \frac{\sum_{i=1}^{n}(x_i - \bar{x})(y_i - \bar{y})}{\sqrt{\sum_{i=1}^{n}(x_i - \bar{x})^2}\sqrt{\sum_{i=1}^{n}(y_i - \bar{y})^2}} = \frac{\sum_{i=1}^{n} x_i y_i - n\bar{x}\bar{y}}{\sqrt{\left[\sum_{i=1}^{n} x_i^2 - n\bar{x}^2\right]\left[\sum_{i=1}^{n} y_i^2 - n\bar{y}^2\right]}}$$

$$= \frac{n\left(\sum_{i=1}^{n} x_i y_i\right) - \left(\sum_{i=1}^{n} x_i\right)\left(\sum_{i=1}^{n} y_i\right)}{\sqrt{n\left(\sum_{i=1}^{n} x_i^2\right) - \left(\sum_{i=1}^{n} x_i\right)^2}\sqrt{n\left(\sum_{i=1}^{n} y_i^2\right) - \left(\sum_{i=1}^{n} y_i\right)^2}}$$

그런데 상관관계의 정도를 파악하는 상관계수는 두 변수 간의 연관된 강도를 나타낼 뿐 인과관계를 설명하는 것은 아니다.

상관분석은 크게 피어슨 상관분석, 순위 상관분석, 편 상관분석 세 가지 방법이 있다. 피어슨 상관분석은 단순 상관분석으로도 불리며 두 변수가 등간 또는 비율 척도로

측정된 변수인 경우에 가장 많이 사용하는 상관관계 분석 방법이고, 편 상관분석은 어떤 변수를 통제한 상태에서 두 변수의 상관관계를 구한 것이다. 마지막으로 순위 상관분석은 사례수가 많거나 두 변수 간의 순위의 차이가 커서 계산이 길 때 사용하면 편리하나 정확도가 떨어진다.

**예 8-1** 다음은 20명의 혈압과 맥박을 측정한 결과이다. 혈압과 맥박은 상관관계가 있는지 알아보아라.

| 혈압 | 105 | 115 | 116 | 117 | 112 | 121 | 110 | 110 | 114 | 114 |
|---|---|---|---|---|---|---|---|---|---|---|
| 맥박 | 63 | 70 | 72 | 73 | 72 | 71 | 69 | 66 | 69 | 64 |
| 혈압 | 121 | 115 | 114 | 106 | 125 | 114 | 106 | 113 | 110 | 122 |
| 맥박 | 74 | 71 | 67 | 68 | 76 | 69 | 62 | 70 | 71 | 75 |

**풀이** $n=20,\ \sum_{i=1}^{n} x_i y_i = 158998,\ \sum_{i=1}^{n} x_i = 2280,\ \sum_{i=1}^{n} y_i = 1392,\ \sum_{i=1}^{n} x_i^2 = 260480$ 이므로 표본상관계수

$$r = \frac{n\left(\sum_{i=1}^{n} x_i y_i\right) - \left(\sum_{i=1}^{n} x_i\right)\left(\sum_{i=1}^{n} y_i\right)}{\sqrt{n\left(\sum_{i=1}^{n} x_i^2\right) - \left(\sum_{i=1}^{n} x_i\right)^2}\ \sqrt{n\left(\sum_{i=1}^{n} y_i^2\right) - \left(\sum_{i=1}^{n} y_i\right)^2}} = 0.79$$

이다.

따라서 혈압과 맥박은 양의 상관관계가 높음을 알 수 있다.

---

**예 8-2** 다음은 실험용 쥐 15마리의 길이(cm)와 무게(g)를 측정한 결과이다. 길이와 무게는 상관관계가 있는지 알아보아라.

| 길이 | 11.3 | 10.5 | 10.7 | 12.1 | 11.9 | 10.5 | 12.1 | 11.1 |
|---|---|---|---|---|---|---|---|---|
| 무게 | 23.2 | 24.1 | 25.2 | 24.2 | 21.1 | 22.3 | 22.1 | 23.1 |
| 길이 | 11.5 | 11.8 | 11.9 | 11.5 | 11.4 | 12.0 | 11.6 | |
| 무게 | 22.3 | 21.1 | 20.5 | 22.3 | 24.4 | 21.1 | 20.1 | |

풀이 $n=15,\ \sum_{i=1}^{n} x_i y_i = 3857.08,\ \sum_{i=1}^{n} x_i = 171.9,\ \sum_{i=1}^{n} y_i = 337.1,$

$\sum_{i=1}^{n} x_i^2 = 1974.19,\ \sum_{i=1}^{n} y_i^2 = 7608.87$

이므로 표본상관계수는 다음과 같다.

$$r = \frac{n\left(\sum_{i=1}^{n} x_i y_i\right) - \left(\sum_{i=1}^{n} x_i\right)\left(\sum_{i=1}^{n} y_i\right)}{\sqrt{n\left(\sum_{i=1}^{n} x_i^2\right) - \left(\sum_{i=1}^{n} x_i\right)^2}\sqrt{n\left(\sum_{i=1}^{n} y_i^2\right) - \left(\sum_{i=1}^{n} y_i\right)^2}} \cong -0.515$$

따라서 실험용 쥐의 길이와 무게는 음의 상관관계가 다소 높음을 알 수 있다.

---

예 8-3 다음은 DNA methylation정도와 유전자 발현 정도를 각각 측정하여 얻은 통계자료이다. 이 통계량들로부터 표본 상관계수를 구하라.

$n=10,\ \sum_{i=1}^{n} x_i = 5.2,\ \sum_{i=1}^{n} y_i = 505,\ \sum_{i=1}^{n} x_i^2 = 3.7,$

$\sum_{i=1}^{n} y_i^2 = 41545,\ \sum_{i=1}^{n} x_i y_i = 138.5$

풀이

$$r = \frac{n\left(\sum_{i=1}^{n} x_i y_i\right) - \left(\sum_{i=1}^{n} x_i\right)\left(\sum_{i=1}^{n} y_i\right)}{\sqrt{n\left(\sum_{i=1}^{n} x_i^2\right) - \left(\sum_{i=1}^{n} x_i\right)^2}\sqrt{n\left(\sum_{i=1}^{n} y_i^2\right) - \left(\sum_{i=1}^{n} y_i\right)^2}} = -0.98$$

따라서 DNA methylation정도와 유전자 발현 정도는 음의 상관관계가 아주 높음을 알 수 있다.

---

예 8-4 다음 자료는 심리학 실험에서 얻은 통계자료로 지능지수와 최면에 민감한 정도를 나타내는 점수에 관한 다음의 통계량이 보고되었다. 이 통계량들로부터 표본 상관계수를 구하라.

$$n=10,\ \sum_{i=1}^{n} x_i = 214,\ \sum_{i=1}^{n} y_i = 4835,\ \sum_{i=1}^{n} x_i^2 = 5158,$$

$$\sum_{i=1}^{n} y_i^2 = 2659583,\ \sum_{i=1}^{n} x_i y_i = 113583$$

**풀이**

$$r = \frac{n\left(\sum_{i=1}^{n} x_i y_i\right) - \left(\sum_{i=1}^{n} x_i\right)\left(\sum_{i=1}^{n} y_i\right)}{\sqrt{n\left(\sum_{i=1}^{n} x_i^2\right) - \left(\sum_{i=1}^{n} x_i\right)^2}\sqrt{n\left(\sum_{i=1}^{n} y_i^2\right) - \left(\sum_{i=1}^{n} y_i\right)^2}} = 0.74$$

따라서 지능지수와 최면에 민감한 정도가 양의 상관관계가 높음을 알 수 있다.

# 8.2 회귀분석

## 8.2.1 회귀분석의 정의

앞 절에서 실시한 상관분석은 두 변수 간 또는 그 이상의 변수들에 상관관계가 존재하는가를 파악하고, 상관관계의 정도를 값으로 측정하는 데 비해, **회귀분석**(Regression Analysis)은 한 변수(종속변수)와 다른 변수(독립변수)들 간의 관련성을 분석하고 평가하는 방법을 회귀분석이라고 한다.

회귀라는 용어는 영국의 우생학자 프란시스 갈톤이 처음으로 사용했다고 한다. 그는 아버지의 키와 아들의 키의 관계에 대해 연구한 결과, 아버지의 키가 크면 아들의 키도 평균 키보다는 크지만 아버지의 키보다는 작고, 반대로 아버지의 키가 작으면 아들의 키는 평균 키보다는 작으나 아버지의 키보다는 커서, 결국 아들의 키는 인간 전체의 평균 키에 되돌아가려는 경향이 있다는 것이다. 이러한 유래로 통계학에서는 변수 간의 어떤 함수관계를 표현하는 식을 회귀식이라고 표현하게 되었다.

예를 들어 어느 제품의 판매수익이 광고비 지출액에 따라 변동한다면 이들 두 변수 사이의 함수관계를 추정하여 판매수익을 예측하거나 광고비가 매출액에 미치는 효과를 분석할 수 있을 것이다. 위의 예에서 판매수익은 영향을 받는 변수로, **종속변수** 혹은 **반응변수**라 부르고, 이와는 달리 광고비는 다른 변수에 영향을 주는 변수들을 **독립변수** 혹은 **설명변수**라 한다. 따라서 회귀분석이란 독립변수와 종속변수 간 함수관계를 통계적으로 찾아보는 분석방법이라고 말할 수 있다.

회귀분석을 사용하는 목적은 크게 세 가지로 분류될 수 있다.

① 종속변수와 독립변수들 사이의 함수관계가 어떠한 형태(선형 또는 비선형 등)를 가지고 있는지를 파악하는 것

② 종속변수에 영향을 미치는 중요한 독립변수들을 추정 검정하는 것

③ 추정된 회귀함수를 이용하여 주어진 독립변수의 값에서 종속변수의 변화를 예측하는 것

종속변수에 대하여 독립변수가 하나인 경우의 함수관계를 분석하는 것을 **단순회귀분석**(simple regression analysis)이라 하고 여러 개의 독립 변수사이의 함수관계를 분석하는 것을 중회귀분석(multiple regression analysis)라고 한다. 특히 회귀모형에서 함수의 형태가 선형(일차식)인 경우를 **선형회귀분석**(linear regression analysis)이라 한다. 이 장에서는 단순회귀분석에 대하여 알아보기로 한다.

## 8.2.2 단순선형회귀모형

다음의 예를 살펴보자. 아이큐 지수가 높은 학생들은 대체로 수학성적이 높게(양의 상관관계) 나타난다면 이들 변수들 간의 관련성을 수학적인 함수식(일차식)으로 나타낼 수 있다. 이 식을 통하여 우리는 한 변수의 변화가 다른 변수에 미치는 영향을 파악할 수 있게 될 뿐만 아니라 다른 변수의 변화를 예측할 수도 있게 된다. 즉, 회귀분석이란 둘 또는 그 이상의 변수들 간에 존재하는 관련성을 분석하기 위하여 관측된 자료에서 이들 간의 함수적 관계식을 통계적 방법으로 추정하는 방법이다. 이 책에서는 단순 회귀분석(1개 독립변수)만을 다뤄보려고 한다. 회귀분석의 기본 모형은 직선의 방정식인 $y=a+bx$이고 $x$는 독립변수, $y$는 종속변수이다. 미지의 직선 관계를 $y=\alpha+\beta x$로 나타내고 산포의 정도를 $\sigma^2$으로 나타내면 독립변수 $x$에 대응하는 종속변수 값 $y$는 다음 식으로 정의된 확률변수 $Y$의 관측값으로 생각할 수 있다.

$$Y=\alpha+\beta x+\varepsilon,\ \ \varepsilon \in N(0,\ \sigma^2)$$

예를 들면 어느 제품의 판매수익과 광고비 사이의 관계를 분석할 때 광고비의 수준이 같더라도 판매수익의 차이는 있을 수 있는데 그 이유는 상품의 판매수익은 광고비 이외에 소비자의 소득수준, 경기상태 등 다른 변수들의 영향을 받을 수 있기 때문이다. 여기서 다른 변수들의 영향은 오차 항에 포함되어 있다고 볼 수 있다. 광고비가 판매수익에 어떠한 영향을 미치는가를 알아보기 위하여 전국의 대리점 중에서 8개를 임의로 추출하여 다음과 같이 표 8.1에 자료를 정리하였다.

**표 8.1 대리점의 광고비와 판매수익**

| 대리점 | 광고비(백만 원) | 판매수익(천만 원) |
|---|---|---|
| 1 | 2 | 8 |
| 2 | 3 | 9 |
| 3 | 6 | 18 |
| 4 | 4 | 17 |
| 5 | 7 | 21 |
| 6 | 4 | 14 |
| 7 | 8 | 27 |
| 8 | 6 | 22 |

독립변수 $x$의 여러 값들에 대해 종속변수 $y$가 어떠한 함수형태를 가지고 변화하는지를 대략적으로 알아보기 위해서는 우선 첫 단계로 두 변수의 관측값들을 좌표평면에 산점도로 그려보는 것이 필수적이다. 미리 산점도를 그려보면 대략적인 함수관계를 알 수 있으므로 적절한 회귀모형을 설정하는 데 중요한 정보를 얻을 수 있기 때문이다.

**그림 8-1 8개 대리점의 판매수익 산점도**

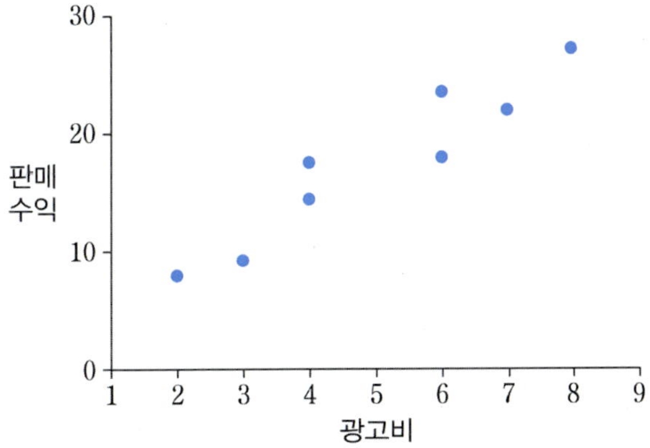


[그림 8-1]에서 광고비를 $x$축에 표시하고 판매수익을 $y$축에 표시하였다. 이 산점도를 통하여 두 변수 간의 관계를 한 눈에 파악할 수 있게 된다. 즉 광고비가 많을수록 판매수익이 많아진다는 사실이다. 그리고 그 추세를 어느 정도 정확하게 추정하기 위하여 이 산점도 위에 일차 직선을 그을 수 있다. 이 직선을 **회귀직선**(regression line)이라고 한다. 이러한 예와 같이 독립변수가 하나이고 독립변수와 종속변수의 관계가 직선인 경우를 **단순선형회귀**(simple linear regression)라 한다.

**단순선형회귀모형** : $Y = \alpha + \beta x + \epsilon_i$

$x$ : 독립변수의 값, $Y$ : 독립변수에 대응하는 종속변수의 값

$\epsilon_i$ : 오차항으로 서로 독립이고 $N(0,\ \sigma^2)$을 따르는 확률변수

반응변수 $Y$는 상수항 $\alpha+\beta x$과 오차확률변수 $\epsilon_i$으로 구성되어 있다. 그리고

$$E(\epsilon_i)= 0,\quad Var(\epsilon_i)= \sigma^2$$

이므로

$$E(Y)= E(\alpha+\beta x+\epsilon_i)= \alpha+\beta x+E(\epsilon_i)= \beta_0+\beta_1 x$$
$$Var(Y)= Var(\alpha+\beta x+\epsilon_i)= Var(\epsilon_i)= \sigma^2$$

가 된다. 위의 식을 보면 반응변수 $Y$의 분산은 일정하지만 평균은 설명변수 $x$의 영향을 받으며 일차식으로 설명되는 모형임을 설명하고 있다.

## 8.2.3 단순선형회귀모형 추론

단순선형회귀모형 $Y=\alpha+\beta x+\epsilon_i$에 대한 추론을 위해서는 미지의 값들인 절편 $\alpha$와 기울기 $\beta$를 추정하는 것이다.

단순선형모형에서는 주어진 관측값 $(x_1,\ y_1),\ (x_2,\ y_2),\ \cdots,\ (x_n,\ y_n)$으로부터의 산점도에 적합한 직선을 그리는 것과 같다, 이렇게 그려진 직선을 **추정회귀직선**이라 한다. $\alpha$와 $\beta$의 추정값을 각각 $\hat{\alpha}$와 $\hat{\beta}$이라하면 추정회귀직선은

$$\hat{Y}= \hat{\alpha}+\hat{\beta}x$$

이다. 관측값 $y_i$와 추정된 회귀직선에 의한 추정값 $\hat{y}_i$ 차이를 **잔차**(residual)

$$\hat{\epsilon}_i = y_i - \hat{y}_i$$

라 한다. 절편 $\alpha$와 기울기 $\beta$를 추정하는 방법에는 여러 가지가 있으나 여기서는

가장 일반적으로 사용하고 있는 **최소제곱법**(method of least squares)에 의한 추정법을 소개한다. 최소제곱법으로 얻어진 추정량을 **최소제곱추정량**(least squares estimator, LSE)이라 하며 이로부터 얻어진 직선 $\hat{y}=\hat{\alpha}+\hat{\beta}x$를 **최소제곱회귀직선**이라고 한다.

표 8.1 대리점의 광고비와 판매수익 자료의 산점도에서 회귀직선을 그려 본 것이 [그림 8−2]이다.

그림 8−2 산점도와 회귀직선들

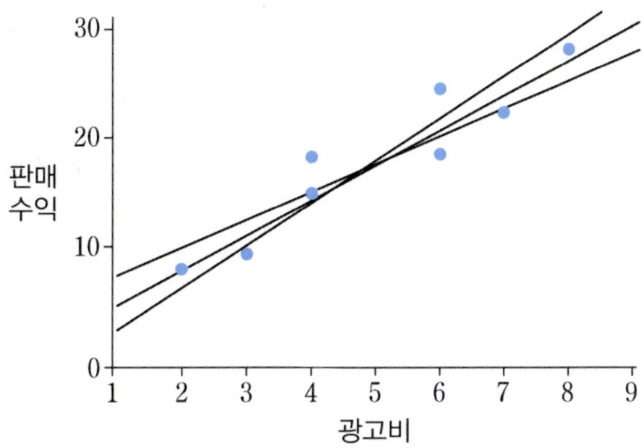


[그림 8−2]에서 두 변수는 직선주변에 흩어져 있으므로 두 변수 $x$, $y$ 사이의 관계는 직선임을 추측할 수 있고 회귀분석에서 직선 식을 적합시키는 것이 타당하다. 우리가 구하고자 하는 회귀직선은 이들 점으로부터 가장 근접한 것이어야 한다. [그림 8−2]에서 임의로 그은 직선들 중에 어떤 것이 자료와 가장 근접한 것일까? 산점도상의 점들에 적합한 직선이 추정회귀직선 $\hat{y}=\hat{\alpha}+\hat{\beta}x$이다. 이 적합한 직선 위의 $y$ 좌표를 $\hat{y}_i$라 하고 실제 관측된 값을 $y_i$라 할 때 잔차 $\hat{\epsilon}_i$는 다음과 같다.

$$\hat{\epsilon}_i = y_i - \hat{y}_i = y_i - \left(\hat{\alpha}+\hat{\beta}x_i\right)$$

**그림 8-3 선형회귀직선과 추정오차 $\hat{\epsilon}_i$**

$$\hat{\varepsilon}_i = y_i - \hat{y}_i = y_i - (\hat{\alpha} + \hat{\beta} x_i)$$

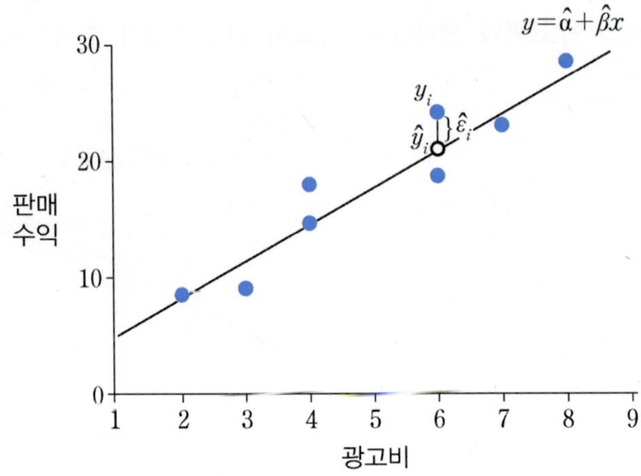


모든 잔차 $\hat{\epsilon}_i$의 제곱합을 $D$라 두자.

$$D = \sum_{i=1}^{n} \hat{\epsilon}_i^{\,2} = \sum_{i=1}^{n} \left(y_i - \hat{y}_i\right)^2 = \sum_{i=1}^{n} \left\{y_i - \left(\hat{\alpha} + \hat{\beta} x_i\right)\right\}^2$$

최소제곱법(least squates method)은 잔차의 제곱합 $D$의 값이 최소가 되도록 하는 $\hat{\alpha}$와 $\hat{\beta}$를 추정하는 방법이다. 이때 $\hat{\alpha}$와 $\hat{\beta}$를 **최소제곱추정량**(least square estimator)이라고 한다. $D$를 최소화하는 $\hat{\alpha}$와 $\hat{\beta}$를 찾는 방법은 $D$를 $\hat{\alpha}$와 $\hat{\beta}$에 대하여 편미분하여 0으로 두면서 얻어진 연립방정식을 푸는 것이다. 즉,

$$\frac{\partial D}{\partial \hat{\alpha}} = -2\sum_{i=1}^{n}\left(y_i - \hat{\alpha} - \hat{\beta} x_i\right) = 0, \quad \frac{\partial D}{\partial \hat{\beta}} = -2\sum_{i=1}^{n}\left(y_i - \hat{\alpha} - \hat{\beta} x_i\right)x_i = 0 \text{에서}$$

$$\sum_{i=1}^{n} y_i = n\hat{\alpha} + \hat{\beta}\sum_{i=1}^{n} x_i, \quad \sum_{i=1}^{n} x_i y_i = \hat{\alpha}\sum_{i=1}^{n} x_i + \hat{\beta}\sum_{i=1}^{n} x_i^2 \text{ 얻는다.}$$

위의 식을 풀이하면 $\hat{\beta} = \dfrac{\sum_{i=1}^{n} x_i y_i - n\overline{x}\,\overline{y}}{\sum_{i=1}^{n} x_i^2 - n\overline{x}^2} = \dfrac{s_{xy}}{s_x^2}$, $\hat{\alpha} = \overline{y} - \hat{\beta}\overline{x}$ 이다.

이렇게 구한 직선 $\hat{y} = \hat{\alpha} + \hat{\beta}x$을 **추정회귀직선**(estimated regression line) 또는 **최소제곱회귀직선**이라 한다. 이때 기울기 $\hat{\beta}$를 흔히 **회귀계수**라고 한다.

**최소제곱회귀직선**

추정회귀직선 : $\hat{y}=\hat{\alpha}+\hat{\beta}x$

$$\hat{\beta}=\frac{\sum_{i=1}^{n}(x_i-\overline{x})(y_i-\overline{y})}{\sum_{i=1}^{n}(x_i-\overline{x})^2}=\frac{n\left(\sum_{i=1}^{n}x_i\,y_i\right)-\left(\sum_{i=1}^{n}x_i\right)\left(\sum_{i=1}^{n}y_i\right)}{n\left(\sum_{i=1}^{n}x_i^{\,2}\right)-\left(\sum_{i=1}^{n}x_i\right)^2}=\frac{\sum_{i=1}^{n}x_iy_i-n\overline{x}\,\overline{y}}{\sum_{i=1}^{n}x_i^2-n\overline{x}^2},$$

$\hat{\alpha}=\overline{y}-\hat{\beta}\overline{x}$

최소제곱추정량 $\hat{\alpha}$, $\hat{\beta}$는 모수 $\alpha$, $\beta$의 불편추정량이며 또한 분산을 최소로 하는 유효추정량임이 밝혀져 있다.

**예 8-5** 표 8.1에서 주어진 자료를 근거로 최소제곱법을 이용하여 회귀직선을 구하고 잔차의 합을 구하라.

**풀이**

표 8.2 계산표

| 대리점 | 광고비($x_i$) | 판매수익($y_i$) | $x_iy_i$ | $x_i^2$ |
|---|---|---|---|---|
| 1 | 2 | 8 | 16 | 4 |
| 2 | 3 | 9 | 27 | 9 |
| 3 | 6 | 18 | 108 | 36 |
| 4 | 4 | 17 | 68 | 16 |
| 5 | 7 | 21 | 147 | 49 |
| 6 | 4 | 14 | 56 | 16 |
| 7 | 8 | 27 | 216 | 64 |
| 8 | 6 | 22 | 132 | 36 |
| 합계 | 40 | 136 | 770 | 230 |

이 계산표를 이용하여 기울기와 절편을 구해보면 다음과 같다.

$$n=8,\ \overline{x}=5,\ \overline{y}=17$$

$$\hat{\beta}=\frac{\sum_{i=1}^{n}x_iy_i-n\overline{x}\,\overline{y}}{\sum_{i=1}^{n}x_i^2-n\overline{x}^2}=\frac{770-8\times5\times17}{230-8\times5^2}=3,$$

$$\hat{\alpha}=\overline{y}-\hat{\beta}_1\overline{x}=17-3\times5=2$$

따라서 최소제곱회귀식은 다음과 같다.

$$\hat{y}=2+3x$$

또한 위에서 얻어진 추징회귀선에서 잔차를 구하려면

$$\dot{\epsilon}_i=y_i-\hat{y}_i=y_i-(2+3x_i)$$

식을 이용한다. 위의 예에서 8개의 잔차를 구하면 표 8.3과 같이 잔차의 합이 0인 것을 확인할 수 있다.

**표 8.3 추정회귀식에서의 잔차**

| 관찰번호 | $x_i$ | $y_i$ | $\hat{y}_i$ | $\hat{\epsilon}_i$ |
|---|---|---|---|---|
| 1 | 2 | 8 | 8 | 0 |
| 2 | 3 | 9 | 11 | −2 |
| 3 | 6 | 18 | 20 | −2 |
| 4 | 4 | 17 | 14 | 3 |
| 5 | 7 | 21 | 23 | −2 |
| 6 | 4 | 14 | 14 | 0 |
| 7 | 8 | 27 | 26 | 1 |
| 8 | 6 | 22 | 20 | 2 |
| 합계 | 40 | 136 | 136 | 0 |

## 8.2.4 회귀모형의 타당성 검토

추정된 모형을 바탕으로 설정된 모형이 적절한지, 모형에서의 가정이 충족되어 모형이 타당하다고 할 수 있는지를 검토해야 한다. 모형의 타당성 검사방법으로는 회귀모형의 유의성 검정과 잔차의 검토가 있다.

### (a) 회귀모형의 유의성 검정

단순회귀모형이 적합하게 적용되었는지 알아보기 위하여 관측값 $y_i (i=1, \cdots, n)$는 다음과 같이 두 부분으로 분할한다. 즉,

$$y_i = \hat{y}_i + (y_i - \hat{y}_i)$$

여기서 $\hat{y}_i$는 선형관계에 의해 설명되는 요소이고, $(y_i - \hat{y}_i)$은 잔차로서 선형관계에 의해 설명되지 않는 요소이다.

이 식은 다음과 같이 나타낼 수 있다.

$$y_i - \overline{y} = (y_i - \hat{y}_i) + (\hat{y}_i - \overline{y})$$

위의 식의 양변을 제곱하고 이용하면 다음의 식을 유도할 수 있다.

$$\sum_{i-1}^{n} (y_i - \overline{y})^2 = \sum_{i=1}^{n} (y_i - \hat{y}_i)^2 + \sum_{i=1}^{n} (\hat{y}_i - \overline{y})^2$$

여기서 $\sum_{i=1}^{n} (y_i - \overline{y})^2$을 **총제곱합**(total sum of squares)이라 하며, 기호로는 SST로 나타내고, $\sum_{i=1}^{n} (\hat{y}_i - \overline{y})^2$을 **회귀제곱합**(regression sum of squares)이라 하며, 기호로는 SSR로 나타낸다. 또 $\sum_{i=1}^{n} (y_i - \hat{y}_i)^2$은 **오차제곱합**(error sum of squares)이라 하며 SSE로 나타낸다. 이를 정리하면 다음과 같다.

$$\underbrace{\sum_{i=1}^{n} (y_i - \overline{y})^2}_{SST} = \underbrace{\sum_{i=1}^{n} (y_i - \hat{y}_i)^2}_{SSE} + \underbrace{\sum_{i=1}^{n} (\hat{y}_i - \overline{y})^2}_{SSR}$$

**그림 8-4 총편차 $y_i - \overline{y}$의 분해**

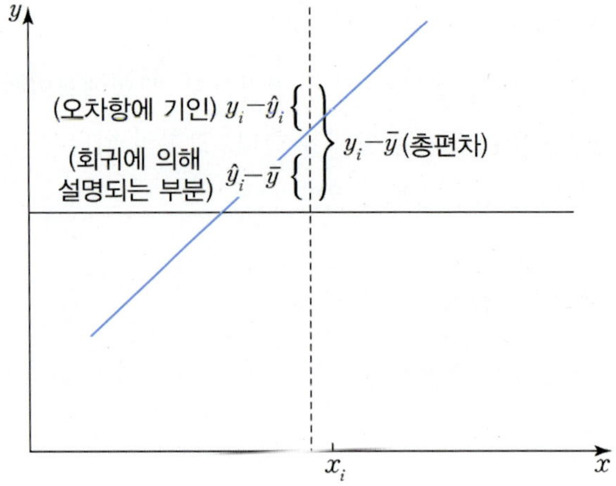


총제곱합 SST에 비하여 회귀제곱합 SSR이 차지하는 부분이 크면 회귀모형이 관측 결과를 잘 설명해 준다고 할 수 있다. 총제곱합 중에서 회귀제곱합이 차지하는 비율인 $r^2 = \dfrac{SSR}{SST}$를 결정계수(coefficient of determination) 또는 회귀식선의 기여율이라 부른다.

앞 절과 회귀계수를 이용하여 SST, SSR 그리고 $r^2$을 다음과 같이 구할 수 있다.

$$SST = \sum_{i=1}^{n}\left(y_i - \overline{y}\right)^2 = \sum_{i=1}^{n} y_i^2 - \left(\sum_{i=1}^{n} y_i\right)^2 / n$$

$$SSR = \sum_{i=1}^{n}\left(\hat{y}_i - \overline{y}\right)^2 = \frac{\left\{\sum_{i=1}^{n} x_i y_i - \left(\sum_{i=1}^{n} x_i\right)\left(\sum_{i=1}^{n} y_i\right)/n\right\}^2}{\sum_{i=1}^{n} x_i^2 - \left(\sum_{i=1}^{n} x_i\right)^2 / n}$$

$$r^2 = \frac{SSR}{SST} = \frac{\left\{\sum_{i=1}^{n} x_i y_i - \left(\sum_{i=1}^{n} x_i\right)\left(\sum_{i=1}^{n} y_i\right)/n\right\}^2}{\left\{\sum_{i=1}^{n} x_i^2 - \left(\sum_{i=1}^{n} x_i\right)^2 / n\right\}\left\{\sum_{i=1}^{n} y_i^2 - \left(\sum_{i=1}^{n} y_i\right)^2 / n\right\}}$$

결정계수 $r^2$은 표본상관계수의 제곱이므로 $r^2$의 값이 1에 가까울수록 산점도에서 직선 주위에 밀집되어 있음을 나타내고, 회귀모형에의 설명이 잘 되는 것을 의미한다.

**예 8-6** 어떤 화학제품의 중요한 품질특성의 하나인 점도 $Y$를 결정해 주는 중요한 요인으로 반응온도 $X$가 검토의 대상이라고 판단되었다. 이에 관한 실험을 10번 한 결과 다음과 같은 통계량을 얻었다. 단순선형회귀모형을 가정할 때, 추정회귀직선과 결정계수를 구하라.

$$n=10,\ \sum_{i=1}^{n} x_i = 150,\ \sum_{i=1}^{n} y_i = 132,\ \sum_{i=1}^{n} x_i^2 = 2275,$$

$$\sum_{i=1}^{n} y_i^2 = 1770,\ \sum_{i=1}^{n} xy = 2000$$

**풀이**

$$\hat{\beta} = \frac{10(2000)-(150)(132)}{10(2275)-(150)^2} = \frac{200}{250} = 0.8,$$

$$\hat{\alpha} = 13.2 - 0.8 \times 15 = 1.2$$

$$\hat{y} = 1.2 + 0.8x$$

$$r^2 = \frac{(10(2000)-(150)(132))^2}{(10(2275)-(150)^2)(10(1770)-(132)^2)} = \frac{(200)^2}{(150)(276)} \fallingdotseq 0.97$$

이것은 전체 자료 산포의 97%가 선형회귀에 의해 설명될 수 있음을 뜻하므로 단순선형회귀모형이 매우 만족스럽다고 할 수 있다.

---

**예 8-7** 어떤 특수한 종류의 상품을 팔고 있는 회사에서 그 회사 대리점의 판매액이 각 대리점의 광고료와 어떤 관계인가를 조사하기 위하여, 10개의 대리점을 랜덤 추출하여 연간 광고료 $X$(백만 원)와 총 판매액 $Y$(백만 원)를 알아보니 다음 자료가 얻어졌다.
단순선형회귀모형을 가정할 때, 회귀직선과 결정계수를 구하라.

**풀이**

$$n=10,\ \sum_{i=1}^{n} x_i = 48,\ \sum_{i=1}^{n} y_i = 110,\ \sum_{i=1}^{n} x_i^2 = 282,\ \sum_{i=1}^{n} y_i^2 = 1376$$

| $x$ | 1 | 2 | 3 | 4 | 5 | 5 | 6 | 6 | 7 | 9 |
|---|---|---|---|---|---|---|---|---|---|---|
| $y$ | 6 | 7 | 8 | 9 | 10 | 9 | 12 | 14 | 15 | 20 |

$$\sum_{i=1}^{n} xy = 616,\ \hat{\beta} = \frac{10(616)-(48)(110)}{10(282)-(48)^2} = \frac{880}{516} \fallingdotseq 1.71,$$

$\hat{\alpha} = 11.0 - 1.71 \times 4.8 = 2.79$, $\hat{y} = 2.79 + 1.71x$

$$r^2 = \frac{(10(616) - (48)(110))^2}{(10(282) - (48)^2)(10(1376) - (110)^2)} = \frac{774400}{516 \times 1660} \fallingdotseq 0.90$$

이것은 전체 자료 산포의 90%가 선형회귀에 의해 설명될 수 있음을 뜻하므로 단순선형회귀모형이 매우 만족스럽다고 할 수 있다.

---

**예 8-8** 전사인자란 유전자 발현을 조절하는 단백질로 DNA에 붙음으로 주변 유전자의 발현을 조절한다. STAT5라는 전사인자의 유전자 발현과의 연관성을 연구하기 위해 STAT5 전사인자의 DNA에 붙는 정도 ($x$)와 주변 유전자의 발현정도 ($y$)를 정량한 실험 결과를 아래 테이블로 정리하였다. 단순선형회귀모형을 가정할 때, 추정회귀직선과 결정계수를 구하라.

| $x$ | 45 | 32 | 150 | 230 | 12 | 60 | 90 | 100 | 110 |
|---|---|---|---|---|---|---|---|---|---|
| $y$ | 90 | 75 | 200 | 210 | 35 | 95 | 120 | 150 | 160 |

**풀이** $n = 9$, $\sum_{i=1}^{n} x_i = 829$, $\sum_{i=1}^{n} y_i = 1135$,

$\sum_{i=1}^{n} x_i^2 = 112393$, $\sum_{i=1}^{n} y_i^2 = 170575$, $\sum_{i=1}^{n} xy = 134270$

$$\hat{\beta} = \frac{9(134270) - (829)(1135)}{9(112393) - (829)^2} = \frac{267515}{324296} \fallingdotseq 0.82,$$

$\hat{\alpha} = 126.1 - 0.82 \times 92.1 = 50.58$, $\hat{y} = 50.58 + 0.82x$

$$r^2 = \frac{(9(134270) - (829)(1135))^2}{(9(112393) - (829)^2)(9(170575) - (1135)^2)} \fallingdotseq 0.89$$

이것은 전체 자료 산포의 89%가 선형회귀에 의해 설명될 수 있음을 뜻하므로 단순선형회귀모형이 만족스럽다고 할 수 있다.

### (b) 잔차의 검토

단순회귀모형에서 직선관계, 정규성, 독립성, 등분산성의 가정이 옳은가를 검토할 때 가장 많이 사용되는 것은 **잔차의 검토**이다. 따라서 잔차 $\hat{\epsilon}_i$가 등분산성, 무작위성, 정규성의 가정을 만족하는지를 검토해야 한다. 잔차를 이용하여 모형의 타당성을 조사하기 위해서는 잔차에 대한 산점도를 그리는 것이 첫 단계이다. 그리고 다음의 세 단계를 통하여 회귀모형의 타당성을 검토한다.

① **등분산성** : 수평축 0을 중심으로 그림을 그려 잔차의 분산이 거의 동일한지 검토한다. [그림 8-5]의 (가)의 경우에 모든 $x$값에 대해 잔차의 형태가 0을 중심으로 수평밴드를 형성하여 분산이 거의 동일하므로 등분산성의 가정이 충족된다. 그러나 (나)의 경우는 $x$값이 증가함에 따라 밴드의 폭이 커져서 잔차의 분산이 점점 커지는 경향이 나타나 등분산성의 가정에 의심이 가는 경우이다.

② **무작위성** : (가)처럼 잔차의 그림이 0을 중심으로 무작위하게 상하로 흩어져 있으면 바람직 하지만 (다)와 (라)처럼 곡선 등의 조직적인 형태를 취한다면 잔차가 순수한 오차가 아니라 잔차 속에 아직 패턴이 남아 있음을 보여준다. 이 경우라면 선형회귀모형보다는 이차곡선 또는 다른 형태의 모형이 더 타당하겠다.

**그림 8-5 잔차의 산점도 유형**

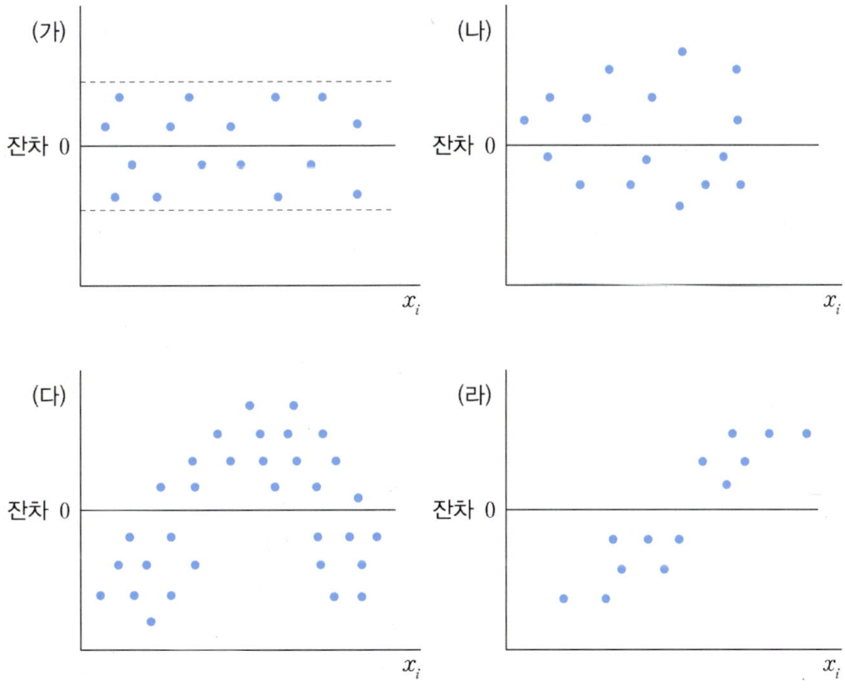

③ **정규성** : [그림 8−6] (a)에서는 잔차들의 모양이 대략 정규분포의 형태를 가지므로 오차 $\varepsilon_i$에 대한 정규성의 가정은 타당하다. [그림 8−6] (b)는 오른쪽에 동떨어진 한 점을 제외하고는 오차 $\varepsilon_i$들의 가정이 성립된다.

이 동떨어진 한 점은 이상점으로 실험상의 착오가 생겼거나 또는 기록과정에서 실수가 발생했거나 또는 실험자가 계기를 잘못 읽었거나 등의 여러 가지 이유로 발생할 수 있다. 이와 같이 잔차들에 대한 점그래프를 작성하면 오차항의 정규성에 대한 검토와 이상점들을 발견할 수 있다.

**그림 8−6 잔차의 그래프**

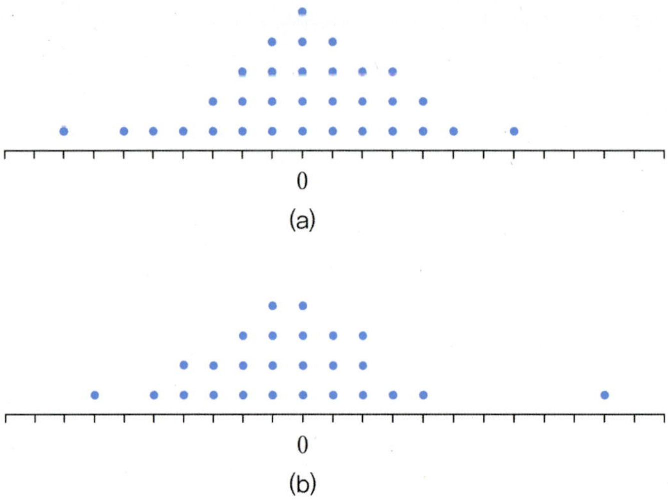


**예 8-9** 어느 화학실험에서 이 반응에 첨가되는 어떤 촉진제의 양($x$)에 따라 생성되는 반응량($y$)의 변화를 측정하여 표 8.7과 같은 결과를 얻었다. 측정은 촉진제를 첨가한 후 1분 후에 생성되는 화학반응량(g)으로 하였다. 산점도를 그려보고 단순선형회귀모형을 적용할 때 추정회귀직선과 결정계수를 구하여 모형이 적당한지 검토하여라.

**표 8.7 촉진제($x$)와 반응량($y$)의 자료**

| 실험번호 | 1 | 2 | 3 | 4 | 5 | 6 | 7 | 8 | 9 | 10 |
|---|---|---|---|---|---|---|---|---|---|---|
| 촉진제 양($x$) | 1 | 1 | 2 | 3 | 4 | 4 | 5 | 6 | 6 | 7 |
| 반응량($y$) | 2.1 | 2.5 | 3.1 | 3.0 | 3.8 | 3.2 | 4.3 | 3.9 | 4.4 | 4.8 |

풀이 (1) 추정회귀직선을 구하려면 아래의 표를 이용하면 편리하다.

| 실험번호 | $x$ | $y$ | $x_iy_i$ | $x_i^2$ |
|---|---|---|---|---|
| 1 | 1 | 2.1 | 2.1 | 1 |
| 2 | 1 | 2.5 | 2.5 | 1 |
| 3 | 2 | 3.1 | 6.2 | 4 |
| 4 | 3 | 3.0 | 9.0 | 9 |
| 5 | 4 | 3.8 | 15.2 | 16 |
| 6 | 4 | 3.2 | 12.8 | 16 |
| 7 | 5 | 4.3 | 21.5 | 25 |
| 8 | 6 | 3.9 | 23.4 | 36 |
| 9 | 6 | 4.4 | 26.4 | 36 |
| 10 | 7 | 4.8 | 33.6 | 49 |
| 합계 | 39 | 35.1 | 152.7 | 193 |

이것을 이용하여 기울기와 절편을 구하면 다음과 같다.

$$\hat{\beta}=\frac{\sum_{i=1}^{n}x_iy_i-n\overline{x}\,\overline{y}}{\sum_{i=1}^{n}x_i^2-n\overline{x}^2}=\frac{152.7-10\times 3.9\times 3.51}{193-10\times 3.9^2}=0.387$$

$$\hat{\alpha}=\overline{y}-\hat{\beta}\overline{x}=3.51-0.387\times 3.9=2.0$$

따라서 추정회귀직선은 $\hat{y}=2.0+0.387x$ 이고, 결정계수 값은

$$\frac{SSR}{SST}=\frac{6.11}{6.85}=0.89$$

이므로 총변동중에서 회귀직선에 의하여 설명되는 부분이 89%나 됨을 알 수 있다.

(2) 잔차의 검토

▎그림 8-7 합성율 자료에 대한 추정회귀직선▎

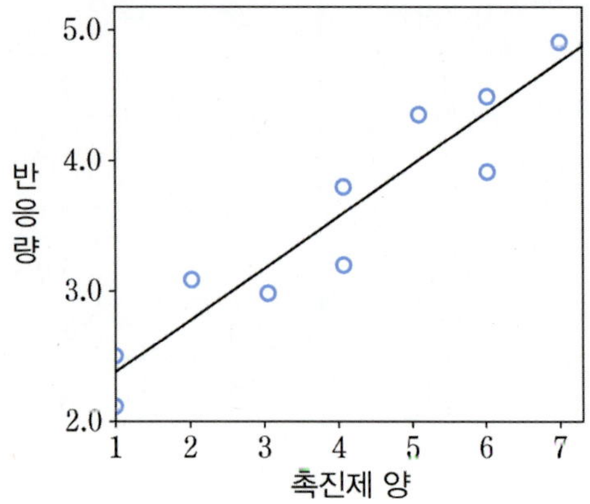


[그림 8-8]은 합성율 자료에 대한 잔차를 그린 산점도이다. 산점도를 살펴보면 수평축 0을 중심으로 잔차가 무작위로 흩어져 있으므로 오차의 가정은 만족된다고 여겨진다.

▎그림 8-8 합성율 자료에 대한 잔차의 산점도▎

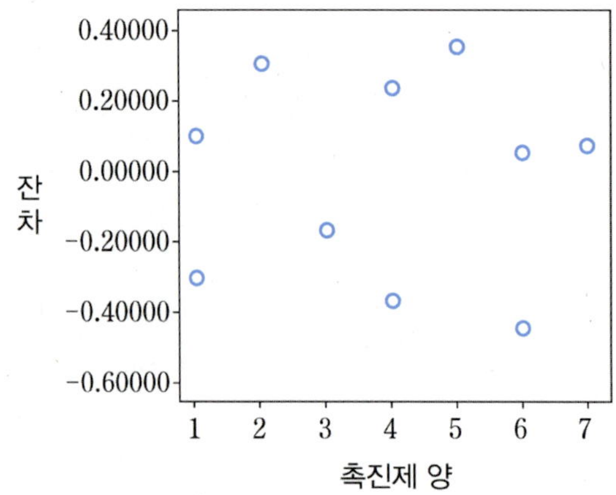


$$r^2 = \frac{SSR}{SST} = \frac{\{10(152.7)-(39)(35.1)\}^2}{\{10(193)-(39)^2\}\{10(130.05)-(35.1)^2\}} = 0.89$$

로, 이는 전체 자료 산포의 89%가 선형회귀에 의해 설명될 수 있음을 뜻하기 때문에 단순선형회귀모형이 만족스럽다고 할 수 있다.

## CHAPTER 08 연습문제

8-1 다음 데이터를 이용하여 물음에 답하여라.

| $X$ | 1 | 2 | 3 | 4 | 5 | 6 |
|---|---|---|---|---|---|---|
| $Y$ | 6 | 5 | 3 | 4 | 4 | 2 |

(a) 회귀직선의 방정식을 구하여라.

(b) 산점도를 나타내고 그 위에 회귀직선을 그려라.

8-2 다음 데이터는 9명의 학생들의 중간고사 성적($X$)과 기말고사 성적($Y$)에 대한 자료이다.

| $X$ | 50 | 65 | 70 | 72 | 77 | 80 | 90 | 95 | 99 |
|---|---|---|---|---|---|---|---|---|---|
| $Y$ | 60 | 69 | 75 | 76 | 80 | 75 | 85 | 98 | 95 |

(a) 회귀직선의 방정식을 구하여라.

(b) 중간고사에서 85점 받은 학생이 몸이 불편하여 기말고사를 치르지 못했다고 할 때 기말고사 점수를 측정하여라.

8-3 다음 데이터는 어떤 공정에서 온도의 변화에 따른 전환당(converted sugar)의 양을 나타낸 것이다. 자료는 코딩된 것으로서 다음과 같이 기록되었다.

| 온도($x$) | 1.5 | 1.1 | 1.2 | 1.3 | 1.4 | 1.5 | 1.6 | 1.7 | 1.8 | 1.9 | 2.0 |
|---|---|---|---|---|---|---|---|---|---|---|---|
| 전환당($y$) | 8.1 | 7.8 | 8.5 | 9.8 | 9.5 | 8.9 | 8.6 | 10.2 | 9.3 | 9.2 | 10.5 |

(a) 회귀직선을 추정하여라.

(b) 코딩된 온도가 1.85일 때 생산되는 전환당의 양을 추정하여라.

**8-4** 사용 연수와 중고차 가격과의 관계를 알기 위하여 랜덤하게 11대의 중고차 가격과 사용 연수를 조사한 결과가 다음과 같다. $\hat{\alpha}$, $\hat{\beta}$ 구하고 회귀방정식을 구하라.

| 사용 연수($x$) | 5 | 7 | 6 | 6 | 5 | 4 | 7 | 6 | 5 | 5 | 2 |
|---|---|---|---|---|---|---|---|---|---|---|---|
| 중고차 가격($y$) | 80 | 57 | 58 | 55 | 70 | 88 | 43 | 60 | 69 | 63 | 118 |

**8-5** 다음 자료는 로트 크기에 따른 생산인력을 예측하기 위해 랜덤하게 추출된 자료이다. 이 자료에 대하여 $\alpha$와 $\beta$의 최소제곱 추정값을 구하고, 산점도에 추정 회귀직선을 그려보라.

| 로트 크기 | 10 | 20 | 30 | 40 | 40 | 50 | 60 | 60 | 70 | 80 |
|---|---|---|---|---|---|---|---|---|---|---|
| 생산인력 | 20 | 30 | 50 | 60 | 70 | 85 | 90 | 95 | 110 | 120 |

**8-6** 위의 자료에 대하여 단순선형회귀모형을 적용할 때, 오차항의 분산 $\sigma^2$의 추정값을 구하라.

**8-7** 어떤 화학 공정의 결과 얻어진 산출량에 미치는 공정온도의 영향에 대한 연구가 행해져 실험 결과를 다음과 같이 얻게 되었다. 단순회귀직선의 최소제곱추정량($\hat{\beta}$)을 구하고 회귀방정식으로 표현하라.

| 시행순서 | 공정온도($X$) | 산출량($Y$) |
|---|---|---|
| 1 | 3 | 6 |
| 2 | 2 | 5 |
| 3 | 6 | 12 |
| 4 | 8 | 17 |
| 5 | 4 | 9 |
| 6 | 5 | 11 |
| 7 | 6 | 14 |
| 8 | 3 | 7 |
| 9 | 7 | 15 |
| 10 | 6 | 13 |

**8-8** 두 연속형 변수에 대해 단순선형회귀모형을 적합한 결과, 추정된 회귀직선이 $\hat{y} = 2 - 3x$이고 회귀직선의 결정계수가 0.81일 때, 두 변수 사이의 상관계수를 구하여라.

**8-9** 어느 지역에서 온도와 응급 환자수의 관계를 알아보고자 한다. 온도($X$)를 설명변수(또는 독립변수)로 하고 응급 환자 수($Y$)를 반응변수(또는 종속변수)로 하는 단순선형회귀모형 $Y_i = \beta_0 + \beta_1 X_i + \epsilon_i,\ i = 1,\ \cdots,\ n$에서 다음 통계량을 이용하여 최소제곱법에 의해 추정한 회귀직선의 기울기를 구하여라.

$$\sum_{i=1}^{n}\left(X_i - \overline{X}\right)^2 = 60,\ \ \sum_{i=1}^{n}\left(X_i - \overline{X}\right)\left(Y_i - \overline{Y}\right) = 90$$

**8-10** 알레르기에 대한 새로운 약을 개발하고 있는 어느 제약회사는 그 약의 복용량 정도가 알레르기 증상의 경감기간에 얼마나 영향을 주는가를 알아보기 위하여 10명의 환자에 대하여 실험을 하였다. 각각의 환자에게 적당량의 약을 복용시킨 후 약효가 소멸되는 것을 느끼는 즉시 알려주도록 부탁하여 아래의 자료를 얻었다.

| 복용량(mg) | 3 | 3 | 4 | 5 | 6 | 6 | 7 | 8 | 8 | 9 |
|---|---|---|---|---|---|---|---|---|---|---|
| 경감일수(일) | 9 | 5 | 12 | 9 | 14 | 16 | 22 | 18 | 24 | 22 |

(1) 산점도와 추정회귀직선을 구하고 그려보아라.

(2) 이 직선을 이용하여 약을 10mg 복용하면 증상의 경감기간이 얼마나 될지를 예측해 보시오.

CHAPTER 09

# 범주형 자료 분석

CONTENTS

# 9.1 범주형 자료의 분석

모집단이 둘 이상인 경우에 모비율들이 동일한지 여부를 검정하는 방법이며 주로 질적 자료 또는 측정결과를 어떤 속성에 따라 분류시켜 도수화한 **범주형 자료**(categorical data)의 분석이다. 예를 들면, 공장에서 생산된 제조품은 합격품, 약간 불량품, 불량품 등으로 분류되고 종교 선호도는 불교, 기독교, 천주교 등으로 분류된다. 각각의 범주는 질적인 특징에 의해 정의된다.

다음은 5일 동안 어느 병원의 응급실에서 응급 처치된 환자를 처치된 요일별로 분류한 결과이다.

| 요일 | 월 | 화 | 수 | 목 | 금 |
|---|---|---|---|---|---|
| 환자 수 | 190 | 170 | 180 | 200 | 210 |

응급 처치된 환자의 수는 요일과는 무관하다는 귀무가설을 유의수준 5%에서 검정한다고 하자. 여기서 검정하고자 하는 것은 귀무가설 $H_0 : p_1 = p_2 = p_3 = p_4 = p_5$이고 대립가설 $H_1$ : 적어도 한 비율은 다름이다. 다시 말하면 응급 처치된 환자의 수는 요일과 관련이 있다는 것을 검정하려 한다. 즉 요일에 따라 응급 처치된 환자의 수가 달라진다는 것을 의미한다. 만약 귀무가설 $H_0$가 사실이면, 응급 처치된 환자의 수가 요일에 따라 다른 이유는 순전히 우연한 원인에 의한 것이 될 것이다.

귀무가설 $H_0$가 사실일 때 응급 처치된 환자의 기대도수는 다음과 같이 추정된다.

$$\frac{190+170+180+200+210}{5} = 190$$

즉, 요일과 관련이 없다면 응급 처치된 환자의 수는 매일 190명으로 추정된다. 이처럼 $H_0$가 사실일 경우에 기대되는 값을 **기대도수**라 하고, 실제로 관측된 값을 **관측도수**라 한다. 만약 귀무가설 $H_0$가 사실이면, 기대도수와 관측도수의 차이가 거의 같아야 할 것이다. 그러나 기대도수와 관측 도수의 차이가 유의한지를 판단하는 기준이 필요하다. 이런 판단하는 기준에 사용되는 카이제곱($\chi^2$) 통계량(chi-square statistic)을 이용한다.

**카이제곱 통계량**은 비율이 동일 여부를 판단하기 위해서 기대도수와 관측도수의 차이가 유의한지를 판단하는 기준 또는 방법으로 다음과 같다.

$$\chi^2 = \sum_{i=1}^{n} \frac{(O_i - E_i)^2}{E_i} \;:\; O_i(\text{관측도수}),\; E_i(\text{기대도수})$$

앞의 자료에서 카이제곱 통계량의 값을 계산하면 다음과 같다.

$$\chi^2 = \frac{(190-190)^2 + (190-170)^2 + (190-180)^2 + (190-200)^2 + (190-210)^2}{190}$$

$$= 5.263$$

부록표에 채택역과 기각역을 구분하는 임계값이 주어져 있다. 표에서 나타난 자유도는 독립변수의 개수로서 검정하는 모비율의 개수보다 1 작은 값이다. 그러므로 이 예제의 자유도는 $5-1=4$가 된다. 따라서 유의수준 5%에서 카이제곱 통계량 값은 $\chi^2_{0.05}(4) = 9.487$이므로 기각역에 속하지 않아 대립가설 $H_1$을 기각한다. 즉, 응급처치된 환자의 수는 요일과 관련이 있다는 뚜렷한 증거가 유의수준 5%에서 없음을 나타낸다.

**예 9-1** 어느 학과의 학생회에서 매년 개최되는 엠티에 대한 참여도가 학생들의 학년에 따라 다른지 알아보기 위해 학년별로 각각 60, 50, 50, 40명을 랜덤 추출하여 다음 해의 엠티 참여 여부를 조사하였다. 이 자료로 참석 학생의 비율이 학년별로 차이가 있는지 유의수준 5%에서 검정하여라.

| 구분 | 1학년 | 2학년 | 3학년 | 4학년 |
|---|---|---|---|---|
| 참석 | 35(30) | 30(25) | 25(25) | 10(20) |
| 불참석 | 25(30) | 20(25) | 25(25) | 30(20) |
| 합계 | 60 | 50 | 50 | 40 |

**풀이** 여기서 검정하고자 하는 것은 귀무가설 $H_0 : p_1 = p_2 = p_3 = p_4$이고 대립가설 $H_1$ : 적어도 한 비율은 다름이다. 다시 말하면 엠티 참석 학생의 비율이 학년별로 차이가 있는지를 검정하려한다. 만일 귀무가설 $H_0$가 사실이면, 참석 학생의 비율이 학년별로 차이가 있는 것은 순전히 우연한 원인에 의한 것이 될 것이다. 귀무가설 $H_0$가 사실일 때(참석 학생의 비율이 학년별로 차이가 없음) 참석 학생의 비율은 다음과 같이 추정된다.

$$\frac{35+30+25+10}{60+50+50+40} = 0.5$$

따라서 귀무가설 $H_0$가 사실이면 모든 학년의 참가 비율은 0.5이다.

1학년 참여학생 기대도수 : $60 \times 0.5 = 30$,

1학년 불참학생 기대도수 : $60 \times 0.5 = 30$

2학년 참여학생 기대도수 : $50 \times 0.5 = 25$,

2학년 불참학생 기대도수 : $50 \times 0.5 = 25$

3학년 참여학생 기대도수 : $50 \times 0.5 = 25$,

3학년 불참학생 기대도수 : $50 \times 0.5 = 25$

4학년 참여학생 기대도수 : $40 \times 0.5 = 20$,

4학년 불참학생 기대도수 : $40 \times 0.5 = 20$

그러므로 카이제곱 통계량의 값을 계산하면 다음과 같다.

$$\begin{aligned}\chi^2 = \sum \frac{(O_i - E_i)^2}{E_i} &= \frac{(35-30)^2}{30} + \frac{(30-25)^2}{25} + \frac{(25-25)^2}{25} \\ &+ \frac{(10-20)^2}{20} + \frac{(25-30)^2}{30} + \frac{(20-25)^2}{25} \\ &+ \frac{(25-25)^2}{25} + \frac{(30-20)^2}{20} \simeq 13.67\end{aligned}$$

부록표에 채택역과 기각역을 구분하는 임계값이 주어져 있다. 표에서 나타난 자유도는 독립변수의 개수로서 검정하는 모비율의 개수보다 1 작은 값이다. 그러므로 이 예제의 자유도는 4 - 1 = 3이 된다. 따라서 유의 수준 5%에서 카이제곱 통계량의 값은 $\chi^2_{0.05}(3) = 7.81$이므로 기각역에 속해 귀무가설 $H_0$을 기각한다. 즉, 참석 학생의 비율이 학년별로 차이가 있다는 뚜렷한 증거가 유의수준 5%에서 있음을 나타낸다.

**예 9-2** 실험용 쥐를 관리하는 실험실 위치(1층, 2층, 3층, 4층, 5층)에 따라서 1년 후 쥐의 비만 정도가 다른지를 알아보기 위해서 각 층마다 30, 40, 40, 50, 60마리의 쥐를 랜덤 추출하여 비만 여부를 조사 하였다. 이 자료를 바탕으로 쥐의 비만 유무가 층 마다 차이가 있는지 유의수준 5%에서 검정하여라.

| 구분 | 1층 | 2층 | 3층 | 4층 | 5층 |
|---|---|---|---|---|---|
| 비만 | 10(15) | 35(20) | 10(20) | 20(25) | 35(30) |
| 정상 | 20(15) | 5(20) | 30(20) | 30(25) | 25(30) |
| 합계 | 30 | 40 | 40 | 50 | 60 |

**풀이** 여기서 검정하고자 하는 것은 귀무가설 $H_0: p_1 = p_2 = p_3 = p_4 = p_5$이고, 대립가설 $H_1$ : 적어도 한 비율은 다름이다. 다시 말하면 쥐의 정상 대 비만 비율이 각 층별로 차이가 있는지를 검정하려한다. 만일 귀무가설 $H_0$가 사실이면, 비만 비율이 층간 별로 차이가 있는 것은 순전히 우연한 원인에 의한 것이 될 것이다. 귀무가설 $H_0$가 사실일 때(쥐의 비만 비율이 층 간 별로 차이가 없음) 비만 쥐의 비율은 다음과 같이 추정된다.

$$\frac{10+35+10+20+35}{30+40+40+50+60} = 0.5$$

따라서 귀무가설 $H_0$가 사실이면 모든 층의 쥐의 비만 비율은 0.5이다.
1층 비만 쥐 기대도수 : $30 \times 0.5 = 15$,
1층 정상 쥐 기대도수 : $30 \times 0.5 = 15$
2층 비만 쥐 기대도수 : $40 \times 0.5 = 20$,
2층 정상 쥐 기대도수 : $40 \times 0.5 = 20$
3층 비만 쥐 기대도수 : $40 \times 0.5 = 20$,
3층 정상 쥐 기대도수 : $40 \times 0.5 = 20$
4층 비만 쥐 기대도수 : $50 \times 0.5 = 25$,
4층 정상 쥐 기대도수 : $50 \times 0.5 = 25$
5층 비만 쥐 기대도수 : $60 \times 0.5 = 30$,
5층 정상 쥐 기대도수 : $60 \times 0.5 = 30$

그러므로 카이제곱 통계량의 값을 계산하면 다음과 같다.

$$\chi^2 = \sum \frac{(O_i - E_i)^2}{E_i} = \frac{(10-15)^2}{15} + \frac{(35-20)^2}{20} + \frac{(10-20)^2}{20}$$
$$+ \frac{(20-25)^2}{25} + \frac{(35-30)^2}{30} + \frac{(20-15)^2}{15} + \frac{(5-20)^2}{20}$$
$$+ \frac{(30-20)^2}{20} + \frac{(30-25)^2}{25} + \frac{(25-30)^2}{30} = 39.5$$

부록표에 채택역과 기각역을 구분하는 임계값이 주어져 있다. 표에서 나타난 자유도는 독립변수의 개수로서 검정하는 모비율의 개수보다 1 작은 값이다. 그러므로 이 예제의 자유도는 5 - 1 = 4가 된다. 따라서 유의 수준 5%에서 카이제곱 통계량의 값은 $\chi^2_{0.05}(4) = 9.49$이므로 기각역에 속하기 때문에 대립가설 $H_1$을 채택한다. 즉, 비만 쥐의 비율이 층별로 차이가 있다는 뚜렷한 증거가 유의수준 5%에서 있음을 나타낸다.

## 9.2 적합도 검정

적합도 검정(goodness of fit test)은 실험 또는 관찰결과로 얻은 결과가 이론과 잘 일치하는 정도의 검정이다. 즉, 관측값들이 어떤 이론적 분포를 따르고 있는지 검정하는 것을 말한다. 카이제곱 통계량을 구해 기각역에 속한다면 실험 또는 관찰 결과가 이론과 부합 된다는 귀무가설 기각한다.

예를 들면, 어떤 지역 라면 시장에서 판매되는 3가지 라면 제품 시장점유율이 각각 30%, 30%, 40%이라고 생각되어 왔다. 이것이 사실인가를 검정하기 위하여 시중에 판매된 200개 제품을 조사하였더니 다음과 같았다. 유의수준 5%에서 검정해 보자.

| 제품 | A | B | C |
|---|---|---|---|
| 판매량 | 60(60) | 50(60) | 90(80) |

여기서 검정하고자 하는 것은 다음과 같다.

귀무가설 $H_0 : p_1 = 0.3,\ p_2 = 0.3,\ p_3 = 0.4$

대립가설 $H_1$ : 적어도 하나는 다름 ($p_1 \neq p_2$ or $p_1 \neq p_3$ or $p_2 \neq p_3$)

귀무가설 $H_0$가 사실일 때 판매되는 3가지 라면제품 시장점유율의 기대도수를 구할 수 있다.

A판매 기대도수 : $200 \times 0.3 = 60$

B판매 기대도수 : $200 \times 0.3 = 60$

C판매 기대도수 : $200 \times 0.4 = 80$

그러므로 카이제곱 통계량의 값을 계산하면 다음과 같다.

$$\chi^2 = \sum \frac{(O_i - E_i)^2}{E_i} = \frac{(60-60)^2}{60} + \frac{(50-60)^2}{60} + \frac{(90-80)^2}{80} = 2.92$$

부록표에서 채택역과 기각역을 구분하는 임계값이 주어져 있다. 표에서 나타난 자유도는 독립변수의 개수로서 검정하는 모비율의 개수보다 1 작은 값이다. 그러므로 이 예제의 자유도는 $3-1=2$가 된다, 따라서 유의수준 5%에서 카이제곱 통계량의 값은 $\chi^2_{0.05}(2)=5.99$이므로 채택역에 속하여 대립가설 $H_0$을 채택된다. 따라서 유의수준 5%에서 3가지라면 제품 시장점유율이 각각 $p_1=0.3$, $p_2=0.3$, $p_3=0.4$인 근거가 있음을 뜻한다. 즉, 유의수준 5%에서 판매되는 3가지 라면 제품시장 점유율이 다르다는 근거는 없다.

**예 9-3** 멘델은 노란색 순종과 녹색 수종의 교배실험에서 생산된 4,000개의 완두 중 1,060개의 녹색 완두를 얻었다. 그의 이론에 의하면 노란 완두와 녹색 완두의 비가 3 : 1이다. 교배실험의 결과는 멘델의 이론에 어긋난다고 할 수 있는가? 유의수준 $\alpha=0.05$로 검정하라.

**풀이** 멘델의 이론에 옳다면 다음의 기대도수를 구할 수 있다.

$H_0$ : 노란 완두와 녹색 완두의 비가 3 : 1로 일치

$H_1$ : 노란 완두와 녹색 완두의 비가 3 : 1로 일치 아님

노란 완두 기대도수 : $4,000\times 3/4=3,000$

녹색 완두 기대도수 : $4,000\times 1/4=1,000$

카이제곱 통계량의 값은

$$\chi^2=\sum\frac{(O_i-E_i)^2}{E_i}=\frac{(2940-3000)^2}{3000}+\frac{(1060-1000)^2}{1000}=4.8 \text{이고}$$

$\chi^2_{0.05}(2-1)=3.84$이므로 기각역에 속한다. 따라서 유의수준 5%에서 멘델의 이론에 부합하지 않다고 할 수 있다.

**예 9-4** 다음 표는 멘델이 실험한 완두의 종자 모양과 종자 색깔에 대한 양성 잡종 $F_2$의 표현형 개체 수이다. 4가지 표현형(범주)의 분리가 기대 분리비 9:3:3:1에 일치하는지 유의수준 5%에서 적합도 검정하라.

| 구분 | 둥근 황색 | 둥근 녹색 | 주름진 황색 | 주름진 녹색 | 합계 |
|---|---|---|---|---|---|
| 관찰도수 | 315 | 108 | 101 | 32 | 556 |
| 기대도수 | 312.75 | 104.25 | 104.25 | 34.75 | 556 |

**풀이** $H_0$ : 표현형 분리는 기대분리비 9:3:3:1에 일치한다.

$H_1$ : 표현형 분리는 기대분리비 9:3:3:1에 일치하지 않는다.

$$\chi^2 = \sum \frac{(O_i - E_i)^2}{E_i} = \frac{(315-312.75)^2}{312.75} + \frac{(108-104.25)^2}{104.25} + \frac{(101-104.25)^2}{104.25} + \frac{(32-34.75)^2}{34.75} = 0.47$$

이며 $\chi^2_{0.05}(4-1) = 7.815$ 이므로 기각역에 속하지 않는다. 따라서 유의수준 5%에서 멘델의 이론이 부합하지 않다는 근거는 없다.

## 9.3 분할표

관측된 자료를 어떤 특성에 따라 분류했을 때 분류된 변수들이 서로 관련이 있는지 무관한지 여부를 검정한다. 관측된 자료를 크게 두 개의 요인에 의해 분할하여 얻어진 표를 분할표라고 한다. 분할에 사용된 두 요인 사이에 관련이 있는지 또는 독립인지, 즉 한 요인이 다른 요인에 전혀 영향을 미치지 않는지 여부를 검정하는 것을 독립성 검정이라고 한다.

예를 들면, 학력과 소득 수준 간에 어떤 관계가 있는지를 조사하려 한다. 다음은 150명을 임의로 추출하여 분류한 분할표이다. 학력과 소득 수준 간에 관계가 있는지 유의수준 0.05에서 검정해 보자.

| 구분 | 고소득층 | 중간층 | 저소득층 | 합계 |
|---|---|---|---|---|
| 대졸 이상 | 40(30) | 30(30) | 20(30) | 90 |
| 고졸 이하 | 10(20) | 20(20) | 30(20) | 60 |
| 합계 | 50 | 50 | 50 | 150 |

$H_0$ : 학력과 소득수준과는 무관(독립성)

$H_1$ : 학력과 소득수준과는 관계있음($H_0$ 사실이 아니다)

귀무가설 $H_0$가 사실일 때 기대도수를 구할 수 있다.

$$E_{11} = np_{11} = 150 \times \frac{50}{150} \times \frac{90}{150} = \frac{50 \times 90}{150} = 30$$

$$E_{12} = np_{12} = 150 \times \frac{50}{150} \times \frac{90}{150} = \frac{50 \times 90}{150} = 30$$

$$E_{13} = np_{13} = 150 \times \frac{50}{150} \times \frac{90}{150} = \frac{50 \times 90}{150} = 30$$

$$E_{21}=np_{21}=150\times\frac{50}{150}\times\frac{60}{150}=\frac{50\times 60}{150}=20$$

$$E_{22}=np_{22}=150\times\frac{50}{150}\times\frac{60}{150}=\frac{50\times 60}{150}=20$$

$$E_{23}=np_{23}=150\times\frac{50}{150}\times\frac{60}{150}=\frac{50\times 60}{150}=20$$

카이제곱 통계량의 값은 $\chi^2=\frac{(40-30)^2}{30}+\frac{(30-30)^2}{30}+\cdots+\frac{(30-20)^2}{20}=16.67$ 이고 $\chi^2_{0.05}((2-1)(3-1))=5.99$이므로 기각역에 속한다. 따라서 대립가설 $H_1$을 채택(귀무가설 $H_0$ 기각)하여 유의수준 5%에서 학력과 소득수준 간에 관계가 있다고 할 수 있다.

**예 9-5** 한 의학연구가에 의하면 흡연은 눈가에 주름이 지게 하는 요인이 된다고 한다. 이러한 결론이 타당한가를 알아보기 위해 30대 남자 500명을 랜덤 추출하여 조사한 결과 다음의 분할표를 얻었다. 유의수준 0.05에서 검정하라.

| 구분 | 주름이 있음 | 주름이 없음 | 합계 |
|---|---|---|---|
| 흡연자 | 100 | 50 | 150 |
| 비흡연자 | 100 | 250 | 350 |
| 합계 | 200 | 300 | 500 |

**풀이** $H_0$ : 주름과 흡연과는 무관(독립성)

$H_1$ : 주름과 흡연과는 관계있음($H_0$는 사실이 아니다)

귀무가설 $H_0$가 사실일 때 기대도수를 구할 수 있다.

$$E_{11}=np_{11}=500\times\frac{200}{500}\times\frac{150}{500}=\frac{200\times 150}{500}=60$$

$$E_{12}=np_{12}=500\times\frac{300}{500}\times\frac{150}{500}=\frac{300\times 150}{500}=90$$

$$E_{21} = np_{21} = 500 \times \frac{200}{500} \times \frac{350}{500} = \frac{200 \times 350}{500} = 140$$

$$E_{22} = np_{22} = 500 \times \frac{300}{500} \times \frac{350}{500} = \frac{300 \times 350}{500} = 210$$

카이제곱 통계량의 값은

$$\chi^2 = \frac{(100-60)^2}{60} + \frac{(50-90)^2}{90} + \frac{(100-140)^2}{140} + \frac{(250-210)^2}{210} = 63.5$$

이고 $\chi^2_{0.05}((2-1)(2-1)) = 3.84$이므로 기각역에 속한다. 따라서 대립가설 $H_1$을 채택(귀무가설 $H_0$ 기각)하여 유의수준 5%에서 흡연과 눈가에 수름간에 관계가 있다고 할 수 있다.

---

**예 9-6** 키와 수축기 혈압 간에 어떤 관계가 있는지를 조사하려 한다. 다음은 150명을 임의로 추출하여 분류한 분할표이다. 키와 수축기 혈압 간에 관계가 있는지 유의수준 0.05에서 검정하여라.

| 구분 | 100mmHg 미만 | 110mmHg 이상<br>140mmHg 미만 | 140mmHg 이상 | 합계 |
|---|---|---|---|---|
| 170cm 미만 | 20 | 25 | 30 | 75 |
| 170cm 이상 | 30 | 25 | 20 | 75 |
| 합계 | 50 | 50 | 50 | 150 |

**풀이** $H_0$ : 키와 수축기 혈압과는 무관(독립성)

$H_1$ : 키와 수축기 혈압은 연관성 있음($H_0$는 사실이 아니다)

귀무가설 $H_0$가 사실일 때 기대도수를 구할 수 있다.

$$E_{11} = np_{11} = 150 \times \frac{50}{150} \times \frac{75}{150} = \frac{50 \times 75}{150} = 25$$

$$E_{12} = np_{12} = 150 \times \frac{50}{150} \times \frac{75}{150} = \frac{50 \times 75}{150} = 25$$

$$E_{13} = np_{13} = 150 \times \frac{50}{150} \times \frac{75}{150} = \frac{50 \times 75}{150} = 25$$

$$E_{21} = np_{21} = 150 \times \frac{50}{150} \times \frac{75}{150} = \frac{50 \times 75}{150} = 25$$

$$E_{22} = np_{22} = 150 \times \frac{50}{150} \times \frac{75}{150} = \frac{50 \times 75}{150} = 25$$

$$E_{23} = np_{23} = 150 \times \frac{50}{150} \times \frac{75}{150} = \frac{50 \times 75}{150} = 25$$

카이제곱 통계량의 값은

$$\chi^2 = \frac{(20-25)^2}{25} + \frac{(25-25)^2}{25} + \cdots + \frac{(20-25)^2}{25} = 4.0 \text{이고}$$

$\chi^2_{0.05}((2-1)(3-1)) = 5.99$이므로 기각역에 속하지 않는다. 따라서 대립가설 $H_1$을 기각하여 유의수준 5%에서 키와 수축기 혈압 간에 관계가 있다는 근거는 없다.

---

**예 9-7** 아래 표와 같은 조사에서 두 변수 간장과 도열병 저항성 특성이 관련이 있는지 독립적인지 유의수준 0.05에서 독립성 검정을 하여라.

| 구분 | | 간장 | | |
|---|---|---|---|---|
| | | 장간 개체 수 | 단간 개체 수 | 합계 |
| 도열병 | 저항성 개체 수 | 225 | 63 | 288 |
| | 감수성 개체 수 | 79 | 23 | 102 |
| | 합계 | 304 | 86 | 390 |

**풀이** $H_0$ : 두 변수 간장과 도열병 저항성 특성은 관계가 없다.

$H_1$ : 두 변수 간장과 도열병 저항성 특성은 연관성 있음($H_0$는 사실이 아니다)

귀무가설 $H_0$가 사실일 때 기대도수를 구할 수 있다.

$$E_{11} = np_{11} = 288 \times \frac{304}{390} = 244.49, \quad E_{12} = np_{12} = 288 \times \frac{86}{390} = 63.51$$

$$E_{21} = np_{21} = 102 \times \frac{304}{390} = 79.51, \quad E_{22} = np_{22} = 102 \times \frac{86}{390} = 22.49$$

카이제곱 통계량의 값은

$$\chi^2 = \frac{(225-244.49)^2}{244.49} + \frac{(63-63.51)^2}{63.51} + \frac{(79-79.51)^2}{79.51} + \frac{(23-22.49)^2}{22.49}$$

$$= 1.57$$

이고 $\chi^2_{0.05}((2-1)(2-1)) = 3.84$이므로 기각역에 속하지 않는다.
따라서 귀무가설 $H_0$을 채택(대립가설 $H_1$기각)한다. 결과적으로 두 변수 간장과 도열병 저항성 특성과의 관계가 있다는 근거는 없다.

---

**예 9-8** 다음 표는 187농가에 대하여 토지보유 형태별로 다수확품종을 선택한 결과를 나타낸 3×2 교차 분할표이다. 이 데이터를 가지고 다수확품종 선택과 토지보유 형태가 서로 관련이 있는지 독립성 검정을 하여라.

| 토지보유 형태 | 농가 수 | | |
|---|---|---|---|
| | 다수확품종 선택 | 다수확품종 비선택 | 열 합계 |
| 자작농 | 102 | 26 | 128 |
| 부분임대농 | 42 | 10 | 52 |
| 고정임대농 | 4 | 3 | 7 |
| 행 합계 | 148 | 39 | 187 |

**풀이** $H_0$ : 토지보유 형태와 다수확품종 선택은 서로 독립적이다.
$H_1$ : 토지보유 형태와 다수확품종 선택은 연관성 있음($H_0$는 사실이 아니다)
귀무가설 $H_0$가 사실일 때 기대도수를 구할 수 있다.

$$E_{11} = np_{11} = 148 \times \frac{128}{187} = 101.3,\ E_{12} = np_{12} = 39 \times \frac{128}{187} = 26.7$$

$$E_{21} = np_{21} = 148 \times \frac{52}{187} = 41.2,\ E_{22} = np_{22} = 39 \times \frac{52}{187} = 10.8$$

$$E_{31} = np_{31} = 148 \times \frac{7}{187} = 5.5,\ E_{32} = np_{32} = 39 \times \frac{7}{187} = 1.5$$

카이제곱 통계량의 값은

$$\chi^2 = \frac{(102-101.3)^2}{101.3} + \frac{(26-26.7)^2}{26.7} + \frac{(42-41.2)^2}{41.2} + \frac{(10-10.8)^2}{10.8} + \frac{(4-5.5)^2}{5.5} + \frac{(3-1.5)^2}{1.5} = 2.006$$

이고 $\chi^2_{0.05}((3-1)(2-1)) = 5.991$ 이므로 기각역에 속하지 않는다. 따라서 귀무가설 $H_0$을 채택한다. 결과적으로 토지보유 형태와 다수확품종 선택은 서로 독립적이라는 귀무가설을 유의수준 5%에서 기각할 수 없다.

## CHAPTER 09 연습문제

9-1 생물학자들은 소의 성장 호르몬이 유전자의 염기배열과 관련이 있을 것이라는 연구 목적을 가지고 성장도에서 차이가 나는 두 종자 소의 유전자형을 조사하였다. 그 결과 다음과 같은 표를 얻게 되었다. 두 종자 소에 대한 유전자형의 차이가 있는지 유의수준 5%에서 검정하라.

| 구분 | AA | AB | BB | 합계 |
|---|---|---|---|---|
| Holstein | 6 | 10 | 9 | 25 |
| Hereford | 22 | 10 | 4 | 36 |
| 합계 | 28 | 20 | 13 | 61 |

9-2 방사선 노출이 기형아 출산에 어떤 영향을 미치는지 알아보기 위하여 히로시마에서 방사선에 노출되었던 산모 500명과 방사선에 노출된 적이 없는 산모 400명을 대상으로 그들의 기형아 출산여부를 조사해 다음과 같은 결과를 얻었다. 방사선 노출에 따라 기형아 출산에 영향이 있는지 유의수준 0.05에서 검정하라.

| 기형아 출산여부 / 방사선 노출여부 | 기형아 출산 | 정상아 출산 | 합계 |
|---|---|---|---|
| 방사선에 노출 | 84 | 416 | 500 |
| 방사선에 비노출 | 43 | 357 | 400 |
| 합계 | 127 | 773 | 900 |

**9-3** 다른 직업을 가진 집단에서 알코올중독자의 비율을 비교하기 위한 조사가 착수되어 교육자, 회사원, 상인, 프리랜서에서 랜덤표본을 택해 조사한 결과 다음과 같다. 다음 집단 내에서 알코올 중독자의 비율이 다른지 유의수준 0.05에서 검정하라.

| 구분 | 알코올중독 | 정상 |
|---|---|---|
| 교육자 | 32 | 268 |
| 회사원 | 51 | 199 |
| 상인 | 67 | 233 |
| 프리랜서 | 83 | 267 |

**9-4** 한 교배 실험으로 얻은 식물은 A, B, C라 불리는 세 가지 유전자형으로 분류된다. 유전학의 이론에 의하면 A, B, C의 비율이 1:1:2이다. 실제로 실험한 결과 다음과 같은 자료를 얻었다. 이 실험 자료가 유전학 이론을 적합 한지를 유의수준 5%에서 검정하여라.

| A | B | C | 계 |
|---|---|---|---|
| 25 | 30 | 45 | 100 |

**9-5** 어느 지역의 알코올중독방지협회에 월요일부터 금요일까지 걸려오는 전화의 횟수는 다음과 같다. 유의수준 10%에서 걸려오는 전화의 횟수가 요일과는 무관한지 여부를 검정하여라.

| 월요일 | 화요일 | 수요일 | 목요일 | 금요일 | 계 |
|---|---|---|---|---|---|
| 85 | 75 | 70 | 90 | 100 | 420 |

9-6 폐암환자 100명과 그렇지 않은 사람 100명에게 과거 흡연 여부를 조사함으로써 흡연과 폐암의 관련성을 알아보기 위해 조사한 결과 다음과 같은 자료를 얻었다고 하자. 폐암과 흡연 간에 관련이 있는지 유의수준 5%에서 검정하여라.

| 폐암 | 흡연 | 비흡연 | 계 |
|---|---|---|---|
| 유 | 80 | 20 | 100 |
| 무 | 25 | 75 | 100 |
| 계 | 105 | 95 | 200 |

9-7 비만아동과 그 부모의 비만과는 밀접한 관련이 있다는 가설이 있다. 이 가설이 옳은지 알아보기 위해 200가정을 랜덤 추출하여 얻은 결과는 다음과 같다. 이 가설이 옳은지를 유의수준 5%에서 검정하여라.

| 자식의 비만여부 | 부모의 비만여부 | | 계 |
|---|---|---|---|
| | Yes | No | |
| Yes | 90 | 50 | 140 |
| No | 35 | 25 | 60 |
| 계 | 125 | 75 | 200 |

9-8 다음은 어느 단체에서 성별이 흡연 여부와 관련이 있는지 알아보기 위해 75명을 임의 추출하여 조사한 자료이다.

| 구분 | 흡연 | 비흡연 | 계 |
|---|---|---|---|
| 남 | 22 | 28 | 50 |
| 여 | 11 | 14 | 25 |
| 계 | 33 | 42 | 75 |

이 때 카이제곱 독립성 검정을 위한 귀무가설과 카이제곱 통계량의 자유도를 구하여라.

CHAPTER 10

# 분산분석

CONTENTS

## 10.1 일원배치법

우리는 어떤 속성이 서로 다른 조건에 처해 졌을 때, 집단 간에 차이가 나는지에 대하여 관심을 가진다. 예를 들면, 약품의 종류에 따른 치료 기간의 비교 또는 여러 기계에 따른 생산성의 비교 등이 관심의 대상이다.

약품의 종류에 따른 치료 기간의 비교를 하기 위하여 실험한 결과, 어떤 특정한 약품의 치료 기간이 짧게 관측되었다고 하자. 이런 경우에 관측 결과는 약품의 종류에 따른 치료 기간의 차이에 기인할 수도 있지만, 그 이외의 다른 요인(실험자의 건강상태, 나이, 성별 등) 때문에 나타났을 수도 있다.

따라서 관심의 대상인 속성을 서로 다른 조건 하에서 비교하려면 그 속성이 자료값에 미치는 영향과 그 외의 요인이 미치는 영향을 구분할 수 있는 방법이 필요하다. 즉 분산분석은 어떤 속성이 서로 다른 조건에 처해 졌을 때, 집단 간에 차이가 나는지에 대하여 분석하는 방법으로 모집단이 2개 이상인 경우 이들 평균을 비교하는 데 사용되는 통계적 절차이다.

역사적으로 영국의 통계학자인 R. A. Fisher는 농업 분야에서 작물의 생산량을 최대로 하는 조건에 대한 농사실험 등에서 고안된 실험계획의 방법으로 분산분석을 이용하였다.

분산분석은 특성값의 분산, 즉 변동을 분석하는 방법으로 특성값의 변동을 제곱합으로 나타내고 이 제곱합을 실험에 관련된 요인별로 분해하여 오차에 비해 큰 영향을 주는 요인이 무엇인지 찾아내는 분석방법이다.

확률화의 원칙에 의한 실험을 통하여 약품의 종류에 따른 치료 기간과 같이 단 하나의 인자가 관측값에 미치는 영향을 조사하는 분산분석법을 **일원배치법**(one-way ANOVA)이라 한다.

예를 들면, 어떤 화학약품의 합성공정에서 반응온도에 따라 수율에 차이가 있는지를 알아보기 위하여 온도 80℃, 90℃, 100℃에서 랜덤하게 실험을 행한 결과가 다음 표와 같다. 분산 분석표를 작성하고 반응온도에 따른 수율에 차이가 있는지를 유의수준 $\alpha = 0.05$로 검정해 보자.

| 구분 | 80℃ | 90℃ | 100℃ |
|---|---|---|---|
| 수율 | 91 | 92 | 94 |
| | 90 | 91 | 93 |
| | 89 | 90 | 91 |
| | | 90 | 90 |
| 평균 | 90 | 91 | 92 |

실험에서 관측값에 영향을 주는 속성을 인자(factor)라고 한다. 또한, 인자의 여러 가지 조건을 처리(treatment), 혹은 인자수준(factor level)라고 한다.

위에서 관측된 평균들 사이의 차이를 분석하자. 먼저 급내 변동(각각의 처리 안에서 관측값들의 변동)을 하는지를 파악한다. 즉 급내 변동이 작으면 반응온도에 따른 수율에 차이가 있음의 근거가 강함을 시사한다. 반면에 급내 변동이 크다면 수율의 차이가 반응온도 때문이라고 할 아무런 증거가 없음을 시사한다.

또한, 급간 변동(각각의 처리 사이에서 평균값들의 변동)이 작으면 반응온도에 따른 수율에 차이가 없음을 시사하고, 반면에 급간 변동이 크다면 반응온도에 따른 수율에 차이가 있음의 근거가 강함을 시사한다.

이와 같이 급내 변동을 제곱한 총합을 **잔차제곱합**(error sum of squares)이라 부르고, 급간 변동을 제곱한 총합을 **처리제곱합**(treatment sum of squares)이라 부르며, 두 제곱합의 합을 **총제곱합**(total sum of squares)라고 한다.

$$\text{잔차제곱합 : } SSE = \sum_{i=1}^{k}\sum_{j=1}^{n_k}\left(y_{ij} - \overline{y_i}\right)^2, \quad \text{처리제곱합 : } SS_T = \sum_{i=1}^{k} n_i\left(\overline{y_i} - \overline{\overline{y}}\right)^2$$

$$\text{총제곱합 : } SST = \sum_{i=1}^{k}\sum_{j=1}^{n_i}\left(y_{ij} - \overline{\overline{y}}\right)^2$$

$$\text{단, } \overline{y_{i\cdot}} = \frac{1}{n_i}\sum_{j=1}^{n_k} y_{ij}, \quad \overline{\overline{y}} = \frac{1}{n}\sum_{i=1}^{k}\sum_{j=1}^{n_k} y_{ij}, \quad n = \sum_{i=1}^{k} n_i$$

여기에서 추론할 수 있는 것은 귀무가설이 옳다면 각각의 처리평균들이 전체 평균인 $\overline{\overline{y}}$와 비슷한 값들을 가질 것이고, 급간 변동인 처리제곱합 $SS_T$의 값이 0에 가까울 것이다. 따라서 급내 변동과 급간 변동의 비율을 고려하여 반응온도에 따른 수율에 차이가 유의한지를 판단하는 모형과 기준이 필요하다. 이런 판단하는 기준에 사용되는 Fisher의 F분포를 이용한다.

**일원배치법의 모형**

$$Y_{ij} = \mu_i + \varepsilon_{ij},\ i=1,\ \cdots,\ k,\ j=1,\ \cdots,\ n_i$$

$n_i$ : $i$째 인자수준에서의 관측값의 기대값

$\varepsilon_{ij}$ : 오차항으로서 서로 독립인 $N(0,\ \sigma^2)$를 따르는 확률변수

| 요인 | 제곱합 | 자유도 | 평균제곱 |
|---|---|---|---|
| 처리 | $SS_T = \sum_{i=1}^{k} n_i(\overline{y_i} - \overline{\overline{y}})^2$ | $k-1$ | $MS_T - SS_T/(k-1)$ |
| 잔차 | $SSE = \sum_{i=1}^{k}\sum_{j=1}^{n_k}(y_{ij} - \overline{y_{i\cdot}})^2$ | $\sum_{i=1}^{k}(n_i - 1)$ | $MSE = SSE/\sum_{i=1}^{k}(n_i - 1)$ |
| 계 | $SST = \sum_{i=1}^{k}\sum_{j=1}^{n_i}(y_{ij} - \overline{\overline{y}})^2$ | $\sum_{i=1}^{k} n_i - 1$ | |

$$F = \frac{SS_T}{k-1} / \frac{SSE}{\sum_{i=1}^{k}(n_i - 1)} = MS_T / MSE$$

평균처리제곱 $MS_T = SS_T/$ 자유도, 평균잔차제곱 $MSE = SSE/$ 자유도

제곱합의 자유도는 편차들의 개수에서 편차에 포함된 선형제약 조건의 개수를 빼면 된다. 급간 변동인 처리제곱합 $SS_T$는 한 개의 선형제약 조건 $\sum_{i=1}^{k} n_i(\overline{y_i} - \overline{\overline{y}}) = 0$을 포함하므로 $SS_T$의 자유도는 $k-1$이다. 급내 변동인 잔차 제곱합 $SSE$는 $k$개의 선형제약 조건 $\sum_{j=1}^{n_k}(y_{ij} - \overline{y_{i\cdot}}) = 0$을 포함하므로 $SSE$의 자유도는 $\sum_{i=1}^{k}(n_i - 1)$이다. 또한, 총제곱합 $SST$의 자유도는 한 개의 선형제약 조건 $\sum_{i=1}^{k}\sum_{j=1}^{n_i}(y_{ij} - \overline{\overline{y}}) = 0$을 포함하므로 $SST$의 자유도는 $\sum_{i=1}^{k} n_i - 1$이다. 그리고 제곱합을 이 제곱합의 자유도로 나눈 것을 **평균제곱(mean square)**이라 한다. 즉, 처리 평균제곱 $MS_T = SS_T/(k-1)$, 잔차 평균제곱 $MSE = SSE/\sum_{i=1}^{k}(n_i - 1)$이다.

위의 예제에서 검정하고자 하는 것은 귀무가설 $H_0 : \mu_1 = \mu_2 = \mu_3$이고 대립가설 $H_1$ : 반응온도에 따른 수율에 차이가 있음이다.

주어진 자료로부터 다음을 구할 수 있다.

$$\sum(y_{1i}-\overline{y_1})^2=(91-90)^2+(90-90)^2+(89-90)^2=2$$

$$\sum(y_{2i}-\overline{y_2})^2=(92-91)^2+(91-91)^2+(90-91)^2+(90-91)^2=3$$

$$\sum(y_{3i}-\overline{y_3})^2=(94-92)^2+(93-92)^2+(91-92)^2+(90-92)^2=10$$

$$SSE=\sum\sum(y_{ij}-\overline{y_{i.}})^2=2+3+10=15,$$

$$MSE=SSE/\text{자유도}=15/(11-3)=15/8=1.875$$

$$\overline{\overline{y}}=(91+90+\ \dots\ +91+90)/11=1002/11=91.09 \fallingdotseq 91.1$$

$$\begin{aligned} SS_T &= 3(90-91.1)^2+4(91-91.1)^2+4(92-91.1)^2 \\ &= 3(1.1)^2+4(0.1)^2+4(0.9)^2 \\ &= 3\times1.21+4\times0.01+4\times0.81 \\ &= 3.63+0.04+3.24=6.91 \end{aligned}$$

$$MS_T=SS_T/(3-1)=6.91/2=3.46$$

$$F=\frac{MS_T}{MSE}=\frac{3.46}{1.875}\simeq 1.845$$

$$F(SS_T\text{자유도},\ SSE\text{자유도};\ \text{유의수준})=F(2,8;\ 0.05)=4.46$$

| 요인 | 제곱합 | 자유도 | 평균제곱 | $F$ |
|---|---|---|---|---|
| 처리 | 6.91 | $3-1$ | $MS_T=6.91/2=3.46$ | $F=MS_T/MSE=1.845$ |
| 잔차 | 15 | 8 | $MSE=15/8=1.875$ | |
| 계 | 21.91 | 10 | | |

$F$ 통계량의 값이 1.845이며 부록표에서 $F(2,8;\ 0.05)=4.46$으로 기각역에 속하지 않는다. 따라서 반응온도에 따라 수율에 차이가 있다는 근거는 없다.

**예 10-1** 다음은 pH 조건이 미생물의 생장에 영향을 주는지 알아보기 위하여 다른 pH 조건을 택하여 일원배치법에서 이래의 관측값을 얻었다. pH 조건에 따른 콜로니 개수에 차이가 있는지를 유의수준 5%에서 검정하여라.

| 구분 | pH 4.5 | pH 5.0 | pH 5.5 | pH 6.0 |
|---|---|---|---|---|
| 콜로니 개수 | 26 | 29 | 32 | 23 |
| | 25 | 28 | 31 | 24 |
| | 25 | 30 | 31 | 26 |
| | 23 | 25 | 34 | 24 |
| | 26 | | 32 | 23 |
| 평균 | 25 | 28 | 32 | 24 |

**풀이** 위의 예제에서 검정하고자 하는 것은 귀무가설 $H_0 : \mu_1 = \mu_2 = \mu_3 = \mu_4$ 이고 대립가설 $H_1$ : pH 조건에 따른 콜로니 개수에 차이가 있음이다. 주어진 자료로부터 다음을 구할 수 있다.

$$\sum\left(y_{1i} - \overline{y_1}\right)^2 = 1+0+0+4+1 = 6$$

$$\sum\left(y_{2i} - \overline{y_2}\right)^2 = 1+0+4+9 = 14$$

$$\sum\left(y_{3i} - \overline{y_3}\right)^2 = 0+1+1+4+0 = 6$$

$$\sum\left(y_{4i} - \overline{y_4}\right)^2 = 1+0+4+0+1 = 6$$

$$SSE = \sum\sum\left(y_{ij} - \overline{y_{i\cdot}}\right)^2 = 6+14+6+6 = 32$$

$$MSE = SSE/\text{자유도} = 32/(19-4) = 2.13$$

$$\overline{\overline{y}} = (26+29+32+\cdots+23)/19 = 517/19 = 27.21$$

$$\begin{aligned} SS_T &= 5(25-27.21)^2 + 4(28-27.21)^2 + 5(32-27.21)^2 \\ &\quad + 5(24-27.21)^2 \\ &= 5\times 4.884 + 4\times 0.6241 + 5\times 22.9441 + 5\times 10.3041 = 193.16 \end{aligned}$$

$$MS_T = SS_T/(4-1) = 193.16/3 = 64.39$$

$$F = \frac{MS_T}{MSE} = \frac{64.39}{2.0} = 32.20$$

$F\,(SS_T$자유도, $SSE$자유도 ; 유의수준$) = F(3, 15\ ;\ 0.05) = 3.29$

| 요인 | 제곱합 | 자유도 | 평균제곱 | $F$ |
|---|---|---|---|---|
| 처리 | 193.16 | 3 | $MS_T = 193.16/3 = 64.39$ | $F = MS_T/MSE = 30.23$ |
| 잔차 | 32 | 15 | $MSE = 32/15 = 2.13$ | |
| 계 | 225.16 | 18 | | |

$F$ 통계량의 값이 30.23이며 부록표에서 $F(3, 15\ ;\ 0.05) = 3.29$로 기각역에 속한다. 따라서 pH 조건에 따른 콜로니 개수에 차이가 있다고 할 수 있다.

---

**예 10-2** 다음은 어느 공장의 조명 조건이 생산 수량에 영향을 주는가 알아보기 위하여 A, B, C, D, 4개의 조명 조건을 택하여 일원배치법에서 아래의 관측값을 얻었다. 조명 조건에 따른 생산량에 차이가 있는지를 유의수준 5%에서 검정하여라.

| 구분 | A | B | C | D |
|---|---|---|---|---|
| 생산량 | 10 | 12 | 11 | 12 |
| | 12 | 14 | 12 | 13 |
| | 13 | 12 | 10 | 13 |
| | 14 | 14 | 11 | 14 |
| | 11 | | 11 | 13 |
| 평균 | 12 | 13 | 11 | 13 |

**풀이** 위의 예제에서 검정하고자 하는 것은

귀무가설 $H_0 : \mu_1 = \mu_2 = \mu_3 = \mu_4$,

대립가설 $H_1$ : 조명 조건에 따른 생산량에 차이가 있음이다.

주어진 자료로부터 다음을 구할 수 있다.

$$\sum(y_{1i}-\overline{y_1})^2=4+0+1+4+1=10$$

$$\sum(y_{2i}-\overline{y_2})^2=1+1+1+1=4$$

$$\sum(y_{3i}-\overline{y_3})^2=0+1+1+0+0=2$$

$$\sum(y_{4i}-\overline{y_4})^2=1+0+0+1+0=2$$

$$SSE=\sum\sum(y_{ij}-\overline{y_{i\cdot}})^2=10+4+2+2=18$$

$$MSE=SSE/\text{자유도}=18/(19-4)=1.20$$

$$\overline{\overline{y}}=(10+12+\ ...\ +11+13)/19=232/19=12.21$$

$$\begin{aligned}SS_T&=5(12-12.21)^2+4(13-12.21)^2+5(11-12.21)^2\\&\quad+5(13-12.21)^2\\&=5\times0.441+4\times0.6241+5\times1.464+5\times0.6241=15.14\end{aligned}$$

$$MS_T=SS_T/(4-1)=15.14/3\simeq5.05$$

$$F=\frac{MS_T}{MSE}=\frac{5.05}{1.20}\simeq4.21$$

$F(SS_T$자유도, $SSE$자유도 ; 유의수준) = $F(3, 15\ ;\ 0.05)=3.29$

| 요인 | 제곱합 | 자유도 | 평균제곱 | $F$ |
|---|---|---|---|---|
| 처리 | 15.14 | 3 | $MS_T=15.14/3\simeq5.05$ | $F=MS_T/MSE\simeq4.21$ |
| 잔차 | 18 | 15 | $MSE=18/15=1.20$ | |
| 계 | 33.14 | 18 | | |

$F$ 통계량의 값이 4.21이며 부록표에서 $F(3, 15\ ;\ 0.05)=3.29$로 기각역에 속한다.

따라서 조명조건에 따른 생산량에 차이가 있다고 할 수 있다.

**예 10-3** 폐 기능에 따라 구분된 세 집단에서 이산화황($SO_2$)에 대한 기관지 반응 정도($FEV_1/FVC$)를 나타낸 자료는 다음과 같다. 세 집단 간의 이산화황에 대한 기관지 반응에 차이가 있는지 유의수준 5%에서 검정하여라.

| $FEV_1/FVC \leq 74\%$ | $75\% \leq FEV_1/FVC \leq 84\%$ | $FEV_1/FVC \geq 85\%$ |
|---|---|---|
| 20.8 | 7.5 | 9.2 |
| 4.1 | 7.5 | 2.0 |
| 30.0 | 11.9 | 2.5 |
| 24.7 | 4.5 | 6.1 |
| 13.8 | 3.1 | 7.5 |

**풀이**

| | 반응정도≤74% | 75%≤반응정도≤84% | 반응정도≥85% | 계 |
|---|---|---|---|---|
| $n_i$ | 5 | 5 | 5 | 15 |
| $\overline{y_i}$ | 18.68 | 6.90 | 5.46 | 10.347 |

① 집단별 표본 크기, 표본평균 및 전체 제곱합을 구하면 다음과 같다.

$$\sum_i \sum_j y_{ij}^2 = 2622.3$$

② 제곱합, 자유도, 평균제곱, F값을 구하는 방법은 아래와 같다.

처리의 제곱합(A) :

$$\sum_{i=1}^{k} n_i\left(\overline{y_i} - \overline{\overline{y}}\right)^2 = \left[5 \times (18.68 \quad 10.347)^2\right] + \left[5 \times (6.90 - 10.347)^2\right]$$
$$+ \left[5 \times (6.90 - 10.347)^2\right] = 526.017$$

오차의 제곱합(B) :

$$\sum_i \sum_j \left(y_{ij} - \overline{y_i}\right)^2 = \sum_i \sum_j \left(y_{ij}^2\right) - \sum_i n_i \overline{y_i}^2$$
$$= 2622.3 - \left[\left(5 \times 18.68^2\right) + \left(5 \times 6.9^2\right) + \left(5 \times 5.46^2\right)\right]$$
$$= 490.48$$

총 제곱합 : $A + B = 526.017 + 490.480 = 1016.497$

처리의 자유도 : $k - 1 = 3 - 1 = 2$

오차의 자유도 : $n - k = 15 - 3 = 12$

합계의 자유도 : $n - 1 = 15 - 1 = 14$

처리의 평균제곱 : $\frac{A}{k-1} = \frac{526.017}{2} = 263.009$

오차의 평균제곱 : $\frac{B}{n-k} = \frac{490.480}{12} = 40.873$

F값 : $\frac{A/(k-1)}{B/(n-k)} = \frac{263.009}{40.873} = 6.435$

위에서 구한 값들로 분산분석표를 아래와 같이 작성할 수 있다.

| 요인 | 제곱합 | 자유도 | 평균제곱 | $F$값 |
|---|---|---|---|---|
| 처리 | 526.017 | 2 | 263.009 | 6.435 |
| 오차 | 490.480 | 12 | 40.873 | |
| 합계 | 1016.497 | 14 | | |

③ 기각역을 구한다. $F_{k-1,n-k,\alpha} = F_{3-1,15-3,0.05} = 3.83$

④ 통계학적 의사결정 : 검정통계량 F값이 6.435로 기각역인 3.83보다 크므로 귀무가설 $H_0$를 기각한다. 따라서 세 집단 간의 이산화황에 대한 기관지 반응에 차이가 있다고 할 수 있다.

# 10.2 이원배치법

이원배치 분산분석(two-way ANOVA)은 세 개 이상의 집단에 대한 평균의 차이가 유의한가를 검정하는 일원배치 분산분석의 확장된 분석이다. 일원배치 분산분석은 요인이 하나인 경우에 사용하나 이원배치 분산분석은 요인이 둘인 실험에 대한 분산분석법으로 각 수준에서 실험횟수가 한번 뿐일 때 반복이 없는 이원분산분석법이라 하고 실험횟수가 2회 이상일 때 반복이 있는 이원분산분석법이라 한다. 두 방법의 큰 차이는 반복이 있는 이원분산분석법의 경우 두 요인 A, B가 서로 섞여 어떤 영향을 미칠 것인가 하는 상호(교호)작용 효과를 확인할 수 있다는 점이다.

이원배치 분산분석에서는 상호작용이 존재하는가를 먼저 검정하고 상호작용이 존재하지 않아야만 각 요인에 효과를 따로 분리해서 분석하는 것이 가능하다. 상호작용은 두 요인이 동시에 작용하여 집단 사이의 평균의 차이에 영향을 미치는 효과를 말한다. 예를 들면, 혈압약과 두통약을 동시에 먹었을 때 혈압이 내려가고 두통도 해결되면 두 약 사이에 상호작용이 없다고 말할 수 있다. 그러나 혈압약과 두통약에 의한 효과 이상의 어떤 효과(암세포가 줄어든다거나 관절염이 해결되는 등)를 가져오는 상태를 상호작용이 있다고 말한다. 상호작용이 존재하면 변수변환을 통하여 새로운 변수를 생성하여 상호작용을 제거할 수 있는지를 시도해본다.

## 10.2.1 반복이 없는 이원배치법

반복이 없는 이원배치법의 자료구조는 아래와 같다.

**| 반복이 없는 이원배치법의 자료구조 |**

| 인자 $B$의 수준 / 인자 $A$의 수준 | $B_1$ | $\cdots$ | $B_j$ | $\cdots$ | $B_q$ | 평균 |
|---|---|---|---|---|---|---|
| $A_1$ | $y_{11}$ | $\cdots$ | $y_{1j}$ | $\cdots$ | $y_{1q}$ | $\bar{y}_{1\cdot}$ |
| $\vdots$ | $\vdots$ | | $\vdots$ | | $\vdots$ | $\vdots$ |
| $A_i$ | $y_{i1}$ | $\cdots$ | $y_{ij}$ | $\cdots$ | $y_{iq}$ | $\bar{y}_{i\cdot}$ |
| $\vdots$ | $\vdots$ | | $\vdots$ | | $\vdots$ | $\vdots$ |
| $A_p$ | $y_{p1}$ | $\cdots$ | $y_{pj}$ | $\cdots$ | $y_{pq}$ | $\bar{y}_{p\cdot}$ |
| 평균 | $\bar{y}_{\cdot 1}$ | $\cdots$ | $\bar{y}_{\cdot j}$ | $\cdots$ | $\bar{y}_{\cdot q}$ | $\bar{y}_{\cdot\cdot}$(총평균) |

$$\text{단, } \bar{y}_{i\cdot} = \frac{1}{q}\sum_{j=1}^{q} y_{ij},\ i=1,\ 2,\ \cdots,\ p$$

$$\bar{y}_{\cdot j} = \frac{1}{p}\sum_{i=1}^{p} y_{ij},\ j=1,\ 2,\ \cdots,\ q$$

$$\bar{y}_{\cdot\cdot} = \frac{1}{pq}\sum_{i=1}^{p}\sum_{j=1}^{q} y_{ij}$$

반복이 없는 이원배치법에서는 인자(요인) $A$의 효과와 인자 $B$의 효과가 관측값에 영향을 주게 되며, 이원배치법 모집단모형은 다음과 같다.

**반복이 없는 이원배치법의 모집단모형 :**

$$\boldsymbol{Y_{ij} = \mu + \alpha_i + \beta_j + \epsilon_{ij},\ i = 1,\ \cdots,\ p,\ j = 1,\ \cdots,\ q}$$

단, $\mu$ : 총평균

$\alpha_i$ : $A$의 $i$번째 수준의 효과로서 $\sum_{i=1}^{p}\alpha_i = 0$

$\beta_j$ : $B$의 $j$번째 수준의 효과로서 $\sum_{j=1}^{q}\beta_j = 0$

$\epsilon_{ij}$ : 오차항으로서 서로 독립인 $N(0,\ \sigma^2)$ 확률변수

위의 모집단 모형에서 오차항 $\epsilon_{ij}$에 대한 가정은 일원배치법에서와 같다.

이원배치법에서 관심이 있는 가설은 인자 $A$의 각 수준에서의 효과가 같은가 하는 것과, 마찬가지로 인자 $B$의 각 수준에서의 효과가 같은가 하는 것이다. 이에 대한 귀무가설은 각각 다음과 같다.

$$\text{인자 } A \quad H_0 : \alpha_1 = \alpha_2 = \cdots = \alpha_p$$

$$\text{인자 } B \quad H_0 : \beta_1 = \beta_2 = \cdots = \beta_q$$

이와 같이 주어진 귀무가설을 검정하기 위한 검정법을 유도하기 위해, 총제곱합을 인자 $A$의 효과에 의한 제곱합과 인자 $B$의 효과에 의한 제곱합, 잔차제곱합으로 분해하는 방법은 일원배치법과 마찬가지로 다음과 같이 주어진다.

$SST = \sum_{i=1}^{p}\sum_{j=1}^{q}(y_{ij} - \bar{y}_{..})^2$을 총제곱합, 자유도$(pq-1)$

$SS_A = q\sum_{i=1}^{p}(\bar{y}_{i.} - \bar{y}_{..})^2$을 인자 $A$ 제곱합, 자유도$(p-1)$

$SS_B = p\sum_{j=1}^{q}(\bar{y}_{.j} - \bar{y}_{..})^2$을 인자 $B$ 제곱합, 자유도$(q-1)$

$SSE = \sum_{i=1}^{p}\sum_{j=1}^{q}(y_{ij} - \bar{y}_{i.} - \bar{y}_{.j} + \bar{y}_{..})^2$을 잔차제곱합, 자유도$(p-1)(q-1)$

| 총 제곱합 = | 인자 $A$의 제곱합 + | 인자 $B$의 제곱합 + | 잔차제곱합 |
|---|---|---|---|
| $SST$ | $SS_A$ | $SS_B$ | $SSE$ |

자유도 : $(pq-1) = (p-1) + (q-1) + (p-1)(q-1)$

**▌분산분석표 : 반복이 없는 이원배치법▐**

| 요인 | 제곱합 | 자유도 | 평균제곱 | $F$비 |
|---|---|---|---|---|
| 인자 $A$ | $SS_A$ | $p-1$ | $MS_A = SS_A/(p-1)$ | $MS_A/MSE$ |
| 인자 $B$ | $SS_B$ | $q-1$ | $MS_B = SS_B/(q-1)$ | $MS_B/MSE$ |
| 잔차 | $SSE$ | $(p-1)(q-1)$ | $MSE = SSE/[(p-1)(q-1)]$ | |
| 계 | $SST$ | $pq-1$ | | |

분산분석표에서 $F$비는 각각 귀무가설

$$H_0 : \alpha_1 = \alpha_2 = \cdots = \alpha_p$$

$$H_0 : \beta_1 = \beta_2 = \cdots = \beta_q$$

에서 $F$분포를 따르므로 다음과 같은 검정법을 제안할 수 있다.

(1) 귀무가설 $H_0 : \alpha_1 = \alpha_2 = \cdots = \alpha_p$의 검정법

- 검정통계량 : $F = \dfrac{MS_A}{MSE} = \dfrac{SS_A/(p-1)}{SSE/[(p-1)(q-1)]}$
- 검정법 : $F > F(p-1,\ (p-1)(q-1)\ ;\ \alpha)$이면 $H_0$를 기각한다.

(2) 귀무가설 $H_0 : \beta_1 = \beta_2 = \cdots = \beta_q$의 검정법

- 검정통계량 : $F = \dfrac{MS_B}{MSE} = \dfrac{SS_B/(q-1)}{SSE/[(p-1)(q-1)]}$
- 검정법 : $F > F(q-1,\ (p-1)(q-1)\ ;\ \beta)$이면 $H_0$를 기각한다.

**예 10-4** 다음은 네 품종의 돼지에게 비타민혼합을 달린 한 세 종류의 사료 A, B, C를 일정기간 동안 주고, 그 체중증가량을 조사 기록하여 얻은 결과표이다. 사료 간, 품종 간에 체중 증가의 유의성을 5%의 유의수준으로 검정하라.

**| 돼지의 체중증가량 |**

| 품종 \ 사료 | A | B | C | 평균 |
|---|---|---|---|---|
| I | 7.0 | 14.0 | 8.5 | 9.83 |
| II | 16.0 | 15.5 | 16.5 | 16.00 |
| III | 10.5 | 15.0 | 9.5 | 11.67 |
| IV | 13.5 | 21.0 | 13.5 | 16.00 |
| 평균 | 11.75 | 16.38 | 12.0 | 13.38(총평균) |

**풀이** 제곱합의 계산은 다음과 같다.

$$SS_A = 3\left[(9.83-13.38)^2+(16-13.38)^2+(11.67-13.38)^2 + (16-13.38)^2\right] = 87.73$$

$$SS_B = 4\left[(11.75-13.38)^2+(16.38-13.38)^2+(12-13.38)^2\right] = 54.13$$

$$SST = (7-13.38)^2+(14-13.38)^2+\cdots+(21-13.38)^2 + (13.5-13.38)^2 = 170.07$$

$$SSE = SST - SS_A - SS_B = 170.07-87.73-54.13 = 28.21$$

따라서 분산분석표는 다음과 같다.

**| 분산분석표 |**

| 요인 | 제곱합 | 자유도 | 평균제곱 | $F$ |
|---|---|---|---|---|
| 품종 | 87.73 | 3 | 29.24 | 6.22 |
| 사료 | 54.13 | 2 | 27.07 | 5.76 |
| 오차 | 28.21 | 6 | 4.70 | |
| 합계 | 170.07 | 11 | | |

$F$ 분포표를 이용하여 다음의 결과를 얻을 수 있다.

① $H_0$ : 돼지 품종 간에 체중 증가의 차이는 없다. $(\alpha_1 = \alpha_2 = \alpha_3 = \alpha_4)$

$H_1 : H_0$가 아니다. $(\beta_1 = \beta_2 = \beta_3)$

기각역은 $F > F_{0.05}(3, 6) = 4.76$인데 $F$값이 6.22로 기각역 속에 포함되기 때문에 귀무가설은 유의수준 5%에서 기각된다. 즉, 돼지 품종에 따라서 체중 증가에 차이가 있다.

② $H_0$ : 사료 간에 체중 증가의 차이는 없다.

$H_1 : H_0$가 아니다.

기각역은 $F > F_{0.05}(2, 6) = 5.14$인데 $F$값이 5.76으로 기각역 속에 포함되기 때문에 귀무가설은 유의수준 5%에서 기각된다. 즉, 사료에 따라서 체중 증가에 차이가 있다.

따라서 돼지 품종과 사료에 따라서 체중 증가에 차이가 없다는 가설은 기각된다.

## 10.2.2 반복이 있는 이원배치법

어떤 실험이든 각 수준에서 1회의 실험을 시행하는 것보다 가능하면 2회 이상의 실험을 반복하는 것이 실험결과의 신뢰를 높일 수 있어서 바람직하다. 여기서는 두 개의 요인 $A$, $B$의 수준 수가 각각 $p$, $q$이고, 반복수가 $r$회인 이원분산분석법을 생각하기로 한다. 반복이 있는 이원분산분석법에서의 시행은 $pqr$회의 전체 실험이 임의로 선택된 순서에 의해서 이루어져야 한다.

**| 반복이 있는 이원배치법의 자료구조 |**

| $B$의 수준 / $A$의 수준 | $B_1$ | $B_2$ | $\cdots$ | $B_q$ | 평균 |
|---|---|---|---|---|---|
| | $y_{111}$ | $y_{121}$ | | $y_{1q1}$ | |
| | $y_{112}$ | $y_{122}$ | | $y_{1q2}$ | |
| $A_1$ | $\vdots$ | $\vdots$ | $\cdots$ | $\vdots$ | $\bar{y}_{1\cdot\cdot}$ |
| | $y_{11r}$ | $y_{12r}$ | | $y_{1qr}$ | |
| | $\bar{y}_{11\cdot}$ | $\bar{y}_{12\cdot}$ | $\cdots$ | $\bar{y}_{1q\cdot}$ | |
| | $y_{211}$ | $y_{221}$ | | $y_{2q1}$ | |
| | $y_{212}$ | $y_{222}$ | | $y_{2q2}$ | |
| $A_2$ | $\vdots$ | $\vdots$ | $\cdots$ | $\vdots$ | $\bar{y}_{2\cdot\cdot}$ |
| | $y_{21r}$ | $y_{22r}$ | | $y_{2qr}$ | |
| | $\bar{y}_{21\cdot}$ | $\bar{y}_{22\cdot}$ | $\cdots$ | $\bar{y}_{2q\cdot}$ | |
| $\vdots$ | $\vdots$ | $\vdots$ | $\vdots$ | $\vdots$ | $\vdots$ |
| | $y_{p11}$ | $y_{p21}$ | | $y_{pq1}$ | |
| | $y_{p12}$ | $y_{p22}$ | | $y_{pq2}$ | |
| $A_p$ | $\vdots$ | $\vdots$ | $\cdots$ | $\vdots$ | $\bar{y}_{p\cdot\cdot}$ |
| | $y_{p1r}$ | $y_{p2r}$ | | $y_{pqr}$ | |
| | $\bar{y}_{p1\cdot}$ | $\bar{y}_{p2\cdot}$ | $\cdots$ | $\bar{y}_{pq\cdot}$ | |
| 평균 | $\bar{y}_{\cdot 1\cdot}$ | $\bar{y}_{\cdot 2\cdot}$ | $\cdots$ | $\bar{y}_{\cdot q\cdot}$ | $\bar{y}_{\cdots}$(총평균) |

단, $\overline{y}_{ij\cdot} = \dfrac{1}{r}\sum_{k=1}^{r} y_{ijk}$, $i=1, \cdots, p$, $j=1, \cdots, q$

$$\overline{y}_{i\cdot\cdot} = \frac{1}{qr}\sum_{j=1}^{q}\sum_{k=1}^{r} y_{ijk},\ i=1,\ \cdots,\ p$$

$$\overline{y}_{\cdot j\cdot} = \frac{1}{pr}\sum_{i=1}^{p}\sum_{k=1}^{r} y_{ijk},\ j=1,\ \cdots,\ q$$

$$\overline{y}_{\cdots} = \frac{1}{pqr}\sum_{i=1}^{p}\sum_{j=1}^{q}\sum_{k=1}^{r} y_{ijk}$$

반복이 있는 이원배치법의 모집단모형은 다음과 같다.

**반복이 있는 이원배치법의 모집단모형 :**

$$\boldsymbol{Y_{ijk} = \mu + \alpha_i + \beta_j + \gamma_{ij} + \epsilon_{ijk},\ i=1,\ \cdots,\ p,\ j=1,\ \cdots,\ q,\ k=1,\ \cdots,\ r}$$

단, $\mu$ : 총평균

$\alpha_i$ : $A$의 $i$번째 수준의 효과로서 $\sum_{i=1}^{p}\alpha_i = 0$

$\beta_j$ : $B$의 $j$번째 수준의 효과로서 $\sum_{j=1}^{q}\beta_j = 0$

$\gamma_{ij}$ : $A_i$와 $B_j$의 교호작용 효과로서 $\sum_{i=1}^{p}\gamma_{ij} = \sum_{j=1}^{q}\gamma_{ij} = 0$

$\epsilon_{ijk}$ : 오차항으로서 서로 독립인 $N(0,\ \sigma^2)$ 확률변수

제곱합들은 다음과 같이 구할 수 있다.

$SST = \sum_{i=1}^{p}\sum_{j=1}^{q}\sum_{k=1}^{r}(y_{ijk} - \overline{y}_{\cdots})^2$의 자유도는 $pqr-1$

$SS_A = qr\sum_{i=1}^{p}(\overline{y}_{i\cdot\cdot} - \overline{y}_{\cdots})^2$의 자유도는 $p-1$

$SS_B = pr\sum_{j=1}^{q}(\overline{y}_{\cdot j\cdot} - \overline{y}_{\cdots})^2$의 자유도는 $q-1$

$$SS_{A\times B} = r\sum_{i=1}^{p}\sum_{j=1}^{q}(\bar{y}_{ij\cdot} - \bar{y}_{i\cdot\cdot} - \bar{y}_{\cdot j\cdot} + \bar{y}_{\cdots})^2 \text{의 자유도는 } (p-1)(q-1)$$

$$SSE = \sum_{i=1}^{p}\sum_{j=1}^{q}\sum_{k=1}^{r}(y_{ijk} - \bar{y}_{ij\cdot})^2 \text{의 자유도는 } pq(r-1)$$

임을 앞에서와 같은 방법으로 보일 수 있다. 이들을 요약하여 분산분석표를 만들면 아래와 같다.

**분산분석표 : 반복이 있는 이원배치법**

| 요인 | 제곱합 | 자유도 | 평균제곱 | $F$비 |
|---|---|---|---|---|
| 인자 $A$ | $SS_A$ | $p-1$ | $MS_A = SS_A/(p-1)$ | $MS_A/MSE$ |
| 인자 $B$ | $SS_B$ | $q-1$ | $MS_B = SS_B/(q-1)$ | $MS_B/MSE$ |
| 교호작용 | $SS_{A\times B}$ | $(p-1)(q-1)$ | $MS_{A\times B} = SS_{A\times B}/[(p-1)(q-1)]$ | $MS_{A\times B}/MSE$ |
| 잔차 | $SSE$ | $pq(r-1)$ | $MSE = SSE/[pq(r-1)]$ | |
| 계 | $SST$ | $pqr-1$ | | |

인자 $A$와 인자 $B$에 대한 가설검정법은 앞 절에서 다룬 반복이 없는 경우와 자유도를 제외하고는 똑같다. 교호작용에 관한 검정법은 다음과 같다.

**귀무가설 $H_0 : r_{ij} = 0,\ i=1, \cdots, p,\ j=1, \cdots, q$의 검정법**

- 검정통계량 : $F = \dfrac{MS_{A\times B}}{MSE} = \dfrac{SS_{A\times B}/[(p-1)(q-1)]}{SSE/[pq(r-1)]}$
- 검정법 : $F > F((p-1)(q-1),\ pq(r-1)\ ;\ \alpha)$이면 $H_0$를 기각한다.

반복이 있는 이원배치 분산분석을 다음 예제를 통하여 알아보자.

**예 10-5** 3종류의 차량과 2종류의 타이어에 따른 주행거리를 측정하여 어떤 요인에 의해서 연비 차이가 나는지 검정하고자 한다. 다음은 3종류의 차량과 2종류의 타이어에 따라 1리터당 주행거리를 조사한 표이다.

| 요인 | 타이어 1 | 타이어 2 |
|---|---|---|
| A자동차 | 6<br>7<br>9 | 8<br>5<br>9 |
| B자동차 | 13<br>12<br>13 | 10<br>12<br>13 |
| C자동차 | 5<br>6<br>7 | 6<br>8<br>7 |

리터당 주행거리가 차종과 타이어에 따라 차이가 있는지를 이원배치 분산분석을 사용하여 검정하라.

**풀이** 제시된 제곱합들을 계산하면 다음의 분산분석표를 얻을 수 있다.

| 요인 | 제곱합 | 자유도 | 평균제곱 | $F$비 |
|---|---|---|---|---|
| 차종 | 103.0 | 2 | 51.50 | 29.907 |
| 타이어 | 0.50 | 1 | 0.50 | 0.290 |
| 교호작용 | 4.333 | 2 | 2.167 | 1.258 |
| 잔차(오차) | 20.667 | 12 | 1.722 | |
| 합계 | 128.5 | 17 | | |

$F$분포표에서 $F(2, 12, 0.05) = 3.89$이므로 차종(자동차 수준)만이 연비에 유의한 영향을 준다고 볼 수 있다.

## CHAPTER 10 연습문제

**10-1** 처리액의 농도($A_1 = 3.0\%$, $A_2 = 3.5\%$, $A_3 = 4.0\%$, $A_4 = 4.5\%$)가 직물의 인장 강도에 미치는 영향을 조사하였다. 다음 4가지 수준에서 5회 반복 실험 시 농도에 따라 인장 강도에 차이가 있는지 유의수준 5%에서 검정하라.

| $A_1$ | $A_2$ | $A_3$ | $A_4$ |
|---|---|---|---|
| 47 | 51 | 50 | 22 |
| 58 | 62 | 38 | 23 |
| 51 | 31 | 47 | 28 |
| 61 | 46 | 27 | 42 |
| 46 | 49 | 23 | 25 |
| Mean=52.6 | Mean=47.8 | Mean=37 | Mean=28 |

**10-2** 4가지 종류 골프공의 비거리를 비교하기 위해 골퍼가 각 상표의 공에 대해 랜덤하게 각각 5번씩 친 거리를 조사하였다. 적어도 1종류 골프공의 비거리가 다른지 유의수준 5%에서 검정하라.

| 상표1 | 상표2 | 상표3 | 상표4 |
|---|---|---|---|
| 251.2 | 264.5 | 273.9 | 252.3 |
| 250.8 | 262.4 | 275.4 | 251.8 |
| 249.5 | 265.7 | 273.1 | 249.3 |
| 250.5 | 265.3 | 270.1 | 250.6 |
| 253.5 | 267.2 | 272.4 | 249.5 |

**10-3** 4종류의 사료에 의한 병아리 체중 증가 실험을 하였다. 각 사료를 주어 일정기간 사육한 후 체중 증가를 측정한 것이다. 유의수준 0.05 하에서 분산분석을 해보아라.

| 사료 1 | 사료 2 | 사료 3 | 사료 4 |
|---|---|---|---|
| 54 | 60 | 84 | 42 |
| 49 | 83 | 95 | 87 |
| 52 | 63 | 98 | 81 |
| 34 | 87 | 94 | 73 |
| | 94 | 88 | 81 |

**10-4** 4종류의 식단 $A_1$, $A_2$, $A_3$, $A_4$에 따른 식이요법이 동물의 혈액응고시간에 영향을 주는지 유의수준 0.01 하에서 검정하라.

| $A_1$ | $A_2$ | $A_3$ | $A_4$ |
|---|---|---|---|
| 62 | 62 | 68 | 56 |
| 60 | 67 | 66 | 62 |
| 63 | 71 | 71 | 60 |
| 59 | 64 | 67 | 61 |
| 61 | 65 | 68 | 63 |
| | 66 | 68 | 64 |

**10-5** 어떤 제품의 중합반응에서 약품의 흡수속도에 영향을 주는 요인으로 촉매량과 반응온도를 확인하는 실험을 하였다. 촉매량(A, 단위: %)의 4가지 수준과 반응온도(B, 단위: ℃)의 3가지 수준의 조합에서 각각 3회 반복 실험하였으며, 결과는 아래의 표와 같다. 다음을 유의수준 5%에서 분석하라.

| 반응온도(℃) \ 촉매량(%) | $A_1$ | $A_2$ | $A_3$ | $A_4$ |
|---|---|---|---|---|
| $B_1$ | 87 | 95 | 99 | 91 |
| | 94 | 98 | 100 | 98 |
| | 96 | 101 | 107 | 104 |
| $B_2$ | 108 | 110 | 112 | 109 |
| | 99 | 114 | 117 | 103 |
| | 101 | 108 | 115 | 107 |
| $B_3$ | 111 | 126 | 127 | 120 |
| | 116 | 121 | 125 | 116 |
| | 115 | 127 | 131 | 122 |

**10-6** 3개의 자동차회사에서 만들어내는 소형자동차의 리터당 평균 주행거리를 비교하기 위하여 실험한 결과가 다음과 같았다. 3종류 자동차의 리터당 평균 주행거리 간에 차이가 있는지를 유의수준 5%에서 검정하라.

**리터당 주행거리(km)**

| 자동차A | 자동차B | 자동차C |
|---|---|---|
| 16.5 | 15.3 | 19.0 |
| 18.0 | 14.8 | 18.4 |
| 14.1 | 16.1 | 15.3 |
| 17.8 | | 17.3 |

**10-7** 철선을 생산하는 공장에서 공정에 따른 철선의 인장 강도에 차이가 있는지를 알아보기 위하여 3종류의 공정에서 생산된 철선을 랜덤 추출하여 표본을 취하고 인장 강도를 측정하여 다음의 자료를 얻었다. 분산분석표를 작성하고, 공정에 따라 인장 강도가 차이가 있다고 할 수 있는지를 유의수준 5%에서 검정하여라.

| 공정1 | 공정2 | 공정3 |
|---|---|---|
| 56 | 48 | 55 |
| 60 | 61 | 60 |
| 61 | 48 | 44 |
| 64 | 52 | 61 |
| 50 | 46 | |

**10-8** 어떤 회사에서 3종류 기계 A, B, C의 일일 평균 생산량이 차이가 있는지를 알아보기 위하여 일원배치 분산분석법으로 실험한 결과가 다음과 같다.

| 구분 | 기계 A | 기계 B | 기계 C |
|---|---|---|---|
| 일일 생산량 | 25 | 21 | 22 |
| | 20 | 20 | 20 |
| | 25 | 16 | 21 |
| | 26 | 15 | |

위의 자료를 이용하여 만든 아래 분산분석표의 일부에서 (가)와 (나)의 값으로 옳은 것은?

| 요인 | 제곱합 | 자유도 | $F$비 |
|---|---|---|---|
| 처리 | 72 | | (나) |
| 오차 | 50 | (가) | |

① $8,\ \frac{144}{25}$　② $8,\ \frac{162}{25}$　③ $9,\ \frac{144}{25}$　④ $9,\ \frac{162}{25}$

**10-9** 한 사진기사는 사진의 선명도에 사진현상제인 메톨(metol)과 하이드로퀴논(hydro－quinone)이 미치는 영향을 조사하고자 실험을 실시하였다. 현상액 1$l$당 메톨 함량의 수준을 1.5g, 5g으로 하고, 하이드로퀴논 함량의 수준을 4g, 6g으로 하여 아래와 같은 표를 얻었다. 사진의 선명도가 메톨과 하이드로퀴논에 따라 차이가 있는지 유의수준 5%에서 분산분석으로 검정하라.

**사진의 선명도**

| 메톨 \ 하이드로퀴논 | 4 | 6 | 평균 |
|---|---|---|---|
| 1.5 | 28, 30 | 33, 33 | $\bar{y}_{1..} = 31.0$ |
| 2.5 | 42, 38 | 40, 42 | $\bar{y}_{2..} = 40.5$ |
| 평균 | $\bar{y}_{.1.} = 34.5$ | $\bar{y}_{.2.} = 37$ | $\bar{y}_{...} = 35.75$ |

**10-10** 어느 화학제품의 합성반응에서 합성율(%)의 향상에 미치는 압력과 시간의 영향을 알기 위한 실험을 하였다. 압력의 수준을 1.5, 2.5로 하고, 시간을 4시간, 6시간으로 하여 아래 표와 같은 결과를 얻었다. 합성율이 압력과 시간에 따라 차이가 있는지 유의수준 5%에서 분산분석을 이용하여 검정하라.

**화학제품의 합성율**

| 압력 \ 시간 | 4 | 6 | 평균 |
|---|---|---|---|
| 1.5 | 28 | 33 | $\bar{x}_{1..} = 31.0$ |
| | 30 | 33 | |
| 2.5 | 42 | 40 | $\bar{x}_{2..} = 40.5$ |
| | 38 | 42 | |
| 평균 | $\bar{x}_{.1.} = 34.5$ | $\bar{x}_{.2.} = 37$ | $\bar{\bar{x}} = 35.75$ (총평균) |

10-11 S 보험회사에서는 보험 판매액에 있어서 남녀 간에 차이가 나는지를 알아보고자 한다. 그런데 보험 판매액은 연령에 따라서 다를 것으로 예상되기 때문에 연령을 세 그룹으로 나누어 연간 판매액(백만 원)을 조사하여 다음을 얻었다. 보험 판매액이 성별과 연령에 따라 차이가 있는지를 이원배치 분산분석을 사용하여 검정하라.

(백만 원)

| 성별 \ 연령 | 30세 미만 | 30~40세 | 40세 초과 |
|---|---|---|---|
| 남 | 98 | 108 | 104 |
| | 89 | 99 | 111 |
| | 86 | 114 | 100 |
| 여 | 99 | 115 | 106 |
| | 102 | 109 | 99 |
| | 102 | 121 | 92 |

CHAPTER 11

# 비모수적 검정

CONTENTS

지금까지 언급한 모평균에 관한 통계적 추론의 이론적 배경은 정규분포와 중심극한정리에 따라 모집단에서 추출된 표본들은 정규분포나 t-분포를 따른다고 가정하였다. 즉 확률변수들이 정규분포, 지수분포, Weibull 분포, 포아송 분포 등과 같은 특정한 종류의 분포에서 추출되었다는 가정하에서 자료를 이용하였다.

이러한 검정방법을 **모수적 방법**(parametric method)이라 한다. 그러나 모집단의 분포가 비정규분포이거나 데이터들 중에서 소위 이상점이 있을 경우에는 정규분포 추론법에는 심각한 오류가 발생할 수 있다. 실제로 분포의 함수적인 형태는 알기가 매우 어렵고 의학통계, 보건통계, 사회통계 등에서는 정규성을 가정할 수 없는 경우가 다수 있다. 그러므로 분포에 관한 가정을 완화하여 모수를 매개로 하지 않는 검정방법을 고안할 필요가 있다. 이와 같이 모집단에 관해 약한 가정인 연속성이나 대칭성 등의 가정만 이용하고 정규분포 등과 같은 특수한 형태의 분포를 가정하지 않는 통계적 방법을 **비모수적 방법**(nonparametric method)이라 한다.

그 특성은 다음과 같다.

1. 모수적 방법과는 다르게 훨씬 약한 가정을 요구하여 적용범위가 상대적으로 넓고 실제적이다.
2. 양적 관측값뿐만 아니라 비 양적 관측값인 경우에도 매우 유용하다. 즉 맛, 색상, 선호도, 효용도 등은 개인차에 의한 차이가 있으며, 그 크기를 양적으로 나타낼 수 있고 순위(rank)나 부호(sign)로 관측된다.
3. 분포가 두꺼운 꼬리나 이상점(outlier)이 있는 경우에는 비모수적 방법이 모수적 방법보다 유리하다.
4. 부호(sign)나 순위(rank) 등을 사용하여 계산이 비교적 간편하다.

이 장에서는 일반적으로 널리 이용되는 비모수적 방법인 윌콕슨(Wilcoxon) 순위합 검정과 윌콕슨 부호 순위 검정, 크루스칼-왈리스(Kruskall-Wallis) 검정을 소개한다.

# 11.1 윌콕슨 순위 합 검정

윌콕슨 순위 합 검정은 두 분포의 동일성(두 모평균의 차)에 대한 검정에 사용한다. 즉 서로 독립인 두 개의 집단에 어떤 처리를 시행한 후 두 개의 표본이 동일한 모집단으로부터 나온 것인지 검정하는 것이다.

**예 11-1** 다음은 두 회사의 철강 강도를 측정한 결과이다. B회사의 제품이 우수(철강 강도가 높음)하다고 할 수 있는가? 유의수준 10% 근방에서 윌콕슨 순위 합 검정을 시행하여라.

| A회사 | 2.4 | 2.6 | 3.5 |
|---|---|---|---|
| B회사 | 3.2 | 3.9 | |

**풀이** 두 회사 철강 강도의 혼합표본에서 순위를 구해본다.

| 강도 | 2.4 | 2.6 | 3.5 | 3.2 | 3.9 |
|---|---|---|---|---|---|
| 순위 | 1 | 2 | 4 | 3 | 5 |
| 회사 | A | A | A | B | B |

B회사의 순위 합 $W_B = 8$　　A회사의 순위 합 $W_A = 7$

즉, $W_B$와 $W_A$의 차이가 클수록 B회사 제품이 우수하다는 가설을 채택할 수 있다.

1. 귀무가설 $H_0$ : 모든 $x$에 대해 $F_X(x) = F_Y(y)$ $(\mu_A = \mu_B)$
   대립가설 $H_1$ : $F_X(x) < F_Y(y)$ $(\mu_A < \mu_B)$
2. 유의수준 $\alpha = 0.1$
3. 검정통계량 $W_B$ = 표본크기가 작거나 새로운 사실이나 주장하는 표본의 순위 합

4. 기각역 $P(W_B \geq 9) = 0.1$

| B회사 순위 | 1,2 | 1,3 | 1,4 | 1,5 | 2,3 | 2,4 | 2,5 | 3,4 | 3,5 | 4,5 |
|---|---|---|---|---|---|---|---|---|---|---|
| $W_B$ | 3 | 4 | 5 | 6 | 5 | 6 | 7 | 7 | 8 | 9 |
| 확률 | 0.1 | 0.1 | 0.1 | 0.1 | 0.1 | 0.1 | 0.1 | 0.1 | 0.1 | 0.1 |

5. $W_B = 8 < 9$이므로 기각역에 속하지 않는다. 따라서 B회사 제품이 우수하다는 근거는 없다.

NOTE 표본의 크기가 각각 10 이하인 경우에 부록을 참고하여 기각역을 구할 수 있다.

---

**예 11-2** 두 회사에서 생산되는 담배에 함유된 니코틴을 측정하여 다음의 자료를 얻었다. 두 회사의 담배에 함유된 니코틴의 양이 같지 않은지 유의수준 5%에서 검정하여라.

| A회사 | 2 | 2.3 | 2.7 | 2.9 | 3.3 | 3.5 | 3.7 |
|---|---|---|---|---|---|---|---|
| B회사 | 2.4 | 3.1 | 3.8 | 3.9 | 4.2 | 4.4 | 4.4 |

**풀이** 두 회사 제품의 혼합표본에서 순위를 구해본다.

| 니코틴 양 | 2 | 2.3 | 2.4 | 2.7 | 2.9 | 3.1 | 3.3 | 3.5 | 3.7 | 3.8 | 3.9 | 4.2 | 4.4 | 4.4 |
|---|---|---|---|---|---|---|---|---|---|---|---|---|---|---|
| 회사 | A | A | B | A | A | B | A | A | A | B | B | B | B | B |
| 순위 | 1 | 2 | 3 | 4 | 5 | 6 | 7 | 8 | 9 | 10 | 11 | 12 | 13.5 | 13.5 |

$$W_A = 1+2+4+5+7+8+9 = 36$$

1. 귀무가설 $H_0 : \mu_1 = \mu_2$ 대립가설 $H_1 : \mu_1 \neq \mu_2$
2. 유의수준 $\alpha = 0.05$
3. 검정통계량 $W_A = 36$
4. 기각역 $P(W_A \geq 68) = P(W_A \leq 37) = 0.027$

   (NOTE 양측검정으로 유의수준은 $\alpha/2 = 0.025$에 가까운 확률 선택)
5. $W_A = 36 < 37$이므로 기각역에 속한다. 따라서 두 회사의 담배에 함유된 니코틴 함량은 다르다고 할 수 있다.

NOTE 표본 크기가 10 이상인 경우에는 정규 근사에 의한 $Z-$검정법을 이용하여 검정할 수 있다.

**대표본에서 윌콕슨 순위 합 검정**

귀무가설 $H_0 : \theta = \theta_0$

기각역 (ⅰ) $H_1 : \theta > \theta_0$일 때 $Z \geq z_0$

(ⅱ) $H_1 : \theta < \theta_0$일 때 $Z \leq -z_0$

(ⅲ) $H_1 : \theta \neq \theta_0$일 때 $Z \geq z_0/2$ 또는 $Z \leq -z_0/2$

검정통계량 $Z = \dfrac{W - E(W)}{\sqrt{Var(W)}}$

$$E(W) = \frac{1}{2}n_2(n_1 + n_2 + 1),\quad Var(W) = \frac{1}{12}n_1 n_2(n_1 + n_2 + 1)$$

**예 11-3** 다음은 두 회사의 알코올 버퍼를 임의로 샘플링해서 순도를 계산한 결과이다.

| A회사 | 97 | 98 | 97 | 95 | 96 | 95 | 93 | 97 | 92 | 91 | 99 | 99 |
|---|---|---|---|---|---|---|---|---|---|---|---|---|
| B회사 | 99 | 98 | 99 | 96 | 98 | 97 | 95 | 97 | 98 | 89 | 92 | |

B회사 제품의 순도는 차이가 있다고 할 수 있는가? 유의수준 1% 근방에서 윌콕슨 순위 합 검정을 시행하여라.

**풀이** 두 회사의 알코올 버퍼의 혼합표본에서 순위를 구해본다.

| 순도 | 89 | 91 | 92 | 92 | 93 | 95 | 95 | 95 | 96 | 96 | 97 | 97 |
|---|---|---|---|---|---|---|---|---|---|---|---|---|
| 회사 | B | A | A | B | A | A | A | B | A | B | A | A |
| Rank | 1 | 2 | 3 | 4 | 5 | 6 | 7 | 8 | 9 | 10 | 11 | 12 |
| Rank_tie | 1 | 2 | 3.5 | 3.5 | 5 | 7 | 7 | 7 | 9.5 | 9.5 | 13 | 13 |
| 순도 | 97 | 97 | 97 | 98 | 98 | 98 | 98 | 99 | 99 | 99 | 99 | |
| 회사 | A | B | B | A | B | B | B | A | A | B | B | |
| Rank | 13 | 14 | 15 | 16 | 17 | 18 | 19 | 20 | 21 | 22 | 23 | |
| Rank_tie | 13 | 13 | 13 | 18 | 18 | 18 | 18 | 22 | 22 | 22 | 22 | |

B회사의 순위 합 $W_B = 144$ A회사의 순위 합 $W_A = 134$

$H_0$ : 차이가 없다$(median = 0)$ $H_1$ : 차이가 있다$(median \neq 0)$

표본 크기가 10 이상인 경우에는 정규 근사에 의한 $Z-$검정법을 이용하여 검정할 수 있다.

유의수준 1%에서 $Z-$검정을 수행하면

$$Z=\frac{R-n_1(n_1+n_2+1)/2}{\sqrt{n_1n_2(n_1+n_2+1)/12}}=\frac{133.5-12(12+11+1)}{\sqrt{12\,11(12+11+1)/12}}=-0.646$$

$$|Z|=0.646\le Z^*=2.58$$

귀무가설을 기각하지 못한다. 즉 두 회사 간 알코올 버퍼의 순도 차이가 있다는 근거는 없다.

# 11.2 윌콕슨 부호 순위 검정

$X_1$, $X_2$, $\cdots$, $X_n$은 평균 $\theta$에 관해 대칭이고 연속인 모집단에서의 확률표본이라 하자. 윌콕슨 부호 순위 검정에 의하여 연속이고 대칭인 하나의 모집단에 대해 귀무가설 $\theta = \theta_0$을 검정하는 과정은 다음과 같다.

**소표본에서 윌콕슨 부호 순위 검정**

귀무가설 $H_0 : \theta = \theta_0$

검정통계량

1. $Z_i = X_i - \theta_0$, $i = 1$, $\cdots$, $n$을 구한다.
2. $|Z_1|$, $\cdots$, $|Z_n|$ 중에서 $|Z_i|$의 순위를 절대 순위 $R_i^+$라고 한다.
3. $Z_i$의 부호를 $R_i^+$에 붙인다.
4. 윌콕슨 부호 순위 통계량 : $W^+$ =양의 절대 순위의 합

   기각역 (i) $H_1 : \theta > \theta_0$일 때 $W^+ \geq c$

   (ii) $H_1 : \theta < \theta_0$일 때 $W^+ \leq c^*$

   (iii) $H_1 : \theta \neq \theta_0$일 때 $W^+ \geq c_1$ 또는 $W^+ \leq c_2$

   즉, 기각값들은 다음을 만족한다.

$$P(W^+ \geq c) = \alpha,$$

$$P(W^+ \leq c^*) = \alpha,$$

$$P(W^+ \geq c_1) = \frac{\alpha}{2} = P(W^+ \leq c_2)$$

NOTE (i) $R_i^+$를 $Z_i$의 절대순위(absolute rank)라고 한다.

(ii) $|Z_i|$에 동점이 있을 때에는 평균순위를 사용한다.

(iii) 부록표에는 윌콕슨 부호 순위 통계량의 양쪽 꼬리의 분포가 수록되어 있다.

즉, $P = P(W^+ \geq x) = P(W^+ \leq x^*)$

예를 들어 $n = 6$일 때 $P(W^+ \geq 19) = 0.047 = P(W^+ \leq 2)$임을 알 수 있다.

**대표본에서 윌콕슨 부호 순위 검정**

귀무가설 $H_0 : \theta = \theta_0$

기각역 (i) $H_1 : \theta > \theta_0$일 때 $Z \geq z_0$

(ii) $H_1 : \theta < \theta_0$일 때 $Z \leq -z_0$

(iii) $H_1 : \theta \neq \theta_0$일 때 $Z \geq z_0/2$ 또는 $Z \leq -z_0/2$

검정법 : $Z-$검정법 시행, 검정통계량 $Z = \dfrac{W^+ - E(W^+)}{\sqrt{Var(W^+)}}$

$$E(W^+) = \frac{n(n+1)}{4}, \quad Var(W^+) = \frac{n(n+1)(2n+1)}{24}$$

**예 11-4** 다음은 어느 대학교 신입생들의 EQ지수를 조사하기 위해 50문항의 지시에 올바른 반응을 보인 횟수의 백분율이다. 이 대학교 신입생의 평균 EQ 지수가 70% 이상인지 유의수준 5%에서 윌콕슨 부호 순위 검정을 시행하라.

| 78 | 85 | 69 | 72 | 55 | 75 | 63 | 80 | 82 | 90 |
|---|---|---|---|---|---|---|---|---|---|

**풀이** 관측 값에서 부호 순위를 구할 수 있다.

| $X_i$ | 78 | 85 | 69 | 72 | 55 | 75 | 63 | 80 | 82 | 90 |
|---|---|---|---|---|---|---|---|---|---|---|
| $Z_i = X_i - \theta_0$ | 8 | 15 | $-1$ | 2 | $-15$ | 5 | $-7$ | 10 | 12 | 20 |
| R | 5 | 8.5 | 1 | 2 | 8.5 | 3 | 4 | 6 | 7 | 10 |
| $R^*$ | 5 | 8.5 | $-1$ | 2 | $-8.5$ | 3 | $-4$ | 6 | 7 | 10 |

양의 순위 합 : $W^+ = 5 + 8.5 + 2 + 3 + 6 + 7 + 10 = 41.5$

윌콕슨 부호 순위 합 검정을 시행할 수 있다.

1. 귀무가설 $H_0 : \theta = 70$　　대립가설 $H_1 : \theta > 70$

2. 유의수준 $\alpha = 0.05$

3. 검정통계량 : $W^+ = 41.5$

4. 기각역 $P(W^+ \geq 44) = P(W^+ \leq 11) = 0.053$

5. $W^+ = 41.5 < 44$ 이므로 유의수준 5%에서 기각역에 속하지 않는다. 따라서 이 대학교 신입생의 EQ지수가 70% 이상이라는 근거는 없다.

---

**예 11-5** 피부 보호용 자외선 차단제 크림을 새로 개발하여 기존의 크림과 비교하기 위해 8명의 여성에게 두 크림을 바른 후에 일정 시간 햇빛에 노출 시키고 피부가 탄 정도를 측정하여 다음의 자료를 얻었다.

| 기존 크림 | 71 | 72 | 85 | 63 | 48 | 92 | 80 | 56 |
|---|---|---|---|---|---|---|---|---|
| 새 크림 | 61 | 48 | 86 | 57 | 42 | 94 | 78 | 48 |

피부가 탄 정도가 작을수록 효과적이라 할 때 새 크림이 기존의 크림보다 효과적인지 윌콕슨 부호 순위 검정을 유의수준 5%에서 실시하라.

**풀이** 관측값으로부터 부호 순위를 결정한다.

| 기존 크림 | 71 | 72 | 85 | 63 | 48 | 92 | 80 | 56 |
|---|---|---|---|---|---|---|---|---|
| 새 크림 | 61 | 48 | 86 | 57 | 42 | 94 | 78 | 48 |
| 차 | 10 | 24 | −1 | 6 | 6 | −2 | 2 | 8 |
| 순위 | 7 | 8 | −1 | 4.5 | 4.5 | −2.5 | 2.5 | 6 |

$$W^+ = 2.5 + 4.5 + 4.5 + 6 + 7 + 8 = 32.5$$

1. 귀무가설 $H_0$ : 기존의 크림과 새 크림의 효과가 같다($\theta_1 = \theta_2$).
   대립가설 $H_1$ : 새 크림이 기존의 크림보다 효과적이다($\theta_1 > \theta_2$).
2. 유의수준 $\alpha = 0.05$
3. 검정통계량 : $W^+ = 32.5$
4. 기각역 $P(W^+ \geq 30) = P(W^+ \leq 6) = 0.055$
5. $W^+ = 32.5 > 30$ 이므로 기각역에 속한다. 따라서 새 크림이 기존의 크림보다 효과적이라 할 수 있다.

---

**예 11-6** 다음의 자료는 실험용 쥐에 기존의 사료 A 대신 새로운 사료 B의 사용 전과 후의 무게(g) 비교 결과이다. 무게가 적게 나갈수록 효과가 있다고 가정할 때, 새로운 사료 B가 효과가 있는지 윌콕슨 부호 순위 검정을 유의수준 5%에서 실시하라.

| 사료 A | 190 | 195 | 185 | 200 | 199 | 197 | 210 | 205 |
|---|---|---|---|---|---|---|---|---|
| 사료 B | 188 | 190 | 184 | 180 | 196 | 201 | 200 | 200 |

무게가 적게 나갈수록 효과가 있다고 가정할 때, 새로운 사료 B가 효과가 있는지 윌콕슨 부호 순위 검정을 유의수준 5%에서 실시하라.

**풀이** 관측값에서 부호 순위를 계산하면

| 사료 A | 190 | 195 | 185 | 200 | 199 | 197 | 210 | 205 |
|---|---|---|---|---|---|---|---|---|
| 사료 B | 188 | 190 | 184 | 180 | 196 | 201 | 200 | 200 |
| 차 | 2 | 5 | 1 | 20 | 3 | −4 | 10 | 5 |
| 순위 | 2 | 5.5 | 1 | 8 | 3 | −4 | 7 | 5.5 |

$$W^+ = 2 + 5.5 + 1 + 8 + 3 + 7 + 5.5 = 32$$

1. 귀무가설 $H_0$ : 기존의 사료 A와 새 사료 B의 효과가 같다($\theta_1 = \theta_2$).
   대립가설 $H_1$ : 사료 B가 기존의 사료 A보다 효과적이다($\theta_1 > \theta_2$).
2. 유의수준 $\alpha = 0.05$
3. 검정통계량 : $W^+ = 32$
4. 기각역 $P(W^+ \geq 30) = P(W^+ \leq 6) = 0.055$(단, 부록표에서 $n = 8$)
5. $W^+ = 32 > 30$ 이므로 기각역에 속한다. 따라서 새로운 사료 B가 기존의 사료 A보다 효과적이라 할 수 있다.

**예 11-7** 다음은 고혈압 환자에 대해 신약후보물질 A의 투여 전, 후의 고혈압과 관련된 유전자 A의 발현 수치를 나타낸 자료이다. 신약후보물질 A가 유전자 A의 발현에 영향을 주는지 윌콕슨 부호 순위 검정을 유의수준 1%에서 수행하라.

| 투여 전 | 110 | 120 | 100 | 103 | 98 | 103 | 102 | 130 | 170 |
|---|---|---|---|---|---|---|---|---|---|
| 투여 후 | 120 | 100 | 99 | 105 | 100 | 85 | 88 | 100 | 155 |

**풀이** 관측 값에서 부호 순위를 계산하면

| 투여 전 | 110 | 120 | 100 | 103 | 98 | 103 | 102 | 130 | 170 |
|---|---|---|---|---|---|---|---|---|---|
| 투여 후 | 120 | 100 | 99 | 105 | 100 | 85 | 88 | 100 | 155 |
| 차 | −10 | 20 | 1 | −2 | −2 | 18 | 14 | 30 | 15 |
| 순위 | −4 | 8 | 1 | −2.5 | −2.5 | 7 | 5 | 9 | 6 |

$$W^{+}=8+1+7+5+9+6=36$$

1. 귀무가설 $H_0$ : 유전자 A의 발현에 차이가 없다($\theta_1=\theta_2$).
   대립가설 $H_1$ : 유전자 B의 발현에 차이가 있다($\theta_1 \neq \theta_2$).
2. 유의수준 $\alpha=0.01$
3. 검정통계량 : $W^{+}=36$
4. 기각역 $P(W^{+}\geq 37)=P(W^{+}\leq 8)=0.049$(단, 부록표에서 $n=9$)
5. $W^{+}=36<37$ 이므로 기각역에 속하지 않는다. 따라서 신약후보물질 A가 유전자 A의 발현에 영향을 준다는 근거는 없다.

## 11.3 크루스칼-왈리스 검정

이 절에서는 $k$개의 모집단의 중심위치에 관한 추론문제로 모집단이 정규분포를 따른다는 가정을 할 수 없을 때, 순위를 이용한 검정문제를 크루스칼-왈리스 검정을 이용하여 분석해 보자.

지금 $n = n_1 + n_2 + \cdots + n_k$개의 실험단위들을 표본의 크기가 $n_1$, $n_2$, $\cdots$, $n_k$인 $k$개의 집단으로 랜덤하게 나누어, 각 집단에 처리 1, 2, $\cdots$, $k$가 적용된다고 하자.

우리가 검정하고자 하는 문제는 이들 $k$개의 처리효과가 모두 같은가 하는 것이다. 즉, 귀무가설과 대립가설은 다음과 같다.

$H_0$ : 연속인 $k$개의 모집단은 동일하다.

$H_1$ : $k$개의 모집단이 모두 동일하지는 않다.

이와 같은 모형을 분포함수를 이용하여 나타내면 다음과 같다. 즉, $i = 1,\ 2,\ \cdots,\ k$에 대하여 $X_{i1}$, $X_{i2}$, $\cdots$, $X_{in}$는 연속분포 $F(x - \mu_i)$에서의 서로 독립인 확률표본이라 하자. 이와 같은 자료구조를 정리하면 다음과 같다.

| 일원배치법에서의 자료구조 |

| 처리 1 | 처리 2 | | 처리 $k$ |
|---|---|---|---|
| $X_{11}$ | $X_{21}$ | …… | $X_{k1}$ |
| $X_{12}$ | $X_{22}$ | …… | $X_{k2}$ |
| $\vdots$ | $\vdots$ | $\vdots$ | $\vdots$ |
| $X_{1n_1}$ | $X_{2n_2}$ | …… | $X_{kn_k}$ |

$$\text{총표본 크기 } n = \sum_{i=1}^{k} n_i$$

$k$개의 모집단에서 얻은 $n=n_1+n_2+\cdots+n_k$개의 관측값으로 혼합표본을 만든 다음, 작은 것부터 크기순으로 순위를 부여한다. 혼합표본에서 $X_{ij}$의 순위를 $R_{ij}$라 했을 때, $X_{ij}$ 대신에 그의 순위인 $R_{ij}$로 대치하여 다음을 얻는다.

**혼합표본에서의 순위**

| | 처리 1 | 처리 2 | | 처리 $k$ |
|---|---|---|---|---|
| | $R_{11}$ | $R_{21}$ | …… | $R_{k1}$ |
| | $R_{12}$ | $R_{22}$ | …… | $R_{k2}$ |
| | ⋮ | ⋮ | ⋮ | ⋮ |
| | $R_{1n_1}$ | $R_{2n_2}$ | …… | $R_{kn_k}$ |
| 순위합 | $W_1$ | $W_2$ | …… | $W_k$ |
| 평균순위 | $\overline{R}_1=\dfrac{W_1}{n_1}$ | $\overline{R}_2=\dfrac{W_2}{n_2}$ | …… | $\overline{R}_k=\dfrac{W_k}{n_k}$ |

각 처리별 순위 합을

$$W_i=\sum_{j=1}^{n_i} R_{ij}$$

로 나타내면 각 처리별 평균순위는

$$\overline{R}_i=\frac{1}{n_i}\sum_{j=1}^{n_i} R_{ij}=\frac{W_i}{n_i}$$

이며, $n$개의 관측값으로 이루어진 혼합표본의 평균순위는

$$\overline{R}=\frac{1+2+\cdots+n}{n}=\frac{n+1}{2}$$

이 된다. 그러면 $H_0$가 참일 때 각 처리별 평균순위는 혼합표본의 총평균순위인 $(n+1)/2$에 가까울 것으로 기대된다. 한편,

$$\left(\overline{R}_1-\frac{n+1}{2}\right),\ \left(\overline{R}_2-\frac{n+1}{2}\right),\ \cdots,\ \left(\overline{R}_k-\frac{n+1}{2}\right)$$

은 각 처리별 평균순위의 총평균순위로부터의 편차를 나타낸다. 이 편차들의 크기가 상대적으로 작을 때 $H_0$가 참이라는 근거가 되며, 크루스칼–왈리스 검정통계량 $H$는 다음과 같이 정의한다.

$$H = \frac{12}{n(n+1)} \sum_{i=1}^{k} n_i \left( \overline{R}_i - \frac{n+1}{2} \right)^2$$

실제로 $H$의 값을 계산할 때는 다음 공식이 더 유용할 때가 많다.

$$H = \frac{12}{n(n+1)} \left[ \sum_{i=1}^{k} \frac{W_i^2}{n_i} \right] - 3(n+1)$$

**예 11-8** 네 종류의 교육방법에 따라 신생아에게 특별연습을 시키면 걸음마를 더 빨리 배울 수 있는지 실측하여 다음과 같은 결과를 얻었다. 유의수준 5%에서 네 종류의 교육 방법에 따른 차이가 있는지 검정하라.

실험계획 : 남자 신생아를 임의로 네 개의 그룹에 할당한다.
A : 부모에게 매일 특별한 교육내용을 주고 연습시킨다.
B : 부모가 매일 연습시킨다.
C : 교육내용을 주지 않고 일주일에 한 번 전화로 경과보고를 한다.
D : 교육내용을 주지 않고 아기가 걷기 시작하면 한 번 보고하도록 한다.
반응값 : 아기가 부모의 도움없이 혼자 힘으로 처음 걸을 때까지의 기간

**반응값** (개월)

| | | | | | | |
|---|---|---|---|---|---|---|
| A | 9.0 | 9.5 | 9.5 | 9.75 | 10.0 | 13.0 |
| B | 10.0 | 10.0 | 10.5 | 11.0 | 11.75 | 15.0 |
| C | 9.0 | 11.0 | 11.5 | 12.0 | 13.0 | 13.25 |
| D | 11.5 | 11.5 | 12.0 | 13.25 | 13.5 | |

풀이 1) 데이터를 크기 순으로 정렬하고 순위를 부여한다.

| 데이터 | 순위 | 데이터 | 순위 |
|---|---|---|---|
| 9.0 | 1.5 | 11.5 | 13 |
| 9.0 | 1.5 | 11.5 | 13 |
| 9.5 | 3.5 | 11.5 | 13 |
| 9.5 | 3.5 | 11.75 | 15 |
| 9.75 | 5 | 12.0 | 16.5 |
| 10.0 | 7 | 12.0 | 16.5 |
| 10.0 | 7 | 13.0 | 18.5 |
| 10.0 | 7 | 13.0 | 18.5 |
| 10.5 | 9 | 13.25 | 20.5 |
| 11.0 | 10.5 | 13.25 | 20.5 |
| 11.0 | 10.5 | 13.5 | 22 |
| | | 15.0 | 23 |

2) 각 그룹에 대한 순위를 분리하고 순위 합을 구한다.

| 데이터 | 특별훈련(A) | 훈련제어(B) | 주간보고(C) | 최종보고(D) |
|---|---|---|---|---|
| 9.0 | 1.5 | | | |
| 9.0 | | | 1.5 | |
| 9.5 | 3.5 | | | |
| 9.5 | 3.5 | | | |
| 9.75 | 5 | | | |
| 10.0 | 7 | | | |
| 10.0 | | 7 | | |
| 10.0 | | 7 | | |
| 10.5 | | 9 | | |
| 11.0 | | 10.5 | | |
| 11.0 | | | 10.5 | |
| 11.5 | | | 13 | |
| 11.5 | | | | 13 |
| 11.5 | | | | 13 |
| ⋮ | ⋮ | ⋮ | ⋮ | ⋮ |

| 데이터 | 특별훈련(A) | 훈련제어(B) | 주간보고(C) | 최종보고(D) |
|---|---|---|---|---|
| 11.75 | | 15 | | |
| 12.0 | | | 16.5 | |
| 12.0 | | | | 16.5 |
| 13.0 | 18.5 | | | |
| 13.0 | | | 18.5 | |
| 13.25 | | | 20.5 | |
| 13.25 | | | | 20.5 |
| 13.5 | | | | 22 |
| 15.0 | | 23 | | |
| | $W_1 = 39$ | $W_2 = 71.5$ | $W_3 = 80.5$ | $W_4 = 85$ |

검정통계량

$$H = \frac{12}{n(n+1)}\left[\sum \frac{W_i^2}{n_i}\right] - 3(n+1)$$

$$= \frac{12}{23(24)}\left[\frac{(39)^2}{6} + \frac{(71.5)^2}{6} + \frac{(80.5)^2}{6} + \frac{(85)^2}{5}\right] - 3(24)$$

$$= 6.926$$

$H$의 자유도(그룹수$-$1)는 3이므로 $\chi^2(3,\ 0.05) = 7.81$이다. 따라서 $H_o$가 채택되고 기각역에 속하지 않으므로 네 가지 교육방법에 따른 차이가 있다는 증거가 없다.

## CHAPTER 11 연습문제

11-1 두 종류의 비료 A와 B가 농작물 수확량에 미치는 영향을 조사하여 다음과 같은 자료를 얻었다. 수확량에 차이가 있는지 윌콕슨 순위 합 검정을 이용하여 유의수준 10%에서 검정하라.

| A | 11 | 15 | 12 | 20 | 22 |
|---|---|---|---|---|---|
| B | 10 | 16 | 15 | 17 | 19 |

11-2 실어증 환자에 대한 새로운 치료법을 개발하였다. 이 치료법을 기존의 언어 교정법과 비교하기 위하여 8명의 환자를 랜덤하게 두 그룹으로 나누어 치료한 후 실험을 실시하였다. 다음 자료는 주어진 문항에 올바른 반응을 보인 횟수의 백분율이다. 새 치료법이 기존의 치료법보다 우수하다고 할 수 있는지 유의수준 5% 근방에서 윌콕슨 순위 합 검정을 시행하라.

| 기존 치료법 | 25 | 60 | 45 | 50 |
|---|---|---|---|---|
| 새 치료법 | 40 | 85 | 55 | 60 |

11-3 특정한 식이요법에 참여한 10명이 식이요법 후 줄어든 몸무게는 다음과 같다. 이 식이요법이 몸무게 감소에 효과가 있는지 유의수준 5%로 윌콕슨 부호 순위 검정을 실시하여라.

(단위 kg)

| 1.8 | 2.5 | 3.5 | 4.3 | −1.2 | 1.9 | 2.3 | −1.0 | 2.1 | −0.5 |
|---|---|---|---|---|---|---|---|---|---|

**11-4** 다음의 자료는 서로 다른 9개의 스마트폰이 재충전에 걸리는 시간을 나타낸다. 스마트폰 재충전에 걸리는 시간이 평균적으로 1시간 이상이라는 가설을 유의수준 $\alpha = 0.05$에서 윌콕슨 부호 순위 검정을 실시하여라.

| 0.9, | 1.1, | 1.5, | 0.8, | 1.2, | 1.4, | 0.7, | 1.1, | 1.3 |
|---|---|---|---|---|---|---|---|---|

**11-5** DNA methylation의 변화가 암세포에서 정상세포와 비교 시 차이가 나는 것으로 알려졌다. 이를 확인하기 위해서 특정 유전자 A의 조절 부위에 있는 DNA methylation의 정도를 측정하였다. 각각 정상인 7명, 암환자 8명을 임의로 추출하여 조사한 결과 다음과 같이 나타났다. 유의수준 5%에서 검정하여라.

| 정상인 | 0.5 | 0.6 | 0.3 | 0.7 | 0.2 | 0.5 | 0.7 | |
|---|---|---|---|---|---|---|---|---|
| 암환자 | 0.3 | 0 | 0.2 | 0.1 | 0.7 | 0.2 | 0.3 | 0.4 |

**11-6** 세 종류의 미사일 시스템에서 추진체 연소율을 평가하여 우수한 시스템을 선택하려 실험한 결과 다음과 같은 값을 얻었다. 유의수준 5%에서 세 종류의 시스템에서 추진체 연소율에 따라 차이가 있는지 검정하라.

| 미사일 시스템 | A | B | C |
|---|---|---|---|
| 추진체 연소율 | 24.0 | 17.8 | 19.3 |
| | 22.8 | 20.2 | 18.8 |
| | 16.7 | 17.6 | 18.9 |
| | 18.9 | 18.1 | 19.7 |
| | 19.8 | 19.8 | 17.3 |
| | | 23.2 | 17.3 |
| | | | 19.1 |
| | | | 18.4 |

CHAPTER

# 12

# 통계적 품질관리

CONTENTS

## 12.1 관리도의 원리

어느 생산공정에서 생산되는 제품의 품질에는 차이가 발생하는 임의의 변이가 있다. 즉, 충분히 잘 설계되고 관리되는 생산공정이라도 완전히 동일한 제품을 생산하기가 불가능한 약간의 변이는 항상 있다. 이러한 변이를 **우연변이**(chance variation)라 부르고, 그러한 정도의 품질 변동은 자연스러운 것으로 받아들일 수 있다. 이와 같이 우연변이(요인)에 의해서만 지배되는 경우 그 공정을 통계적으로 **관리상태 내**(in statistial control)에 있다고 말한다.

이와는 다른 품질변동의 예로는 생산설비의 이상, 미숙련 작업원의 투입 또는 불량자재의 사용 등과 같이 공정이 관리상태를 이탈함으로써 품질변동이 발생하는 경우가 있다. 이와 같은 우연요인 이외의 변동변이(요인)을 **이상변이**(assignable variation)라 부르고 공정에 이상변동(요인)이 발생한 경우 그 공정이 관리상태를 벗어났다(out of control)고 말하며, 혹은 이상상태에 있다고 한다.

품질관리의 중요한 목적 중의 하나는 공정에 이상요인이 발생하였을 경우 가능한 빨리 이를 탐지하여 수정조치를 취함으로써 불량제품의 발생을 사전에 억제하는 것이다. 이러한 목적으로 가장 널리 사용되는 대표적인 기법의 하나가 관리도이다. 관리도는 품질의 변동상황을 그래프로 나타낸 것으로, 공정에 대한 정보들 평균, 산포, 불량률 등을 추정하거나 공정능력을 결정하는 데 이용될 수 있고, 공정개선을 위한 유익한 정보를 제공하기도 한다.

결국, 통계적 공정관리의 궁극적 목표는 생산공정에서 품질의 변동을 제거하는 것이다. 현실적으로 품질변동을 완전히 제거한다는 것은 불가능하겠으나 관리도를 사용함으로써 품질의 변동을 가능한 한도까지 매우 효과적으로 감소시킬 수 있다.

**관리도**(control chart)란 위에서 말한 바와 같은 의미를 갖는 합리적으로 정한 선, 즉 관리한계선이 있는 그래프를 말한다.

관리도에는 **중심선**(center line ; CL)을 사이에 두고 상하로 **관리상한**(upper control limit ; UCL)과 **관리하한**(lower control limit ; LCL)이 [그림 12-1]과 같이 그어져 있

으며, 이 한계선들이 통계적으로 보아서 이상원인에 의한 변동이 발생되었는가 또는 아닌가를 판단하는 기준으로 사용된다. [그림 12−1]에서는 제품번호 6에 이상이 있다고 볼 수 있다.

중심선과 관리한계선과의 거리는 $3\sigma$(여기서 $\sigma$는 관리도의 각 점이 갖는 표준편차를 의미함)의 것이 보통이며, 이 때 제1종 오류를 범할 확률은 0.3%이다. 여기서 제1종 오류는 아무런 이상이 없는데도 불구하고 점이 관리한계선을 벗어나는 확률이다.

▌그림 12-1 관리도▐

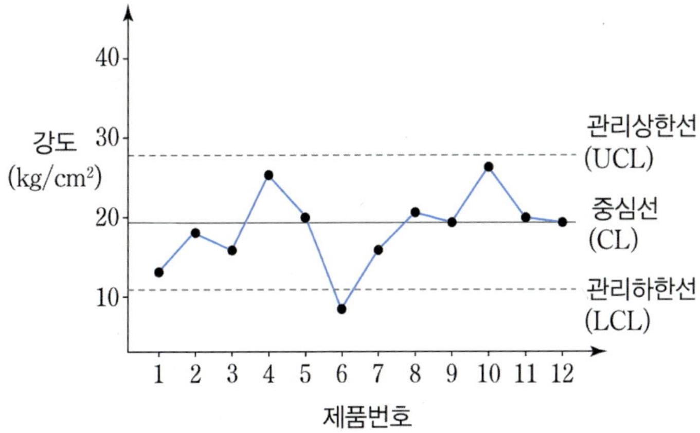


공정에 아무런 이상이 없는 관리상태 내(in control)에 있다고 판정하기 위해서는 다음의 두 가지 조건이 만족되어야 한다.

(1) 점이 관리한계선을 벗어나지 않는다.

(2) 점의 배열에 습성이 없다.

a) 연속 25점 모두가 관리한계선 안에 있을 때

b) 연속 35점 중 34점 이상이 관리한계선 안에 있을 때

c) 연속 100점 중 98점 이상이 관리한계선 안에 있을 때

※ 적어도 25점 이상을 그려야 관리도로 판정한다.

공정에 이상이 있는 관리상태 밖에 있다면 점의 배열에 습성이 나타나는 것은 다음과 같은 경우를 의미한다.

(1) • 런의 길이가 5인 경우 : 공정의 주의
- 런의 길이가 6인 경우 : 원인 조사 개시
- 런의 길이가 7 이상인 경우 : 이상원인이 있다고 판단하고 조치를 취함

또는 런의 길이가 7 이상이 아니더라도 중심선에 대하여 같은 쪽에

- 연속 11점 중 적어도 10점이
- 연속 14점 중 적어도 12점이
- 연속 17점 중 적어도 14점이
- 연속 20점 중 적어도 16점이

있을 경우에는 이상이 있다고 판단하고 조치를 취해야 한다.

(2) • 주기성(cycle) : 주기적으로 나타나는 성질
- 경향(trend) : 점점 올라가거나 내려가는 상태

(3) 점이 관리한계선에 접근해서 나타날 때
- 연속 3점 중 2점 이상
- 연속 7점 중 3점 이상
- 연속 10점 중 4점 이상

(4) 특수한 상태가 나타나는 경우
- 중심선 매우 가까이에 모두 모여있는 경우
- 관리한계선을 벗어나는 점이 반 이상인 경우

위에서 런하는 것은 중심선의 한쪽에 연속해서 나타난 점의 군을 말한다. 런의 길이(length of run)란 한 런에 포함되어 있는 점의 수이다. [그림 12-2]에는 런의 수(number of runs)는 모두 9개이고, 가장 긴 런의 길이는 5이다. 일반적으로 런의 길이가 6 이상이면 길다고 말하고 이상원인이 있다고 생각할 수 있다.

관리도법에서는 점이 관리한계선을 벗어나거나 또는 어떤 습성이 발견되면, 공정에는 어떤 이상이 있는 것으로 판단하여 공정은 이상상태(out of control)하에 있다고 말한다. 이 경우에는 이상을 주는 원인을 발견·제거시켜 그와 같은 이상상태가 다시 일어나지 않도록 관리하여 주어야 한다.

ㅣ그림 12-2 런의 길이와 런의 수ㅣ

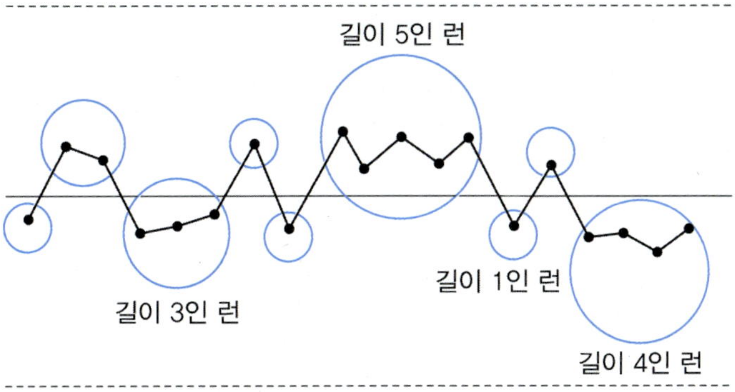

# 12.2 관리도의 종류

관리도는 자료에서 길이, 무게, 강도, 순도 등과 같이 연속되는 값을 갖는 **계량형 관리도**와 불량개수, 결점수, 결근 일수 등과 같이 10, 20, 30으로 수를 세는 값을 갖는 **계수형 관리도**로 분류할 수 있다.

계량형 관리도에서 대표적인 $\overline{X}-R$(평균값 - 범위) 관리도에 대하여 알아보자.

## 12.2.1 평균값과 범위($\overline{X}-R$)의 관리도

이 관리도는 계량형 관리도 중에서 가장 많이 사용되는 관리도로, 공정의 상태에 대하여 많은 정보를 제공하여 주고 있다. $\overline{x}$ 관리도는 주로 자료의 평균 값 변화를 나타내고, $R$ 관리도는 자료의 산포 변화를 나타내기 위하여 사용하는데, 보통 이 두 개를 함께 사용한다.

관리도 작성에서 가장 중요한 것은 관리한계의 설정이다. 먼저 $\overline{x}$ 관리도의 $3\sigma$ 관리한계를 구하여 보자. 개개의 측정값 $x$가 $N(\mu,\ \sigma^2)$의 분포를 따른다고 하자. 이 경우에 표본크기 $n$인 표본의 평균 $\overline{x}$는 $N(\mu,\ \sigma^2/n)$의 분포를 따르므로 이론적으로

$$\text{UCL} = \mu + 3\frac{\sigma}{\sqrt{n}} = \mu + A\sigma$$

$$\text{LCL} = \mu - 3\frac{\sigma}{\sqrt{n}} = \mu - A\sigma$$

로 주어진다. 여기서 $A$는 표 12.1에 나타나 있는 상수로 $A = 3/\sqrt{n}$의 값이다. 그러나 실제로 $\mu$와 $\sigma$의 값을 모르므로 이를 표본에서 추정하여 사용하게 된다.

**표 12.1 관리도용 계수표**

| 표본의 크기($n$) | $\sqrt{n}$ | $A$ | $A_1$ | $d_2$ | $d_3$ | $D_3$ | $D_4$ |
|---|---|---|---|---|---|---|---|
| 2 | 1.414 | 2.121 | 1.880 | 1.128 | 0.853 | - | 3.267 |
| 3 | 1.732 | 1.732 | 1.023 | 1.693 | 0.888 | - | 2.575 |
| 4 | 2.000 | 1.500 | 0.729 | 2.059 | 0.880 | - | 2.282 |
| 5 | 2.236 | 1.342 | 0.577 | 2.326 | 0.864 | - | 2.115 |
| 6 | 2.449 | 1.225 | 0.483 | 2.534 | 0.848 | - | 2.004 |
| 7 | 2.646 | 1.134 | 0.419 | 2.704 | 0.833 | 0.076 | 1.924 |
| 8 | 2.828 | 1.061 | 0.373 | 2.847 | 0.820 | 0.136 | 1.864 |
| 9 | 3.000 | 1.000 | 0.337 | 2.970 | 0.808 | 0.184 | 1.816 |
| 10 | 3.162 | 0.949 | 0.308 | 3.078 | 0.797 | 0.223 | 1.777 |

**예 12-1** 어떤 공장에서 지름의 평균이 3mm이고, 표준편차가 0.1mm인 정규분포를 따르는 철창을 생산한다. 연속적으로 4개의 철창을 한 표본으로 하여 표본평균을 조사한 결과가 다음과 같다.

| 표본 | $\overline{X}$ | 표본 | $\overline{X}$ |
|---|---|---|---|
| 1 | 3.01 | 6 | 3.02 |
| 2 | 2.97 | 7 | 3.10 |
| 3 | 3.12 | 8 | 3.14 |
| 4 | 2.99 | 9 | 3.09 |
| 5 | 3.03 | 10 | 3.20 |

관리도를 이용하여 결론을 유도하여라.

**풀이** 관리상태 내에서는 연속적 지름의 평균이 3이고, 표준편차가 0.1이며, 표본개수가 4이므로, 관리극한은

$$\mathrm{LCL}=3-\frac{3(0.1)}{\sqrt{4}}=2.85,\ \ \mathrm{UCL}=3+\frac{3(0.1)}{\sqrt{4}}=3.15$$

이다. 표본 10이 관리상한보다 위에 위치하므로 창의 평균지름이 3과 다르다고 의심할 이유가 있다.

$\overline{x}$의 관리도 작성시에는 크기 $n$의 표본들이 표 12.1에서와 같이 $k$개(군의 수) 추출하므로 이들 $k$개의 $\overline{x}$의 평균 $\overline{\overline{x}}$를 $\mu$의 추정값으로 하고, $\sigma$의 추정값으로

$$\hat{\sigma} = \frac{\overline{R}}{d_2}$$

을 사용한다. 여기서 $\overline{R}$는 $k$개의 표본들의 각각의 범위를 $R_1$, $R_2$, $\cdots$, $R_k$라고 할 때 이들의 평균이고, $d_2$를 $n$에 따라서 달라지는 상수로

$$E\left(\frac{\overline{R}}{d_2}\right) = \sigma$$

를 만족시키는 값이다. 이 값은 표 12.1에 수록되어 있다.

---

**$\overline{x}$ 의 관리도의 관리한계**

$$\text{관리상한(UCL)} = \overline{\overline{x}} + 3\frac{\hat{\sigma}}{\sqrt{n}}$$

$$= \overline{\overline{x}} + \frac{3}{\sqrt{n}} \cdot \frac{\overline{R}}{d_2} = \overline{\overline{x}} + A_2 R$$

$$\text{관리하한(LCL)} = \overline{\overline{x}} - A_2 \overline{R}$$

여기서 $A_2 = \dfrac{3}{\sqrt{n} \cdot d_2}$으로 표 12.1에서 찾을 수 있다.

---

다음으로 $R$ 관리도의 관리상한과 하한을 구하여 보자. 이론적으로

$$\text{UCL} = E(R) + 3\sqrt{\text{Var}(R)}$$
$$\text{LCL} = E(R) - 3\sqrt{\text{Var}(R)}$$

이 되어야 하나, $R$의 기댓값과 분산을 실제로는 모르므로 추정값을 사용하게 된다.

표본에서 얻어지는 범위 $R$의 기댓값과 표준편차는 모집단이 정규분포인 경우에 $E(R) = d_2\sigma$, $\text{Var}(R) = d_3\sigma$임이 알려져 있고, 이 식으로부터 $\hat{\sigma} = \dfrac{\overline{R}}{d_2}$, $\text{Var}(R) = d_3\dfrac{\overline{R}}{d_2}$가 된다(단, $d_2$, $d_3$는 표본크기 $n$에 따라 정해지는 값으로 표 12.1에 수록되어 있다).

**$R$ 관리도의 관리한계**

$$\begin{aligned} \text{UCL} &= \overline{R} + 3d_3\sigma \\ &= \overline{R} + 3d_3\left(\frac{\overline{R}}{d_2}\right) \\ &= \left(1 + 3\frac{d_3}{d_2}\right)\overline{R} = D_4\overline{R} \end{aligned}$$

$$\text{LCL} = \left(1 - 3\frac{d_3}{d_2}\right)\overline{R} = D_3\overline{R}$$

여기서 $D_3$, $D_4$는 각각 $1-3\frac{d_3}{d_2}$, $1+3\frac{d_3}{d_2}$로 표 12.1에 수록되어 있고, 표 12.1에서 $D_3$의 값이 $n \le 6$인 경우 $D_3 < 0$이 되는데 이 경우는 0으로 간주하여 사용한다.

**예 12-2** 연속되는 어떤 생산공정에서 하루에 수천 개의 제품이 만들어지고 있다. 이때 하루에 생산되는 제품 중 25개의 부분군에서 각각 5개씩 무작위 추출하여 데이터를 정리하였더니 표 12.2와 같다.

$\overline{x}-R$ 관리도의 중심선과 관리한계선을 구하여라(단, $n=5$일 때 $A_2 = \frac{3}{\sqrt{n}\,d_2} = 0.577$, $D_3=0$, $D_4=2.115$).

**표 12.2**

| 군번호 | 월 일 | $x_1$ | $x_2$ | $x_3$ | $x_4$ | $x_5$ | $\overline{x}$ | $R$ |
|---|---|---|---|---|---|---|---|---|
| 1 | 10-1 | 2.1 | 1.9 | 1.9 | 2.2 | 2.0 | 2.02 | 0.3 |
| 2 | 2 | 2.3 | 1.7 | 1.8 | 1.9 | 2.1 | 1.96 | 0.6 |
| 3 | 3 | 2.1 | 2.1 | 2.2 | 2.1 | 2.2 | 2.14 | 0.1 |
| 4 | 4 | 2.0 | 1.9 | 1.9 | 2.3 | 2.0 | 2.02 | 0.4 |
| 5 | 5 | 2.1 | 2.2 | 2.0 | 2.0 | 2.1 | 2.08 | 0.2 |
| 6 | 6 | 2.1 | 1.7 | 1.8 | 1.7 | 2.2 | 1.90 | 0.5 |
| 7 | 7 | 1.8 | 1.8 | 2.0 | 1.9 | 2.0 | 1.90 | 0.2 |
| 8 | 8 | 2.2 | 2.2 | 1.9 | 2.0 | 1.9 | 2.04 | 0.3 |
| 9 | 9 | 2.0 | 1.8 | 2.0 | 1.9 | 2.0 | 1.94 | 0.2 |

| 군번호 | 월 일 | $x_1$ | $x_2$ | $x_3$ | $x_4$ | $x_5$ | $\bar{x}$ | $R$ |
|---|---|---|---|---|---|---|---|---|
| 10 | 10-10 | 1.8 | 1.7 | 2.0 | 2.0 | 1.7 | 1.84 | 0.3 |
| 11 | 11 | 1.8 | 1.9 | 1.9 | 2.4 | 2.1 | 2.02 | 0.6 |
| 12 | 12 | 1.9 | 2.2 | 2.0 | 2.0 | 2.0 | 2.02 | 0.3 |
| 13 | 13 | 2.2 | 1.9 | 1.6 | 1.9 | 1.8 | 1.88 | 0.6 |
| 14 | 14 | 2.0 | 2.0 | 2.1 | 2.1 | 1.8 | 2.00 | 0.3 |
| 15 | 15 | 1.9 | 1.8 | 2.1 | 2.1 | 2.0 | 1.98 | 0.3 |
| 16 | 16 | 1.6 | 1.8 | 1.0 | 2.0 | 2.0 | 1.86 | 0.4 |
| 17 | 17 | 2.1 | 2.2 | 2.1 | 2.0 | 1.8 | 2.04 | 0.4 |
| 18 | 18 | 1.8 | 1.8 | 1.6 | 2.1 | 2.2 | 1.90 | 0.6 |
| 19 | 19 | 2.4 | 2.1 | 2.1 | 2.1 | 2.0 | 2.14 | 0.4 |
| 20 | 20 | 2.1 | 1.9 | 1.9 | 1.9 | 1.9 | 1.94 | 0.2 |
| 21 | 21 | 2.0 | 2.0 | 1.9 | 1.9 | 2.2 | 2.00 | 0.3 |
| 22 | 22 | 2.0 | 2.0 | 2.3 | 2.2 | 1.8 | 2.06 | 0.5 |
| 23 | 23 | 2.2 | 2.2 | 2.0 | 1.8 | 2.2 | 2.08 | 0.4 |
| 24 | 24 | 1.9 | 1.9 | 2.0 | 2.4 | 2.0 | 2.04 | 0.5 |
| 25 | 25 | 1.7 | 2.1 | 2.1 | 1.8 | 1.9 | 1.92 | 0.4 |
| 합계 | | | | | | | 49.72 | 9.3 |
| 평균 | | | | | | | $\bar{\bar{x}}=1.989$ | $\bar{R}=0.372$ |

**풀이** $\bar{\bar{x}}=\dfrac{\Sigma\bar{x}}{25}\simeq 1.989,\ \bar{R}=\dfrac{\Sigma\bar{R}}{25}=0.372$

$\bar{x}$ 관리도

$$\text{UCL} = \bar{\bar{x}}+A_2\bar{R}=1.989+(0.577)(0.372)=2.024$$

$$\text{LCL} = \bar{\bar{x}}-A_2\bar{R}=1.989-(0.577)(0.372)=1.774$$

$R$ 관리도

$$\text{UCL} = D_4\bar{R}=(2.115)(0.372)=0.79$$

$$\text{LCL} = D_3\bar{R}=(0)(0.372)=0$$

여기에서 $A_2$, $D_4$, $D_3$의 값은 표 12.1에서 찾은 값이다. 이를 그래프로 그려보면 [그림 12−3]와 같다. 이 관리도에서 보는 바와 같이 점들이 모두 관리한계 안에 있고, 또한 어떤 뚜렷한 버릇이 없으므로 공정은 안정상태라고 말할 수 있다.

**그림 12-3 예 12-2의 $\bar{x}-R$ 관리도**

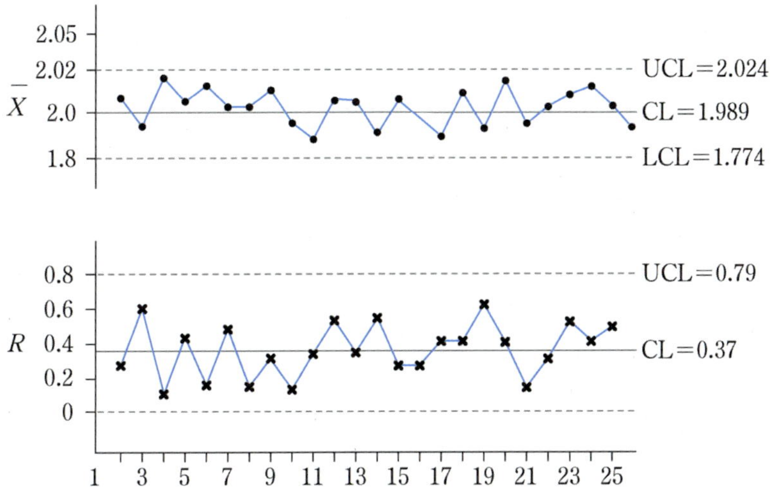


## 12.2.2 불량률($p$) 관리도

이절에서는 대표적인 계수형 관리도인 불량률 관리도에 대하여 알아보자. 공정불량률 $p$가 일정하게 유지되는 연속적인 생산공정에서 크기 $n$의 표본을 추출하였을 때, $n$개의 제품 중에서 불량품의 개수가 $r$개 포함될 확률은

$$f(r)=\binom{n}{r}p^r(1-p)^{n-r}$$

이 되며, $r$의 평균값과 분산은 각각

$$E(r)=np$$

$$\mathrm{Var}(r)=np(1-p)$$

이다. 이 결과를 이용하여 표본의 불량률 $\frac{r}{n}$의 평균값과 분산은

$$E\left(\frac{r}{n}\right)= p$$

$$\mathrm{Var}\left(\frac{r}{n}\right)= \frac{p(1-p)}{n}$$

가 된다.

따라서 공정불량률 $p$를 알고 있을 때 $p$ 관리도의 관리한계선은 $3\sigma$ 개념을 사용할 경우에

$$\mathrm{UCL}= p+3\sqrt{\frac{p(1-p)}{n}}$$

$$\mathrm{LCL}= p-3\sqrt{\frac{p(1-p)}{n}}$$

로 주어지며, 중심선은 CL$= p$가 된다.

그러나 실제로 $p$를 모르고 있으므로 $p$ 대신에

$$\bar{p}= \frac{\text{검사에서 발견된 불량품의 총 수}}{\text{총 검사개수}}$$

를 사용하여 CL$= \bar{p}$로 하고, 다음과 같이 관리한계선을 얻는다.

---

**$p$ 관리도의 관리한계**

$$\mathrm{UCL}= \bar{p}+3\sqrt{\frac{\bar{p}(1-\bar{p})}{n}}$$

$$\mathrm{LCL}= \bar{p}-3\sqrt{\frac{\bar{p}(1-\bar{p})}{n}}$$

---

**예 12-3** 표 12.3은 전기 스위치 제조공정에서 $p$ 관리도 작성을 위해 크기가 $n=100$인 부분군 20개를 추출하여 정리한 자료이다. 불량률 관리도를 작성하여라.

**표 12.3**

| 부분군 번호 | 불량개수 | 불량률 | 부분군 번호 | 불량개수 | 불량률 |
|---|---|---|---|---|---|
| 1 | 12 | 0.12 | 11 | 6 | 0.06 |
| 2 | 3 | 0.03 | 12 | 0 | 0.00 |
| 3 | 6 | 0.06 | 13 | 4 | 0.04 |
| 4 | 8 | 0.08 | 14 | 0 | 0.00 |
| 5 | 4 | 0.04 | 15 | 3 | 0.03 |
| 6 | 1 | 0.01 | 16 | 15 | 0.15 |
| 7 | 3 | 0.03 | 17 | 1 | 0.01 |
| 8 | 0 | 0.00 | 18 | 2 | 0.02 |
| 9 | 1 | 0.01 | 19 | 0 | 0.00 |
| 10 | 8 | 0.08 | 20 | 3 | 0.03 |
| | | | 계 | 80 | |

**풀이** 총 2,000개의 검사제품 중 발견된 불량품수는 80개이므로 공정불량률의 추정치는 $\bar{p}=80/2,000=0.04$이다. $\bar{p}$를 현재의 공정평균불량률로 간주하여 $p$ 관리도의 중심선 및 예비관리한계선을 계산하면 다음과 같다.

$$\begin{aligned} UCL_p &= \bar{p}+3\sqrt{\bar{p}(1-\bar{p})/n} \\ &= 0.04+3\sqrt{(0.04)(1-0.04)/100}=0.0988 \end{aligned}$$

$$CL_p=\bar{p}=0.04$$

$$\begin{aligned} LCL_p &= \bar{p}-3\sqrt{\bar{p}(1-\bar{p})/n}=0.04-3\sqrt{(0.04)(1-0.04)/100} \\ &=-0.0188 \end{aligned}$$

여기서 음의 값을 갖는 $LCL_p$는 무의미하므로 $LCL_p=0$으로 둔다. 표 12.3의 자료와 예비관리한계선으로부터 $p$ 관리도를 작성하면 [그림 12-4]와 같다.

❙ 그림 12-4 ❙

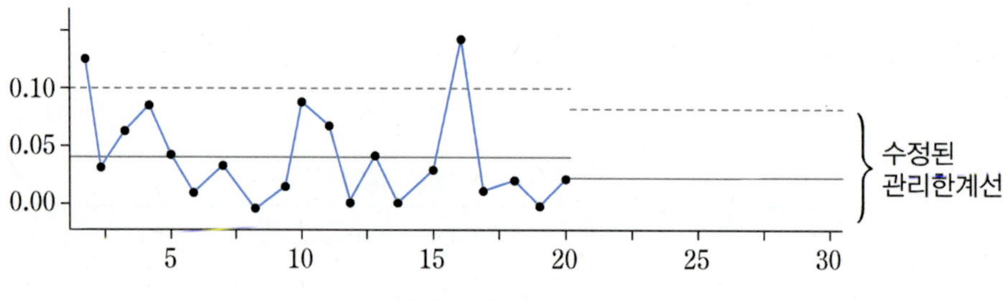


$p$ 관리도에서 첫 번째와 16번째 점이 관리상한선을 벗어나 있는데 원인 조사결과 첫 번째 점은 최초작업시 작업자의 실수에 의한 것으로, 16번째 짐은 기계고장으로 인한 것임이 판명되었다. 따라서 이들 두 점을 이상치로 산수하여 제거한 후 공정평균불량률을 추정하면

$\overline{p} = 53/1,800 = 0.0294$가 되고 이로부터 중심선 및 관리한계선을 다시 작성하면 다음과 같다.

$$\mathrm{UCL}_p = 0.0294 + 3\sqrt{0.0294(1-0.0294)/100} = 0.0801$$

$$\mathrm{CL}_p = 0.0294$$

$$\mathrm{LCL}_p = 0.0294 - 3\sqrt{0.0294(1-0.0294)/100} = -0.0213$$

$\mathrm{LCL}_p$의 값이 음이므로 $\mathrm{LCL}_p = 0$으로 둔다. 이제 더 이상 수정된 관리한계선을 벗어나는 점이 없으므로 다음 계속되는 생산에는 [그림 12-4]에서와 같이 수정된 관리한계선을 사용한다.

---

**예 12-4** 50개씩의 나사못을 계속해서 자동나사못 기계의 생산과정에서 끄집어내어 받아들일 수 있느냐 불량이냐의 비율을 20개의 표본에서 행한 결과가 다음과 같다. 불량률 관리도를 구하여라.

| 부분군 | 불량비율 | $\hat{p}$ | 부분군 | 불량비율 | $\hat{p}$ |
|---|---|---|---|---|---|
| 1 | 6 | 0.12 | 11 | 1 | 0.02 |
| 2 | 5 | 0.10 | 12 | 3 | 0.06 |
| 3 | 3 | 0.06 | 13 | 2 | 0.04 |
| 4 | 0 | 0.00 | 14 | 0 | 0.00 |
| 5 | 1 | 0.02 | 15 | 1 | 0.02 |
| 6 | 2 | 0.04 | 16 | 1 | 0.02 |
| 7 | 1 | 0.02 | 17 | 0 | 0.00 |
| 8 | 0 | 0.00 | 18 | 2 | 0.04 |
| 9 | 2 | 0.04 | 19 | 1 | 0.02 |
| 10 | 1 | 0.02 | 20 | 2 | 0.04 |

**풀이** 불량률의 추정치는 다음과 같이 계산할 수 있다.

$$\bar{p} = \frac{\text{불량품 총 개수}}{\text{총 제품수}} = \frac{34}{1000} = 0.034$$

그러므로

$$\text{UCL} = 0.034 + 3\sqrt{\frac{(0.034)(0.966)}{50}} = 0.1109$$

$$\text{LCL} = 0.034 - 3\sqrt{\frac{(0.034)(0.966)}{50}} = -0.0429$$

첫 번째 부분군의 불량비율은 관리상한 밖에 존재하므로 그 부분군을 없애버리고 $\bar{p}$를 다시 계산하면

$$\bar{p} = \frac{34 - 6}{950} = 0.0295$$

이다. 따라서 관리극한은 $0.0295 \pm \sqrt{(0.0295)(1-0.0295)/50}$, 또는

$$\text{LCL} = -0.0423 \qquad \text{UCL} = 0.1013$$

이다. 나머지 부분군은 전부 이 관리극한 내에 존재하므로 관리상태 내에 있을 경우에는 불량비율이 0.1013보다 적어야만 한다고 받아들일 수 있다.

CHAPTER 12 연습문제

12-1 $\bar{x}-R$ 관리도에서 $k=25$, $n=5$이고, $\sum \bar{x}=741$, $\sum R=685$일 때, 이 관리도의 관리한계값을 구하라($n=5$일 때, $d_2=2.326$, $d_3=0.864$).

12-2 아래 자료표는 액상식품 제조공정에서 혼합유체의 밀도를 측정한 자료이다. 이 제품은 배치(batch) 단위로 생산되는데 하나의 배치가 생산되기까지 여러 시간이 소요되므로 부분군 크기를 $n=1$을 사용하여 관리도를 작성하여라.

**| 자료표 |**

| 부분군 번호 | 밀도 $X$ | 범위 $R$ | 부분군 번호 | 밀도 $X$ | 범위 $R$ |
|---|---|---|---|---|---|
| 1 | 1.65 | | 11 | 1.62 | 0.13 |
| 2 | 1.25 | 0.40 | 12 | 1.27 | 0.35 |
| 3 | 2.00 | 0.75 | 13 | 1.50 | 0.23 |
| 4 | 1.82 | 0.18 | 14 | 1.54 | 0.04 |
| 5 | 1.45 | 0.37 | 15 | 1.13 | 0.41 |
| 6 | 1.22 | 0.23 | 16 | 1.84 | 0.71 |
| 7 | 1.68 | 0.46 | 17 | 1.75 | 0.09 |
| 8 | 1.27 | 0.41 | 18 | 1.33 | 0.42 |
| 9 | 1.52 | 0.25 | 19 | 1.51 | 0.18 |
| 10 | 1.49 | 0.03 | 20 | 1.38 | 0.13 |
| | | | 계 | 30.22 | 5.77 |
| | | | 평균 | 1.51 | 0.30 |

12-3 어떤 연속생산공정에서 하루에 50개씩 제품을 추출하여 검사하였더니 다음과 같은 자료가 얻어졌다. 불량률 관리도($\bar{p}$ 관리도)를 그려라.

| 군번호 | 검사개수($n$) | 불량개수($r$) | 불량률($\hat{p}$) |
|---|---|---|---|
| 1 | 50 | 3 | 0.06 |
| 2 | 〃 | 8 | 0.16 |
| 3 | 〃 | 3 | 0.06 |
| 4 | 〃 | 5 | 0.10 |
| 5 | 〃 | 4 | 0.08 |
| 6 | 〃 | 10 | 0.20 |
| 7 | 〃 | 10 | 0.20 |
| 8 | 〃 | 9 | 0.18 |
| 9 | 〃 | 4 | 0.08 |
| 10 | 〃 | 6 | 0.12 |
| 11 | 〃 | 9 | 0.18 |
| 12 | 〃 | 8 | 0.16 |
| 13 | 〃 | 12 | 0.24 |
| 14 | 〃 | 6 | 0.12 |
| 15 | 〃 | 8 | 0.16 |
| 16 | 〃 | 8 | 0.16 |
| 17 | 〃 | 10 | 0.20 |
| 18 | 〃 | 13 | 0.26 |
| 19 | 〃 | 9 | 0.18 |
| 20 | 〃 | 5 | 0.10 |
| 21 | 〃 | 7 | 0.14 |
| 22 | 〃 | 9 | 0.18 |
| 23 | 〃 | 5 | 0.10 |
| 24 | 〃 | 3 | 0.06 |
| 25 | 〃 | 13 | 0.26 |
| 합계 | 1,250 | 187 | - |
| 평균 | $\bar{n}=50$ | - | $\bar{p}=0.150$ |

# 부록

CONTENTS

# 01 연습문제 풀이

## Chapter 01 확률

[1-1] (ⅰ) 7명의 사람은 $7 \times 6 \times 5 \times 4 \times 3 \times 2 \times 1 = 7!$가지 방법의 열로 정렬하여 앉을 수 있다.

(ⅱ) 한 사람이 원형 테이블의 한 좌석에 앉고, 다른 여섯 사람은 테이블 주위에 $6 \times 5 \times 4 \times 3 \times 2 \times 1 = 6!$가지의 방법으로 정렬하여 앉을 수 있다.

NOTE $n$개의 대상물은 $(n-1)(n-2)\cdots 3 \cdot 2 \cdot 1 = (n-1)!$가지의 방법으로 원을 정렬할 수 있다.

[1-2] 6개의 깃발은 4개의 붉은색 깃발과 2개의 청색 깃발로 이루어져 있으므로, $\dfrac{6!}{4!2!} = 15$가지의 신호가 있다.

[1-3] (ⅰ) 순서표본에서 각각의 공은 8가지 방법으로 택할 수 있으므로, 복원을 갖는 $8 \cdot 8 \cdot 8 = 8^3 = 512$가지의 방법이 있다.

(ⅱ) 순서표본에서 첫 번째 공은 8가지 방법으로 택해질 수 있고, 다음은 7가지, 그리고 마지막 6가지가 있다. 그러므로 복원을 갖지 않는 $8 \cdot 7 \cdot 6 = 336$가지의 표본이 있다.

[1-4] 7명의 남성 중에서 3명을 고르는 것은 $\binom{7}{3}$가지이고, 5명의 여성 중에서 2명을 고르는 것은 $\binom{5}{2}$가지이다. 그러므로

$$\binom{7}{3}\binom{5}{2}=7\cdot 6\cdot 5\cdot \frac{1}{6}\cdot 5\cdot 4\cdot \frac{1}{2}=350$$

가지의 방법으로 구성할 수 있다.

[1-5] 각각의 4명의 학생을 포함하는 12명의 학생에 대한 순서분할을 생각하면, 정리에 의하여 $\frac{12!}{4!4!4!}=34,650$개 있다.

[1-6] $\binom{12}{3}\binom{9}{3}\binom{6}{3}\binom{3}{3}=\frac{12!}{3!3!3!3!}=369,600$

[1-7] 1, 2, 3, 4, 5 또는 6명의 학생이 선택할 수 있다. 그러므로 선택의 숫자는 $\binom{6}{1}+\binom{6}{2}+\binom{6}{3}+\binom{6}{4}+\binom{6}{5}+\binom{6}{6}=6+15+20+15+6+1=63$

[1-8] 선수권대회에서 발생할 수 있는 방법을 수형도로 그리면 다음과 같다.

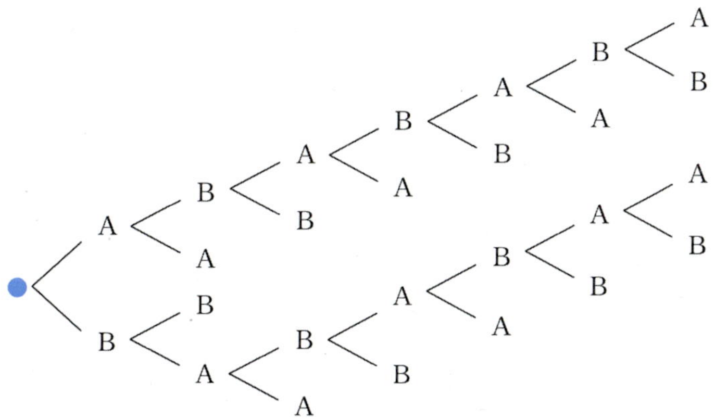

따라서 선수권대회에서 발생할 수 있는 방법은 14가지이다.

**[1-9]**

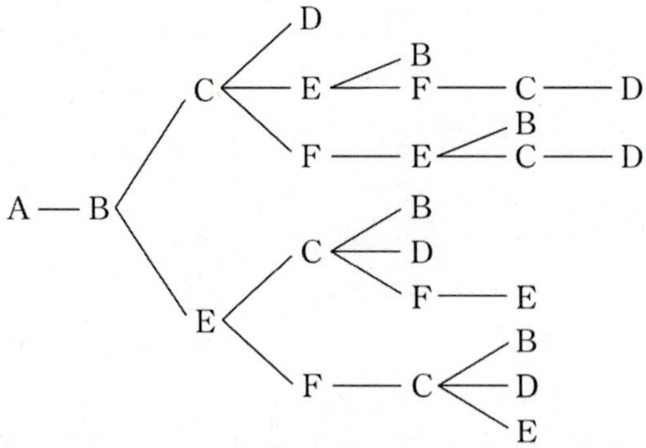


따라서 11가지의 수가 있다.

**[1-10]** (1) 5×9×8

(2) 8×8×5(일 단위가 1, 3, 5, 7, 9)

(3) 9×8×1+8×8×1(일 단위가 0인 경우+일 단위가 5인 경우)

**[1-11]** 상자 안에는 총 6개의 볼트, 너트가 있다. 이 중에서 2개를 뽑는 가지 수는 $\binom{6}{2}$이다. 그리고 3개의 볼트 중 1개를 뽑고, 3개의 너트 중 1개를 뽑는 가지 수는

$$\binom{3}{1}\times\binom{3}{1}$$

이다. 따라서 구하는 확률은 다음과 같다.

$$\frac{\binom{3}{1}\times\binom{3}{1}}{\binom{6}{2}}=\frac{3}{5}$$

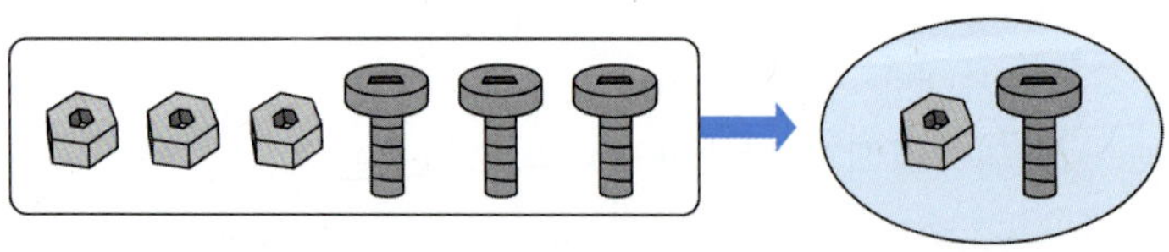

[1-12] 두 주사위의 눈을 a, b라 하자. 그러면 $\max(a, b) > 4$를 만족하는 순서쌍을 구하면 된다.

(5, 1), (5, 2), (5, 3), (5, 4), (5, 5), (5, 6) (1, 5), (2, 5), (3, 5), (4, 5), (6, 5) (6, 1), (6, 2), (6, 3), (6, 4), (6, 6) (1, 6), (2, 6), (3, 6), (4, 6)

$\therefore \dfrac{20}{36}$

[1-13] 구하려는 식을 변형하면 다음과 같다.

$$P(A \cap B^c) = P(A) - P(A \cap B) = \left(1 - \frac{5}{8}\right) - \frac{1}{4} = \frac{1}{8}$$

[1-14] 구하려는 식을 변형하면 다음과 같다.

$$\begin{aligned} P(A \cap B) &= P(A) + P(B) - P(A \cup B) \\ &= P(A) + (1 - P(B^c)) - P(A \cup B) \\ &= \frac{1}{2} + \left(1 - \frac{5}{8}\right) - \frac{3}{4} = \frac{1}{8}, \end{aligned}$$

$$P(A^c \cap B^c) = P((A \cup B)^c) = 1 - P(A \cup B) = 1 - \frac{3}{4} = \frac{1}{4},$$

$$P(A^c \cup B^c) = P((A \cap B)^c) = 1 - P(A \cap B) = 1 - \frac{1}{8} = \frac{7}{8}$$

[1-15] 구하고자 하는 사건을 $E$라 하자. 그러면 $E = \{(TTTTT)\}$이다. 따라서

$$P(E) = \left(\frac{1}{2}\right)^5 = \frac{1}{32}$$

[1-16] 15개의 전구에서 3개를 선택할 수 있는 방법은 $\binom{15}{3} = 455$가지이다.

(i) 정상인 전구가 10개 있으므로 3개의 정상인 전구를 선택할 수 있는 방법은 $\binom{10}{3} = 120$가지가 있다. 따라서 $P = \dfrac{120}{455} = \dfrac{24}{91}$이다.

(ii) 5개의 결점이 있는 전구가 있고 정상인 전구가 $\binom{10}{2} = 45$가지의 다른 쌍이 있으므로 3개를 선택하는 것 중에서 1개가 결점이 있을 경우는

$5 \cdot 45 = 225$가지이다. 그러므로 $P = \frac{225}{455} = \frac{45}{91}$이다.

(ⅲ) 적어도 하나의 결점이 있는 사건은 결점이 하나도 없는 사건의 여사건이고 그 확률이 (ⅰ)에 의하여 $\frac{24}{91}$이므로 $P = 1 - \frac{24}{91} = \frac{67}{91}$이다.

[1-17] $C$가 승리할 확률을 $P$라 하면 $A$가 승리확률은 $2P$이고 $B$가 승리확률도 $2P$이다. 그리고 $A$, $B$, $C$의 모든 확률을 더하면 1이다. 즉 $P+2P+2P=1$이다. 따라서 $P=\frac{1}{5}$. 그러면 $B=\frac{2}{5}$이고 $C=\frac{1}{5}$이다. 따라서 $B$나 $C$가 승리할 확률은 다음과 같다.

$$P(B \cup C) = P(B) + P(C) = \frac{3}{5}$$

[1-18] (1) 선발된 선수가 완전한 팀을 이루기 위해서는 수비수, 공격수, 중견수로 이루어져야 한다. 따라서 구하는 확률은 다음과 같다.

$$\frac{3 \times 2 \times 1}{3^3} = \frac{2}{9}$$

(2) 모두 같은 포지션의 선수가 선발될 확률은 다음과 같다.

$$3 \times \left(\frac{1}{3}\right)^3 = \frac{1}{9}$$

[1-19] (1) 3개의 수의 합이 짝수인 경우는 {짝, 짝, 짝}, {짝, 홀, 홀}이다. 따라서

$$P(\text{합이 짝수}) = \frac{\binom{5}{3} + \binom{5}{1}\binom{5}{2}}{\binom{10}{3}} = \frac{1}{2}$$

(2) 3개의 수의 곱이 짝수인 경우는 {짝, 짝, 짝}, {홀, 짝, 짝}, {홀, 홀, 짝}이므로 전체에서 모두 홀수인 경우를 빼면 된다. 따라서

$$P(\text{곱이 짝수}) = 1 - P(\text{곱이 홀수}) = 1 - \frac{\binom{5}{3}}{\binom{10}{3}} = \frac{11}{12}$$

[1-20] 10명이 한 줄로 앉은 방법은 10!가지
1, 3, 5, 7, 9 자리에 남자가 앉고 2, 4, 6, 8, 10 자리에 여자가 앉으며, 그의 반대로 앉는 경우를 생각한다.

$$\frac{5! \times 5! \times 2}{10!} \cong 0.008$$

[1-21] 그림과 같이 A가 이길 경우는 A, BA, BBA이므로

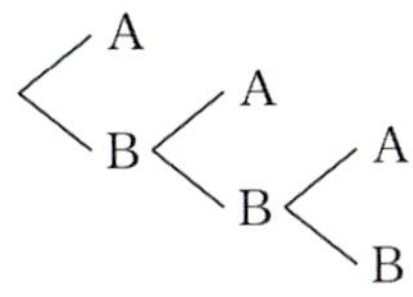


$$\mathrm{P(A)} = \frac{1}{2} + \frac{1}{4} + \frac{1}{8} = \frac{7}{8}$$ 이고

$$\mathrm{P(B)} = \frac{1}{2} \cdot \frac{1}{2} \cdot \frac{1}{2} = \frac{1}{8}$$ 이다.

따라서 금화 $24 \times \frac{7}{8} = 21$개를 A가 가지고 나머지는 B가 가진다.

[1-22] 표본공간은 8개의 원소를 가지고 있다.

$$S = \{HHH, HHT, HTH, HTT, THH, THT, TTH, TTT\}$$

(1) 첫 번째 동전이 앞면이면 축소된 부분공간은

$$A = \{HHH, HHT, HTH, HTT\}$$

이다. 동전이 4가지 중에서 1가지만이 모두 앞면이므로 $P = \frac{1}{4}$이다.

(2) 동전 중의 하나가 앞면이면 축소된 부분공간은

$$B = \{HHH, HHT, HTH, HTT, THH, THT, TTH\}$$

이다. 동전이 7가지 중에서 1가지만이 모두 앞면이므로 $P = \frac{1}{7}$이다.

[1-23] (1) 수학에서 낙제할 확률을 $P(A)=0.25$라 하고, 화학에서 낙제할 확률을 $P(B)=0.15$라 하자. 그러면 수학과 화학에서 동시에 낙제할 확률은 $P(A\cap B)=0.1$로 나타낼 수 있다. 따라서

$$P(A\mid B)=\frac{P(A\cap B)}{P(B)}=\frac{0.1}{0.15}=\frac{2}{3}$$

(2) 문제의 조건에 따라 식을 세우면 다음과 같다.

$$P(B\mid A)=\frac{P(A\cap B)}{P(A)}=\frac{0.1}{0.25}=\frac{2}{5}$$

(3) 역시 문제의 조건에 따라 식을 세우면 다음과 같다.

$$P(A\cup B)=P(A)+P(B)-P(A\cap B)=0.25+0.15-0.1=0.3$$

[1-24] (1) $P(A\mid B)=\dfrac{P(A\cap B)}{P(B)}=\dfrac{\frac{1}{4}}{\frac{1}{3}}=\dfrac{3}{4}$

(2) $P(B\mid A)=\dfrac{P(A\cap B)}{P(A)}=\dfrac{\frac{1}{4}}{\frac{1}{2}}=0.5$

(3) $P(A\cup B)=P(A)+P(B)-P(A\cap B)=\dfrac{1}{2}+\dfrac{1}{3}-\dfrac{1}{4}=\dfrac{7}{12}$

(4) $P(A^c\mid B^c)=\dfrac{P(A^c\cap B^c)}{P(B^c)}=\dfrac{1-P(A\cup B)}{1-P(B)}=\dfrac{1-\frac{7}{12}}{1-\frac{1}{3}}=\dfrac{5}{8}$

(5) $P(B^c\mid A^c)=\dfrac{P(A^c\cap B^c)}{P(A^c)}=\dfrac{1-P(A\cup B)}{1-P(A)}=\dfrac{5}{6}$

[1-25] 우선 주어진 문제를 풀기 위해서 다음과 같은 경우의 수를 생각하자. 3명이 5개 호텔에 투숙할 수 있는 경우의 수는 ${}_5\Pi_3=5^3$, 각기 다른 호텔에 3명이 투숙할 수 있는 경우의 수는 ${}_5P_3$이다. 따라서 구하는 확률은 다음과 같다.

$$\frac{5\times4\times3}{5^3}=\frac{12}{25}$$

[1-26] 각 기계에서 품목 생산의 사상을 $A$, $B$, $C$, 그리고 불량품의 사상을 $F$라 하자. 그러면 구하는 확률은 다음과 같다.

$$
\begin{aligned}
P(C|F) &= \frac{P(C\cap F)}{P(F)} \\
&= \frac{P(C\cap F)}{P(A\cap F)+P(B\cap F)+P(C\cap F)} \\
&= \frac{P(C)P(F|C)}{P(A)P(F|A)+P(B)P(F|B)+P(C)P(F|C)} \\
&= \frac{0.1\times 0.04}{0.6\times 0.02+0.3\times 0.03+0.1\times 0.04} = 0.16
\end{aligned}
$$

[1-27] 대학에서 여성일 사상을 $F$, 남성일 사상을 $M$이라 하자. 그리고 180cm보다 클 사상을 $H$라 하자. 그러면 구하는 확률은 다음과 같다.

$$
\begin{aligned}
P(F|H) &= \frac{P(F\cap H)}{P(H)} \\
&= \frac{P(F\cap H)}{P(F\cap H)+P(M\cap H)} \\
&= \frac{P(F)P(H|F)}{P(F)P(H|F)+P(M)P(H|M))} \\
&= \frac{0.6\times 0.01}{0.6\times 0.01+0.4\times 0.04} = 0.27273
\end{aligned}
$$

[1-28] (1) 남자와 부인이 10년 이상 생존하는 사건을 각각 $H$, $W$라 하자. 그리고 각각의 사건은 독립이다. 따라서 둘 다 10년 동안 생존할 확률은 다음과 같다.

$$P(H\cap W) = P(H)\times P(W) = \frac{1}{4}\times\frac{1}{3} = \frac{1}{12}$$

(2) 적어도 한 사람이 10년을 생존할 확률은 전체 확률에서 두 사람이 10년 이상 생존하지 못할 확률을 제외시켜도 같은 결과가 된다. 따라서 구하는 확률은 다음과 같다.

$$
\begin{aligned}
P(H \cup W) &= P(H) + P(W) - P(H \cap W) \\
&= \frac{1}{4} + \frac{1}{3} - \frac{1}{12} = \frac{1}{2}
\end{aligned}
$$

$$
\begin{aligned}
P(H \cup W) &= 1 - P(H^c \cap W^c) \\
&= 1 - P(H^c)P(W^c) \\
&= 1 - (1 - P(H))(1 - P(W)) \\
&= 1 - \left(1 - \frac{1}{4}\right)\left(1 - \frac{1}{3}\right) = 1 - \frac{1}{2} = 0.5
\end{aligned}
$$

(3) 문제의 조건에서 둘 다 10년 이상 생존하지 못할 확률은 다음과 같다.

$$
\begin{aligned}
P(H^c \cap W^c) &= P(H^c) \times P(W^c) \\
&= (1 - P(H))(1 - P(W)) \\
&= \left(1 - \frac{1}{4}\right) \times \left(1 - \frac{1}{3}\right) = 0.5
\end{aligned}
$$

(4) 오직 부인만 10년을 생존할 확률을 구하면 다음과 같다.

$$
\begin{aligned}
P(W - H) &= P(W \cap H^c) = P(W)P(H^c) \\
&= P(W)(1 - P(H)) \\
&= \frac{1}{3} \times \left(1 - \frac{1}{4}\right) = 0.25
\end{aligned}
$$

[1-29] (1) 각각 두 상자에서 우량품의 사상을 $A$, $B$라 하자. 그리고 두 사상은 독립이다. 따라서 구하는 확률은 다음과 같다.

$$
P(A \cap B) = P(A)P(B) = \frac{3}{8} \times \frac{2}{5} = \frac{3}{20}
$$

(2) 하나는 우량품, 하나는 불량품일 사상을 $T$라 하자.

$$
\begin{aligned}
P(T) &= P(A \cap B^c) + P(A^c \cap B) \\
&= P(A)P(B^c) + P(A^c)P(B) \\
&= \frac{3}{8} \times \left(1 - \frac{2}{5}\right) + \left(1 - \frac{3}{8}\right) \times \frac{2}{5} = \frac{19}{40}
\end{aligned}
$$

(3) 구하는 확률은 다음과 같다.

$$P(A|T)=\frac{P(A\cap T)}{P(T)}=\frac{\frac{3}{8}\times\left(1-\frac{2}{5}\right)}{\frac{19}{40}}=\frac{9}{19}$$

[1-30] 홀수의 눈이 나올 사상을 $O$, 소수의 눈이 나올 사상을 $I$라 하자. 그러면 구하는 확률은 다음과 같다.

$$P(I|O)=\frac{P(I\cap O)}{P(O)}=\frac{\frac{2}{6}}{\frac{1}{2}}=\frac{2}{3}$$

[1-31] 대학에서 남학생의 사상을 $B$, 여학생의 사상을 $G$라 하자. 그리고 수학을 공부하는 사건을 $M$이라 하자. 그러면 구하는 확률은 다음과 같다.

$$\begin{aligned}P(G|M)&=\frac{P(G\cap M)}{P(M)}\\&=\frac{P(G\cap M)}{P(B\cap M)+P(G\cap M)}\\&=\frac{P(G)P(M|G)}{P(B)P(M|B)+P(G)P(M|G)}\\&=\frac{0.6\times 0.1}{0.4\times 0.25+0.6\times 0.1}=\frac{3}{8}\end{aligned}$$

[1-32] $A$와 $B$가 서로 배반이므로

(1) $P(A\cup B)=P(A)+P(B)=\frac{1}{3}=\frac{1}{4}+P(B)$

$$\therefore\ P(B)=p=\frac{1}{12}$$

(2) $P(A\cup B)=P(A)+P(B)-P(A\cap B)$

$$=P(A)+P(B)-P(A)\cdot P(B)=\frac{1}{3}=\frac{1}{4}+p-\frac{1}{4}p$$

$$\therefore\ p=\frac{1}{9}$$

[1-33]

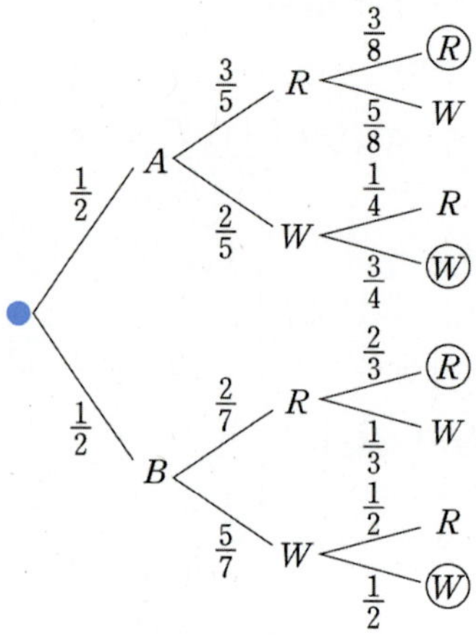


같은 색깔의 2개의 구슬을 꺼내는 방법은 4가지 경우이므로

$$p=\frac{1}{2}\cdot\frac{3}{5}\cdot\frac{3}{8}+\frac{1}{2}\cdot\frac{2}{5}\cdot\frac{3}{4}+\frac{1}{2}\cdot\frac{2}{7}\cdot\frac{2}{3}+\frac{1}{2}\cdot\frac{5}{7}\cdot\frac{1}{2}=\frac{901}{1680}$$

[1-34] $A_1=$ {처음 직렬 회로도가 고장 날 사상}

$A_2=$ {마지막 직렬 회로도가 고장 날 사상}

$B_1=$ {위의 병렬 회로도가 고장 날 사상}

$B_2=$ {아래의 병렬 회로도가 고장 날 사상}

독립사상을 이용하면

$$P\left(A_1^C\cap(B_1^C\cup B_2^C)\cap A_2^C\right)=P(A_1^C)\cdot P(B_1^C\cup B_2^C)\cdot P(A_2^C)$$

$$=0.9^2(1-(0.1)^2)=0.9^2\times 0.99$$

[1-35] (1) A가 검은 공을 추출하면 표본공간이 흰공 4개와 검은공 4개로 변하므로

$$P(B\text{흰}\mid A\text{검})=\frac{4}{8}$$

(2) $P(B\text{흰})=P(A\text{흰}\cap B\text{흰})+P(A\text{검}\cap B\text{흰})$

$$=P(A\text{흰})P(B\text{흰}\mid A\text{흰})+P(A\text{검})P(B\text{흰}\mid A\text{검})$$

$$=\frac{4}{9}\times\frac{3}{8}+\frac{5}{9}\times\frac{4}{8}=\frac{4}{9}$$

(3) $P(B\text{검}) = P(A\text{흰} \cap B\text{검}) + P(A\text{검} \cap B\text{검})$

$$= P(A\text{흰})P(B\text{검} \mid A\text{흰}) + P(A\text{검})P(B\text{검} \mid A\text{검})$$

$$= \frac{4}{9} \times \frac{5}{8} + \frac{5}{9} \times \frac{4}{8} = \frac{5}{9}$$

$$P(A\text{흰} \mid B\text{검}) = \frac{P(A\text{흰})P(B\text{검} \mid A\text{흰})}{P(B\text{검})} = \frac{\frac{4}{9} \times \frac{5}{8}}{\frac{5}{9}} = \frac{1}{2}$$

## Chapter 02 확률변수와 확률분포

[2-1] $\frac{1}{8}+a+\frac{1}{8}+\frac{2}{8}=1$에서 $a=\frac{1}{2}$

[2-2] $P(0 \le X \le 1)=\int_0^1 \frac{x^2}{3}dx=\frac{1}{9}$

[2-3] $P(X=3)={}_5C_3\left(\frac{1}{6}\right)^3\left(\frac{5}{6}\right)^2$

[2-4]
$$\begin{aligned} P(X \ge 4) &= P(X=4)+P(X=5) \\ &= {}_5C_4\left(\frac{1}{4}\right)^4\left(\frac{3}{4}\right)+{}_5C_5\left(\frac{1}{4}\right)^5 \\ &= 5\left(\frac{1}{4}\right)^4\left(\frac{3}{4}\right)+\left(\frac{1}{4}\right)^5=\frac{1}{64} \end{aligned}$$

[2-5] $P(0 \le X \le 1)=\int_0^1 e^{-x}dx=1-e^{-1}$

[2-6] $\int_{-\infty}^{\infty} f(x)dx=\int_{-1}^{1} k(1-x^2)dx=1$에서 $k=\frac{3}{4}$

[2-7] 누적분포함수의 정의역에 따라 그래프로 도시하면 다음과 같다.

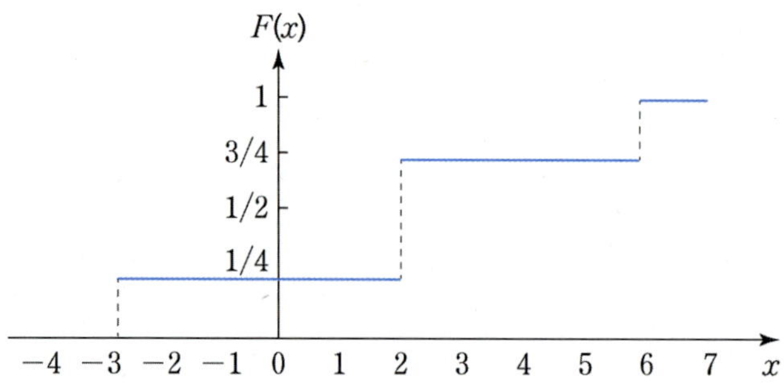

[2-8] (1) 정의에 의해서 구간의 총합은 1이 되어야 한다. 연속확률분포이므로

$$\int_{-\infty}^{\infty} f(x)\,dx = \int_{-\infty}^{0} f(x)\,dx + \int_{0}^{5} f(x)\,dx + \int_{5}^{\infty} f(x)\,dx$$

$$= 0 + \int_{0}^{5} kx\,dx + 0$$

$$= k\left[\frac{1}{2}x^2\right]_0^5 = \frac{25}{2}k = 1$$

$$\therefore\ k = \frac{2}{25}$$

(2) $P(1 \le X \le 3) = \int_1^3 \frac{2}{25}x\,dx = \frac{2}{25}\left[\frac{1}{2}x^2\right]_1^3 = \frac{9}{25} - \frac{1}{25} = \frac{8}{25}$

$P(2 \le X \le 4) = \int_2^4 \frac{2}{25}x\,dx = \frac{2}{25}\left[\frac{1}{2}x^2\right]_2^4 = \frac{16}{25} - \frac{4}{25} = \frac{12}{25}$

$P(X \le 3) = 0 + \int_0^3 \frac{2}{25}x\,dx = 0 + \frac{2}{25}\left[\frac{1}{2}x^2\right]_0^3 = \frac{9}{25}$

[2-9] $P(X > 2) = 1 - P(0 \le X \le 2) = 1 - \int_0^2 2e^{-2x}dx = 1 - (1 - e^{-4}) = e^{-4}$

[2-10] $$F(x) = \begin{cases} 0, & x < 0 \\ \int_0^x t\,dt = \frac{x^2}{2}, & 0 \le x \le 1 \\ \int_0^1 t\,dt + \int_1^x (2-t)\,dt = 2x - \frac{1}{2}x^2 - 1, & 1 < x \le 2 \\ 1, & x > 2 \end{cases}$$

[2-11] $P(X=0) = {}_5C_0\left(\frac{1}{2}\right)^5$, $P(X=1) = {}_5C_1\left(\frac{1}{2}\right)^5$, $P(X=2) = {}_5C_2\left(\frac{1}{2}\right)^5$, $\cdots$ ,

$P(X=5) = {}_5C_5\left(\frac{1}{2}\right)^5$

따라서 $X$의 확률질량함수 $P(x)$와 확률분포함수$F(x)$는 다음과 같다.

$P(X=x) = P(x) = {}_5C_x\left(\frac{1}{2}\right)^5$

$$F(x) = P(X \le x) = \sum_{i=0}^{x} {}_5C_i\left(\frac{1}{2}\right)^5 = \left(\frac{1}{2}\right)^5 \sum_{i=0}^{x}\binom{5}{i}$$

$$F(x) = \begin{cases} 0, & x < 0 \\ \left(\frac{1}{2}\right)^5, & 0 \le x < 1 \\ 5\left(\frac{1}{2}\right)^5, & 1 \le x < 2 \\ \vdots & \vdots \\ 1, & x \ge 5 \end{cases}$$

[2-12] (1) 연속확률변수의 c.d.f와 p.d.f의 관계에서 다음을 알 수 있다.

$$f(x) = F'(x),\ f(x) = 0.1e^{-0.1x}$$

(2) 연속확률변수이므로 주어진 구간에서 적분하면 된다.

$$P(4 \le X \le 5) = \int_4^5 f(x)dx = \int_4^5 0.1e^{-0.1x}dx = e^{-0.4} - e^{-0.5}$$

[2-13] (1) $P((1,\ 2)) + P((1,\ 3)) + P((2,\ 2)) + P((2,\ 3)) = 2c + 3c + 4c + 6c = 1$

이므로 $c = \dfrac{1}{15}$

(2) $P(X = x) = \displaystyle\sum_{y=2}^{3} \frac{1}{15}xy = \frac{x}{3}$

(3) $P(X + Y > 3) = 1 - P(X + Y \le 3)$

$$= 1 - P((1,\ 2)) = 1 - \frac{2}{15} = \frac{13}{15}$$

[2-14] 문제의 조건에 맞는 확률을 분포함수를 통해서 구하면 다음과 같다.

$$P\left(-3 < X < \frac{1}{2}\right) = F\left(\frac{1}{2}\right) - F(-3) = \frac{3}{4} - 0 = \frac{3}{4}$$

[2-15] (1) $f_1(x)=\int_{-\infty}^{\infty} f(x,\ y)dy\ =\int_0^x 8xydy=4x^3$에서

$f_1(x)=\begin{cases}4x^3, & 0\le x\le 1\\ 0, & \text{그 밖에}\end{cases}$이다.

(2) $P\left(X<\frac{1}{2}\right)=\int_0^{\frac{1}{2}} 4x^3dx=\frac{1}{16}$

(3) $P\left(0<Y<\frac{1}{3}\ \middle|\ x=\frac{1}{2}\right)=\int_0^{\frac{1}{3}} f\left(y\ \middle|\ \frac{1}{2}\right)dy$

$=\int_0^{\frac{1}{3}} 8y\,dy=\frac{4}{9}$

($\because\ f(y|y)=\frac{f(x,y)}{f_X(x)}=\frac{8xy}{4x^3}=\frac{2y}{x^2},\ f_X(x)=\int_0^x 8\,xy\,dy=4x^3,$

$0<x<1$)

(4) $P(X+Y\le 1)=\int_0^{\frac{1}{2}}\int_y^{1-y} 8\,xy\,dx\,dy=\int_0^{\frac{1}{2}}(4y-8y^2)dy=\frac{1}{6}$

$P(X+Y>1)=\int_{\frac{1}{2}}^1\int_{1-x}^x 8\,xy\,dx\,dy=\int_{\frac{1}{2}}^1(8x^2-4x)dx=\frac{5}{6}$

[2-16] (1) $P(1\le Z\le 2)=P(0\le Z\le 2)-P(0\le Z\le 1)$

$=0.4772-0.3413=0.1359$

(2) $P(-1.37<Z\le 2)=P(-1.37<Z\le 0)+P(0\le Z\le 2)$

$=0.4147+0.4772=0.8919$

(3) $P(|Z|\le 3)=P(-3\le Z\le 3)=2P(0\le Z\le 3)$

$=2\times 0.4987=0.9974$

[2-17] (1) 도표를 참고하면 $t=2.5$

(2) $P(Z\le t)=\frac{1}{2}+P(0\le Z\le t)=0.8212$에서

$P(0\le Z\le t)=0.3212$이므로 $t=0.92$

(3) $P(0\le Z\le 2)=P(0\le Z\le t)+P(t\le Z\le 2)=0.4772$에서

$P(0\le Z\le t)=0.3772$이므로 $t\fallingdotseq 1.16$

[2-18] $n=100$ 이고 $p=0.02$ 이므로 $\lambda=np=2<5$ 이다. 따라서 이항분포의 포아송 근사를 이용한다.

$$P(X\ge 2)=1-P(X<2)=1-P(X\le 1)=1-P(X=0)-P(X=1)$$

$$=1-\frac{2^0e^{-2}}{0!}-\frac{2^1e^{-2}}{1!}=1-e^{-2}-2e^{-2}=1-3e^{-2}=0.595$$

[2-19] 확률의 합은 1이므로 다음 식이 성립한다.

$$1=\int_0^\infty c\,x\,e^{-\frac{x}{2}}dx,\quad \therefore\ c=\frac{1}{4}$$

따라서 시스템이 석어도 5개월 이상 작동할 확률은 다음과 같다.

$$P(X\ge 5)=\int_5^\infty f(x)dx=\int_5^\infty \frac{1}{4}xe^{-\frac{x}{2}}dx=\frac{7}{2}e^{-\frac{5}{2}}$$

[2-20] 표준측도 $Z=\dfrac{X-50}{15}$ 에서

$$P(35\le X\le 65)=P\left(\frac{35-50}{15}\le Z\le\frac{65-50}{15}\right)$$

$$=P(-1\le Z\le 1)=2P(0\le Z\le 1)$$

$$=2\cdot 0.3413=0.6826$$

$$\therefore\ 1000\times 0.6826\fallingdotseq 683\text{명}$$

[2-21] $P(X\ge 80)=P\left(Z\ge\dfrac{80-65}{10}\right)$

$$=P(Z\ge 1.5)=1-P(Z<1.5)$$

$$=1-0.9332=0.0668$$

따라서 $1000\times 0.0668\fallingdotseq 67$등 정도이다.

$P(X\le b)=0.1$ 에서 $P\left(Z\le\dfrac{b-65}{10}\right)=0.1$ 이므로 $\dfrac{b-65}{10}=-1.28$ 이다.

따라서 $b=52.2$ 이므로 53점이 pass 점수이다.

[2-22] (1) $f_X(x) = \int_0^1 (x+y)dy = x + \frac{1}{2}$, $f_Y(y) = \int_0^1 (x+y)dx = y + \frac{1}{2}$

(2) $f(x,\ y) = x + y \neq \left(x + \frac{1}{2}\right)\left(y + \frac{1}{2}\right) = f_X(x) \cdot f_Y(y)$

이므로 $X$와 $Y$는 독립이 아니다.

(3) $F_X\left(\frac{1}{2}\right) = \int_0^{\frac{1}{2}} \left(x + \frac{1}{2}\right)dx = \frac{3}{8}$,

$$F\left(\frac{1}{2},\ \frac{1}{4}\right) = \int_0^{\frac{1}{2}} \int_0^{\frac{1}{4}} (x+y)\,dydx = \int_0^{\frac{1}{2}} \left(\frac{1}{4}x + \frac{1}{32}\right)dx = \frac{3}{64}$$

(4) $f(y|x) = \dfrac{f(x,y)}{f_X(x)} = \dfrac{x+y}{x+\frac{1}{2}}$

$$P\left(0 < Y < \frac{1}{2} \;\middle|\; x = \frac{1}{2}\right) = \int_0^{\frac{1}{2}} f\left(y|x = \frac{1}{2}\right)dy = \int_0^{\frac{1}{2}} \left(\frac{1}{2} + y\right)dy = \frac{3}{8}$$

# Chapter 03 확률변수의 기댓값과 분산

[3-1] $E(X) = 0 \times \frac{1}{3} + 1 \times \frac{1}{3} + 2 \times \frac{1}{3} = 1,$

$$V(X) = 0^2 \times \frac{1}{3} + 1^2 \times \frac{1}{3} + 2^2 \times \frac{1}{3} - 1^2 = \frac{2}{3}$$

[3-2] $E(X) = \int_0^1 x \cdot 1dx = \left[\frac{1}{2}x^2\right]_0^1 = \frac{1}{2},$

$$V(X) = E(X^2) - \mu^2 = \int_0^1 x^2 \cdot 1dx - \left(\frac{1}{2}\right)^2 = \left[\frac{1}{3}x^2\right]_0^1 - \frac{1}{4} = \frac{1}{12}$$

[3-3] $X \sim N\left(\frac{1}{2}, 2^2\right),\ P(X < 2.5) = P\left(Z < \frac{2.5 - \frac{1}{2}}{2}\right) = P(Z < 1) = 0.8413$

[3-4] $E(Y) = E(2X_1 - X_2) = E(2X_1) - E(X_2) = 2\mu_1 - \mu_2,$

$$V(Y) = V(2X_1 - X_2) = 4V(X_1) + V(X_2) = 4\sigma_1^2 + \sigma_2^2$$

따라서 $Y$는 $N(2\mu_1 - \mu_2,\ 4\sigma_1^2 + \sigma_2^2)$의 분포를 따른다.

[3-5] $E(X) = \int_0^1 x \cdot xdx + \int_1^2 x(2-x)dx = 1,$

$$V(X) = E(X^2) - E^2(X) = \int_0^1 x^2 \cdot xdx + \int_1^2 x^2(2-x)dx - 1^2 = \frac{1}{6}$$

[3-6] $P(X=1) = \frac{2}{6},\ P(X=k) = \frac{1}{6}\ (k = 2, 3, 4, 5),$

$$E(X) = 1 \times \frac{2}{6} + (2+3+4+5) \times \frac{1}{6} = \frac{8}{3},$$

$$V(X) = 1^2 \times \frac{2}{6} + (2^2+3^2+4^2+5^2) \times \frac{1}{6} - \left(\frac{8}{3}\right)^2 = \frac{20}{9},$$

$Y = 2X + 3$이므로 $E(Y) = 2E(X) + 3 = \frac{16}{3} + 3 = \frac{25}{3},$

$$V(Y) = 2^2 V(X) = \frac{80}{9}$$

[3-7] (1) $Y=X^2$ 이므로 값 4와 1을 갖는다. 더욱이

$$g(4)=P(Y=4)=P(X=2)+P(X=-2)=\frac{1}{4}+\frac{1}{4}=\frac{1}{2}$$

이고 $g(1)=\frac{1}{2}$ 이므로 $Y$의 분포 $g$는 다음과 같다.

| $y_i$ | 1 | 4 |
|---|---|---|
| $g(y_i)$ | $\frac{1}{2}$ | $\frac{1}{2}$ |

(2) $X$와 $Y$의 결합분포 $h$는 다음과 같다.

| $X$ \ $Y$ | 1 | 4 | 합 |
|---|---|---|---|
| $-2$ | 0 | $\frac{1}{4}$ | $\frac{1}{4}$ |
| $-1$ | $\frac{1}{4}$ | 0 | $\frac{1}{4}$ |
| 1 | $\frac{1}{4}$ | 0 | $\frac{1}{4}$ |
| 2 | 0 | $\frac{1}{4}$ | $\frac{1}{4}$ |
| 합 | $\frac{1}{2}$ | $\frac{1}{2}$ | 1 |

예를 들면 $X=-2$이면 $Y=4$이다. 따라서 $h(-2,1)=0$, $h(-2,4)=f(-2)=\frac{1}{4}$이다. 다른 성분들도 유사한 방법으로 구한다.

(3) $\mu_X=E(X)=\sum x_i f(x_i)$

$$=(-2)\cdot\frac{1}{4}+(-1)\cdot\frac{1}{4}+1\cdot\frac{1}{4}+2\cdot\frac{1}{4}=0,$$

$$\mu_Y=E(Y)=\sum y_i f(y_i)=1\cdot\frac{1}{2}+4\cdot\frac{1}{2}=\frac{5}{2},$$

$$E(XY)=\sum x_i y_i h(x_i, y_i)$$

$$=(-8)\cdot\frac{1}{4}+(-1)\cdot\frac{1}{4}+1\cdot\frac{1}{4}+8\cdot\frac{1}{4}=0,$$

$$Cov(X, Y)=E(XY)-\mu_X\mu_Y=0-0\cdot\frac{5}{2}=0.$$

그러므로 $\rho(X, Y)=0$이다.

[3-8] (1) $E(X)$와 $E(Y)$

$$E(X)=1\times\frac{1}{2}+5\times\frac{1}{2}=3,$$

$$E(Y)=-4\times\frac{3}{8}+2\times\frac{3}{8}+7\times\frac{1}{4}=1$$

(2) $Cov(X,\ Y)$

$$E(XY)=(-4)\times\frac{1}{8}+2\times\frac{1}{4}+7\times\frac{1}{8}+(-20)\times\frac{1}{4}+10\times\frac{1}{8}+35\times\frac{1}{8}$$

$$=\frac{3}{2},$$

$$Cov(X,\ Y)-E(XY)-\mu_X\mu_Y=\frac{3}{2}-3\cdot 1=-\frac{3}{2}$$

(3) $\sigma_X, \sigma_Y$ 그리고 $\rho(X,\ Y)$

$$V(X)=\sigma_X^2=1^2\times\frac{1}{2}+5^2\times\frac{1}{2}-3^2=4,$$

$$V(Y)=\sigma_Y^2=(-4)^2\times\frac{3}{8}+2^2\times\frac{3}{8}+7^2\times\frac{1}{4}-1^2=\frac{75}{4},$$

$$\rho(X, Y)=\frac{\mathrm{Cov}(X,\ Y)}{\sigma_X\sigma_Y}=-\frac{\frac{3}{2}}{\sqrt{75}}=-\frac{\sqrt{3}}{10}$$

[3-9] (1) $X$와 $Y$의 결합분포

| $X$ \ $Y$ | 0 | 1 | 2 | 3 | 4 | 합 |
|---|---|---|---|---|---|---|
| 0 | $\frac{1}{16}$ | 0 | 0 | 0 | 0 | $\frac{1}{16}$ |
| 1 | 0 | $\frac{4}{16}$ | 0 | 0 | 0 | $\frac{4}{16}$ |
| 2 | 0 | $\frac{3}{16}$ | $\frac{3}{16}$ | 0 | 0 | $\frac{6}{16}$ |
| 3 | 0 | 0 | $\frac{2}{16}$ | $\frac{2}{16}$ | 0 | $\frac{4}{16}$ |
| 4 | 0 | 0 | 0 | 0 | $\frac{1}{16}$ | $\frac{1}{16}$ |
| 합 | $\frac{1}{16}$ | $\frac{7}{16}$ | $\frac{5}{16}$ | $\frac{2}{16}$ | $\frac{1}{16}$ | 1 |

(2) $Cov(X, Y)$와 $\rho(X, Y)$

$$E(X)=1\times\frac{4}{16}+2\times\frac{6}{16}+3\times\frac{4}{16}+4\times\frac{1}{16}=2,$$

$$E(Y)=0\times\frac{1}{16}+1\times\frac{7}{16}+2\times\frac{5}{16}+3\times\frac{2}{16}+4\times\frac{1}{16}=\frac{27}{16},$$

$$E(XY)=1\times1\times\frac{4}{16}+2\times1\times\frac{3}{16}+2\times2\times\frac{3}{16}$$
$$+3\times2\times\frac{2}{16}+3\times3\times\frac{2}{16}+4\times4\times\frac{1}{16}=\frac{17}{4},$$

$$\sigma_X^2=1^2\times\frac{4}{16}+2^2\times\frac{6}{16}+3^2\times\frac{4}{16}+4^2\times\frac{1}{16}-2^2=1,$$

$$\sigma_Y^2=0^2\times\frac{1}{16}+1^2\times\frac{7}{16}+2^2\times\frac{5}{16}+3^2\times\frac{2}{16}+4^2\times\frac{1}{16}-\left(\frac{27}{16}\right)^2=\frac{247}{256},$$

$$Cov(X, Y)=E(XY)-\mu_X\mu_Y=\frac{17}{4}-\frac{27}{8}=\frac{7}{8},$$

$$\rho(X, Y)=\frac{Cov(X, Y)}{\sigma_X\sigma_Y}=\frac{\frac{7}{8}}{1\cdot\frac{\sqrt{247}}{16}}=\frac{14}{\sqrt{247}}$$

[3-10] 첨도 $\alpha_4=\dfrac{E[(X-\mu)^4]}{\sigma^4}=\dfrac{64}{4^2}=4$이므로 정규분포곡선의 첨도 3보다 크다. 따라서 더 뾰족하다.

[3-11] (1) $f_X(x)=\displaystyle\sum_{y=2}^{3}\frac{4}{5xy}=\frac{4}{10x}+\frac{4}{15x},\ x=1,2$

$$f_Y(y)=\sum_{x=1}^{2}\frac{4}{5xy}=\frac{4}{5y}+\frac{4}{10y},\ y=2,3$$

$$E(X)=\sum_{x=1}^{2}x\cdot f_X(x)=\left(\frac{4}{10}+\frac{4}{15}\right)+2\left(\frac{4}{20}+\frac{4}{30}\right)=\frac{4}{3}$$

(2) $E(Y)=\displaystyle\sum_{y=2}^{3}y\cdot f_Y(y)=2\left(\frac{4}{10}+\frac{4}{20}\right)+3\left(\frac{4}{15}+\frac{4}{30}\right)=\frac{12}{5}$

(3) $E(X^2)=\displaystyle\sum_{x=1}^{2}x^2\cdot f_X(x)=\left(\frac{4}{10}+\frac{4}{15}\right)+4\left(\frac{4}{20}+\frac{4}{30}\right)=2$

$$V(X)=E(X^2)-E^2(X)=2-\left(\frac{4}{3}\right)^2=\frac{2}{9}$$

(4) $E(XY)=\sum_{x=1}^{2}\sum_{y=2}^{3}xy\cdot\frac{4}{5xy}=\frac{8}{10}+\frac{12}{15}+\frac{16}{20}+\frac{24}{30}=\frac{16}{5}$

$Cov(X,\ Y)=E(XY)-E(X)E(Y)=0$

$Corr(X,\ Y)=0$

[3-12] $E(X)=\int_0^1\int_0^1 x(x+y)dxdy=\frac{7}{12}$, $E(Y)=\frac{7}{12}$,

$E(XY)=\int_0^1\int_0^1 xy(x+y)dxdy=\frac{1}{3}$,

$Cov(X,\ Y)=E(XY)-E(X)E(Y)=\frac{1}{3}-\left(\frac{7}{12}\right)^2=-\frac{1}{144}$,

$E(X^2)=\int_0^1\int_0^1 x^2(x+y)dxdy=\frac{5}{12}$,

$\sigma_X=\sqrt{E(X^2)-E^2(X)}=\sqrt{\frac{5}{12}-\left(\frac{7}{12}\right)^2}=\frac{\sqrt{11}}{12}$, $\sigma_Y=\frac{\sqrt{11}}{12}$,

$$Corr(X,\ Y)=\frac{Cov(X,\ Y)}{\sigma_X\sigma_Y}=\frac{-\frac{1}{144}}{\frac{\sqrt{11}}{12}\cdot\frac{\sqrt{11}}{12}}=-\frac{1}{11}$$

[3-13] $M(t)=\sum e^{tx}p(x)$이므로

$$p(x)=\begin{cases}\frac{x}{6}, & x=1,\ 2,\ 3\\ 0, & \text{그 밖에}\end{cases}$$

[3-14] $M_X(t)=E(e^{tx})$

$$=\int_{-\infty}^{\infty}e^{tx}\frac{1}{\sqrt{2\pi}\cdot\sigma}e^{-\frac{(x-\mu)^2}{2\sigma^2}}dx$$

$$=\int_{-\infty}^{\infty}\frac{1}{\sqrt{2\pi}\cdot\sigma}e^{-\frac{(x-\mu-\sigma^2t)^2-2\mu\sigma^2t-\sigma^4t^2}{2\sigma^2}}dx$$

$$=e^{\mu t+\frac{\sigma^2t^2}{2}}\int_{-\infty}^{\infty}\frac{1}{\sqrt{2\pi}\cdot\sigma}e^{-\frac{(x-\mu-\sigma^2t)^2}{2\sigma^2}}dx$$

$$=e^{\mu t+\frac{\sigma^2t^2}{2}}\cdot 1=e^{\mu t+\frac{\sigma^2t^2}{2}}$$

# Chapter 04 통계학과 자료정리

[4-1] 모집단 : 우리나라 대학생 전체 집단

표본 : 모집단의 일부분인 1000명

[4-2] (1)

| 계급 | 도수 |
|---|---|
| 30 이상 ~ 40 미만 | 1 |
| 40 이상 ~ 50 미만 | 2 |
| 50 이상 ~ 60 미만 | 9 |
| 60 이상 ~ 70 미만 | 10 |
| 70 이상 ~ 80 미만 | 10 |
| 80 이상 ~ 90 미만 | 5 |
| 90 이상 ~ 100 미만 | 3 |
| 총계 | 40 |

(2)

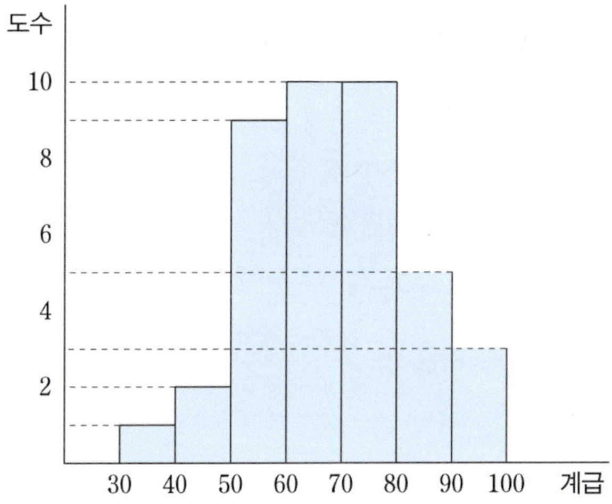


(3)

```
3 | 8
4 | 8 2
5 | 0 4 9 7 9 2 6 8 6
6 | 2 3 9 3 8 8 9 8 8 2
7 | 5 6 2 6 2 2 4 4 2 4
8 | 5 2 5 2 8
9 | 2 2 6
```

[4-3] (1) $\overline{X} = \dfrac{6+7+8+9+11+12+17}{7} = 10$

(2) 9년

(3)

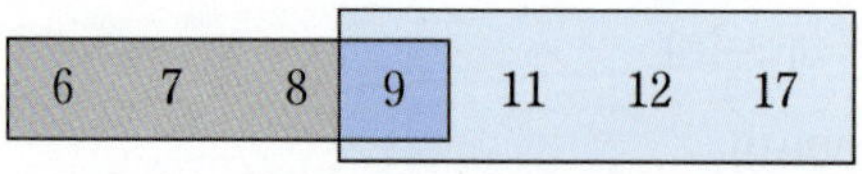


$$Q_1 = \frac{7+8}{2} = 7.5,\ Q_3 = \frac{11+12}{2} = 11.5$$

따라서 사분위수 범위= $Q_3 - Q_1 = 11.5 - 7.5 = 4$년이다.

[4-4] 남자의 변동계수= $\dfrac{8}{172} = 0.4651$, 여자의 변동계수= $\dfrac{3}{161} = 0.1863$

따라서 남자의 키가 평균을 중심으로 더 흩어져 있다.

[4-5] 영어의 표준측도 $Z = \dfrac{76-69}{8.2} = 0.85$,

수학의 표준측도 $Z = \dfrac{70-56}{12.4} = 1.13$

따라서 수학이 영어보다 더 잘하는 편에 속한다.

[4-6] 측정값을 크기순으로 나열하면 다음과 같다.

$$1,\ 2,\ 3,\ 4,\ 5,\ 5,\ 6,\ 7,\ 8,\ 9$$

따라서 중앙값 5, 최빈값 5이다.

[4-7] 조화평균 ≤ 기하평균 ≤ 산술평균 $\left(\dfrac{2ab}{a+b} \le \sqrt{ab} \le \dfrac{a+b}{2}\right)$

[4-8] $X = 80$에서 $Z = \dfrac{80-70}{10} = 1$이다.

$$\frac{1}{2k^2} = \frac{1}{2 \cdot 1^2} = \frac{1}{2}$$

따라서 B학점을 받을 수 있는 최대 명수는 $\dfrac{1}{2} \times 100 = 50$명이다.

[4-9] (1) 총 40명이므로 20번째는 60점대에 존재한다. 60점대를 크기순서대로 정리하면 다음과 같다.

| 점수 | 62 | 62 | 63 | 63 | 68 | 68 | 68 | 68 | 69 | 69 |
|---|---|---|---|---|---|---|---|---|---|---|
| 순위 | 13 | 14 | 15 | 16 | 17 | 18 | 19 | 20 | 21 | 22 |

따라서 중앙값은 $\frac{68+69}{2}=68.5$이다.

(2) 80백분위수는 $40\times\frac{80}{100}=32$이므로 32번째이다. 따라서 크기순으로 32번째는 76이다.

[4-10]

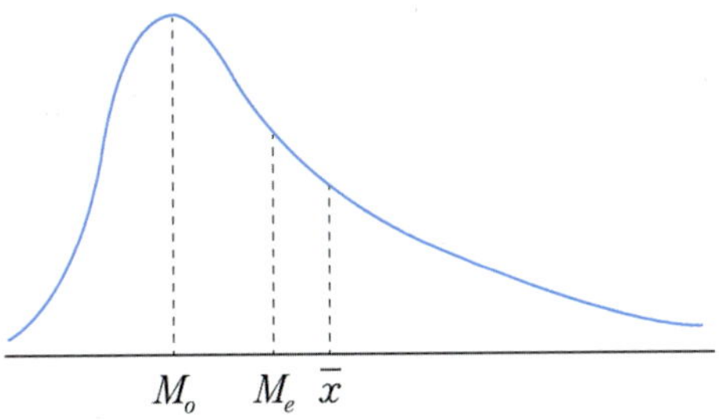


최빈값 < 중앙값 < 산술평균 ($M_o < M_e < \bar{x}$)

## Chapter 05 표본분포

[5-1] 표준화시켜서 구하면 다음과 같다.

$$P(19 < \overline{X} < 21) = P\left(\frac{19-20}{\frac{4}{8}} < Z < \frac{21-20}{\frac{4}{8}}\right)$$
$$= P(Z < 2) - P(Z < -2) = 0.95$$

[5-2] 평균의 표준오차는 $\frac{1}{\sqrt{64}}$ 에서 $\frac{1}{\sqrt{6400}}$ 으로 변화하므로 $\frac{1}{10}$ 로 감소한다.

[5-3] 표본평균은 모평균의 불편추정량이므로 모평균을 구하면 된다. 따라서

$$\mu = 2 = E(\overline{X})$$

[5-4] 표본평균의 성질에 의하여 다음과 같다.

$$E(\overline{X}) = 32,\ \ s = \frac{8}{\sqrt{20}} = \frac{4}{\sqrt{5}}$$

[5-5] 중심극한정리에 의하여 표본크기가 크면 근사적으로 정규분포로 수렴한다. 즉

$$N\left(\mu,\ \frac{\sigma^2}{n}\right) = N\left(20,\ \frac{16}{64}\right) = N\left(20,\ \left(\frac{1}{2}\right)^2\right)$$

[5-6] 표준정규분포의 누적확률로 구하면 다음과 같다.

$$P(\overline{X} < 775) = P\left(Z < \frac{775-800}{\frac{40}{\sqrt{16}}}\right) = P(Z < 2.5) = 0.0062$$

[5-7] 표준정규분포의 누적확률로 구하면 다음과 같다.

$$P(6.5 \le \overline{X} \le 7.0) = P\left(\frac{6.5-6.8}{\frac{1.2}{\sqrt{100}}} \le Z \le \frac{7.0-6.8}{\frac{1.2}{\sqrt{100}}}\right)$$
$$= P(-2.5 \le Z \le 1.66)$$
$$= P(Z \le 1.66) - (1 - P(Z \le 2.5))$$
$$= 0.9515 + 0.9938 - 1 = 0.9453$$

[5-8] $X \sim N(9.5, (3.6)^2)$이므로 $\overline{X} \sim N\left(9.5, \left(\frac{3.6}{\sqrt{36}}\right)^2\right)$이다. 따라서

$$P(\overline{X} \le 8.5) = P\left(\frac{\overline{X}-9.5}{0.6} \le \frac{8.5-9.5}{0.6}\right) = P(Z \le -1.67)$$
$$= P(Z \ge 1.67) = 0.0475$$

[5-9] 중심극한정리에 의하면 $\overline{X}$의 분포는 정규분포를 따른다.

즉 $\overline{X} \sim N\left(15, \left(\frac{5}{8}\right)^2\right)$이다. 따라서 주어진 확률을 구하면 다음과 같다.

$$P(\overline{X} \ge 17) = P\left(Z \ge \frac{17-15}{\frac{5}{8}}\right) = P(Z \ge 3.2) = 0.0007$$

[5-10] 중심극한정리에 의하면 $\overline{X}$의 분포는 정규분포를 따른다. 따라서 주어진 구간의 확률을 구하면 다음과 같다.

$$P(5.75 \le \overline{X} \le 6.25) = P\left(\frac{5.75-6}{\frac{2.5}{5\sqrt{2}}} \le Z \le \frac{6.25-6}{\frac{2.5}{5\sqrt{2}}}\right)$$
$$= P(-0.71 \le Z \le 0.71) = 0.5222$$

## Chapter 06 추정

[6-1] 95% 신뢰구간을 구하면 다음과 같다.

$$\overline{X} \pm z_{\alpha/2}\frac{\sigma}{\sqrt{n}}$$

$$\therefore\ 501.2 \pm z_{\frac{0.05}{2}}\frac{4}{\sqrt{100}}$$

$$\therefore\ 501.2 \pm 1.96\frac{4}{10}$$

$$\therefore\ (500.416,\ 501.984)$$

[6-2] 모집단이 정규분포를 따르므로 $\overline{X}$ 도 역시 정규분포를 따른다.

$$P(\overline{X} > 25000) = P\left(Z > \frac{25000-30000}{\frac{2000}{\sqrt{4}}}\right)$$

$$= P(Z > -5) = 1 - P(Z < -5) \fallingdotseq 1$$

[6-3] $\overline{X} \sim N\left(50,\ \frac{9}{4}\right)$이므로 $P(47 < \overline{X} < 53) = P\left(-\frac{3}{1.5} < Z < \frac{3}{1.5}\right) = 0.95$ 이다.

[6-4] 표본평균 $\overline{X}$ 는 모평균의 불편추정량이므로 다음과 같이 구할 수 있다.

$$E(\overline{X}) = \mu = 38000,\ \hat{\sigma} = SE(\overline{X}) = \frac{\sigma}{\sqrt{n}} = \frac{5000}{10} = 500$$

[6-5] 주어진 자료에서 $\overline{x}$ 와 $s^2$ 을 구하면 다음과 같다.

$$\overline{x} = 227.6,\ s^2 = 5.1556$$

$$\therefore\ \hat{\sigma} = s = \sqrt{5.1556} = 2.27$$

[6-6] $n = 15 < 30$이므로 소표본으로 신뢰구간을 구한다.

$$\left(\overline{X} - t_{\alpha/2}(n-1)\frac{s}{\sqrt{n}},\ \overline{X} + t_{\alpha/2}(n-1)\frac{s}{\sqrt{n}}\right)$$

$$\therefore \left(27.38 - t_{0.05}(14) \cdot \frac{2.26}{\sqrt{15}},\ 27.38 + t_{0.05}(14) \cdot \frac{2.26}{\sqrt{15}}\right)$$

$$= (26.352, 28.408)$$

[6-7] 모비율 $p$의 $100(1-\alpha)\%$ 신뢰구간을 구한다.

$$\left(\hat{p} - z_{\alpha/2}\sqrt{\frac{\hat{p}(1-\hat{p})}{n}},\ \hat{p} + z_{\alpha/2}\sqrt{\frac{\hat{p}(1-\hat{p})}{n}}\right)$$

$$\hat{p} = \frac{59}{112} = 0.527,\ \sqrt{\frac{\hat{p}(1-\hat{p})}{n}} = \sqrt{\frac{\frac{59}{112} \cdot \frac{53}{112}}{112}} \fallingdotseq 0.0472$$

$$\therefore \left(\hat{p} - z_{\alpha/2}\sqrt{\frac{\hat{p}(1-\hat{p})}{n}},\ \hat{p} + z_{\alpha/2}\sqrt{\frac{\hat{p}(1-\hat{p})}{n}}\right)$$

$$= (0.527 - 1.96 \cdot 0.0472,\ 0.527 + 1.96 \cdot 0.0472)$$

$$= (0.434,\ 0.620)$$

[6-8] 모평균 $\mu$의 추정에서 $100(1-\alpha)\%$ 오차한계 $d$가 되기 위한 표본의 크기 $n \geq \left[\left(\frac{z_{\alpha/2}\sigma}{d}\right)^2\right]$을 만족하는 최소의 정수이다.

$$\therefore\ n \geq \left(\frac{z_{\alpha/2}\sigma}{d}\right)^2 = \left(\frac{z_{0.025} \cdot 8}{1.5}\right)^2 = 109.26$$

따라서 최소 110명까지 몸무게를 재어야 한다.

[6-9] 모평균 $\mu$의 추정에서 $100(1-\alpha)\%$ 오차한계 $d$가 되기 위한 표본의 크기 $n \geq \left[\left(\frac{z_{\alpha/2}\sigma}{d}\right)^2\right]$을 만족하는 최소의 정수이다.

$$\therefore\ n \geq \left(\frac{z_{\alpha/2}\sigma}{d}\right)^2 = \left(\frac{z_{0.005} \cdot 100}{25}\right)^2 = 106.17$$

따라서 최소 106개 이상 되어야 한다.

[6-10] 모비율 $p$의 추정에서 $100(1-\alpha)\%$ 오차한계 $d$가 되기 위한 표본의 크기는

$n \geq \hat{p}(1-\hat{p})\left(\frac{z_{\alpha/2}}{d}\right)^2$ 이다.

$\alpha = 0.05,\ d = 0.03,\ \hat{p} = 0.38$

$$\therefore \ n \geq \hat{p}(1-\hat{p})\left(\frac{z_{\alpha/2}}{d}\right)^2 = (0.38)(0.62)\left(\frac{z_{0.025}}{0.03}\right)^2 = 1005.6$$

따라서 표본의 크기는 $n = 1006$ 이다.

[6-11] 대표본에서 $\mu_1 - \mu_2$의 $100(1-\alpha)\%$ 신뢰구간은 다음과 같다.

$$(\overline{X} - \overline{Y}) \pm Z_{\alpha/2}\sqrt{\frac{S_1^2}{n_1} + \frac{S_2^2}{n_2}}$$

따라서 $\mu_1 - \mu_2$의 95% 신뢰구간은 다음과 같다.

$$\left((35-25) - 1.96\sqrt{\frac{2^2}{300} + \frac{1.5^2}{200}},\ (35-25) + 1.96\sqrt{\frac{2^2}{300} + \frac{1.5^2}{200}}\right)$$

$\approx (9.693,\ 10.307)$

[6-12] 소표본에서 $\mu_1 - \mu_2$의 $100(1-\alpha)\%$ 신뢰구간은

$$(\overline{X} - \overline{Y}) \pm t_{\alpha/2}(n_1 + n_2 - 2)S_p\sqrt{\frac{1}{n_1} + \frac{1}{n_2}}$$

이다. (단, $S_p = \sqrt{\frac{(n_1-1)S_1^2 + (n_2-1)S_2^2}{n_1 + n_2 - 2}}$ )

| | 집단 1 | 집단 2 |
|---|---|---|
| 표본크기 | 15 | 8 |
| 평균 | $\overline{x} = 70.1$ | $\overline{y} = 75.3$ |
| 표준편차 | $\sigma_X = 60$ | $\sigma_Y = 40$ |

$$S_p = \sqrt{\frac{(n_1-1)S_1^2 + (n_2-1)S_2^2}{n_1 + n_2 - 2}}$$

$$= \sqrt{\frac{14 \cdot 3600 + 7 \cdot 1600}{15 + 8 - 2}} \fallingdotseq 54.16$$

$$\therefore\ (\overline{X}-\overline{Y}) \pm t_{\alpha/2}(n_1+n_2-2)S_p\sqrt{\frac{1}{n_1}+\frac{1}{n_2}}$$

$$=(70.1-75.3) \pm t_{0.05}(15+8-2)\cdot(54.16)\sqrt{\frac{1}{15}+\frac{1}{8}}$$

$$=(-46.939,\ 36.539)$$

[6-13] 소표본에서 $\mu_1-\mu_2$의 $100(1-\alpha)\%$ 신뢰구간은

$$(\overline{X}-\overline{Y}) \pm t_{\alpha/2}(n_1+n_2-2)S_p\sqrt{\frac{1}{n_1}+\frac{1}{n_2}}$$

이다. (단, $S_p=\sqrt{\dfrac{(n_1-1)S_1^2+(n_2-1)S_2^2}{n_1+n_2-2}}$)

| | 학급 Ⅰ | 학급 Ⅱ |
|---|---|---|
| 표본크기 | 4 | 3 |
| 평균 | 73.25 | 60 |
| 표준편차 | 10.20 | 9.64 |

$$S_p=\sqrt{\frac{(n_1-1)S_1^2+(n_2-1)S_2^2}{n_1+n_2-2}}=\sqrt{\frac{3\cdot 104.04+2\cdot 92.93}{4+3-2}}\fallingdotseq 9.98$$

$$\therefore\ (\overline{X}-\overline{Y}) \pm t_{\alpha/2}(n_1+n_2-2)S_p\sqrt{\frac{1}{n_1}+\frac{1}{n_2}}$$

$$=(73.25-60) \pm t_{0.05}(4+3-2)\cdot(9.98)\sqrt{\frac{1}{4}+\frac{1}{3}}$$

$$=(-2.11,\ 28.61)$$

[6-14] 두 모비율의 차 $p_1-p_2$의 $100(1-\alpha)\%$의 신뢰구간은 다음과 같다.

$$\hat{p_1}-\hat{p_2}\pm z_{\alpha/2}\sqrt{\frac{\hat{p_1}(1-\hat{p_1})}{n_1}+\frac{\hat{p_2}(1-\hat{p_2})}{n_2}}$$

$\hat{p_1}=\dfrac{300}{500}=\dfrac{3}{5}$, $\hat{p_2}=\dfrac{200}{500}=\dfrac{2}{5}$ 이므로

$$\therefore \ \widehat{p_1} - \widehat{p_2} \pm z_{\alpha/2}\sqrt{\frac{\widehat{p_1}(1-\widehat{p_1})}{n_1} + \frac{\widehat{p_2}(1-\widehat{p_2})}{n_2}}$$

$$= \left(\frac{3}{5} - \frac{2}{5}\right) \pm z_{0.025}\sqrt{\frac{\frac{3}{5}\cdot\frac{2}{5}}{500} + \frac{\frac{2}{5}\cdot\frac{3}{5}}{500}}$$

$$= (0.1412,\ 0.2588)$$

## Chapter 07 검정

[7-1] 1. 귀무가설 $H_0 : \mu = 1.20$, 대립가설 $H_1 : \mu \neq 1.20$

2. 유의수준 $\alpha = 0.01$

3. 검정통계량 $Z = \dfrac{\overline{X} - \mu_0}{\dfrac{S}{\sqrt{n}}}$

4. 기각역 $|Z| \geq z_{0.005} = 2.576$

5. $Z = \dfrac{1.25 - 1.20}{\dfrac{0.16}{\sqrt{36}}} = 1.87$

$|Z| = 1.87 < 2.576$이므로 유의수준 1%에서 $H_0$를 기각시키지 못한다. 즉 이 부품의 크기가 정당하지 않다는 근거는 없다.

[7-2] 1. 귀무가설 $H_0 : \mu = 15{,}000$, 대립가설 $H_1 : \mu > 15{,}000$

2. 유의수준 $\alpha = 0.05$

3. 검정통계량 $Z = \dfrac{\overline{X} - \mu_0}{\dfrac{S}{\sqrt{n}}}$

4. 기각역 $|Z| \geq z_{0.05} = 1.645$

5. $Z = \dfrac{15{,}200 - 15{,}000}{\dfrac{1220}{\sqrt{100}}} = 1.64$

$|Z| = 1.64 < 1.645$이므로 유의수준 5%에서 $H_0$를 기각시키지 못한다. 즉 전구의 평균수명은 15,000시간 이상이라고 보증할 수는 없다.

[7-3] 1. 귀무가설 $H_0 : \mu = 650$, 대립가설 $H_1 : \mu \neq 650$

2. 유의수준 $\alpha = 0.05$

3. 검정통계량 $t = \dfrac{\overline{X} - \mu_0}{\dfrac{S}{\sqrt{n}}}$

4. 기각역 $|t| \geq t_{0.025}(15) = 2.131$

5. $|t| = \left| \dfrac{600-650}{\dfrac{80}{\sqrt{16}}} \right| = 2.5$

$|t| = 2.5 > 2.131$이므로 $H_0$를 기각한다. 즉 이 마을의 평균소득은 전국 농가의 평균소득과 다르다고 할 수 있다.

[7-4] $n=9$명이므로 $t$검정을 시행한다.

1. 귀무가설 $H_0 : \mu = 50$, 대립가설 $H_1 : \mu < 50$
2. 유의수준 $\alpha = 0.05$
3. 검정통계량 $t = \dfrac{\overline{X} - \mu_0}{\dfrac{S}{\sqrt{n}}}$
4. 기각역 $t \leq -t_{0.05}(8) = -1.86$
5. $t = \dfrac{44-50}{\dfrac{9}{\sqrt{9}}} = -2 < -1.86$이므로 $H_0$를 기각한다. 즉 새로운 시스템하에서

평균 등록시간이 단축된다고 할 수 있다.

[7-5] $p_0 = 0.7$이므로 $np_0 = 21$과 $n(1-p_0) = 9$는 모두 5보다 크다. 따라서 정규근사에 의한 검정을 다음과 같이 시행할 수 있다.

1. 귀무가설 $H_0 : p = 0.7$, 대립가설 $H_1 : p > 0.7$
2. 유의수준 $\alpha = 0.1$
3. 검정통계량 $Z = \dfrac{\hat{p} - p_0}{\sqrt{\dfrac{p_0(1-p_0)}{n}}}$
4. 기각역 $Z \leq z_{0.1} = 1.282$
5. $Z = \dfrac{0.9-0.7}{\sqrt{\dfrac{0.7(1-0.7)}{30}}} = 2.39$

$Z = 2.39 > 1.282$이므로 $H_0$를 기각한다. 즉 이 신약으로 일주일간 치료할 때 치유율이 70% 이상이라고 할 수 있다.

[7-6] $p_0 = 0.38$이므로 $np_0 = 76$과 $n(1-p_0) = 124$는 모두 5보다 크다. 따라서 정규근사에 의한 검정을 다음과 같이 시행할 수 있다.

1. 귀무가설 $H_0$ : $p = 0.38$, 대립가설 $H_1$ : $p \neq 0.38$
2. 유의수준 $\alpha = 0.01$
3. 검정통계량 $Z = \dfrac{\hat{p} - p_0}{\sqrt{\dfrac{p_0(1-p_0)}{n}}}$
4. 기각역 $|Z| \geq z_{0.005} = 2.576$
5. $\hat{p} = \dfrac{64}{200} = 0.32$이다. 따라서

$$|Z| = \left| \frac{0.32 - 0.38}{\sqrt{\dfrac{0.38(1-0.38)}{200}}} \right| = 1.75 < 2.576$$

이므로 $H_0$를 기각하지 못한다. 즉 이달의 시청률이 지난달과 달라졌다는 근거는 없다.

[7-7] $p_0 = 0.5$이므로 $np_0 = 25$와 $n(1-p_0) = 25$는 모두 5보다 크다. 따라서 정규근사에 의한 검정을 다음과 같이 시행할 수 있다.

1. 귀무가설 $H_0$ : $p = 0.5$, 대립가설 $H_1$ : $p > 0.5$
2. 유의수준 $\alpha = 0.05$
3. 검정통계량 $Z = \dfrac{\hat{p} - p_0}{\sqrt{\dfrac{p_0(1-p_0)}{n}}}$
4. 기각역 $Z \geq z_{0.05} = 1.645$
5. $\hat{p} = \dfrac{27}{50} = 0.54$이다. 따라서

$$Z = \frac{0.54 - 0.5}{\sqrt{\dfrac{0.5(1-0.5)}{50}}} = 0.57 < 1.645$$

이므로 $H_0$를 기각하지 못한다. 즉 임의로 50명 중 27명이 찬성하였다고 해서 교복착용 문제에 찬성한다고 볼 수 없다.

[7-8] 1. 귀무가설 $H_0$ : $\mu = 7.95$, 대립가설 $H_1$ : $\mu \neq 7.95$

2. 유의수준 $\alpha = 0.05$

3. 검정통계량 $t = \dfrac{\overline{X} - \mu_0}{\dfrac{S}{\sqrt{n}}}$

4. 기각역 $|t| \geq t_{0.025}(15) = 2.131$

5. $|t| = \left| \dfrac{7.962 - 7.95}{\dfrac{0.03}{\sqrt{16}}} \right| = 1.6 < 2.131$ 이므로 $H_0$를 기각하지 못한다.

즉 실험방법 변경으로 인하여 적응시간의 평균이 달라졌다고 볼 수 없다.

[7-9] 모집단의 표본편차 $\sigma$를 모르고 표본크기가 30 이하이므로 $t$분포를 이용해서 가설검정을 시행한다.

1. 귀무가설 $H_0$ : $\mu = 125$, 대립가설 $H_1$ : $\mu \neq 125$

2. 유의수준 $\alpha = 0.05$

3. 검정통계량 $t = \dfrac{\overline{X} - \mu_0}{\dfrac{S}{\sqrt{n}}}$

4. 기각역 $|t| \geq t_{0.025}(24) = 2.064$

5. $|t| = \left| \dfrac{120 - 125}{\dfrac{15}{\sqrt{25}}} \right| = 1.67 < 2.064$ 이므로 $H_0$를 기각시키지 못한다.

즉 전국의 스님(비구, 비구니)들의 연평균 저축액이 125만 원이 아니라고 말할 수 없다.

[7-10] 1. 귀무가설 $H_0$ : $\mu_1 = \mu_2$, 대립가설 $H_1$ : $\mu_1 < \mu_2$

2. 유의수준 $\alpha = 0.05$

3. 검정통계량 $Z = \dfrac{\overline{X_1} - \overline{X_2}}{\sqrt{\dfrac{S_1^2}{n_1} + \dfrac{S_2^2}{n_2}}}$

4. 기각역 $Z \leq -z_{0.05} = -1.645$

5. $Z = \dfrac{32500 - 35100}{\sqrt{\dfrac{24000^2}{30} + \dfrac{22000^2}{40}}} = -4.65 < -1.645$ 이므로 $H_0$를 기각한다.

즉 여성의 초임은 남성의 초임보다 낮다고 할 수 있다.

[7-11] 1. 귀무가설 $H_0 : \mu_1 = \mu_2$, 대립가설 $H_1 : \mu_1 \neq \mu_2$

2. 유의수준 $\alpha = 0.05$

3. 검정통계량 $t = \dfrac{\overline{X_1} - \overline{X_2}}{S_p\sqrt{\dfrac{1}{n_1} + \dfrac{1}{n_2}}} \left( S_p = \sqrt{\dfrac{(n_1 - 1)S_1^2 + (n_2 - 1)S_2^2}{n_1 + n_2 - 2}} \right)$

4. 기각역 $|t| \geq t_{0.025}(23) = 2.069$

5. $S_p = \sqrt{\dfrac{9 \cdot 10^2 + 14 \cdot 20^2}{10 + 15 - 2}} = 16.8$,

$$|t| = \left| \frac{82.5 - 90.5}{(16.8)\sqrt{\dfrac{1}{10} + \dfrac{1}{15}}} \right| = 1.167 < 2.069$$

이므로 $H_0$를 기각하지 못한다. 즉 두 비료가 차이가 있다는 근거는 없다.

[7-12] $\hat{p_1} = \dfrac{16}{105} = 0.152$, $\hat{p_2} = \dfrac{20}{96} = 0.208$, $\hat{p} = \dfrac{16 + 20}{105 + 96} = \dfrac{36}{301} = 0.179$ 이고,

$Z$검정을 시행한다.

1. 귀무가설 $H_0 : p_1 = p_2$, 대립가설 $H_1 : p_1 \neq p_2$

2. 유의수준 $\alpha = 0.05$

3. 검정통계량 $Z = \dfrac{\hat{p_1} - \hat{p_2}}{\sqrt{\hat{p}(1 - \hat{p})}\sqrt{\dfrac{1}{n_1} + \dfrac{1}{n_2}}}$

4. 기각역 $|Z| \geq z_{0.025} = 1.96$

5. $|Z| = \left| \dfrac{0.152 - 0.208}{\sqrt{0.179(1 - 0.821)}\sqrt{\dfrac{1}{105} + \dfrac{1}{96}}} \right| = 7.311 > 1.96$

이므로 $H_0$를 기각한다. 즉 A와 B 두 반의 불량비율의 차이가 있다.

[7-13] 서로 짝진(대응)표본이고 $n=10(<30)$이므로 $t$-분포 검정을 실시한다.

1. 귀무가설 $H_0: \mu_1=\mu_2$, 대립가설 $H_1: \mu_1<\mu_2$
2. 유의수준 : $\alpha=0.05$
3. 검정통계량 : $t=\dfrac{\overline{D}}{\dfrac{S_D}{\sqrt{n}}}=\dfrac{-2.6}{\dfrac{0.8433}{\sqrt{10}}}=-9.75$
4. 기각역 : $t<-t_{0.05}(9)=-1.833$
5. $t<-1.833$이므로 $H_0$가 기각되고 $H_1$이 채택된다. 따라서 집중력 강화훈련이 집중력을 높이는 데 효과가 있다고 할 수 있다.

# Chapter 08 상관분석과 회귀분석

[8-1] $\bar{x} = \frac{\sum_{i=1}^{n} x_i}{n} = \frac{21}{6} = 3.5, \quad \bar{y} = \frac{\sum_{i=1}^{n} y_i}{n} = \frac{24}{6} = 4$

$$\hat{\beta} = \frac{n\left(\sum_{i=1}^{n} x_i y_i\right) - \left(\sum_{i=1}^{n} x_i\right)\left(\sum_{i=1}^{n} y_i\right)}{n\left(\sum_{i=1}^{n} x_i^2\right) - \left(\sum_{i=1}^{n} x_i\right)^2} = \frac{6(73) - (21)(24)}{6(91) - (21)^2} = -0.63$$

$\hat{\alpha} = \bar{y} - \hat{\beta}\bar{x} = 4 + 0.63(3.5) = 6.205$

∴ 추정회귀직선은 $\hat{y} = \hat{\alpha} + \hat{\beta}x = 6.205 - 0.63x$

[8-2] (a) $\bar{x} = \frac{\sum_{i=1}^{n} x_i}{n} = \frac{698}{9} = 77.56, \quad \bar{y} = \frac{\sum_{i=1}^{n} y_i}{n} = \frac{713}{9} = 79.22$

$$\hat{\beta} = \frac{n\left(\sum_{i=1}^{n} x_i y_i\right) - \left(\sum_{i=1}^{n} x_i\right)\left(\sum_{i=1}^{n} y_i\right)}{n\left(\sum_{i=1}^{n} x_i^2\right) - \left(\sum_{i=1}^{n} x_i\right)^2} = \frac{9(56732) - (698)(713)}{9(56064) - (698)^2} = 0.74$$

$\hat{\alpha} = \bar{y} - \hat{\beta}\bar{x} = 79.22 - 0.74(77.56) = 21.83$

∴ 추정회귀직신은 $\hat{y} - \hat{\alpha} + \hat{\beta}x = 21.83 \mid 0.74x$

(b) $\hat{y} = 21.83 + 0.74(85) = 84.73$(점)

[8-3] (a) $\bar{x} = \frac{\sum_{i=1}^{n} x_i}{n} = \frac{17}{11} = 1.55, \quad \bar{y} = \frac{\sum_{i=1}^{n} y_i}{n} = \frac{100.4}{11} = 9.13$

$$\hat{\beta} = \frac{n\left(\sum_{i=1}^{n} x_i y_i\right) - \left(\sum_{i=1}^{n} x_i\right)\left(\sum_{i=1}^{n} y_i\right)}{n\left(\sum_{i=1}^{n} x_i^2\right) - \left(\sum_{i=1}^{n} x_i\right)^2} = \frac{11(156.64) - (17)(100.4)}{11(27.1) - (17)^2} = 1.78$$

$\hat{\alpha} = \bar{y} - \hat{\beta}\bar{x} = 9.13 - 1.78(1.55) = 6.37$

$\therefore$ 추정회귀직선은 $\hat{y}=\hat{\alpha}+\hat{\beta}x=6.37+1.78x$

(b) $\hat{y}=6.37+1.78(1.85)=9.66$

[8-4] $\bar{x}=\dfrac{\sum_{i=1}^{n}x_i}{n}=\dfrac{58}{11}=5.27,\ \bar{y}=\dfrac{\sum_{i=1}^{n}y_i}{n}=\dfrac{761}{11}=69.18$

$$\hat{\beta}=\frac{n\left(\sum_{i=1}^{n}x_iy_i\right)-\left(\sum_{i=1}^{n}x_i\right)\left(\sum_{i=1}^{n}y_i\right)}{n\left(\sum_{i=1}^{n}x_i^2\right)-\left(\sum_{i=1}^{n}x_i\right)^2}=\frac{11(3736)-(58)(761)}{11(326)-(58)^2}=-13.7$$

$\hat{\alpha}=\bar{y}\quad\hat{\beta}\bar{x}=69.18+13.7(5.27)=141.38$

$\therefore$ 추정회귀직선은 $\hat{y}=\hat{\alpha}+\hat{\beta}x=141.38-13.7x$

[8-5] $\bar{x}=\dfrac{\sum_{i=1}^{n}x_i}{n}=\dfrac{460}{10}=46,\ \bar{y}=\dfrac{\sum_{i=1}^{n}y_i}{n}=\dfrac{730}{10}=73$

$$\hat{\beta}=\frac{n\left(\sum_{i=1}^{n}x_iy_i\right)-\left(\sum_{i=1}^{n}x_i\right)\left(\sum_{i=1}^{n}y_i\right)}{n\left(\sum_{i=1}^{n}x_i^2\right)-\left(\sum_{i=1}^{n}x_i\right)^2}=\frac{10(40150)-(460)(730)}{10(25600)-(460)^2}=1.48$$

$\hat{\alpha}=\bar{y}-\hat{\beta}\bar{x}=73-1.48(46)=4.92$

$\therefore$ 추정회귀직선은 $\hat{y}=\hat{\alpha}+\hat{\beta}x=4.92+1.48x$

[8-6] $SSE=63150-\dfrac{(730)^2}{10}-\dfrac{\left(40150-\dfrac{(460)(730)}{10}\right)^2}{25600-\dfrac{(460)^2}{10}}=138.18$

$\widehat{\alpha^2}=\dfrac{SSE}{n-2}=\dfrac{138.18}{8}=17.27$

[8-7] $\bar{x}=\frac{\sum_{i=1}^{n}x_i}{n}=\frac{50}{10}=5$, $\bar{y}=\frac{\sum_{i=1}^{n}y_i}{n}=\frac{109}{10}=10.9$

$$\hat{\beta}=\frac{n\left(\sum_{i=1}^{n}x_iy_i\right)-\left(\sum_{i=1}^{n}x_i\right)\left(\sum_{i=1}^{n}y_i\right)}{n\left(\sum_{i=1}^{n}x_i^2\right)-\left(\sum_{i=1}^{n}x_i\right)^2}=\frac{10(615)-(50)(109)}{10(284)-(50)^2}=2.06$$

$\hat{\alpha}=\bar{y}-\hat{\beta}\bar{x}=10.9-2.06(5)=0.6$

∴ 추정회귀직선은 $\hat{y}=\hat{\alpha}+\hat{\beta}x=0.6+2.06x$

[8-8] $r^2=\frac{SSR}{SST}=0.81$ $\quad\therefore\ r=\pm 0.9$

추정된 회귀직선이 음의 상관관계가 있으므로 두 변수 사이의 상관관계는 $-0.9$ 이다.

[8-9] $\hat{\beta}=\frac{\Sigma\left(X_i-\overline{X}\right)\left(Y_i-\overline{Y}\right)}{\Sigma\left(X_i-\overline{X}\right)^2}=\frac{S_{XY}}{S_{XX}}$ 이므로 $\frac{90}{60}=\frac{3}{2}$ 이다.

[8-10] (1) $n=10$, $\bar{x}=5.9$, $\bar{y}=15.1$, $\Sigma x_iy_i=1003$, $\Sigma x_i^2=389$ 이므로

$$\hat{\beta}=\frac{\sum_{i=1}^{n}x_iy_i-n\bar{x}\bar{y}}{\sum_{i=1}^{n}x_i^2-n\bar{x}^2}=\frac{1003-10\times 5.9\times 15.1}{389-10\times 5.9^2}=\frac{112.1}{40.9}=2.74$$

$$\hat{\alpha}=\bar{y}-\hat{\beta}\bar{x}=15.1-2.74\times 5.9=-1.07$$

이다. 따라서 $\hat{y}=-1.07+2.74x$ 가 구하는 회귀직선이다.

**| 산점도와 적합된 회귀직선 |**

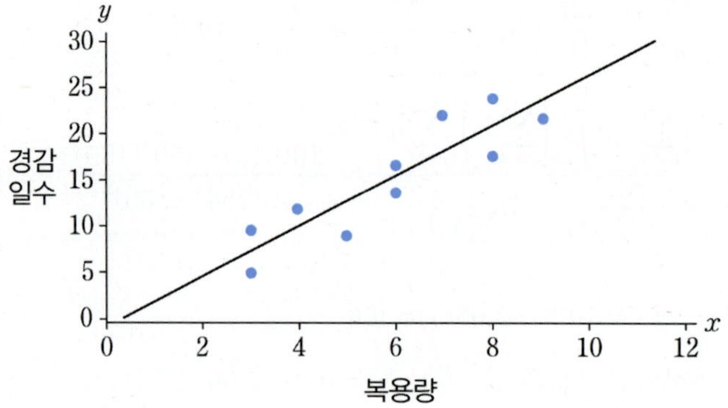


(2) 알레르기 약을 10mg($x=10$) 복용하면 증상의 경감일수 $y$는

$$\hat{y}=-1.07+2.74\times 10=26.33$$

일이 예측된다.

## Chapter 09 범주형 자료 분석

[9-1] $\chi^2$ − 통계량을 계산하기 위해 먼저 각각의 경우에 대한 기대도수를 구함

$$E_{11} = \frac{25\times 19}{61} = 7.79 \qquad E_{12} = \frac{25\times 20}{61} = 8.20 \qquad E_{13} = \frac{25\times 13}{61} = 5.33$$

$$E_{21} = \frac{36\times 19}{61} = 11.21 \qquad E_{22} = \frac{36\times 20}{61} = 11.80 \qquad E_{23} = \frac{36\times 13}{61} = 7.67$$

$$\chi^2 = \sum_{i=1}^{6}\frac{(O_i - E_i)^2}{E_i} = \frac{(6-7.79)^2}{7.79} + \frac{(10-8.20)^2}{8.20} + \frac{(9-5.33)^2}{5.33}$$

$$+\frac{(22-11.21)^2}{11.21} + \frac{(10-11.80)^2}{11.80} + \frac{(4-7.67)^2}{7.67} = 15.80$$

$\chi^2_{0.05}(2) = 5.99$, $\chi^2_{0.05}(2) \le 15.80$

따라서 두 종자 소에 대한 유전자형의 차이가 있음을 알 수 있다.

[9-2] $\chi^2$ − 통계량을 계산하기 위해 먼저 각각의 경우에 대한 기대도수를 구함

$$E_{11} = \frac{500\times 127}{900} = 70.56 \qquad E_{12} = \frac{500\times 773}{900} = 429.44$$

$$E_{21} = \frac{400\times 127}{900} = 56.44 \qquad E_{22} = \frac{400\times 779}{900} = 346.22$$

$$\chi^2 = \sum_{i=1}^{4}\frac{(O_i - E_i)^2}{E_i} = \frac{(84-70.56)^2}{70.56} + \frac{(416-429.44)^2}{429.44}$$

$$+\frac{(43-56.44)^2}{56.44} + \frac{(357-346.22)^2}{346.22} = 6.52$$

$\chi^2_{0.05}(1) = 3.84$, $\chi^2_{0.05}(1) \le 6.52$

따라서 방사선 노출에 따라 기형아 출산에 영향이 있다는 것을 알 수 있다.

[9-3] $\chi^2$ – 통계량을 계산하기 위해 먼저 각각의 경우에 대한 기대도수를 구함

$$E_{11} = \frac{300 \times 233}{1200} = 58.25 \qquad E_{12} = \frac{300 \times 967}{1200} = 241.75$$

$$E_{21} = \frac{250 \times 233}{1200} = 48.54 \qquad E_{22} = \frac{250 \times 967}{1200} = 201.46$$

$$E_{31} = \frac{300 \times 233}{1200} = 58.25 \qquad E_{32} = \frac{300 \times 967}{1200} = 241.75$$

$$E_{41} = \frac{350 \times 233}{1200} = 67.96 \qquad E_{42} = \frac{350 \times 967}{1200} = 282.04$$

$$\chi^2 = \sum_{i=1}^{8} \frac{(O_i - E_i)^2}{E_i} = \frac{(32 - 58.25)^2}{58.25} + \frac{(268 - 241.75)^2}{241.75}$$

$$+ \frac{(51 - 48.54)^2}{48.54} + \frac{(199 - 201.46)^2}{201.46} + \frac{(67 - 58.25)^2}{58.25}$$

$$+ \frac{(233 - 241.75)^2}{241.75} + \frac{(83 - 67.96)^2}{67.96} + \frac{(267 - 282.04)^2}{282.04} = 20.60$$

$\chi^2_{0.05}(3) = 7.815$, $\chi^2_{0.05}(3) \leq 20.60$

따라서 집단 내에서 알코올 중독자의 비율이 다르다고 할 수 있다.

[9-4] 유전자 A형의 기대도수 : $100 \times \frac{1}{4} = 25$

유전자 B형의 기대도수 : $100 \times \frac{1}{4} = 25$

유전자 C형의 기대도수 : $100 \times \frac{2}{4} = 50$

$$\chi^2 = \sum_{i=1}^{n} \frac{(O_i - E_i)^2}{E_i} = \frac{(25 - 25)^2}{25} + \frac{(30 - 25)^2}{25} + \frac{(45 - 50)^2}{50} = 1.5$$

$\chi^2_{0.05}(2) = 5.99$, $\chi^2_{0.05}(2) > 1.5$

따라서 이 실험자료가 유전학이론에 적합하지 않다는 근거는 없다.

[9-5] 기대도수 $\frac{420}{5} = 84$이므로 $\chi^2$ − 통계량은 다음과 같다.

$$\chi^2 = \sum_{i=1}^{n} \frac{(O_i - E_i)^2}{E_i} = \frac{(85-84)^2}{84} + \frac{(75-84)^2}{84} + \frac{(70-84)^2}{84}$$

$$+ \frac{(90-84)^2}{84} + \frac{(100-84)^2}{84} = 6.79$$

$\chi^2_{0.1}(4) = 7.78$, $\chi^2_{0.1}(4) \geq 6.79$

따라서 걸려오는 전화의 횟수가 요일과 관계가 있다는 근거는 없다.

[9-6] $\chi^2$ − 통계량을 계산하기 위해 먼저 각각의 경우에 대한 기대도수를 구함

$E_{11} = \frac{100 \times 105}{200} = 52.5 \qquad E_{12} = \frac{100 \times 95}{200} = 47.5$

$E_{21} = \frac{100 \times 105}{200} = 52.5 \qquad E_{22} = \frac{100 \times 95}{200} = 47.5$

$$\chi^2 = \sum_{i=1}^{4} \frac{(O_i - E_i)^2}{E_i} = \frac{(80-52.5)^2}{52.5} + \frac{(20-47.5)^2}{47.5}$$

$$+ \frac{(25-52.5)^2}{52.5} + \frac{(75-47.5)^2}{47.5} = 59.14$$

$\chi^2_{0.05}(1) = 3.841$, $\chi^2_{0.05}(1) \leq 59.14$

따라서 기각역에 속하므로 폐암과 흡연 간에 관련이 있다고 할 수 있다.

[9-7] $\chi^2$ − 통계량을 계산하기 위해 먼저 각각의 경우에 대한 기대도수를 구함

$E_{11} = \frac{140 \times 125}{200} = 87.5 \qquad E_{12} = \frac{140 \times 75}{200} = 52.5$

$E_{21} = \frac{60 \times 125}{200} = 37.5 \qquad E_{22} = \frac{60 \times 75}{200} = 22.5$

$$\chi^2 = \sum_{i=1}^{4} \frac{(O_i - E_i)^2}{E_i} = \frac{(90-87.5)^2}{87.5} + \frac{(50-52.5)^2}{52.5}$$

$$+ \frac{(35-37.5)^2}{37.5} + \frac{(25-22.5)^2}{22.5} = 0.63$$

$\chi^2_{0.05}(1) = 3.841$, $\chi^2_{0.05}(1) \geq 0.63$

따라서 $H_1$을 기각하므로 비만 아동과 그 부모의 비만은 밀접한 관련이 있다는 근거가 없다.

[9-8] $\chi^2$ – 통계량을 계산하기 위해 먼저 각각의 경우에 대한 기대도수를 구함

$$E_{11} = \frac{50 \times 33}{75} = 22 \qquad E_{12} = \frac{50 \times 42}{75} = 40,$$

$$E_{21} = \frac{25 \times 33}{75} = 11 \qquad E_{22} = \frac{25 \times 42}{75} = 14$$

$$\chi^2 = \sum_{i=1}^{4} \frac{(O_i - E_i)^2}{E_i}$$

$$= \frac{(22-22)^2}{22} + \frac{(28-40)^2}{40} + \frac{(11-11)^2}{11} + \frac{(14-14)^2}{14}$$

$$= 3.6$$

$$\chi^2_{0.05}(1) = 3.841, \ \chi^2_{0.05}(1) \geq 3.6$$

귀무가설(서로 독립)을 기각할 수 없다. 따라서 성별과 흡연 여부는 유관하다고 할 수 없다. 자유도는 1이다.

## Chapter 10 분산분석

[10-1] 분산분석표는 다음과 같다.

| 요인 | 제곱합 | 자유도 | 평균제곱 | $F_0$ |
|---|---|---|---|---|
| 처리 | 1826.6 | 3 | 608.85 | 6.46 |
| 잔차 | 1508.0 | 16 | 94.25 | |
| 계 | 3334.6 | 19 | | |

따라서 검정통계량 $F_0$의 값이 유의수준 $\alpha = 0.05$에서의 $F$분포 값인 $F(3, 16\ ;\ 0.05) = 3.24$보다 크므로 귀무가설을 기각한다. 따라서 농도에 따라 인장 강도에 차이가 있다고 결론을 내린다.

[10-2] 분산분석표는 다음과 같다.

| 요인 | 제곱합 | 자유도 | 평균제곱 | $F_0$ |
|---|---|---|---|---|
| 상표 간 | 1796.85 | 3 | 598.95 | 219.1 |
| 상표 내 | 43.73 | 16 | 2.73 | |
| $T$ | 1840.590 | 19 | | |

검정통계량 $F_0$의 값이 유의수준 $\alpha = 0.05$에서의 $F$분포 값인 $F(3, 16\ ;\ 0.05) = 3.24$보다 크므로 귀무가설을 기각한다. 따라서 네 가지 상표의 골프공 평균 비거리는 다르다고 할 수 있다.

[10-3] 분산분석표는 다음과 같다.

| 요인 | 제곱합 | 자유도 | 평균제곱 | $F_0$ |
|---|---|---|---|---|
| 처리 | 4541.93 | 3 | 1513.977 | 8.83 |
| 잔차 | 2569.55 | 15 | 171.303 | |
| $T$ | 7111.488 | 18 | | |

검정통계량 $F_0$의 값이 유의수준 $\alpha = 0.05$에서의 $F$분포 값인 $F(3, 15\ ;\ 0.05) = 3.29$보다 크므로 귀무가설을 기각한다. 따라서 사료 종류에 따라 체중 증가에 차이가 있다고 결론을 내린다.

[10-4] 분산분석표는 다음과 같다.

| 요인 | 제곱합 | 자유도 | 평균제곱 | $F_0$ |
|---|---|---|---|---|
| 처리 | 218.6087 | 3 | 72.8696 | 13.31 |
| 잔차 | 104.0000 | 19 | 5.4737 | |
| $T$ | 322.6087 | 22 | | |

검정통계량 $F_0$의 값이 유의수준 $\alpha = 0.01$에서의 $F$분포 값인 $F(3, 19 ; 0.01) = 4.46$보다 크므로 귀무가설을 기각한다. 따라서 식이요법에 따라 혈액응고 시간에 차이가 있다고 결론을 내린다.

[10-5] 검정 결과를 확인하면 촉매4와 촉매2, 촉매2와 촉매3은 유의수준 0.05에서 차이가 없음을 알 수 있다. 하지만 촉매1은 나머지 촉매와 차이가 있고 촉매4는 촉매3이랑 차이가 있다. 따라서 촉매3 ≥ 촉매2 ≥ 촉매4 > 촉매1 순으로 반응속도가 빠르다.

| 촉매량 | N | 집단군 | | |
|---|---|---|---|---|
| | | 1 | 2 | 3 |
| 촉매1 | 9 | 103.0000 | | |
| 촉매4 | 9 | | 107.7778 | |
| 촉매2 | 9 | | 111.1111 | 111.1111 |
| 촉매3 | 9 | | | 114.7778 |
| 유의확률 | | 1.000 | 0.077 | 0.053 |

[10-6] 분산분석표는 다음과 같다.

| 요인 | 제곱합 | 자유도 | 평균제곱 | $F_0$ |
|---|---|---|---|---|
| 처리 | 7.560 | 2 | 3.780 | 1.638 |
| 잔차 | 18.460 | 8 | 2.307 | |
| $T$ | 26.020 | 10 | | |

검정통계량 $F_0$의 값이 유의수준 $\alpha = 0.05$에서의 $F$분포 값인 $F(2, 8 ; 0.05) = 4.46$보다 작으므로 귀무가설을 채택한다. 따라서 자동차 종류에 따라 리터당 평균 주행거리 간에 차이는 없다.

[10-7] 분산분석표는 다음과 같다.

| 요인 | 제곱합 | 자유도 | 평균제곱 | $F_0$ |
|---|---|---|---|---|
| 처리 | 130.057 | 2 | 65.029 | 1.615 |
| 잔차 | 442.800 | 11 | 40.255 | |
| $T$ | 572.857 | 13 | | |

검정통계량 $F_0$의 값이 유의수준 $\alpha = 0.05$에서의 $F$분포 값인 $F(2, 11 ; 0.05) = 3.98$보다 작으므로 귀무가설을 채택한다. 따라서 공정 종류에 따라 인장 강도에 차이가 없다고 결론을 내린다.

[10-8] 자유도는 $11 - 3 = 8$, $F = \left(\frac{72}{2}\right) / \left(\frac{50}{8}\right) = \frac{144}{25}$

[10-9] 제곱합의 계산은 다음과 같다($p = q = 2$, $r = 2$).

$SS_A = 2 \times 2\left[(31 - 35.75)^2 + (40.5 - 35.75)^2\right] = 180.5$

$SS_B = 2 \times 2\left[(34.5 - 35.75)^2 + (37 - 35.75)^2\right] = 12.5$

$SS_{A \times B} = 2\left[(29 - 31 - 34.5 + 35.75)^2 + \cdots + (41 - 40.5 - 37 + 35.75)^2\right] = 4$

$SSE = (28 - 29)^2 + (30 - 29)^2 + (33 - 33)^2 + (33 - 33)^2 + (42 - 40)^2$
$\quad + (38 - 40) + (40 - 41)^2 + (42 - 41)^2 = 12.0$

$SST = (28 - 35.75)^2 + (30 - 35.75)^2 + \cdots + (42 - 35.75)^2 = 209.5$

따라서 분산분석표는 다음과 같다.

| 요인 | 제곱합 | 자유도 | 평균제곱 | $F$비 |
|---|---|---|---|---|
| 메톨 | 180.5 | 1 | 180.5 | 60.2 |
| 하이드로퀴논 | 12.5 | 1 | 12.5 | 4.2 |
| 교호작용 | 4.5 | 1 | 4.5 | 1.5 |
| 잔차 | 12.0 | 4 | 3.0 | |
| 계 | 209.5 | 7 | | |

$F$분포표에서 $F(1,\ 4\ ;\ 0.05) = 7.71$이므로, 메톨의 수준만이 사진의 선명도에 유의한 영향을 준다고 볼 수 있다.

[10-10] 제시된 제곱합들을 계산하면 다음의 분산분석표를 얻을 수 있다.

| 요인 | 제곱합 | 자유도 | 평균제곱 | $F$ |
|---|---|---|---|---|
| 압력 | 180.5 | 1 | 180.5 | 60.2 |
| 시간 | 12.5 | 1 | 12.5 | 4.2 |
| 교호작용 | 4.5 | 1 | 4.5 | 1.5 |
| 오차 | 12.0 | 4 | 3.0 | |
| 계 | 209.5 | 7 | | |

$F$값$= 60.2 > F(1,\ 4 : 0.05) = 7.71$이므로 $H_0$를 기각하여 압력은 합성율에 영향을 미친다.

$F$값$= 4.2 < F(1,\ 4 : 0.05) = 7.71$이므로 $H_0$를 기각하지 못하고 채택되므로 반응시간은 합성율에 영향을 미치지 못한다.

$F$값$= 1.5 < F(1,\ 4 : 0.05) = 7.71$이므로 $H_0$를 기각하지 못하므로 압력과 반응시간의 교호작용 효과는 없다.

따라서 압력만이 합성율에 유의한 영향을 준다고 볼 수 있다.

[10-11] 제시된 제곱합들을 계산하면 다음의 분산분석표를 얻을 수 있다.

| 요인 | 제곱합 | 자유도 | 평균제곱 | $F$ |
|---|---|---|---|---|
| 연령 | 684 | 2 | 342 | 9.545 |
| 성별 | 72 | 1 | 72 | 2.009 |
| 교호작용 | 228 | 2 | 114 | 3.182 |
| 오차 | 430 | 12 | 35.83 | |
| 계 | 1,414 | 17 | | |

$F$분포표에서 $F(2,\ 12 : 0.05) = 3.89$이므로 연령만이 보험 판매액에 유의한 영향을 준다고 볼 수 있다. 그리고 $F(1,\ 12 : 0.05) = 4.75 (> F(\text{성별}) = 2.009)$이므로 성별은 보험 판매액에 유의한 영향을 준다고 볼 수 없다.

$F$값$= 3.182 < F(2,\ 12 : 0.05) = 3.89$이므로 $H_0$는 기각하지 못하여 연령과 성별의 교호작용 효과는 없다. 따라서 연령만이 보험 판매액에 유의한 영향을 준다고 볼 수 있다.

## Chapter 11 비모수적 검정

[11-1] 관측값으로부터 혼합표본의 순위를 결정할 수 있다.

| 혼합표본 | 10 | 11 | 12 | 15 | 15 | 16 | 17 | 19 | 20 | 22 |
|---|---|---|---|---|---|---|---|---|---|---|
| 순위 | 1 | 2 | 3 | 4.5 | 4.5 | 6 | 7 | 8 | 9 | 10 |

1. 귀무가설 $H_0$ : $F_X = F_Y(\mu_X = \mu_Y)$

   대립가설 $H_1$ : $F_X \neq F_Y(\mu_X \neq \mu_Y)$

2. 유의수준 $\alpha = 0.1$

3. 검정통계량 : $W_A = 28.5$

4. 기각역 $P(W \geq 36) = P(W \leq 19) = 0.048$

5. $W_A = 28.5 < 36$이므로 기각역에 속하지 않는다. 따라서 두 종류의 비료 A와 B가 농작물 수확량에 차이가 있다는 근거는 없다.

[11-2] 관측값으로부터 혼합표본의 순위를 결정할 수 있다.

| 혼합표본 | 25 | 40 | 45 | 50 | 55 | 60 | 60 | 85 |
|---|---|---|---|---|---|---|---|---|
| 순위 | 1 | 2 | 3 | 4 | 5 | 6.5 | 6.5 | 8 |

$W_B = 2 + 5 + 6.5 + 8 = 21.5$

1. 귀무가설 $H_0$ : $\mu_1 = \mu_2(F_X(x) = F_Y(y))$

   대립가설 $H_1$ : $\mu_1 < \mu_2(F_X(x) < F_Y(y))$

2. $\alpha = 0.05$

3. 검정통계량 : $W_B = 21.5$

4. 기각역 $P(W_s \geq 24) = P(W_s \leq 12) = 0.057$

5. $W_B = 21.5 < 24$이므로 기각역에 속하지 않는다. 따라서 새 치료법이 기존의 치료법보다 우수하다는 근거는 없다.

[11-3] 관측값으로부터 부호 순위를 결정한다.

| 관측값 | 1.8 | 2.5 | 3.5 | 4.3 | −1.2 | 1.9 | 2.3 | −1.0 | 2.1 | −0.5 |
|---|---|---|---|---|---|---|---|---|---|---|
| 순위 | 4 | 8 | 9 | 10 | −3 | 5 | 7 | −2 | 6 | −1 |

$W^+ = 4+5+6+7+8+9+10 = 49$

1. 귀무가설 $H_0$ : $\theta = 0$

   대립가설 $H_1$ : $\theta > 0$

2. 유의수준 $\alpha = 0.05$

3. 검정통계량 : $W^+ = 49$

4. 기각역 $P(W^+ \geq 44) = P(W^+ \leq 11) = 0.053$

5. $W^+ = 49 > 44$이므로 기각역에 속한다. 따라서 이 특정한 식이요법은 체중 감소에 효과가 있다고 할 수 있다.

[11-4] 관측값으로부터 부호 순위를 결정한다.

| 관측값 | 0.9 | 1.1 | 1.5 | 0.8 | 1.2 | 1.4 | 0.7 | 1.1 | 1.3 |
|---|---|---|---|---|---|---|---|---|---|
| 차 | −0.1 | 0.1 | 0.5 | −0.2 | 0.2 | 0.4 | −0.3 | 0.1 | 0.3 |
| 부호순위 | −2 | 2 | 9 | −4.5 | 4.5 | 8 | −6.5 | 2 | 6.5 |

$W^+ = 2+9+4.5+8+2+6.5 = 32$

1. 귀무가설 $H_0$ : $\theta = 1$

   대립가설 $H_1$ : $\theta > 1$

2. 유의수준 $\alpha = 0.05$

3. 검정통계량 : $W^+ = 32$

4. 기각역 $P(W^+ \geq 37) = P(W^+ \leq 8) = 0.049$

5. $W^+ = 32 < 37$이므로 기각역에 속하지 않는다. 따라서 스마트폰 재충전에 걸리는 시간이 평균적으로 1시간 이상이라는 근거는 없다.

[11-5] 관측값으로부터 혼합표본의 순위를 결정할 수 있다.

| 정상인 | 0.5 | 0.6 | 0.3 | 0.7 | 0.2 | 0.5 | 0.7 | |
|---|---|---|---|---|---|---|---|---|
| 순위 | 10.5 | 12 | 7 | 14 | 4 | 10.5 | 14 | |

| 암환자 | 0.3 | 0 | 0.2 | 0.1 | 0.7 | 0.2 | 0.3 | 0.4 |
|---|---|---|---|---|---|---|---|---|
| 순위 | 7 | 1 | 4 | 2 | 14 | 4 | 7 | 9 |

$W_A = 10.5 + 12 + 7 + 14 + 4 + 10.5 + 14 = 72$

1. 귀무가설 $H_0$ : $\mu_1 = \mu_2(F_X(x) = F_Y(y))$

   대립가설 $H_1$ : $\mu_1 \neq \mu_2(F_X(x) \neq F_Y(y))$

2. $\alpha/2 = 0.025$

3. 검정통계량 $W_n = 72$

4. 기각역 $P(W_s \geq 73) = P(W_s \leq 39) = 0.027$

5. $W_A = 72 < 73$ 이므로 기각역에 속하지 않는다. 따라서 DNA methylation의 변화가 암세포에서 정상세포와 비교 시 차이가 있다는 근거는 없다.

[11-6]

| 미사일 시스템 | A | B | C |
|---|---|---|---|
| | 19 | 5 | 12 |
| | 17 | 16 | 8 |
| | 1 | 4 | 9.5 |
| | 9.5 | 6 | 13 |
| | 14.5 | 14.5 | 2.5 |
| | $W_1 = 61.0$ | 18 | 2.5 |
| | | $W_2 = 63.5$ | 11 |
| | | | 7 |
| | | | $W_3 = 65.5$ |

검정통계량

$$H = \frac{12}{(19)(20)}\left[\frac{(61)^2}{5} + \frac{(63.5)^2}{6} + \frac{(65.5)^2}{8}\right] - (3)(20) = 1.66$$

$H$의 자유도는 2이므로 $\chi^2(2,\ 0.05) = 5.99$ 이다.

따라서 $H_0$가 채택되고 기각역에 속하지 않으므로 세 종류의 시스템에서 추진체 연소율 차이가 있다는 근거는 없다.

# Chapter 12 통계적 품질관리

[12-1] $x$관리도

$$\bar{x}=\frac{\sum x}{k}=\frac{741}{25}=29.64$$

$$\bar{R}=\frac{\sum R}{k}=\frac{685}{25}=27.4$$

$$A_2=\frac{3}{\sqrt{n}\,d_2}=\frac{3}{\sqrt{5}\times 2.326}=0.577$$

$$\mathrm{UCL}=\bar{x}+A_2\cdot\bar{R}=45.45$$

$$\mathrm{LCL}=\bar{x}-A_2\cdot\bar{R}=13.83$$

$R$ 관리도

$$\mathrm{UCL}=D_4\bar{R}=\left(1+3\frac{d_3}{d_2}\right)\bar{R}\fallingdotseq 57.933$$

$$\mathrm{LCL}=0$$

[12-2] 제시된 자료표로부터 $\overline{X}-R$ 관리도의 관리한계선을 구하면 다음과 같다.

$$\mathrm{UCL_X}=1.51+3(0.30)/1.128=2.31$$

$$\mathrm{CL_X}=1.51$$

$$\mathrm{LCL_X}=1.51-3(0.30)/1.128=0.71$$

$$\mathrm{UCL_R}=(3.267)(0.30)=0.98$$

$$\mathrm{CL_R}=0.30$$

$$\mathrm{LCL_R}=(0)(0.30)=0$$

배치별 밀도에 대한 $\overline{X}-R$ 관리도는 아래 그림에 주어져 있다.

**❙ $\overline{X}-R$ 관리도 ❙**

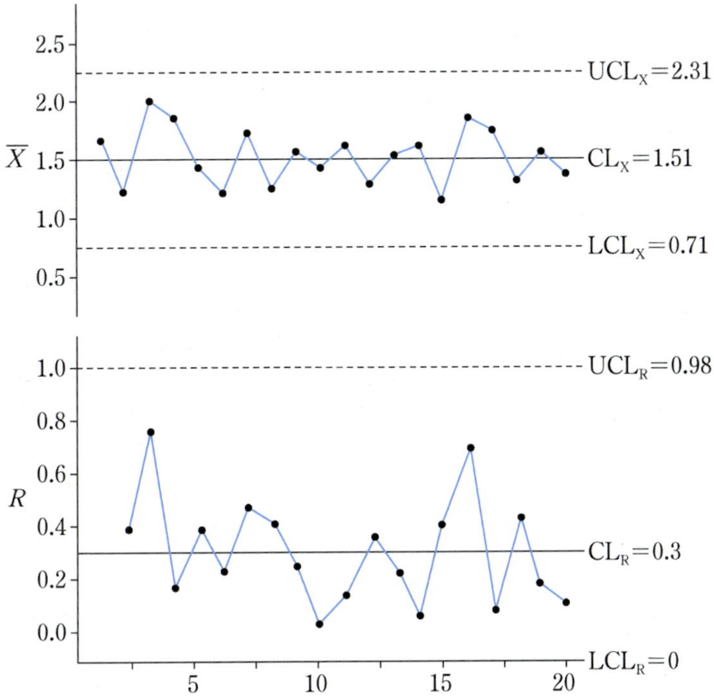


[12-3] 중심선은 $\overline{p}$이므로

$$\text{CL}=\overline{p}=\frac{187}{1,250}=0.150$$

이 되고, UCL과 LCL은 각 군마다 모두 동일한 표본의 크기 $n=50$을 가지고 있으므로

$$\begin{aligned}\text{UCL}&=\overline{p}+3\sqrt{\frac{\overline{p}(1-\overline{p})}{n}}\\&=0.150+3\sqrt{\frac{(0.150)(1-0.150)}{50}}\\&=0.150+0.152=0.302\end{aligned}$$

$$\begin{aligned} \text{LCL} &= \bar{p} - 3\sqrt{\frac{\bar{p}(1-\bar{p})}{n}} \\ &= 0.150 - 0.152 \fallingdotseq 0 \end{aligned}$$

이 된다. 만약 각 군마다 시료의 크기가 다르면 UCL과 LCL은 각 군마다 달라진다.

이 문제에 대한 $p$관리도는 아래 그림과 같다.

▌$p$ 관리도▐

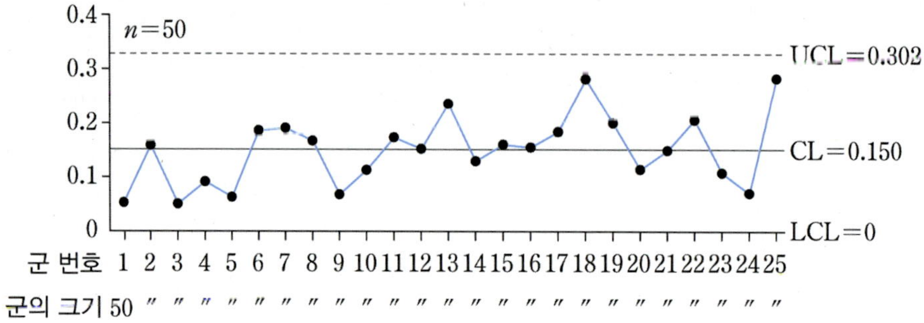

# 02 분포표

[표 1] 이항누적분포함수

$$B(x\,;n,\,p)=\sum_{k=0}^{x}\binom{n}{k}p^k(1-p)^{n-k}$$

| $n$ | $x$ | 0.05 | 0.10 | 0.15 | 0.20 | 0.25 | 0.30 | 0.35 | 0.40 | 0.45 |
|---|---|---|---|---|---|---|---|---|---|---|
| 1 | 0 | 0.9500 | 0.9000 | 0.8500 | 0.8000 | 0.7500 | 0.7000 | 0.6500 | 0.6000 | 0.5500 |
| 2 | 0 | 0.9025 | 0.8100 | 0.7225 | 0.6400 | 0.5625 | 0.4900 | 0.4225 | 0.3600 | 0.3025 |
|  | 1 | 0.9975 | 0.9900 | 0.9775 | 0.9600 | 0.9375 | 0.9100 | 0.8775 | 0.8400 | 0.7975 |
| 3 | 0 | 0.8574 | 0.7290 | 0.6141 | 0.5120 | 0.4219 | 0.3430 | 0.2746 | 0.2160 | 0.1664 |
|  | 1 | 0.9928 | 0.9720 | 0.9393 | 0.8960 | 0.8438 | 0.7840 | 0.7182 | 0.6480 | 0.5748 |
|  | 2 | 0.9999 | 0.9990 | 0.9967 | 0.9920 | 0.9844 | 0.9730 | 0.9571 | 0.9360 | 0.9089 |

| $n$ | $x$ | 0.50 | 0.55 | 0.60 | 0.65 | 0.70 | 0.75 | 0.80 | 0.85 | 0.90 | 0.95 |
|---|---|---|---|---|---|---|---|---|---|---|---|
| 1 | 0 | 0.5000 | 0.4500 | 0.4000 | 0.3500 | 0.3000 | 0.2500 | 0.2000 | 0.1500 | 0.1000 | 0.0500 |
| 2 | 0 | 0.2500 | 0.2025 | 0.1600 | 0.1225 | 0.0900 | 0.0625 | 0.0400 | 0.0225 | 0.0100 | 0.0025 |
|  | 1 | 0.7500 | 0.6975 | 0.6400 | 0.5775 | 0.5100 | 0.4375 | 0.3600 | 0.2775 | 0.1900 | 0.0975 |
| 3 | 0 | 0.1250 | 0.0911 | 0.0640 | 0.0429 | 0.0270 | 0.0156 | 0.0080 | 0.0034 | 0.0010 | 0.0001 |
|  | 1 | 0.5000 | 0.4252 | 0.3520 | 0.2818 | 0.2160 | 0.1406 | 0.1040 | 0.0608 | 0.0280 | 0.0072 |
|  | 2 | 0.8750 | 0.8336 | 0.7840 | 0.7254 | 0.6570 | 0.5625 | 0.4880 | 0.3859 | 0.2710 | 0.1426 |

[표 1] 이항누적분포함수(계속)

| n | x | p=0.05 | 0.10 | 0.15 | 0.20 | 0.25 | 0.30 | 0.35 | 0.40 | 0.45 |
|---|---|---|---|---|---|---|---|---|---|---|
| 4 | 0 | 0.8145 | 0.6561 | 0.5220 | 0.4096 | 0.3164 | 0.2401 | 0.1785 | 0.1296 | 0.0915 |
| | 1 | 0.9860 | 0.9477 | 0.8905 | 0.8192 | 0.7383 | 0.6517 | 0.5630 | 0.4752 | 0.3910 |
| | 2 | 0.9995 | 0.9963 | 0.9880 | 0.9728 | 0.9492 | 0.9163 | 0.8735 | 0.8208 | 0.7585 |
| | 3 | 1.0000 | 0.9999 | 0.9995 | 0.9984 | 0.9961 | 0.9919 | 0.9850 | 0.9744 | 0.9590 |
| 5 | 0 | 0.7738 | 0.5905 | 0.4437 | 0.3277 | 0.2373 | 0.1681 | 0.1160 | 0.0778 | 0.0503 |
| | 1 | 0.9774 | 0.9185 | 0.8352 | 0.7373 | 0.6328 | 0.5282 | 0.4284 | 0.3370 | 0.2562 |
| | 2 | 0.9988 | 0.9914 | 0.9734 | 0.9421 | 0.8965 | 0.8369 | 0.7648 | 0.6826 | 0.5931 |
| | 3 | 1.0000 | 0.9995 | 0.9978 | 0.9933 | 0.9844 | 0.9692 | 0.9460 | 0.9130 | 0.8688 |
| | 4 | 1.0000 | 1.0000 | 0.9999 | 0.9997 | 0.9990 | 0.9976 | 0.9947 | 0.9898 | 0.9815 |
| 6 | 0 | 0.7351 | 0.5314 | 0.3771 | 0.2621 | 0.1780 | 0.1176 | 0.0754 | 0.0467 | 0.0277 |
| | 1 | 0.9672 | 0.8857 | 0.7765 | 0.6554 | 0.5339 | 0.4202 | 0.3191 | 0.2333 | 0.1636 |
| | 2 | 0.9978 | 0.9842 | 0.9527 | 0.9011 | 0.8306 | 0.7443 | 0.6471 | 0.5443 | 0.4415 |
| | 3 | 0.9999 | 0.9987 | 0.9941 | 0.9830 | 0.9624 | 0.9295 | 0.8826 | 0.8208 | 0.7447 |
| | 4 | 1.0000 | 0.9999 | 0.9996 | 0.9984 | 0.9954 | 0.9891 | 0.9777 | 0.9590 | 0.9308 |
| | 5 | 1.0000 | 1.0000 | 1.0000 | 0.9999 | 0.9998 | 0.9993 | 0.9982 | 0.9959 | 0.9917 |
| 7 | 0 | 0.6983 | 0.4783 | 0.3206 | 0.2097 | 0.1335 | 0.0824 | 0.0490 | 0.0280 | 0.0152 |
| | 1 | 0.9556 | 0.8503 | 0.7166 | 0.5767 | 0.4449 | 0.3294 | 0.2338 | 0.1586 | 0.1024 |
| | 2 | 0.9962 | 0.9743 | 0.9262 | 0.8520 | 0.7564 | 0.6471 | 0.5323 | 0.4199 | 0.3164 |
| | 3 | 0.9998 | 0.9973 | 0.9879 | 0.9667 | 0.9294 | 0.8740 | 0.8002 | 0.7102 | 0.6083 |
| | 4 | 1.0000 | 0.9998 | 0.9988 | 0.9953 | 0.9871 | 0.9712 | 0.9444 | 0.9037 | 0.8471 |
| | 5 | 1.0000 | 1.0000 | 0.9999 | 0.9996 | 0.9987 | 0.9962 | 0.9910 | 0.9812 | 0.9643 |
| | 6 | 1.0000 | 1.0000 | 1.0000 | 1.0000 | 0.9999 | 0.9998 | 0.9994 | 0.9984 | 0.9963 |

[표 1] 이항누적분포함수(계속)

| $n$ | $x$ | $p$ = 0.50 | 0.55 | 0.60 | 0.65 | 0.70 | 0.75 | 0.80 | 0.85 | 0.90 | 0.95 |
|---|---|---|---|---|---|---|---|---|---|---|---|
| 4 | 0 | 0.0625 | 0.0410 | 0.0256 | 0.0150 | 0.0081 | 0.0039 | 0.0016 | 0.0005 | 0.0001 | 0.0000 |
| | 1 | 0.3125 | 0.2415 | 0.1792 | 0.1265 | 0.0837 | 0.0508 | 0.0272 | 0.0120 | 0.0037 | 0.0005 |
| | 2 | 0.6875 | 0.6090 | 0.5248 | 0.4370 | 0.3483 | 0.2617 | 0.1808 | 0.1095 | 0.0523 | 0.0140 |
| | 3 | 0.9375 | 0.9085 | 0.8704 | 0.8215 | 0.7599 | 0.6836 | 0.5904 | 0.4780 | 0.3439 | 0.1855 |
| 5 | 0 | 0.0312 | 0.0185 | 0.0102 | 0.0053 | 0.0024 | 0.0010 | 0.0003 | 0.0001 | 0.0000 | 0.0000 |
| | 1 | 0.1875 | 0.1312 | 0.0870 | 0.0540 | 0.0308 | 0.0156 | 0.0067 | 0.0022 | 0.0005 | 0.0000 |
| | 2 | 0.5000 | 0.4069 | 0.3174 | 0.2352 | 0.1631 | 0.1035 | 0.0579 | 0.0266 | 0.0086 | 0.0012 |
| | 3 | 0.8125 | 0.7438 | 0.6630 | 0.5716 | 0.4718 | 0.3672 | 0.2627 | 0.1648 | 0.0815 | 0.0226 |
| | 4 | 0.9688 | 0.9497 | 0.9222 | 0.8840 | 0.8319 | 0.7627 | 0.6723 | 0.5563 | 0.4095 | 0.2262 |
| 6 | 0 | 0.0156 | 0.0083 | 0.0041 | 0.0018 | 0.0007 | 0.0002 | 0.0001 | 0.0000 | 0.0000 | 0.0000 |
| | 1 | 0.1094 | 0.0692 | 0.0410 | 0.0223 | 0.0109 | 0.0046 | 0.0016 | 0.0004 | 0.0001 | 0.0000 |
| | 2 | 0.3438 | 0.2553 | 0.1792 | 0.1174 | 0.0705 | 0.0376 | 0.0170 | 0.0059 | 0.0013 | 0.0001 |
| | 3 | 0.6562 | 0.5585 | 0.4557 | 0.3529 | 0.2557 | 0.1694 | 0.0989 | 0.0473 | 0.0158 | 0.0022 |
| | 4 | 0.8906 | 0.8364 | 0.7667 | 0.6809 | 0.5798 | 0.4661 | 0.3446 | 0.2235 | 0.1143 | 0.0328 |
| | 5 | 0.9844 | 0.9723 | 0.9533 | 0.9246 | 0.8824 | 0.8220 | 0.7379 | 0.6229 | 0.4686 | 0.2649 |
| 7 | 0 | 0.0078 | 0.0037 | 0.0016 | 0.0006 | 0.0002 | 0.0001 | 0.0000 | 0.0000 | 0.0000 | 0.0000 |
| | 1 | 0.0625 | 0.0357 | 0.0188 | 0.0090 | 0.0038 | 0.0013 | 0.0004 | 0.0001 | 0.0000 | 0.0000 |
| | 2 | 0.2266 | 0.1529 | 0.0963 | 0.0556 | 0.0288 | 0.0129 | 0.0047 | 0.0012 | 0.0002 | 0.0000 |
| | 3 | 0.5000 | 0.3917 | 0.2898 | 0.1998 | 0.1260 | 0.0706 | 0.0333 | 0.0121 | 0.0027 | 0.0002 |
| | 4 | 0.7734 | 0.6836 | 0.5801 | 0.4677 | 0.3529 | 0.2436 | 0.1480 | 0.0738 | 0.0257 | 0.0038 |
| | 5 | 0.9375 | 0.8976 | 0.8414 | 0.7662 | 0.6706 | 0.5551 | 0.4233 | 0.2834 | 0.1497 | 0.0444 |
| | 6 | 0.9922 | 0.9848 | 0.9720 | 0.9510 | 0.9176 | 0.8665 | 0.7903 | 0.6794 | 0.5217 | 0.3017 |

[표 1] 이항누적분포함수(계속)

| $n$ | $x$ | 0.05 | 0.10 | 0.15 | 0.20 | 0.25 | 0.30 | 0.35 | 0.40 | 0.45 |
|---|---|---|---|---|---|---|---|---|---|---|
| 8 | 0 | 0.6634 | 0.4305 | 0.2725 | 0.1678 | 0.1001 | 0.0576 | 0.0319 | 0.0168 | 0.0084 |
| | 1 | 0.9428 | 0.8131 | 0.6572 | 0.5033 | 0.3671 | 0.2553 | 0.1691 | 0.1064 | 0.0632 |
| | 2 | 0.9942 | 0.9619 | 0.8948 | 0.7969 | 0.6785 | 0.5518 | 0.4278 | 0.3154 | 0.2201 |
| | 3 | 0.9996 | 0.9950 | 0.9786 | 0.9437 | 0.8862 | 0.8059 | 0.7064 | 0.5941 | 0.4770 |
| | 4 | 1.0000 | 0.9996 | 0.9971 | 0.9896 | 0.9727 | 0.9420 | 0.8939 | 0.8263 | 0.7396 |
| | 5 | 1.0000 | 1.0000 | 0.9998 | 0.9988 | 0.9958 | 0.9887 | 0.9747 | 0.9502 | 0.9115 |
| | 6 | 1.0000 | 1.0000 | 1.0000 | 0.9999 | 0.9996 | 0.9987 | 0.9964 | 0.9915 | 0.9819 |
| | 7 | 1.0000 | 1.0000 | 1.0000 | 1.0000 | 1.0000 | 0.9999 | 0.9998 | 0.9993 | 0.9983 |
| 9 | 0 | 0.6302 | 0.3874 | 0.2316 | 0.1342 | 0.0751 | 0.0404 | 0.0207 | 0.0101 | 0.0046 |
| | 1 | 0.9288 | 0.7748 | 0.5995 | 0.4362 | 0.3003 | 0.1960 | 0.1211 | 0.0705 | 0.0385 |
| | 2 | 0.9916 | 0.9470 | 0.8591 | 0.7382 | 0.6007 | 0.4628 | 0.3373 | 0.2318 | 0.1495 |
| | 3 | 0.9994 | 0.9917 | 0.9661 | 0.9144 | 0.8343 | 0.7297 | 0.6089 | 0.4826 | 0.3614 |
| | 4 | 1.0000 | 0.9991 | 0.9944 | 0.9804 | 0.9511 | 0.9012 | 0.8283 | 0.7334 | 0.6214 |
| | 5 | 1.0000 | 0.9999 | 0.9994 | 0.9969 | 0.9900 | 0.9747 | 0.9464 | 0.9006 | 0.8342 |
| | 6 | 1.0000 | 1.0000 | 1.0000 | 0.9997 | 0.9987 | 0.9957 | 0.9888 | 0.9750 | 0.9502 |
| | 7 | 1.0000 | 1.0000 | 1.0000 | 1.0000 | 0.9999 | 0.9996 | 0.9986 | 0.9962 | 0.9909 |
| | 8 | 1.0000 | 1.0000 | 1.0000 | 1.0000 | 1.0000 | 1.0000 | 0.9999 | 0.9997 | 0.9992 |
| 10 | 0 | 0.5987 | 0.3487 | 0.1969 | 0.1074 | 0.0563 | 0.0282 | 0.0135 | 0.0060 | 0.0025 |
| | 1 | 0.9139 | 0.7361 | 0.5443 | 0.3758 | 0.2440 | 0.1493 | 0.0860 | 0.0464 | 0.0233 |
| | 2 | 0.9885 | 0.9298 | 0.8202 | 0.6778 | 0.5256 | 0.3828 | 0.2616 | 0.1673 | 0.0996 |
| | 3 | 0.9990 | 0.9872 | 0.9500 | 0.8791 | 0.7759 | 0.6496 | 0.5138 | 0.3823 | 0.2660 |
| | 4 | 0.9999 | 0.9984 | 0.9901 | 0.9672 | 0.9219 | 0.8497 | 0.7515 | 0.6331 | 0.5044 |
| | 5 | 1.0000 | 0.9999 | 0.9986 | 0.9936 | 0.9803 | 0.9527 | 0.9051 | 0.8338 | 0.7384 |
| | 6 | 1.0000 | 1.0000 | 0.9999 | 0.9991 | 0.9965 | 0.9894 | 0.9740 | 0.9452 | 0.8980 |
| | 7 | 1.0000 | 1.0000 | 1.0000 | 0.9999 | 0.9996 | 0.9984 | 0.9952 | 0.9877 | 0.9726 |
| | 8 | 1.0000 | 1.0000 | 1.0000 | 1.0000 | 1.0000 | 0.9999 | 0.9995 | 0.9983 | 0.9955 |
| | 9 | 1.0000 | 1.0000 | 1.0000 | 1.0000 | 1.0000 | 1.0000 | 1.0000 | 0.9999 | 0.9997 |

[표 1] 이항누적분포함수(계속)

| $n$ | $x$ | 0.50 | 0.55 | 0.60 | 0.65 | 0.70 | 0.75 | 0.80 | 0.85 | 0.90 | 0.95 |
|---|---|---|---|---|---|---|---|---|---|---|---|
| 8 | 0 | 0.0039 | 0.0017 | 0.0007 | 0.0002 | 0.0001 | 0.0000 | 0.0000 | 0.0000 | 0.0000 | 0.0000 |
| | 1 | 0.0352 | 0.0181 | 0.0085 | 0.0036 | 0.0013 | 0.0004 | 0.0001 | 0.0000 | 0.0000 | 0.0000 |
| | 2 | 0.1445 | 0.0885 | 0.0498 | 0.0253 | 0.0113 | 0.0042 | 0.0012 | 0.0002 | 0.0000 | 0.0000 |
| | 3 | 0.3633 | 0.2604 | 0.1737 | 0.1061 | 0.0580 | 0.0273 | 0.0104 | 0.0029 | 0.0004 | 0.0000 |
| | 4 | 0.6367 | 0.5230 | 0.4059 | 0.2936 | 0.1941 | 0.1138 | 0.0563 | 0.0214 | 0.0050 | 0.0004 |
| | 5 | 0.8555 | 0.7799 | 0.6846 | 0.5722 | 0.4482 | 0.3215 | 0.2031 | 0.1052 | 0.0381 | 0.0058 |
| | 6 | 0.9648 | 0.9368 | 0.8936 | 0.8309 | 0.7447 | 0.6329 | 0.4967 | 0.3428 | 0.1869 | 0.0572 |
| | 7 | 0.9961 | 0.9916 | 0.9832 | 0.9681 | 0.9424 | 0.8999 | 0.8322 | 0.7275 | 0.5695 | 0.3366 |
| 9 | 0 | 0.0020 | 0.0008 | 0.0003 | 0.0001 | 0.0000 | 0.0000 | 0.0000 | 0.0000 | 0.0000 | 0.0000 |
| | 1 | 0.0195 | 0.0091 | 0.0038 | 0.0014 | 0.0004 | 0.0001 | 0.0000 | 0.0000 | 0.0000 | 0.0000 |
| | 2 | 0.0898 | 0.0498 | 0.0250 | 0.0112 | 0.0043 | 0.0013 | 0.0003 | 0.0000 | 0.0000 | 0.0000 |
| | 3 | 0.2539 | 0.1658 | 0.0994 | 0.0536 | 0.0253 | 0.0100 | 0.0031 | 0.0006 | 0.0001 | 0.0000 |
| | 4 | 0.5000 | 0.3786 | 0.2666 | 0.1717 | 0.0988 | 0.0489 | 0.0196 | 0.0056 | 0.0009 | 0.0000 |
| | 5 | 0.7461 | 0.6386 | 0.5174 | 0.3911 | 0.2703 | 0.1657 | 0.0856 | 0.0339 | 0.0083 | 0.0006 |
| | 6 | 0.9102 | 0.8505 | 0.7682 | 0.6627 | 0.5372 | 0.3993 | 0.2618 | 0.1409 | 0.0530 | 0.0084 |
| | 7 | 0.9805 | 0.9615 | 0.9295 | 0.8789 | 0.8040 | 0.6997 | 0.5638 | 0.4005 | 0.2252 | 0.0712 |
| | 8 | 0.9980 | 0.9954 | 0.9899 | 0.9793 | 0.9596 | 0.9249 | 0.8658 | 0.7684 | 0.6126 | 0.3698 |
| 10 | 0 | 0.0010 | 0.0003 | 0.0001 | 0.0000 | 0.0000 | 0.0000 | 0.0000 | 0.0000 | 0.0000 | 0.0000 |
| | 1 | 0.0107 | 0.0045 | 0.0017 | 0.0005 | 0.0001 | 0.0000 | 0.0000 | 0.0000 | 0.0000 | 0.0000 |
| | 2 | 0.0547 | 0.0274 | 0.0123 | 0.0048 | 0.0016 | 0.0004 | 0.0001 | 0.0000 | 0.0000 | 0.0000 |
| | 3 | 0.1719 | 0.1020 | 0.0548 | 0.0260 | 0.0106 | 0.0035 | 0.0009 | 0.0001 | 0.0000 | 0.0000 |
| | 4 | 0.3770 | 0.2616 | 0.1662 | 0.0949 | 0.0473 | 0.0197 | 0.0064 | 0.0014 | 0.0001 | 0.0000 |
| | 5 | 0.6230 | 0.4956 | 0.3669 | 0.2485 | 0.1503 | 0.0781 | 0.0328 | 0.0099 | 0.0016 | 0.0001 |
| | 6 | 0.8281 | 0.7340 | 0.6177 | 0.4862 | 0.3504 | 0.2241 | 0.1209 | 0.0500 | 0.0128 | 0.0010 |
| | 7 | 0.9453 | 0.9004 | 0.8327 | 0.7384 | 0.6172 | 0.4474 | 0.3222 | 0.1798 | 0.0702 | 0.0115 |
| | 8 | 0.9893 | 0.9767 | 0.9536 | 0.9140 | 0.8507 | 0.7560 | 0.6242 | 0.4557 | 0.2639 | 0.0861 |
| | 9 | 0.9990 | 0.9975 | 0.9940 | 0.9865 | 0.9718 | 0.9437 | 0.8926 | 0.8031 | 0.6513 | 0.4013 |

(column header group: $p$)

[표 1] 이항누적분포함수(계속)

| n | x | 0.05 | 0.10 | 0.15 | 0.20 | 0.25 | 0.30 | 0.35 | 0.40 | 0.45 |
|---|---|---|---|---|---|---|---|---|---|---|
| 15 | 0 | 0.4633 | 0.2059 | 0.0874 | 0.0352 | 0.0134 | 0.0047 | 0.0016 | 0.0005 | 0.0001 |
| | 1 | 0.8290 | 0.5490 | 0.3186 | 0.1671 | 0.0802 | 0.0353 | 0.0142 | 0.0052 | 0.0017 |
| | 2 | 0.9638 | 0.8159 | 0.6042 | 0.3980 | 0.2361 | 0.1268 | 0.0617 | 0.0271 | 0.0107 |
| | 3 | 0.9945 | 0.9444 | 0.8227 | 0.6482 | 0.4613 | 0.2969 | 0.1727 | 0.0905 | 0.0424 |
| | 4 | 0.9994 | 0.9873 | 0.9383 | 0.8358 | 0.6865 | 0.5155 | 0.3519 | 0.2173 | 0.1204 |
| | 5 | 0.9999 | 0.9978 | 0.9832 | 0.9389 | 0.8516 | 0.7216 | 0.5643 | 0.4032 | 0.2608 |
| | 6 | 1.0000 | 0.9997 | 0.9964 | 0.9819 | 0.9434 | 0.8689 | 0.7548 | 0.6098 | 0.4522 |
| | 7 | 1.0000 | 1.0000 | 0.9994 | 0.9958 | 0.9827 | 0.9500 | 0.8868 | 0.7869 | 0.6535 |
| | 8 | 1.0000 | 1.0000 | 0.9999 | 0.9992 | 0.9958 | 0.9848 | 0.9578 | 0.9050 | 0.8182 |
| | 9 | 1.0000 | 1.0000 | 1.0000 | 0.9999 | 0.9992 | 0.9963 | 0.9876 | 0.9662 | 0.9231 |
| | 10 | 1.0000 | 1.0000 | 1.0000 | 1.0000 | 0.9999 | 0.9993 | 0.9972 | 0.9907 | 0.9745 |
| | 11 | 1.0000 | 1.0000 | 1.0000 | 1.0000 | 1.0000 | 0.9999 | 0.9995 | 0.9981 | 0.9937 |
| | 12 | 1.0000 | 1.0000 | 1.0000 | 1.0000 | 1.0000 | 1.0000 | 0.9999 | 0.9997 | 0.9989 |
| | 13 | 1.0000 | 1.0000 | 1.0000 | 1.0000 | 1.0000 | 1.0000 | 1.0000 | 1.0000 | 0.9999 |
| | 14 | 1.0000 | 1.0000 | 1.0000 | 1.0000 | 1.0000 | 1.0000 | 1.0000 | 1.0000 | 1.0000 |
| 20 | 0 | 0.3585 | 0.1216 | 0.0388 | 0.0115 | 0.0032 | 0.0008 | 0.0002 | 0.0000 | 0.0000 |
| | 1 | 0.7358 | 0.3917 | 0.1756 | 0.0692 | 0.0243 | 0.0076 | 0.0021 | 0.0005 | 0.0001 |
| | 2 | 0.9245 | 0.6769 | 0.4049 | 0.2061 | 0.0913 | 0.0355 | 0.0121 | 0.0036 | 0.0009 |
| | 3 | 0.9841 | 0.8670 | 0.6477 | 0.4114 | 0.2252 | 0.1071 | 0.0444 | 0.0160 | 0.0049 |
| | 4 | 0.9974 | 0.9568 | 0.8298 | 0.6296 | 0.4148 | 0.2375 | 0.1182 | 0.0510 | 0.0189 |
| | 5 | 0.9997 | 0.9887 | 0.9327 | 0.8042 | 0.6172 | 0.4164 | 0.2454 | 0.1256 | 0.0553 |
| | 6 | 1.0000 | 0.9976 | 0.9781 | 0.9133 | 0.7858 | 0.6080 | 0.4166 | 0.2500 | 0.1299 |
| | 7 | 1.0000 | 0.9996 | 0.9941 | 0.9679 | 0.8982 | 0.7723 | 0.6010 | 0.4159 | 0.2520 |
| | 8 | 1.0000 | 0.9999 | 0.9987 | 0.9900 | 0.9591 | 0.8867 | 0.7624 | 0.5956 | 0.4143 |
| | 9 | 1.0000 | 1.0000 | 0.9998 | 0.9974 | 0.9861 | 0.9520 | 0.8782 | 0.7553 | 0.5914 |
| | 10 | 1.0000 | 1.0000 | 1.0000 | 0.9994 | 0.9961 | 0.9829 | 0.9468 | 0.8725 | 0.7507 |
| | 11 | 1.0000 | 1.0000 | 1.0000 | 0.9999 | 0.9991 | 0.9949 | 0.9804 | 0.9435 | 0.8692 |
| | 12 | 1.0000 | 1.0000 | 1.0000 | 1.0000 | 0.9998 | 0.9987 | 0.9940 | 0.9790 | 0.9420 |
| | 13 | 1.0000 | 1.0000 | 1.0000 | 1.0000 | 1.0000 | 0.9997 | 0.9985 | 0.9935 | 0.9786 |
| | 14 | 1.0000 | 1.0000 | 1.0000 | 1.0000 | 1.0000 | 1.0000 | 0.9997 | 0.9984 | 0.9936 |
| | 15 | 1.0000 | 1.0000 | 1.0000 | 1.0000 | 1.0000 | 1.0000 | 1.0000 | 0.9997 | 0.9985 |
| | 16 | 1.0000 | 1.0000 | 1.0000 | 1.0000 | 1.0000 | 1.0000 | 1.0000 | 1.0000 | 0.9997 |
| | 17 | 1.0000 | 1.0000 | 1.0000 | 1.0000 | 1.0000 | 1.0000 | 1.0000 | 1.0000 | 1.0000 |
| | 18 | 1.0000 | 1.0000 | 1.0000 | 1.0000 | 1.0000 | 1.0000 | 1.0000 | 1.0000 | 1.0000 |
| | 19 | 1.0000 | 1.0000 | 1.0000 | 1.0000 | 1.0000 | 1.0000 | 1.0000 | 1.0000 | 1.0000 |
| | 20 | 1.0000 | 1.0000 | 1.0000 | 1.0000 | 1.0000 | 1.0000 | 1.0000 | 1.0000 | 1.0000 |

[표 1] 이항누적분포함수(계속)

| | | *p* | | | | | | | | | |
|---|---|---|---|---|---|---|---|---|---|---|---|
| $n$ | $x$ | 0.50 | 0.55 | 0.60 | 0.65 | 0.70 | 0.75 | 0.80 | 0.85 | 0.90 | 0.95 |
| 15 | 0 | 0.0000 | 0.0000 | 0.0000 | 0.0000 | 0.0000 | 0.0000 | 0.0000 | 0.0000 | 0.0000 | 0.0000 |
| | 1 | 0.0005 | 0.0001 | 0.0000 | 0.0000 | 0.0000 | 0.0000 | 0.0000 | 0.0000 | 0.0000 | 0.0000 |
| | 2 | 0.0037 | 0.0011 | 0.0003 | 0.0001 | 0.0000 | 0.0000 | 0.0000 | 0.0000 | 0.0000 | 0.0000 |
| | 3 | 0.0176 | 0.0063 | 0.0019 | 0.0005 | 0.0001 | 0.0000 | 0.0000 | 0.0000 | 0.0000 | 0.0000 |
| | 4 | 0.0592 | 0.0255 | 0.0093 | 0.0028 | 0.0007 | 0.0001 | 0.0000 | 0.0000 | 0.0000 | 0.0000 |
| | 5 | 0.1509 | 0.0769 | 0.0338 | 0.0124 | 0.0037 | 0.0008 | 0.0001 | 0.0000 | 0.0000 | 0.0000 |
| | 6 | 0.3036 | 0.1818 | 0.0950 | 0.0422 | 0.0152 | 0.0042 | 0.0008 | 0.0001 | 0.0000 | 0.0000 |
| | 7 | 0.5000 | 0.3465 | 0.2131 | 0.1132 | 0.0500 | 0.0173 | 0.0042 | 0.0006 | 0.0000 | 0.0000 |
| | 8 | 0.6964 | 0.5478 | 0.3902 | 0.2452 | 0.1311 | 0.0566 | 0.0181 | 0.0036 | 0.0003 | 0.0000 |
| | 9 | 0.8491 | 0.7392 | 0.5968 | 0.4357 | 0.2784 | 0.1484 | 0.0611 | 0.0168 | 0.0022 | 0.0001 |
| | 10 | 0.9408 | 0.8796 | 0.7827 | 0.6481 | 0.4845 | 0.3135 | 0.1642 | 0.0617 | 0.0127 | 0.0006 |
| | 11 | 0.9824 | 0.9576 | 0.9095 | 0.8273 | 0.7031 | 0.5387 | 0.3518 | 0.1773 | 0.0556 | 0.0055 |
| | 12 | 0.9963 | 0.9893 | 0.9729 | 0.9383 | 0.8732 | 0.7639 | 0.6020 | 0.3958 | 0.1841 | 0.0362 |
| | 13 | 0.9995 | 0.9983 | 0.9948 | 0.9858 | 0.9647 | 0.9198 | 0.8329 | 0.6814 | 0.4510 | 0.1710 |
| | 14 | 1.0000 | 0.9999 | 0.9995 | 0.9984 | 0.9953 | 0.9866 | 0.9648 | 0.9126 | 0.7941 | 0.5367 |
| 20 | 0 | 0.0000 | 0.0000 | 0.0000 | 0.0000 | 0.0000 | 0.0000 | 0.0000 | 0.0000 | 0.0000 | 0.0000 |
| | 1 | 0.0000 | 0.0000 | 0.0000 | 0.0000 | 0.0000 | 0.0000 | 0.0000 | 0.0000 | 0.0000 | 0.0000 |
| | 2 | 0.0002 | 0.0000 | 0.0000 | 0.0000 | 0.0000 | 0.0000 | 0.0000 | 0.0000 | 0.0000 | 0.0000 |
| | 3 | 0.0013 | 0.0003 | 0.0000 | 0.0000 | 0.0000 | 0.0000 | 0.0000 | 0.0000 | 0.0000 | 0.0000 |
| | 4 | 0.0059 | 0.0015 | 0.0003 | 0.0000 | 0.0000 | 0.0000 | 0.0000 | 0.0000 | 0.0000 | 0.0000 |
| | 5 | 0.0207 | 0.0064 | 0.0016 | 0.0003 | 0.0000 | 0.0000 | 0.0000 | 0.0000 | 0.0000 | 0.0000 |
| | 6 | 0.0577 | 0.0214 | 0.0065 | 0.0015 | 0.0003 | 0.0000 | 0.0000 | 0.0000 | 0.0000 | 0.0000 |
| | 7 | 0.1316 | 0.0580 | 0.0210 | 0.0060 | 0.0013 | 0.0002 | 0.0000 | 0.0000 | 0.0000 | 0.0000 |
| | 8 | 0.2517 | 0.1308 | 0.0565 | 0.0196 | 0.0051 | 0.0009 | 0.0001 | 0.0000 | 0.0000 | 0.0000 |
| | 9 | 0.4119 | 0.2493 | 0.1275 | 0.0532 | 0.0171 | 0.0039 | 0.0006 | 0.0000 | 0.0000 | 0.0000 |
| | 10 | 0.5881 | 0.4086 | 0.2447 | 0.1218 | 0.0480 | 0.0139 | 0.0026 | 0.0002 | 0.0000 | 0.0000 |
| | 11 | 0.7483 | 0.5857 | 0.4044 | 0.2376 | 0.1133 | 0.0409 | 0.0100 | 0.0013 | 0.0001 | 0.0000 |
| | 12 | 0.8684 | 0.7480 | 0.5841 | 0.3990 | 0.2277 | 0.1018 | 0.0321 | 0.0059 | 0.0004 | 0.0000 |
| | 13 | 0.9423 | 0.8701 | 0.7500 | 0.5834 | 0.3920 | 0.2142 | 0.0867 | 0.0219 | 0.0024 | 0.0000 |
| | 14 | 0.9793 | 0.9447 | 0.8744 | 0.7546 | 0.5836 | 0.3828 | 0.1958 | 0.0673 | 0.0113 | 0.0003 |
| | 15 | 0.9941 | 0.9811 | 0.9490 | 0.8818 | 0.7625 | 0.5852 | 0.3704 | 0.1702 | 0.0432 | 0.0026 |
| | 16 | 0.9987 | 0.9951 | 0.9840 | 0.9556 | 0.8929 | 0.7748 | 0.5886 | 0.3523 | 0.1330 | 0.0159 |
| | 17 | 0.9998 | 0.9991 | 0.9964 | 0.9879 | 0.9645 | 0.9087 | 0.7939 | 0.5951 | 0.3231 | 0.0755 |
| | 18 | 1.0000 | 0.9999 | 0.9995 | 0.9979 | 0.9924 | 0.9757 | 0.9308 | 0.8244 | 0.6083 | 0.2642 |
| | 19 | 1.0000 | 1.0000 | 1.0000 | 0.9998 | 0.9992 | 0.9968 | 0.9885 | 0.9612 | 0.8784 | 0.6415 |
| | 20 | 1.0000 | 1.0000 | 1.0000 | 1.0000 | 1.0000 | 1.0000 | 1.0000 | 1.0000 | 1.0000 | 1.0000 |

[표 2] 포아송 누적분포함수 $F(x\,;\,\mu)=\sum_{k=0}^{x}\frac{e^{-\mu}\mu^{k}}{k!}$

| | $\mu$ | | | | | | | | | |
|---|---|---|---|---|---|---|---|---|---|---|
| $x$ | 0.1 | 0.2 | 0.3 | 0.4 | 0.5 | 0.6 | 0.7 | 0.8 | 0.9 | 1.0 |
| 0 | 0.9048 | 0.8187 | 0.7408 | 0.6730 | 0.6065 | 0.5488 | 0.4966 | 0.4493 | 0.4066 | 0.3679 |
| 1 | 0.9953 | 0.9825 | 0.9631 | 0.9384 | 0.9098 | 0.8781 | 0.8442 | 0.8088 | 0.7725 | 0.7358 |
| 2 | 0.9998 | 0.9989 | 0.9964 | 0.9921 | 0.9856 | 0.9769 | 0.9659 | 0.9526 | 0.9371 | 0.9197 |
| 3 | 1.0000 | 0.9999 | 0.9997 | 0.9992 | 0.9982 | 0.9966 | 0.9942 | 0.9909 | 0.9865 | 0.9810 |
| 4 | | 1.0000 | 1.0000 | 0.9999 | 0.9998 | 0.9996 | 0.9992 | 0.9986 | 0.9977 | 0.9963 |
| 5 | | | | 1.0000 | 1.0000 | 1.0000 | 0.9999 | 0.9998 | 0.0997 | 0.9994 |
| 6 | | | | | | | 1.0000 | 1.0000 | 1.0000 | 0.9999 |

| | $\mu$ | | | | | | | | | |
|---|---|---|---|---|---|---|---|---|---|---|
| $x$ | 2.0 | 3.0 | 4.0 | 5.0 | 6.0 | 7.0 | 8.0 | 9.0 | 10.0 | 15.0 |
| 0 | 0.1353 | 0.0498 | 0.0183 | 0.0067 | 0.0025 | 0.0009 | 0.0003 | 0.0001 | 0.0000 | |
| 1 | 0.4060 | 0.1991 | 0.0916 | 0.0404 | 0.0174 | 0.0073 | 0.0030 | 0.0012 | 0.0005 | |
| 2 | 0.6767 | 0.4232 | 0.2381 | 0.1247 | 0.0620 | 0.0296 | 0.0138 | 0.0062 | 0.0028 | 0.0000 |
| 3 | 0.8571 | 0.6472 | 0.4335 | 0.2650 | 0.1512 | 0.0818 | 0.0424 | 0.0212 | 0.0103 | 0.0002 |
| 4 | 0.9473 | 0.8153 | 0.6288 | 0.4405 | 0.2851 | 0.1730 | 0.0996 | 0.0550 | 0.0293 | 0.0009 |
| 5 | 0.9834 | 0.9161 | 0.7851 | 0.6160 | 0.4457 | 0.3007 | 0.1912 | 0.1157 | 0.0671 | 0.0028 |
| 6 | 0.9955 | 0.9665 | 0.8893 | 0.7622 | 0.6063 | 0.4497 | 0.3134 | 0.2068 | 0.1301 | 0.0076 |
| 7 | 0.9989 | 0.9881 | 0.9489 | 0.8666 | 0.7440 | 0.5987 | 0.4530 | 0.3239 | 0.2202 | 0.0180 |
| 8 | 0.9998 | 0.9962 | 0.9786 | 0.9319 | 0.8472 | 0.7291 | 0.5925 | 0.4557 | 0.3328 | 0.0374 |
| 9 | 1.0000 | 0.9989 | 0.9919 | 0.9682 | 0.9161 | 0.8305 | 0.7166 | 0.5874 | 0.4579 | 0.0699 |
| 10 | | 0.9997 | 0.9972 | 0.9863 | 0.9574 | 0.9015 | 0.8159 | 0.7060 | 0.5830 | 0.1185 |
| 11 | | 0.9999 | 0.9991 | 0.9945 | 0.9799 | 0.9466 | 0.8881 | 0.8030 | 0.6968 | 0.1848 |
| 12 | | 1.0000 | 0.9997 | 0.9980 | 0.9912 | 0.9730 | 0.9362 | 0.8758 | 0.7916 | 0.2676 |
| 13 | | | 0.9999 | 0.9993 | 0.9964 | 0.9872 | 0.9658 | 0.9261 | 0.8645 | 0.3632 |
| 14 | | | 1.0000 | 0.9998 | 0.9986 | 0.9943 | 0.9827 | 0.9585 | 0.9165 | 0.4657 |
| 15 | | | | 0.9999 | 0.9995 | 0.9976 | 0.9918 | 0.9780 | 0.9513 | 0.5681 |
| 16 | | | | 1.0000 | 0.9998 | 0.9990 | 0.9963 | 0.9889 | 0.9730 | 0.6641 |
| 17 | | | | | 0.9999 | 0.9996 | 0.9984 | 0.9947 | 0.9857 | 0.7489 |
| 18 | | | | | 1.0000 | 0.9999 | 0.9994 | 0.9976 | 0.9928 | 0.8195 |
| 19 | | | | | | 1.0000 | 0.9997 | 0.9989 | 0.9965 | 0.8752 |
| 20 | | | | | | | 0.9999 | 0.9996 | 0.9984 | 0.9170 |
| 21 | | | | | | | 1.0000 | 0.9998 | 0.9993 | 0.9469 |
| 22 | | | | | | | | 0.9999 | 0.9997 | 0.9673 |
| 23 | | | | | | | | 1.0000 | 0.9999 | 0.9805 |
| 24 | | | | | | | | | 1.0000 | 0.9888 |
| 25 | | | | | | | | | | 0.9938 |
| 26 | | | | | | | | | | 0.9967 |
| 27 | | | | | | | | | | 0.9983 |
| 28 | | | | | | | | | | 0.9991 |
| 29 | | | | | | | | | | 0.9996 |
| 30 | | | | | | | | | | 0.9998 |
| 31 | | | | | | | | | | 0.9999 |
| 32 | | | | | | | | | | 1.0000 |

[표 3] 표준정규분포

$$P\{Z \leq z\} = \int_{-\infty}^{z} \frac{1}{\sqrt{2\pi}} e^{-t^2/2} dt$$

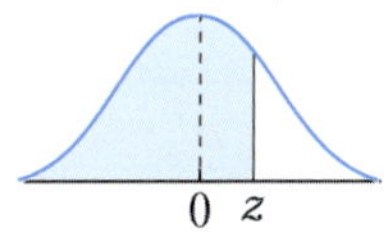


표의 숫자는 $z$보다 같거나 작을 확률을 나타낸다.

| $z$ | .00 | .01 | .02 | .03 | .04 | .05 | .06 | .07 | .08 | .09 |
|---|---|---|---|---|---|---|---|---|---|---|
| .0 | .5000 | .5040 | .5080 | .5120 | .5160 | .5199 | .5239 | .5279 | .5319 | .5359 |
| .1 | .5398 | .5438 | .5478 | .5517 | .5557 | .5596 | .5636 | .5675 | .5714 | .5753 |
| .2 | .5793 | .5832 | .5871 | .5910 | .5948 | .5987 | .6026 | .6064 | .6103 | .6141 |
| .3 | .6179 | .6217 | .6255 | .6293 | .6331 | .6368 | .6406 | .6443 | .6480 | .6517 |
| .4 | .6554 | .6591 | .6628 | .6664 | .6700 | .6536 | .6772 | .6808 | .6844 | .6879 |
| .5 | .6915 | .6950 | .6985 | .7019 | .7054 | .7088 | .7123 | .7157 | .7190 | .7224 |
| .6 | .7257 | .7291 | .7324 | .7357 | .7389 | .7422 | .7454 | .7486 | .7517 | .7549 |
| .7 | .7580 | .7611 | .7642 | .7673 | .7703 | .7734 | .7764 | .7794 | .7823 | .7852 |
| .8 | .7881 | .7910 | .7939 | .7967 | .7995 | .8023 | .8051 | .8078 | .8106 | .8133 |
| .9 | .8159 | .8186 | .8212 | .8238 | .8264 | .8289 | .8315 | .8340 | .8365 | .8389 |
| 1.0 | .8413 | .8438 | .8461 | .8485 | .8508 | .8531 | .8554 | .8577 | .8599 | .8621 |
| 1.1 | .8643 | .8665 | .8686 | .8708 | .8729 | .8749 | .8770 | .8790 | .8810 | .8830 |
| 1.2 | .8849 | .8869 | .8888 | .8907 | .8925 | .8944 | .8962 | .8980 | .8997 | .9015 |
| 1.3 | .9032 | .9049 | .9066 | .9082 | .9099 | .9115 | .9131 | .9147 | .9162 | .9177 |
| 1.4 | .9192 | .9207 | .9222 | .9236 | .9251 | .9265 | .9279 | .9292 | .9306 | .9319 |
| 1.5 | .9332 | .9345 | .9357 | .9370 | .9382 | .9394 | .9406 | .9418 | .9429 | .9441 |
| 1.6 | .9452 | .9463 | .9474 | .9484 | .9495 | .9505 | .9515 | .9525 | .9535 | .9545 |
| 1.7 | .9554 | .9564 | .9573 | .9582 | .9591 | .9599 | .9608 | .9616 | .9625 | .9633 |
| 1.8 | .9641 | .9649 | .9656 | .9664 | .9671 | .9678 | .9686 | .9693 | .9699 | .9706 |
| 1.9 | .9713 | .9719 | .9726 | .9732 | .9738 | .9744 | .9750 | .9756 | .9761 | .9767 |
| 2.0 | .9772 | .9778 | .9783 | .9788 | .9793 | .9798 | .9803 | .9808 | .9812 | .9817 |
| 2.1 | .9821 | .9826 | .9830 | .9834 | .9838 | .9842 | .9846 | .9850 | .9854 | .9857 |
| 2.2 | .9861 | .9864 | .9868 | .9871 | .9875 | .9878 | .9881 | .9884 | .9887 | .9890 |
| 2.3 | .9893 | .9896 | .9898 | .9901 | .9904 | .9906 | .9909 | .9911 | .9913 | .9916 |
| 2.4 | .9918 | .9920 | .9922 | .9925 | .9927 | .9929 | .9931 | .9932 | .9934 | .9936 |
| 2.5 | .9938 | .9940 | .9941 | .9943 | .9945 | .9946 | .9948 | .9949 | .9951 | .9952 |
| 2.6 | .9953 | .9955 | .9956 | .9957 | .9959 | .9960 | .9961 | .9962 | .9963 | .9964 |
| 2.7 | .9965 | .9966 | .9967 | .9968 | .9969 | .9970 | .9971 | .9972 | .9973 | .9974 |
| 2.8 | .9974 | .9975 | .9976 | .9977 | .9977 | .9978 | .9979 | .9979 | .9980 | .9981 |
| 2.9 | .9981 | .9982 | .9982 | .9983 | .9984 | .9984 | .9985 | .9985 | .9986 | .9986 |
| 3.0 | .9987 | .9987 | .9987 | .9988 | .9988 | .9989 | .9989 | .9989 | .9990 | .9990 |
| 3.1 | .9990 | .9991 | .9991 | .9991 | .9992 | .9992 | .9992 | .9992 | .9993 | .9993 |
| 3.2 | .9993 | .9993 | .9994 | .9994 | .9994 | .9994 | .9994 | .9995 | .9995 | .9995 |
| 3.3 | .9995 | .9995 | .9995 | .9996 | .9996 | .9996 | .9996 | .9996 | .9996 | .9997 |
| 3.4 | .9997 | .9997 | .9997 | .9997 | .9997 | .9997 | .9997 | .9997 | .9997 | .9998 |
| 3.5 | .9998 | .9998 | .9998 | .9998 | .9998 | .9998 | .9998 | .9998 | .9998 | .9998 |

[표 4] 스튜던트 $t$ 분포—오른쪽 꼬리 확률

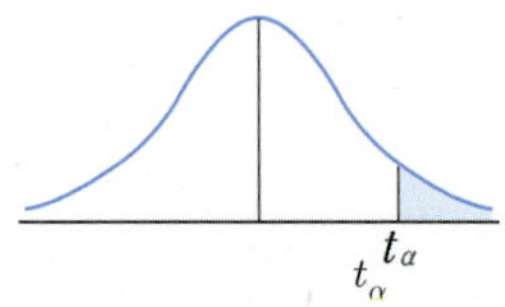


| df \ $\alpha$ | 0.25 | 0.20 | 0.15 | 0.10 | 0.05 | 0.025 | 0.02 | 0.01 | 0.005 | 0.0025 | 0.001 | 0.0005 |
|---|---|---|---|---|---|---|---|---|---|---|---|---|
| 1 | 1.000 | 1.376 | 1.963 | 3.078 | 6.314 | 12.71 | 15.89 | 31.82 | 63.66 | 127.3 | 318.3 | 636.6 |
| 2 | 0.816 | 1.061 | 1.386 | 1.886 | 2.920 | 4.303 | 4.849 | 6.965 | 9.925 | 14.09 | 22.33 | 31.60 |
| 3 | 0.765 | 0.978 | 1.250 | 1.638 | 2.353 | 3.182 | 3.482 | 4.541 | 5.841 | 7.453 | 10.21 | 12.92 |
| 4 | 0.741 | 0.941 | 1.190 | 1.533 | 2.132 | 2.776 | 2.999 | 3.747 | 4.604 | 5.598 | 7.173 | 8.610 |
| 5 | 0.727 | 0.920 | 1.156 | 1.476 | 2.015 | 2.571 | 2.757 | 3.365 | 4.032 | 4.773 | 5.893 | 6.869 |
| 6 | 0.718 | 0.906 | 1.134 | 1.440 | 1.943 | 2.447 | 2.612 | 3.143 | 3.707 | 4.317 | 5.208 | 5.959 |
| 7 | 0.711 | 0.896 | 1.119 | 1.415 | 1.895 | 2.365 | 2.517 | 2.998 | 3.499 | 4.029 | 4.785 | 5.408 |
| 8 | 0.706 | 0.889 | 1.108 | 1.397 | 1.860 | 2.306 | 2.449 | 2.896 | 3.355 | 3.833 | 4.501 | 5.041 |
| 9 | 0.703 | 0.883 | 1.100 | 1.383 | 1.833 | 2.262 | 2.398 | 2.821 | 3.250 | 3.690 | 4.297 | 4.781 |
| 10 | 0.700 | 0.879 | 1.093 | 1.372 | 1.812 | 2.228 | 2.359 | 2.764 | 3.169 | 3.581 | 4.144 | 4.587 |
| 11 | 0.697 | 0.876 | 1.088 | 1.363 | 1.796 | 2.201 | 2.328 | 2.718 | 3.106 | 3.497 | 4.025 | 4.437 |
| 12 | 0.695 | 0.873 | 1.083 | 1.356 | 1.782 | 2.179 | 2.303 | 2.681 | 3.055 | 3.428 | 3.930 | 4.318 |
| 13 | 0.694 | 0.870 | 1.079 | 1.350 | 1.771 | 2.160 | 2.282 | 2.650 | 3.012 | 3.372 | 3.852 | 4.221 |
| 14 | 0.692 | 0.868 | 1.076 | 1.345 | 1.761 | 2.145 | 2.264 | 2.624 | 2.977 | 3.326 | 3.787 | 4.140 |
| 15 | 0.691 | 0.866 | 1.074 | 1.341 | 1.753 | 2.131 | 2.249 | 2.602 | 2.947 | 3.286 | 3.733 | 4.073 |
| 16 | 0.690 | 0.865 | 1.071 | 1.337 | 1.746 | 2.120 | 2.235 | 2.583 | 2.921 | 3.252 | 3.686 | 4.015 |
| 17 | 0.689 | 0.863 | 1.069 | 1.333 | 1.740 | 2.110 | 2.224 | 2.567 | 2.898 | 3.222 | 3.646 | 3.965 |
| 18 | 0.688 | 0.862 | 1.067 | 1.330 | 1.734 | 2.101 | 2.214 | 2.552 | 2.878 | 3.197 | 3.611 | 3.922 |
| 19 | 0.688 | 0.861 | 1.066 | 1.328 | 1.729 | 2.093 | 2.205 | 2.539 | 2.861 | 3.174 | 3.579 | 3.883 |
| 20 | 0.687 | 0.860 | 1.064 | 1.325 | 1.725 | 2.086 | 2.197 | 2.528 | 2.845 | 3.153 | 3.552 | 3.850 |
| 21 | 0.686 | 0.859 | 1.063 | 1.323 | 1.721 | 2.080 | 2.189 | 2.518 | 2.831 | 3.135 | 3.527 | 3.819 |
| 22 | 0.686 | 0.858 | 1.061 | 1.321 | 1.717 | 2.074 | 2.183 | 2.508 | 2.819 | 3.119 | 3.505 | 3.792 |
| 23 | 0.685 | 0.858 | 1.060 | 1.319 | 1.714 | 2.069 | 2.177 | 2.500 | 2.807 | 3.104 | 3.485 | 3.768 |
| 24 | 0.685 | 0.857 | 1.059 | 1.318 | 1.711 | 2.064 | 2.172 | 2.492 | 2.797 | 3.091 | 3.467 | 3.745 |
| 25 | 0.684 | 0.856 | 1.058 | 1.316 | 1.708 | 2.060 | 2.167 | 2.485 | 2.787 | 3.078 | 3.450 | 3.725 |
| 26 | 0.684 | 0.856 | 1.058 | 1.315 | 1.706 | 2.056 | 2.162 | 2.479 | 2.779 | 3.067 | 3.435 | 3.707 |
| 27 | 0.684 | 0.855 | 1.057 | 1.314 | 1.703 | 2.052 | 2.158 | 2.473 | 2.771 | 3.057 | 3.421 | 3.690 |
| 28 | 0.683 | 0.855 | 1.056 | 1.313 | 1.701 | 2.048 | 2.154 | 2.467 | 2.763 | 3.047 | 3.408 | 3.674 |
| 29 | 0.683 | 0.854 | 1.055 | 1.311 | 1.699 | 2.045 | 2.150 | 2.462 | 2.756 | 3.038 | 3.396 | 3.659 |
| 30 | 0.683 | 0.854 | 1.055 | 1.310 | 1.697 | 2.042 | 2.147 | 2.457 | 2.750 | 3.030 | 3.385 | 3.646 |
| 40 | 0.681 | 0.851 | 1.050 | 1.303 | 1.684 | 2.021 | 2.123 | 2.423 | 2.704 | 2.971 | 3.307 | 3.551 |
| 50 | 0.679 | 0.849 | 1.047 | 1.299 | 1.676 | 2.009 | 2.109 | 2.403 | 2.678 | 2.937 | 3.261 | 3.496 |
| 60 | 0.679 | 0.848 | 1.045 | 1.296 | 1.671 | 2.000 | 2.099 | 2.390 | 2.660 | 2.915 | 3.232 | 3.460 |
| 80 | 0.678 | 0.846 | 1.043 | 1.292 | 1.664 | 1.990 | 2.088 | 2.374 | 2.639 | 2.887 | 3.195 | 3.416 |
| 100 | 0.677 | 0.845 | 1.042 | 1.290 | 1.660 | 1.984 | 2.081 | 2.364 | 2.626 | 2.871 | 3.174 | 3.390 |
| 1,000 | 0.675 | 0.842 | 1.037 | 1.282 | 1.646 | 1.962 | 2.056 | 2.330 | 2.581 | 2.813 | 3.098 | 3.300 |
| $\infty$ | 0.674 | 0.841 | 1.036 | 1.282 | 1.645 | 1.960 | 2.054 | 2.326 | 2.576 | 2.807 | 3.091 | 3.291 |

[표 5] 카이제곱분포—오른쪽 꼬리 확률

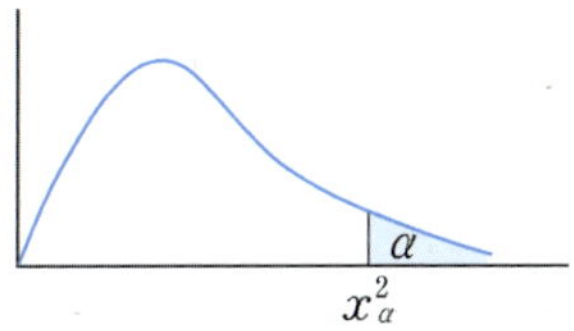


| df | 0.9995 | 0.999 | 0.9975 | 0.995 | 0.990 | 0.975 | 0.950 | 0.900 | 0.750 | 0.500 |
|---|---|---|---|---|---|---|---|---|---|---|
| 1 | 0.00 | 0.00 | 0.00 | 0.00 | 0.00 | 0.00 | 0.00 | 0.02 | 0.10 | 0.45 |
| 2 | 0.00 | 0.00 | 0.01 | 0.01 | 0.02 | 0.05 | 0.10 | 0.21 | 0.58 | 1.39 |
| 3 | 0.02 | 0.02 | 0.04 | 0.07 | 0.11 | 0.22 | 0.35 | 0.58 | 1.21 | 2.37 |
| 4 | 0.06 | 0.09 | 0.14 | 0.21 | 0.30 | 0.48 | 0.71 | 1.06 | 1.92 | 3.36 |
| 5 | 0.16 | 0.21 | 0.31 | 0.41 | 0.55 | 0.83 | 1.15 | 1.61 | 2.67 | 4.35 |
| 6 | 0.30 | 0.38 | 0.53 | 0.68 | 0.87 | 1.24 | 1.64 | 2.20 | 3.45 | 5.35 |
| 7 | 0.48 | 0.60 | 0.79 | 0.99 | 1.24 | 1.69 | 2.17 | 2.83 | 4.25 | 6.35 |
| 8 | 0.71 | 0.86 | 1.10 | 1.34 | 1.65 | 2.18 | 2.73 | 3.49 | 5.07 | 7.34 |
| 9 | 0.97 | 1.15 | 1.45 | 1.73 | 2.09 | 2.70 | 3.33 | 4.17 | 5.90 | 8.34 |
| 10 | 1.26 | 1.48 | 1.83 | 2.16 | 2.56 | 3.25 | 3.94 | 4.87 | 6.74 | 9.34 |
| 11 | 1.59 | 1.83 | 2.23 | 2.60 | 3.05 | 3.82 | 4.57 | 5.58 | 7.58 | 10.34 |
| 12 | 1.93 | 2.21 | 2.66 | 3.07 | 3.57 | 4.40 | 5.23 | 6.30 | 8.44 | 11.34 |
| 13 | 2.31 | 2.62 | 3.11 | 3.57 | 4.11 | 5.01 | 5.89 | 7.04 | 9.30 | 12.34 |
| 14 | 2.70 | 3.04 | 3.58 | 4.07 | 4.66 | 5.63 | 6.57 | 7.79 | 10.17 | 13.34 |
| 15 | 3.11 | 3.48 | 4.07 | 4.60 | 5.23 | 6.26 | 7.26 | 8.55 | 11.04 | 14.34 |
| 16 | 3.54 | 3.94 | 4.57 | 5.14 | 5.81 | 6.91 | 7.96 | 9.31 | 11.91 | 15.34 |
| 17 | 3.98 | 4.42 | 5.09 | 5.70 | 6.41 | 7.56 | 8.67 | 10.09 | 12.79 | 16.34 |
| 18 | 4.44 | 4.90 | 5.62 | 6.26 | 7.01 | 8.23 | 9.39 | 10.86 | 13.68 | 17.34 |
| 19 | 4.91 | 5.41 | 6.17 | 6.84 | 7.63 | 8.91 | 10.12 | 11.65 | 14.56 | 18.34 |
| 20 | 5.40 | 5.92 | 6.72 | 7.43 | 8.26 | 9.59 | 10.85 | 12.44 | 15.45 | 19.34 |
| 21 | 5.90 | 6.45 | 7.29 | 8.03 | 8.90 | 10.28 | 11.59 | 13.24 | 16.34 | 20.34 |
| 22 | 6.40 | 6.98 | 7.86 | 8.64 | 9.54 | 10.98 | 12.34 | 14.04 | 17.24 | 21.34 |
| 23 | 6.92 | 7.53 | 8.45 | 9.26 | 10.20 | 11.69 | 13.09 | 14.85 | 18.14 | 22.34 |
| 24 | 7.45 | 8.08 | 9.04 | 9.89 | 10.86 | 12.40 | 13.85 | 15.66 | 19.04 | 23.34 |
| 25 | 7.99 | 8.65 | 9.65 | 10.52 | 11.52 | 13.12 | 14.61 | 16.47 | 19.94 | 24.34 |
| 26 | 8.54 | 9.22 | 10.26 | 11.16 | 12.20 | 13.84 | 15.38 | 17.29 | 20.84 | 25.34 |
| 27 | 9.09 | 9.80 | 10.87 | 11.81 | 12.88 | 14.57 | 16.15 | 18.11 | 21.75 | 26.34 |
| 28 | 9.66 | 10.39 | 11.50 | 12.46 | 13.56 | 15.31 | 16.93 | 18.94 | 22.66 | 27.34 |
| 29 | 10.23 | 10.99 | 12.13 | 13.12 | 14.26 | 16.05 | 17.71 | 19.77 | 23.57 | 28.34 |
| 30 | 10.80 | 11.59 | 12.76 | 13.79 | 14.95 | 16.79 | 18.49 | 20.60 | 24.48 | 29.34 |
| 40 | 16.91 | 17.92 | 19.42 | 20.71 | 22.16 | 24.43 | 26.51 | 29.05 | 33.66 | 39.34 |
| 50 | 23.46 | 24.67 | 26.46 | 27.99 | 29.71 | 32.36 | 34.76 | 37.69 | 42.94 | 49.33 |
| 60 | 30.34 | 31.74 | 33.79 | 35.53 | 37.48 | 40.48 | 43.19 | 46.46 | 52.29 | 59.33 |
| 80 | 44.79 | 46.52 | 49.04 | 51.17 | 53.54 | 57.15 | 60.39 | 64.28 | 71.14 | 79.33 |
| 100 | 59.90 | 61.92 | 64.86 | 67.33 | 70.06 | 74.22 | 77.93 | 82.36 | 90.13 | 99.33 |

[표 5] 카이제곱분포—오른쪽 꼬리 확률(계속)

| df | 0.250 | 0.200 | 0.150 | 0.100 | 0.050 | 0.025 | 0.020 | 0.010 | 0.005 | 0.0025 | 0.001 | 0.0005 |
|---|---|---|---|---|---|---|---|---|---|---|---|---|
| 1 | 1.32 | 1.64 | 2.07 | 2.71 | 3.84 | 5.02 | 5.41 | 6.63 | 7.88 | 9.14 | 10.83 | 12.12 |
| 2 | 2.77 | 3.22 | 3.79 | 4.61 | 5.99 | 7.38 | 7.82 | 9.21 | 10.60 | 11.98 | 13.82 | 15.20 |
| 3 | 4.11 | 4.64 | 5.32 | 6.25 | 7.81 | 9.35 | 9.84 | 11.34 | 12.84 | 14.32 | 16.27 | 17.73 |
| 4 | 5.39 | 5.99 | 6.74 | 7.78 | 9.49 | 11.14 | 11.67 | 13.28 | 14.86 | 16.42 | 18.47 | 20.00 |
| 5 | 6.63 | 7.29 | 8.12 | 9.24 | 11.07 | 12.83 | 13.39 | 15.09 | 16.75 | 18.39 | 20.51 | 22.11 |
| 6 | 7.84 | 8.56 | 9.45 | 10.64 | 12.59 | 14.45 | 15.03 | 16.81 | 18.55 | 20.25 | 22.46 | 24.10 |
| 7 | 9.04 | 9.80 | 10.75 | 12.02 | 14.07 | 16.01 | 16.62 | 18.48 | 20.28 | 22.04 | 24.32 | 26.02 |
| 8 | 10.22 | 11.03 | 12.03 | 13.36 | 15.51 | 17.53 | 18.17 | 20.09 | 21.95 | 23.77 | 26.12 | 27.87 |
| 9 | 11.39 | 12.24 | 13.29 | 14.68 | 16.92 | 19.02 | 19.68 | 21.67 | 23.59 | 25.46 | 27.88 | 29.67 |
| 10 | 12.55 | 13.44 | 14.53 | 15.99 | 18.31 | 20.48 | 21.16 | 23.21 | 25.19 | 27.11 | 29.59 | 31.42 |
| 11 | 13.70 | 14.63 | 15.77 | 17.28 | 19.68 | 21.92 | 22.62 | 24.72 | 26.76 | 28.73 | 31.26 | 33.14 |
| 12 | 14.85 | 15.81 | 16.99 | 18.55 | 21.03 | 23.34 | 24.05 | 26.22 | 28.30 | 30.32 | 32.91 | 34.82 |
| 13 | 15.98 | 16.98 | 18.20 | 19.81 | 22.36 | 24.74 | 25.47 | 27.69 | 29.82 | 31.88 | 34.53 | 36.48 |
| 14 | 17.12 | 18.15 | 19.41 | 2.106 | 23.68 | 26.12 | 26.87 | 29.14 | 31.32 | 33.43 | 36.12 | 38.11 |
| 15 | 18.25 | 19.31 | 20.60 | 22.31 | 25.00 | 27.49 | 28.26 | 30.58 | 32.80 | 34.95 | 37.70 | 39.72 |
| 16 | 19.37 | 20.47 | 21.79 | 23.54 | 26.30 | 28.85 | 29.63 | 32.00 | 34.27 | 36.46 | 39.25 | 41.31 |
| 17 | 20.49 | 21.61 | 22.98 | 24.77 | 27.59 | 30.19 | 31.00 | 33.41 | 35.72 | 37.95 | 40.79 | 42.88 |
| 18 | 21.60 | 22.76 | 24.16 | 25.99 | 28.87 | 31.53 | 32.35 | 34.81 | 37.16 | 39.42 | 42.31 | 44.43 |
| 19 | 22.72 | 23.90 | 25.33 | 27.20 | 30.14 | 32.85 | 33.69 | 36.19 | 38.58 | 40.88 | 43.82 | 45.97 |
| 20 | 23.83 | 25.04 | 26.50 | 28.41 | 31.41 | 34.17 | 35.02 | 37.57 | 40.00 | 42.34 | 45.31 | 47.50 |
| 21 | 24.93 | 26.17 | 27.66 | 29.62 | 32.67 | 35.48 | 36.34 | 38.93 | 41.40 | 43.78 | 46.80 | 49.01 |
| 22 | 26.04 | 27.30 | 28.82 | 30.81 | 33.92 | 36.78 | 37.66 | 40.29 | 42.80 | 45.20 | 48.27 | 50.51 |
| 23 | 27.14 | 28.43 | 29.98 | 32.01 | 35.17 | 38.08 | 38.97 | 41.64 | 44.18 | 46.62 | 49.73 | 52.00 |
| 24 | 28.24 | 29.55 | 31.13 | 33.20 | 36.42 | 39.36 | 40.27 | 42.98 | 45.56 | 48.03 | 51.18 | 53.48 |
| 25 | 29.34 | 30.68 | 32.28 | 34.38 | 37.65 | 40.65 | 41.57 | 44.31 | 46.93 | 49.44 | 52.62 | 54.95 |
| 26 | 30.43 | 31.79 | 33.43 | 35.56 | 38.89 | 41.92 | 42.86 | 45.64 | 48.29 | 50.83 | 54.05 | 56.41 |
| 27 | 31.53 | 32.91 | 34.57 | 36.74 | 40.11 | 43.19 | 44.14 | 46.96 | 49.64 | 52.22 | 55.48 | 57.86 |
| 28 | 32.62 | 34.03 | 35.71 | 37.92 | 41.34 | 44.46 | 45.42 | 48.28 | 50.99 | 53.59 | 56.89 | 59.30 |
| 29 | 33.71 | 35.14 | 36.85 | 39.09 | 42.56 | 45.72 | 46.69 | 49.59 | 52.34 | 54.97 | 58.30 | 60.73 |
| 30 | 34.80 | 36.25 | 37.99 | 40.26 | 43.77 | 46.98 | 47.96 | 50.89 | 53.67 | 56.33 | 59.70 | 62.16 |
| 40 | 45.62 | 47.27 | 49.24 | 51.81 | 55.76 | 59.34 | 60.44 | 63.69 | 66.77 | 69.70 | 73.40 | 76.09 |
| 50 | 56.33 | 58.16 | 60.35 | 63.17 | 67.50 | 71.42 | 72.61 | 76.15 | 79.49 | 82.66 | 86.66 | 89.56 |
| 60 | 66.98 | 68.97 | 71.34 | 74.40 | 79.08 | 83.30 | 84.58 | 88.38 | 91.95 | 95.34 | 99.61 | 102.7 |
| 80 | 88.13 | 90.41 | 93.11 | 96.58 | 101.9 | 106.6 | 108.1 | 112.3 | 116.3 | 120.1 | 124.8 | 128.3 |
| 100 | 109.1 | 111.7 | 114.7 | 118.5 | 124.3 | 129.6 | 131.1 | 135.8 | 140.2 | 144.3 | 149.4 | 153.2 |

[표 6] $F$ 분포—오른쪽 꼬리 확률

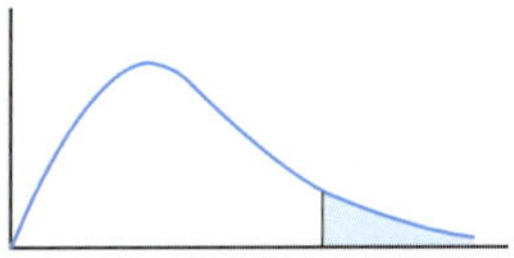

$F_\alpha(V_1, V_2)$

| $V_2$ \ $V_1$ | $\alpha$ | 1 | 2 | 3 | 4 | 5 | 6 | 7 | 8 | 9 | 10 |
|---|---|---|---|---|---|---|---|---|---|---|---|
| | 0.100 | 39.86 | 49.50 | 53.59 | 55.83 | 57.24 | 58.20 | 58.91 | 59.44 | 59.86 | 60.19 |
| | 0.050 | 161.45 | 199.50 | 215.71 | 224.58 | 230.10 | 233.99 | 236.77 | 238.88 | 240.54 | 241.88 |
| 1 | 0.025 | 647.79 | 799.50 | 864.16 | 899.58 | 921.85 | 937.11 | 948.22 | 956.66 | 963.28 | 968.63 |
| | 0.010 | 4052.2 | 4999.5 | 5403.4 | 5624.6 | 5763.6 | 5859.0 | 5928.4 | 5981.1 | 6022.5 | 6055.8 |
| | 0.001 | 405284 | 500000 | 540379 | 562500 | 576405 | 585937 | 592873 | 598144 | 602284 | 605621 |
| | 0.100 | 8.53 | 9.00 | 9.16 | 9.24 | 9.29 | 9.33 | 9.35 | 9.37 | 9.38 | 9.39 |
| | 0.050 | 18.51 | 19.00 | 19.16 | 19.25 | 19.30 | 19.33 | 19.35 | 19.37 | 19.38 | 19.40 |
| 2 | 0.025 | 38.51 | 39.00 | 39.17 | 39.25 | 39.30 | 39.33 | 39.36 | 39.37 | 39.39 | 39.40 |
| | 0.010 | 98.50 | 99.00 | 99.17 | 99.25 | 99.30 | 99.33 | 99.36 | 99.37 | 99.39 | 99.40 |
| | 0.001 | 998.50 | 999.00 | 999.17 | 999.25 | 999.30 | 999.33 | 999.36 | 999.37 | 999.39 | 999.40 |
| | 0.100 | 5.54 | 5.46 | 5.39 | 5.34 | 5.31 | 5.28 | 5.27 | 5.25 | 5.24 | 5.23 |
| | 0.050 | 10.13 | 9.55 | 9.28 | 9.12 | 9.01 | 8.94 | 8.89 | 8.85 | 8.81 | 8.79 |
| 3 | 0.025 | 17.44 | 16.04 | 15.44 | 15.10 | 14.88 | 14.73 | 14.62 | 14.54 | 14.47 | 14.42 |
| | 0.010 | 34.12 | 30.82 | 29.46 | 28.71 | 28.24 | 27.91 | 27.67 | 27.49 | 27.35 | 27.23 |
| | 0.001 | 167.03 | 148.50 | 141.11 | 137.10 | 134.58 | 132.85 | 131.58 | 130.62 | 129.86 | 129.25 |
| | 0.100 | 4.54 | 4.32 | 4.19 | 4.11 | 4.05 | 4.01 | 3.98 | 3.95 | 3.94 | 3.92 |
| | 0.050 | 7.71 | 6.94 | 6.59 | 6.39 | 6.26 | 6.16 | 6.09 | 6.04 | 6.00 | 5.96 |
| 4 | 0.025 | 12.22 | 10.65 | 9.98 | 9.60 | 9.36 | 9.20 | 9.07 | 8.98 | 8.90 | 8.84 |
| | 0.010 | 21.20 | 18.00 | 16.69 | 15.98 | 15.52 | 15.21 | 14.98 | 14.80 | 14.66 | 14.55 |
| | 0.001 | 74.14 | 61.25 | 56.18 | 53.44 | 51.71 | 50.53 | 49.66 | 49.00 | 48.47 | 48.05 |
| | 0.100 | 4.06 | 3.78 | 3.62 | 3.52 | 3.45 | 3.40 | 3.37 | 3.34 | 3.32 | 3.30 |
| | 0.050 | 6.61 | 5.79 | 5.41 | 5.19 | 5.05 | 4.95 | 4.88 | 4.82 | 4.77 | 4.74 |
| 5 | 0.025 | 10.01 | 8.43 | 7.76 | 7.39 | 7.15 | 6.98 | 6.85 | 6.76 | 6.68 | 6.62 |
| | 0.010 | 16.26 | 13.27 | 12.06 | 11.39 | 10.97 | 10.67 | 10.46 | 10.29 | 10.16 | 10.05 |
| | 0.001 | 47.18 | 37.12 | 33.20 | 31.09 | 29.75 | 28.83 | 28.16 | 27.65 | 27.24 | 26.92 |
| | 0.100 | 3.78 | 3.46 | 3.29 | 3.18 | 3.11 | 3.05 | 3.01 | 2.98 | 2.96 | 2.94 |
| | 0.050 | 5.99 | 5.14 | 4.76 | 4.53 | 4.39 | 4.28 | 4.21 | 4.15 | 4.10 | 4.06 |
| 6 | 0.025 | 8.81 | 7.26 | 6.60 | 6.23 | 5.99 | 5.82 | 5.70 | 5.60 | 5.52 | 5.46 |
| | 0.010 | 13.75 | 10.92 | 9.78 | 9.15 | 8.75 | 8.47 | 8.26 | 8.10 | 7.98 | 7.87 |
| | 0.001 | 35.51 | 27.00 | 23.70 | 21.92 | 20.80 | 20.03 | 19.46 | 19.03 | 18.69 | 18.41 |

[표 6] $F$ 분포–오른쪽 꼬리 확률(계속)

| $V_2$ \ $V_1$ | $\alpha$ | 12 | 15 | 20 | 25 | 30 | 40 | 50 | 60 | 120 | 1,000 |
|---|---|---|---|---|---|---|---|---|---|---|---|
| | 0.100 | 60.71 | 61.22 | 61.74 | 62.05 | 62.26 | 62.53 | 62.69 | 62.79 | 63.06 | 63.30 |
| | 0.050 | 243.91 | 245.95 | 248.01 | 249.26 | 250.10 | 251.14 | 251.77 | 252.20 | 253.25 | 254.11 |
| 1 | 0.025 | 976.71 | 984.87 | 993.10 | 998.08 | 1001.4 | 1005.6 | 1008.1 | 1009.8 | 1014.0 | 1017.7 |
| | 0.010 | 6106.3 | 6157.3 | 6208.7 | 6239.8 | 6260.6 | 6286.8 | 6302.5 | 6313.0 | 6339.4 | 6362.7 |
| | 0.001 | 610668 | 615764 | 620908 | 624017 | 626099 | 628712 | 630285 | 631337 | 633972 | 636301 |
| | 0.100 | 9.41 | 9.42 | 9.44 | 9.45 | 9.46 | 9.47 | 9.47 | 9.47 | 9.48 | 9.49 |
| | 0.050 | 19.41 | 19.43 | 19.45 | 19.46 | 19.46 | 19.47 | 19.48 | 19.48 | 19.49 | 19.49 |
| 2 | 0.025 | 39.41 | 39.43 | 39.45 | 39.46 | 39.46 | 39.47 | 39.48 | 39.48 | 39.49 | 39.50 |
| | 0.010 | 99.42 | 99.43 | 99.45 | 99.46 | 99.47 | 99.47 | 99.48 | 99.48 | 99.49 | 99.50 |
| | 0.001 | 999.42 | 999.43 | 999.45 | 999.46 | 999.47 | 999.47 | 999.48 | 999.48 | 999.49 | 999.50 |
| | 0.100 | 5.22 | 5.20 | 5.18 | 5.17 | 5.17 | 5.16 | 5.15 | 5.15 | 5.14 | 5.13 |
| | 0.050 | 8.74 | 8.70 | 8.66 | 8.63 | 8.62 | 8.59 | 8.58 | 8.57 | 8.55 | 8.53 |
| 3 | 0.025 | 14.34 | 14.25 | 14.17 | 14.12 | 14.08 | 14.04 | 14.01 | 13.99 | 13.95 | 13.91 |
| | 0.010 | 27.05 | 26.87 | 26.69 | 26.58 | 26.50 | 26.41 | 26.35 | 26.32 | 26.22 | 26.14 |
| | 0.001 | 128.32 | 127.37 | 126.42 | 125.84 | 125.45 | 124.96 | 124.66 | 124.47 | 123.97 | 123.53 |
| | 0.100 | 3.90 | 3.87 | 3.84 | 3.83 | 3.82 | 3.80 | 3.80 | 3.79 | 3.78 | 3.76 |
| | 0.050 | 5.91 | 5.86 | 5.80 | 5.77 | 5.75 | 5.72 | 5.70 | 5.69 | 5.66 | 5.63 |
| 4 | 0.025 | 8.75 | 8.66 | 8.56 | 8.50 | 8.46 | 8.41 | 8.38 | 8.36 | 8.31 | 8.26 |
| | 0.010 | 14.37 | 14.20 | 14.02 | 13.91 | 13.84 | 13.75 | 13.69 | 13.65 | 13.56 | 13.47 |
| | 0.001 | 47.41 | 46.76 | 46.10 | 45.70 | 45.43 | 45.09 | 44.88 | 44.75 | 44.40 | 44.09 |
| | 0.100 | 3.27 | 3.24 | 3.21 | 3.19 | 3.17 | 3.16 | 3.15 | 3.14 | 3.12 | 3.11 |
| | 0.050 | 4.68 | 4.62 | 4.56 | 4.52 | 4.50 | 4.46 | 4.44 | 4.43 | 4.40 | 4.37 |
| 5 | 0.025 | 6.52 | 6.43 | 6.33 | 6.27 | 6.23 | 6.18 | 6.14 | 6.12 | 6.07 | 6.02 |
| | 0.010 | 9.89 | 9.72 | 9.55 | 9.45 | 9.38 | 9.29 | 9.24 | 9.20 | 9.11 | 9.03 |
| | 0.001 | 26.42 | 25.91 | 25.39 | 25.08 | 24.87 | 24.60 | 24.44 | 24.33 | 24.06 | 23.82 |
| | 0.100 | 2.90 | 2.87 | 2.84 | 2.81 | 2.80 | 2.78 | 2.77 | 2.76 | 2.74 | 2.72 |
| | 0.050 | 4.00 | 3.94 | 3.87 | 3.83 | 3.81 | 3.77 | 3.75 | 3.74 | 3.70 | 3.67 |
| 6 | 0.025 | 5.37 | 5.27 | 5.17 | 5.11 | 5.07 | 5.01 | 4.98 | 4.96 | 4.90 | 4.86 |
| | 0.010 | 7.72 | 7.56 | 7.40 | 7.30 | 7.23 | 7.14 | 7.09 | 7.06 | 6.97 | 6.89 |
| | 0.001 | 17.99 | 17.56 | 17.12 | 16.85 | 16.67 | 16.44 | 16.31 | 16.21 | 15.98 | 15.77 |

[표 6] $F$ 분포—오른쪽 꼬리 확률(계속)

| $V_2$ \ $V_1$ | $\alpha$ | 1 | 2 | 3 | 4 | 5 | 6 | 7 | 8 | 9 | 10 |
|---|---|---|---|---|---|---|---|---|---|---|---|
| 7 | 0.100 | 3.59 | 3.26 | 3.07 | 2.96 | 2.88 | 2.83 | 2.78 | 2.75 | 2.72 | 2.70 |
| | 0.050 | 5.59 | 4.74 | 4.35 | 4.12 | 3.97 | 3.87 | 3.79 | 3.73 | 3.68 | 3.64 |
| | 0.025 | 8.07 | 6.54 | 5.89 | 5.52 | 5.29 | 5.12 | 4.99 | 4.90 | 4.82 | 4.76 |
| | 0.010 | 12.25 | 9.55 | 8.45 | 7.85 | 7.46 | 7.19 | 6.99 | 6.84 | 6.72 | 6.62 |
| | 0.001 | 29.25 | 21.69 | 18.77 | 17.20 | 16.21 | 15.52 | 15.02 | 14.63 | 14.33 | 14.08 |
| 8 | 0.100 | 3.46 | 3.11 | 2.92 | 2.81 | 2.73 | 2.67 | 2.62 | 2.59 | 2.56 | 2.54 |
| | 0.050 | 5.32 | 4.46 | 4.07 | 3.84 | 3.69 | 3.58 | 3.50 | 3.44 | 3.39 | 3.35 |
| | 0.025 | 7.57 | 6.06 | 5.42 | 5.05 | 4.82 | 4.65 | 4.53 | 4.43 | 4.36 | 4.30 |
| | 0.010 | 11.26 | 8.65 | 7.59 | 7.01 | 6.63 | 6.37 | 6.18 | 6.03 | 5.91 | 5.81 |
| | 0.001 | 25.41 | 18.49 | 15.83 | 14.39 | 13.48 | 12.86 | 12.40 | 12.05 | 11.77 | 11.54 |
| 9 | 0.100 | 3.36 | 3.01 | 2.81 | 2.69 | 2.61 | 2.55 | 2.51 | 2.47 | 2.44 | 2.42 |
| | 0.050 | 5.12 | 4.26 | 3.86 | 3.63 | 3.48 | 3.37 | 3.29 | 3.23 | 3.18 | 3.14 |
| | 0.025 | 7.21 | 5.71 | 5.08 | 4.72 | 4.48 | 4.32 | 4.20 | 4.10 | 4.03 | 3.96 |
| | 0.010 | 10.56 | 8.02 | 6.99 | 6.42 | 6.06 | 5.80 | 5.61 | 5.47 | 5.35 | 5.26 |
| | 0.001 | 22.86 | 16.39 | 13.90 | 12.56 | 11.71 | 11.13 | 10.70 | 10.37 | 10.11 | 9.89 |
| 10 | 0.100 | 3.29 | 2.92 | 2.73 | 2.61 | 2.52 | 2.46 | 2.41 | 2.38 | 2.35 | 2.32 |
| | 0.050 | 4.96 | 4.10 | 3.71 | 3.48 | 3.33 | 3.22 | 3.14 | 3.07 | 3.02 | 2.98 |
| | 0.025 | 6.94 | 5.46 | 4.83 | 4.47 | 4.24 | 4.07 | 3.95 | 3.85 | 3.78 | 3.72 |
| | 0.010 | 10.04 | 7.56 | 6.55 | 5.99 | 5.64 | 5.39 | 5.20 | 5.06 | 4.94 | 4.85 |
| | 0.001 | 21.04 | 14.91 | 12.55 | 11.28 | 10.48 | 9.93 | 9.52 | 9.20 | 8.96 | 8.75 |
| 11 | 0.100 | 3.23 | 2.86 | 2.66 | 2.54 | 2.45 | 2.39 | 2.34 | 2.30 | 2.27 | 2.25 |
| | 0.050 | 4.84 | 3.98 | 3.59 | 3.36 | 3.20 | 3.09 | 3.01 | 2.95 | 2.90 | 2.85 |
| | 0.025 | 6.72 | 5.26 | 4.63 | 4.28 | 4.04 | 3.88 | 3.76 | 3.66 | 3.59 | 3.53 |
| | 0.010 | 9.65 | 7.21 | 6.22 | 5.67 | 5.32 | 5.07 | 4.89 | 4.74 | 4.63 | 4.54 |
| | 0.001 | 19.69 | 13.81 | 11.56 | 10.35 | 9.58 | 9.05 | 8.66 | 8.35 | 8.12 | 7.92 |
| 12 | 0.100 | 3.18 | 2.81 | 2.61 | 2.48 | 2.39 | 2.33 | 2.28 | 2.24 | 2.21 | 2.19 |
| | 0.050 | 4.75 | 3.89 | 3.49 | 3.26 | 3.11 | 3.00 | 2.91 | 2.85 | 2.80 | 2.75 |
| | 0.025 | 6.55 | 5.10 | 4.47 | 4.12 | 3.89 | 3.73 | 3.61 | 3.51 | 3.44 | 3.37 |
| | 0.010 | 9.33 | 6.93 | 5.95 | 5.41 | 5.06 | 4.82 | 4.64 | 4.50 | 4.39 | 4.30 |
| | 0.001 | 18.64 | 12.97 | 10.80 | 9.63 | 8.89 | 8.38 | 8.00 | 7.71 | 7.48 | 7.29 |
| 13 | 0.100 | 3.14 | 2.76 | 2.56 | 2.43 | 2.35 | 2.28 | 2.23 | 2.20 | 2.16 | 2.14 |
| | 0.050 | 4.67 | 3.81 | 3.41 | 3.18 | 3.03 | 2.92 | 2.83 | 2.77 | 2.71 | 2.67 |
| | 0.025 | 6.41 | 4.97 | 4.35 | 4.00 | 3.77 | 3.60 | 3.48 | 3.39 | 3.31 | 3.25 |
| | 0.010 | 9.07 | 6.70 | 5.74 | 5.21 | 4.86 | 4.62 | 4.44 | 4.30 | 4.19 | 4.10 |
| | 0.001 | 17.82 | 12.31 | 10.21 | 9.07 | 8.35 | 7.86 | 7.49 | 7.21 | 6.98 | 6.80 |

[표 6] $F$ 분포—오른쪽 꼬리 확률(계속)

| $V_2$ \ $V_1$ | $\alpha$ | 12 | 15 | 20 | 25 | 30 | 40 | 50 | 60 | 120 | 1,000 |
|---|---|---|---|---|---|---|---|---|---|---|---|
| 7 | 0.100 | 2.67 | 2.63 | 2.59 | 2.57 | 2.56 | 2.54 | 2.52 | 2.51 | 2.49 | 2.47 |
| | 0.050 | 3.57 | 3.51 | 3.44 | 3.40 | 3.38 | 3.34 | 3.32 | 3.30 | 3.27 | 3.23 |
| | 0.025 | 4.67 | 4.57 | 4.47 | 4.40 | 4.36 | 4.31 | 4.28 | 4.25 | 4.20 | 4.15 |
| | 0.010 | 6.47 | 6.31 | 6.16 | 6.06 | 5.99 | 5.91 | 5.86 | 5.82 | 5.74 | 5.66 |
| | 0.001 | 13.71 | 13.32 | 12.93 | 12.69 | 12.53 | 12.33 | 12.20 | 12.12 | 11.91 | 11.72 |
| 8 | 0.100 | 2.50 | 2.46 | 2.42 | 2.40 | 2.38 | 2.36 | 2.35 | 2.34 | 2.32 | 2.30 |
| | 0.050 | 3.28 | 3.22 | 3.15 | 3.11 | 3.08 | 3.04 | 3.02 | 3.01 | 2.97 | 2.93 |
| | 0.025 | 4.20 | 4.10 | 4.00 | 3.94 | 3.89 | 3.84 | 3.81 | 3.78 | 3.73 | 3.68 |
| | 0.010 | 5.67 | 5.52 | 5.36 | 5.26 | 5.20 | 5.12 | 5.07 | 5.03 | 4.95 | 4.87 |
| | 0.001 | 11.19 | 10.84 | 10.48 | 10.26 | 10.11 | 9.92 | 9.80 | 9.73 | 9.53 | 9.36 |
| 9 | 0.100 | 2.38 | 2.34 | 2.30 | 2.27 | 2.25 | 2.23 | 2.22 | 2.21 | 2.18 | 2.16 |
| | 0.050 | 3.07 | 3.01 | 2.94 | 2.89 | 2.86 | 2.83 | 2.80 | 2.79 | 2.75 | 2.71 |
| | 0.025 | 3.87 | 3.77 | 3.67 | 3.60 | 3.56 | 3.51 | 3.47 | 3.45 | 3.39 | 3.34 |
| | 0.010 | 5.11 | 4.96 | 4.81 | 4.71 | 4.65 | 4.57 | 4.52 | 4.48 | 4.40 | 4.32 |
| | 0.001 | 9.57 | 9.24 | 8.90 | 8.69 | 8.55 | 8.37 | 8.26 | 8.19 | 8.00 | 7.84 |
| 10 | 0.100 | 2.28 | 2.24 | 2.20 | 2.17 | 2.16 | 2.13 | 2.12 | 2.11 | 2.08 | 2.06 |
| | 0.050 | 2.91 | 2.85 | 2.77 | 2.73 | 2.70 | 2.66 | 2.64 | 2.62 | 2.58 | 2.54 |
| | 0.025 | 3.62 | 3.52 | 3.42 | 3.35 | 3.31 | 3.26 | 3.22 | 3.20 | 3.14 | 3.09 |
| | 0.010 | 4.71 | 4.56 | 4.41 | 4.31 | 4.25 | 4.17 | 4.12 | 4.08 | 4.00 | 3.92 |
| | 0.001 | 8.45 | 8.13 | 7.80 | 7.60 | 7.47 | 7.30 | 7.19 | 7.12 | 6.94 | 6.78 |
| 11 | 0.100 | 2.21 | 2.17 | 2.12 | 2.10 | 2.08 | 2.05 | 2.04 | 2.03 | 2.00 | 1.98 |
| | 0.050 | 2.79 | 2.72 | 2.65 | 2.60 | 2.57 | 2.53 | 2.51 | 2.49 | 2.45 | 2.41 |
| | 0.025 | 3.43 | 3.33 | 3.23 | 3.16 | 3.12 | 3.06 | 3.03 | 3.00 | 2.94 | 2.89 |
| | 0.010 | 4.40 | 4.25 | 4.10 | 4.01 | 3.94 | 3.86 | 3.81 | 3.78 | 3.69 | 3.61 |
| | 0.001 | 7.63 | 7.32 | 7.01 | 6.81 | 6.68 | 6.52 | 6.42 | 6.35 | 6.18 | 6.02 |
| 12 | 0.100 | 2.15 | 2.10 | 2.06 | 2.03 | 2.01 | 1.99 | 1.97 | 1.96 | 1.93 | 1.91 |
| | 0.050 | 2.69 | 2.62 | 2.54 | 2.50 | 2.47 | 2.43 | 2.40 | 2.38 | 2.34 | 2.30 |
| | 0.025 | 3.28 | 3.18 | 3.07 | 3.01 | 2.96 | 2.91 | 2.87 | 2.85 | 2.79 | 2.73 |
| | 0.010 | 4.16 | 4.01 | 3.86 | 3.76 | 3.70 | 3.62 | 3.57 | 3.54 | 3.45 | 3.37 |
| | 0.001 | 7.00 | 6.71 | 6.40 | 6.22 | 6.09 | 5.93 | 5.83 | 5.76 | 5.59 | 5.44 |
| 13 | 0.100 | 2.10 | 2.05 | 2.01 | 1.98 | 1.96 | 1.93 | 1.92 | 1.90 | 1.88 | 1.85 |
| | 0.050 | 2.60 | 2.53 | 2.46 | 2.41 | 2.38 | 2.34 | 2.31 | 2.30 | 2.25 | 2.21 |
| | 0.025 | 3.15 | 3.05 | 2.95 | 2.88 | 2.84 | 2.78 | 2.74 | 2.72 | 2.66 | 2.60 |
| | 0.010 | 3.96 | 3.82 | 3.66 | 3.57 | 3.51 | 3.43 | 3.38 | 3.34 | 3.25 | 3.18 |
| | 0.001 | 6.52 | 6.23 | 5.93 | 5.75 | 5.63 | 5.47 | 5.37 | 5.30 | 5.14 | 4.99 |

[표 6] $F$ 분포—오른쪽 꼬리 확률(계속)

| $V_2$ \ $V_1$ | $\alpha$ | 1 | 2 | 3 | 4 | 5 | 6 | 7 | 8 | 9 | 10 |
|---|---|---|---|---|---|---|---|---|---|---|---|
| | 0.100 | 3.10 | 2.73 | 2.52 | 2.39 | 2.31 | 2.24 | 2.19 | 2.15 | 2.12 | 2.10 |
| | 0.050 | 4.60 | 3.74 | 3.34 | 3.11 | 2.96 | 2.85 | 2.76 | 2.70 | 2.65 | 2.60 |
| 14 | 0.025 | 6.30 | 4.86 | 4.24 | 3.89 | 3.66 | 3.50 | 3.38 | 3.29 | 3.21 | 3.15 |
| | 0.010 | 8.86 | 6.51 | 5.56 | 5.04 | 4.69 | 4.46 | 4.28 | 4.14 | 4.03 | 3.94 |
| | 0.001 | 17.14 | 11.78 | 9.73 | 8.62 | 7.92 | 7.44 | 7.08 | 6.80 | 6.58 | 6.40 |
| | 0.100 | 3.07 | 2.70 | 2.49 | 2.36 | 2.27 | 2.21 | 2.16 | 2.12 | 2.09 | 2.06 |
| | 0.050 | 4.54 | 3.68 | 3.29 | 3.06 | 2.90 | 2.79 | 2.71 | 2.64 | 2.59 | 2.54 |
| 15 | 0.025 | 6.20 | 4.77 | 4.15 | 3.80 | 3.58 | 3.41 | 3.29 | 3.20 | 3.12 | 3.06 |
| | 0.010 | 8.68 | 6.36 | 5.42 | 4.89 | 4.56 | 4.32 | 4.14 | 4.00 | 3.89 | 3.80 |
| | 0.001 | 16.59 | 11.34 | 9.34 | 8.25 | 7.57 | 7.09 | 6.74 | 6.47 | 6.26 | 6.08 |
| | 0.100 | 3.05 | 2.67 | 2.46 | 2.33 | 2.24 | 2.18 | 2.13 | 2.09 | 2.06 | 2.03 |
| | 0.050 | 4.49 | 3.63 | 3.24 | 3.01 | 2.85 | 2.74 | 2.66 | 2.59 | 2.54 | 2.49 |
| 16 | 0.025 | 6.12 | 4.69 | 4.08 | 3.73 | 3.50 | 3.34 | 3.22 | 3.12 | 3.05 | 2.99 |
| | 0.010 | 8.53 | 6.23 | 5.29 | 4.77 | 4.44 | 4.20 | 4.03 | 3.89 | 3.78 | 3.69 |
| | 0.001 | 16.12 | 10.97 | 9.01 | 7.94 | 7.27 | 6.80 | 6.46 | 6.19 | 5.98 | 5.81 |
| | 0.100 | 3.03 | 2.64 | 2.44 | 2.31 | 2.22 | 2.15 | 2.10 | 2.06 | 2.03 | 2.00 |
| | 0.050 | 4.45 | 3.59 | 3.20 | 2.96 | 2.81 | 2.70 | 2.61 | 2.55 | 2.49 | 2.45 |
| 17 | 0.025 | 6.04 | 4.62 | 4.01 | 3.66 | 3.44 | 3.28 | 3.16 | 3.06 | 2.98 | 2.92 |
| | 0.010 | 8.40 | 6.11 | 5.19 | 4.67 | 4.34 | 4.10 | 3.93 | 3.79 | 3.68 | 3.59 |
| | 0.001 | 15.72 | 10.66 | 8.73 | 7.68 | 7.02 | 6.56 | 6.22 | 5.96 | 5.75 | 5.58 |
| | 0.100 | 3.01 | 2.62 | 2.42 | 2.29 | 2.20 | 2.13 | 2.08 | 2.04 | 2.00 | 1.98 |
| | 0.050 | 4.41 | 3.55 | 3.16 | 2.93 | 2.77 | 2.66 | 2.58 | 2.51 | 2.46 | 2.41 |
| 18 | 0.025 | 5.98 | 4.56 | 3.95 | 3.61 | 3.38 | 3.22 | 3.10 | 3.01 | 2.93 | 2.87 |
| | 0.010 | 8.29 | 6.01 | 5.09 | 4.58 | 4.25 | 4.01 | 3.84 | 3.71 | 3.60 | 3.51 |
| | 0.001 | 15.38 | 10.39 | 8.49 | 7.46 | 6.81 | 6.35 | 6.02 | 5.76 | 5.56 | 5.39 |
| | 0.100 | 2.99 | 2.61 | 2.40 | 2.27 | 2.18 | 2.11 | 2.06 | 2.02 | 1.98 | 1.96 |
| | 0.050 | 4.38 | 3.52 | 3.13 | 2.90 | 2.74 | 2.63 | 2.54 | 2.48 | 2.42 | 2.38 |
| 19 | 0.025 | 5.92 | 4.51 | 3.90 | 3.56 | 3.33 | 3.17 | 3.05 | 2.96 | 2.88 | 2.82 |
| | 0.010 | 8.18 | 5.93 | 5.01 | 4.50 | 4.17 | 3.94 | 3.77 | 3.63 | 3.52 | 3.43 |
| | 0.001 | 15.08 | 10.16 | 8.28 | 7.27 | 6.62 | 6.18 | 5.85 | 5.59 | 5.39 | 5.22 |
| | 0.100 | 2.97 | 2.59 | 2.38 | 2.25 | 2.16 | 2.09 | 2.04 | 2.00 | 1.96 | 1.94 |
| | 0.050 | 4.35 | 3.49 | 3.10 | 2.87 | 2.71 | 2.60 | 2.51 | 2.45 | 2.39 | 2.35 |
| 20 | 0.025 | 5.87 | 4.46 | 3.86 | 3.51 | 3.29 | 3.13 | 3.01 | 2.91 | 2.84 | 2.77 |
| | 0.010 | 8.10 | 5.85 | 4.94 | 4.43 | 4.10 | 3.87 | 3.70 | 3.56 | 3.46 | 3.37 |
| | 0.001 | 14.82 | 9.95 | 8.10 | 7.10 | 6.46 | 6.02 | 5.69 | 5.44 | 5.24 | 5.08 |

[표 6] $F$ 분포—오른쪽 꼬리 확률(계속)

| $V_2$ \ $V_1$ | $\alpha$ | 12 | 15 | 20 | 25 | 30 | 40 | 50 | 60 | 120 | 1,000 |
|---|---|---|---|---|---|---|---|---|---|---|---|
| | 0.100 | 2.05 | 2.01 | 1.96 | 1.93 | 1.91 | 1.89 | 1.87 | 1.86 | 1.83 | 1.80 |
| | 0.050 | 2.53 | 2.46 | 2.39 | 2.34 | 2.31 | 2.27 | 2.24 | 2.22 | 2.18 | 2.14 |
| 14 | 0.025 | 3.05 | 2.95 | 2.84 | 2.78 | 2.73 | 2.67 | 2.64 | 2.61 | 2.55 | 2.50 |
| | 0.010 | 3.80 | 3.66 | 3.51 | 3.41 | 3.35 | 3.27 | 3.22 | 3.18 | 3.09 | 3.02 |
| | 0.001 | 6.13 | 5.85 | 5.56 | 5.38 | 5.25 | 5.10 | 5.00 | 4.94 | 4.77 | 4.62 |
| | 0.100 | 2.02 | 1.97 | 1.92 | 1.89 | 1.87 | 1.85 | 1.83 | 1.82 | 1.79 | 1.76 |
| | 0.050 | 2.48 | 2.40 | 2.33 | 2.28 | 2.25 | 2.20 | 2.18 | 2.16 | 2.11 | 2.07 |
| 15 | 0.025 | 2.96 | 2.86 | 2.76 | 2.69 | 2.64 | 2.59 | 2.55 | 2.52 | 2.46 | 2.40 |
| | 0.010 | 3.67 | 3.52 | 3.37 | 3.28 | 3.21 | 3.13 | 3.08 | 3.05 | 2.96 | 2.88 |
| | 0.001 | 5.81 | 5.54 | 5.25 | 5.07 | 4.95 | 4.80 | 4.70 | 4.64 | 4,47 | 4.33 |
| | 0.100 | 1.99 | 1.94 | 1.89 | 1.86 | 1.84 | 1.81 | 1.79 | 1.78 | 1.75 | 1.72 |
| | 0.050 | 2.42 | 2.35 | 2.28 | 2.23 | 2.19 | 2.15 | 2.12 | 2.11 | 2.06 | 2.02 |
| 16 | 0.025 | 2.89 | 2.79 | 2.68 | 2.61 | 2.57 | 2.51 | 2.47 | 2.45 | 2.38 | 2.32 |
| | 0.010 | 3.55 | 3.41 | 3.26 | 3.16 | 3.10 | 3.02 | 2.97 | 2.93 | 2.84 | 2.76 |
| | 0.001 | 5.55 | 5.27 | 4.99 | 4.82 | 4.70 | 4.54 | 4.45 | 4.39 | 4.23 | 4.08 |
| | 0.100 | 1.96 | 1.91 | 1.86 | 1.83 | 1.81 | 1.78 | 1.76 | 1.75 | 1.72 | 1.69 |
| | 0.050 | 2.38 | 2.31 | 2.23 | 2.18 | 2.15 | 2.10 | 2.08 | 2.06 | 2.01 | 1.97 |
| 17 | 0.025 | 2.82 | 2.72 | 2.62 | 2.55 | 2.50 | 2.44 | 2.41 | 2.38 | 2.32 | 2.26 |
| | 0.010 | 3.46 | 3.31 | 3.16 | 3.07 | 3.00 | 2.92 | 2.87 | 2.83 | 2.75 | 2.66 |
| | 0.001 | 5.32 | 5.05 | 4.78 | 4.60 | 4.48 | 4.33 | 4.24 | 4.18 | 4.02 | 3.87 |
| | 0.100 | 1.93 | 1.89 | 1.84 | 1.80 | 1.78 | 1.75 | 1.74 | 1.72 | 1.69 | 1.66 |
| | 0.050 | 2.34 | 2.27 | 2.19 | 2.14 | 2.11 | 2.06 | 2.04 | 2.02 | 1.97 | 1.92 |
| 18 | 0.025 | 2.77 | 2.67 | 2.56 | 2.49 | 2.44 | 2.38 | 2.35 | 2.32 | 2.26 | 2.20 |
| | 0.010 | 3.37 | 3.23 | 3.08 | 2.98 | 2.92 | 2.84 | 2.78 | 2.75 | 2.66 | 2.58 |
| | 0.001 | 5.13 | 4.87 | 4.59 | 4.42 | 4.30 | 4.15 | 4.06 | 4.00 | 3.84 | 3.69 |
| | 0.100 | 1.91 | 1.86 | 1.81 | 1.78 | 1.76 | 1.73 | 1.71 | 1.70 | 1.67 | 1.64 |
| | 0.050 | 2.31 | 2.23 | 2.16 | 2.11 | 2.07 | 2.03 | 2.00 | 1.98 | 1.93 | 1.88 |
| 19 | 0.025 | 2.72 | 2.62 | 2.51 | 2.44 | 2.39 | 2.33 | 2.30 | 2.27 | 2.20 | 2.14 |
| | 0.010 | 3.30 | 3.15 | 3.00 | 2.91 | 2.84 | 2.76 | 2.71 | 2.67 | 2.58 | 2.50 |
| | 0.001 | 4.97 | 4.70 | 4.43 | 4.26 | 4.14 | 3.99 | 3.90 | 3.84 | 3.68 | 3.53 |
| | 0.100 | 1.89 | 1.84 | 1.79 | 1.76 | 1.74 | 1.71 | 1.69 | 1.68 | 1.64 | 1.61 |
| | 0.050 | 2.28 | 2.20 | 2.12 | 2.07 | 2.04 | 1.99 | 1.97 | 1.95 | 1.90 | 1.85 |
| 20 | 0.025 | 2.68 | 2.57 | 2.46 | 2.40 | 2.35 | 2.29 | 2.25 | 2.22 | 2.16 | 2.09 |
| | 0.010 | 3.23 | 3.09 | 2.94 | 2.84 | 2.78 | 2.69 | 2.64 | 2.61 | 2.52 | 2.43 |
| | 0.001 | 4.82 | 4.56 | 4.29 | 4.12 | 4.00 | 3.86 | 3.77 | 3.70 | 3.54 | 3.40 |

[표 6] $F$ 분포—오른쪽 꼬리 확률(계속)

| $V_2$ \ $V_1$ | $\alpha$ | 1 | 2 | 3 | 4 | 5 | 6 | 7 | 8 | 9 | 10 |
|---|---|---|---|---|---|---|---|---|---|---|---|
| 21 | 0.100 | 2.96 | 2.57 | 2.36 | 2.23 | 2.14 | 2.08 | 2.02 | 1.98 | 1.95 | 1.92 |
| | 0.050 | 4.32 | 3.47 | 3.07 | 2.84 | 2.68 | 2.57 | 2.49 | 2.42 | 2.37 | 2.32 |
| | 0.025 | 5.83 | 4.42 | 3.82 | 3.48 | 3.25 | 3.09 | 2.97 | 2.87 | 2.80 | 2.73 |
| | 0.010 | 8.02 | 5.78 | 4.87 | 4.37 | 4.04 | 3.81 | 3.64 | 3.51 | 3.40 | 3.31 |
| | 0.001 | 14.59 | 9.77 | 7.94 | 6.95 | 6.32 | 5.88 | 5.56 | 5.31 | 5.11 | 4.95 |
| 22 | 0.100 | 2.95 | 2.56 | 2.35 | 2.22 | 2.13 | 2.06 | 2.01 | 1.97 | 1.93 | 1.90 |
| | 0.050 | 4.30 | 3.44 | 3.05 | 2.82 | 2.66 | 2.55 | 2.46 | 2.40 | 2.34 | 2.30 |
| | 0.025 | 5.79 | 4.38 | 3.78 | 3.44 | 3.22 | 3.05 | 2.93 | 2.84 | 2.76 | 2.70 |
| | 0.010 | 7.95 | 5.72 | 4.82 | 4.31 | 3.99 | 3.76 | 3.59 | 3.45 | 3.35 | 3.26 |
| | 0.001 | 14.38 | 9.61 | 7.80 | 6.81 | 6.19 | 5.76 | 5.44 | 5.19 | 4.99 | 4.83 |
| 23 | 0.100 | 2.94 | 2.55 | 2.34 | 2.21 | 2.11 | 2.05 | 1.99 | 1.95 | 1.92 | 1.89 |
| | 0.050 | 4.28 | 3.42 | 3.03 | 2.80 | 2.64 | 2.53 | 2.44 | 2.37 | 2.32 | 2.27 |
| | 0.025 | 5.75 | 4.35 | 3.75 | 3.41 | 3.18 | 3.02 | 2.90 | 2.81 | 2.73 | 2.67 |
| | 0.010 | 7.88 | 5.66 | 4.76 | 4.26 | 3.94 | 3.71 | 3.54 | 3.41 | 3.30 | 3.21 |
| | 0.001 | 14.20 | 9.47 | 7.67 | 6.70 | 6.08 | 5.65 | 5.33 | 5.09 | 4.89 | 4.73 |
| 24 | 0.100 | 2.93 | 2.54 | 2.33 | 2.19 | 2.10 | 2.04 | 1.98 | 1.94 | 1.91 | 1.88 |
| | 0.050 | 4.26 | 3.40 | 3.01 | 2.78 | 2.62 | 2.51 | 2.42 | 2.36 | 2.30 | 2.25 |
| | 0.025 | 5.72 | 4.32 | 3.72 | 3.38 | 3.15 | 2.99 | 2.87 | 2.78 | 2.70 | 2.64 |
| | 0.010 | 7.82 | 5.61 | 4.72 | 4.22 | 3.90 | 3.67 | 3.50 | 3.36 | 3.26 | 3.17 |
| | 0.001 | 14.03 | 9.34 | 7.55 | 6.59 | 5.98 | 5.55 | 5.23 | 4.99 | 4.80 | 4.64 |
| 25 | 0.100 | 2.92 | 2.53 | 2.32 | 2.18 | 2.09 | 2.02 | 1.97 | 1.93 | 1.89 | 1.87 |
| | 0.050 | 4.24 | 3.39 | 2.99 | 2.76 | 2.60 | 2.49 | 2.40 | 2.34 | 2.28 | 2.24 |
| | 0.025 | 5.69 | 4.29 | 3.69 | 3.35 | 3.13 | 2.97 | 2.85 | 2.75 | 2.68 | 2.61 |
| | 0.010 | 7.77 | 5.57 | 4.68 | 4.18 | 3.85 | 3.63 | 3.46 | 3.32 | 3.22 | 3.13 |
| | 0.001 | 13.88 | 9.22 | 7.45 | 6.49 | 5.89 | 5.46 | 5.15 | 4.91 | 4.71 | 4.56 |
| 26 | 0.100 | 2.91 | 2.52 | 2.31 | 2.17 | 2.08 | 2.01 | 1.96 | 1.92 | 1.88 | 1.86 |
| | 0.050 | 4.23 | 3.37 | 2.98 | 2.74 | 2.59 | 2.47 | 2.39 | 2.32 | 2.27 | 2.22 |
| | 0.025 | 5.66 | 4.27 | 3.67 | 3.33 | 3.10 | 2.94 | 2.82 | 2.73 | 2.65 | 2.59 |
| | 0.010 | 7.72 | 5.53 | 4.64 | 4.14 | 3.82 | 3.59 | 3.42 | 3.29 | 3.18 | 3.09 |
| | 0.001 | 13.74 | 9.12 | 7.36 | 6.41 | 5.80 | 5.38 | 5.07 | 4.83 | 4.64 | 4.48 |
| 27 | 0.100 | 2.90 | 2.51 | 2.30 | 2.17 | 2.07 | 2.00 | 1.95 | 1.91 | 1.87 | 1.85 |
| | 0.050 | 4.21 | 3.35 | 2.96 | 2.73 | 2.57 | 2.46 | 2.37 | 2.31 | 2.25 | 2.20 |
| | 0.025 | 5.63 | 4.24 | 3.65 | 3.31 | 3.08 | 2.92 | 2.80 | 2.71 | 2.63 | 2.57 |
| | 0.010 | 7.68 | 5.49 | 4.60 | 4.11 | 3.78 | 3.56 | 3.39 | 3.26 | 3.15 | 3.06 |
| | 0.001 | 13.61 | 9.02 | 7.27 | 6.33 | 5.73 | 5.31 | 5.00 | 4.76 | 4.57 | 4.41 |

[표 6] $F$ 분포—오른쪽 꼬리 확률(계속)

| $V_2$ \ $V_1$ | $\alpha$ | 12 | 15 | 20 | 25 | 30 | 40 | 50 | 60 | 120 | 1,000 |
|---|---|---|---|---|---|---|---|---|---|---|---|
| 21 | 0.100 | 1.87 | 1.83 | 1.78 | 1.74 | 1.72 | 1.69 | 1.67 | 1.66 | 1.62 | 1.59 |
| | 0.050 | 2.25 | 2.18 | 2.10 | 2.05 | 2.01 | 1.96 | 1.94 | 1.92 | 1.87 | 1.82 |
| | 0.025 | 2.64 | 2.53 | 2.42 | 2.36 | 2.31 | 2.25 | 2.21 | 2.18 | 2.11 | 2.05 |
| | 0.010 | 3.17 | 3.03 | 2.88 | 2.79 | 2.72 | 2.64 | 2.58 | 2.55 | 2.46 | 2.37 |
| | 0.001 | 4.70 | 4.44 | 4.17 | 4.00 | 3.88 | 3.74 | 3.64 | 3.58 | 3.42 | 3.28 |
| 22 | 0.100 | 1.86 | 1.81 | 1.76 | 1.73 | 1.70 | 1.67 | 1.65 | 1.64 | 1.60 | 1.57 |
| | 0.050 | 2.23 | 2.15 | 2.07 | 2.02 | 1.98 | 1.94 | 1.91 | 1.89 | 1.84 | 1.79 |
| | 0.025 | 2.60 | 2.50 | 2.39 | 2.32 | 2.27 | 2.21 | 2.17 | 2.14 | 2.08 | 2.01 |
| | 0.010 | 3.12 | 2.98 | 2.83 | 2.73 | 2.67 | 2.58 | 2.53 | 2.50 | 2.40 | 2.32 |
| | 0.001 | 4.58 | 4.33 | 4.06 | 3.89 | 3.78 | 3.63 | 3.54 | 3.48 | 3.32 | 3.17 |
| 23 | 0.100 | 1.84 | 1.80 | 1.74 | 1.71 | 1.69 | 1.66 | 1.64 | 1.62 | 1.59 | 1.55 |
| | 0.050 | 2.20 | 2.13 | 2.05 | 2.00 | 1.96 | 1.91 | 1.88 | 1.86 | 1.81 | 1.76 |
| | 0.025 | 2.57 | 2.47 | 2.36 | 2.29 | 2.24 | 2.18 | 2.14 | 2.11 | 2.04 | 1.98 |
| | 0.010 | 3.07 | 2.93 | 2.78 | 2.69 | 2.62 | 2.54 | 2.48 | 2.45 | 2.35 | 2.27 |
| | 0.001 | 4.48 | 4.23 | 3.96 | 3.79 | 3.68 | 3.53 | 3.44 | 3.38 | 3.22 | 3.08 |
| 24 | 0.100 | 1.83 | 1.78 | 1.73 | 1.70 | 1.67 | 1.64 | 1.62 | 1.61 | 1.57 | 1.54 |
| | 0.050 | 2.18 | 2.11 | 2.03 | 1.97 | 1.94 | 1.89 | 1.86 | 1.84 | 1.79 | 1.74 |
| | 0.025 | 2.54 | 2.44 | 2.33 | 2.26 | 2.21 | 2.15 | 2.11 | 2.08 | 2.01 | 1.94 |
| | 0.010 | 3.03 | 2.89 | 2.74 | 2.64 | 2.58 | 2.49 | 2.44 | 2.40 | 2.31 | 2.22 |
| | 0.001 | 4.39 | 4.14 | 3.87 | 3.71 | 3.59 | 3.45 | 3.36 | 3.29 | 3.14 | 2.99 |
| 25 | 0.100 | 1.82 | 1.77 | 1.72 | 1.68 | 1.66 | 1.63 | 1.61 | 1.59 | 1.56 | 1.52 |
| | 0.050 | 2.16 | 2.09 | 2.01 | 1.96 | 1.92 | 1.87 | 1.84 | 1.82 | 1.77 | 1.72 |
| | 0.025 | 2.51 | 2.41 | 2.30 | 2.23 | 2.18 | 2.12 | 2.08 | 2.05 | 1.98 | 1.91 |
| | 0.010 | 2.99 | 2.85 | 2.70 | 2.60 | 2.54 | 2.45 | 2.40 | 2.36 | 2.27 | 2.18 |
| | 0.001 | 4.31 | 4.06 | 3.79 | 3.63 | 3.52 | 3.37 | 3.28 | 3.22 | 3.06 | 2.91 |
| 26 | 0.100 | 1.81 | 1.76 | 1.71 | 1.67 | 1.65 | 1.61 | 1.59 | 1.58 | 1.54 | 1.51 |
| | 0.050 | 2.15 | 2.07 | 1.99 | 1.94 | 1.90 | 1.85 | 1.82 | 1.80 | 1.75 | 1.70 |
| | 0.025 | 2.49 | 2.39 | 2.28 | 2.21 | 2.16 | 2.09 | 2.05 | 2.03 | 1.95 | 1.89 |
| | 0.010 | 2.96 | 2.81 | 2.66 | 2.57 | 2.50 | 2.42 | 2.36 | 2.33 | 2.23 | 2.14 |
| | 0.001 | 4.24 | 3.99 | 3.72 | 3.56 | 3.44 | 3.30 | 3.21 | 3.15 | 2.99 | 2.84 |
| 27 | 0.100 | 1.80 | 1.75 | 1.70 | 1.66 | 1.64 | 1.60 | 1.58 | 1.57 | 1.53 | 1.50 |
| | 0.050 | 2.13 | 2.06 | 1.97 | 1.92 | 1.88 | 1.84 | 1.81 | 1.79 | 1.73 | 1.68 |
| | 0.025 | 2.47 | 2.36 | 2.25 | 2.18 | 2.13 | 2.07 | 2.03 | 2.00 | 1.93 | 1.86 |
| | 0.010 | 2.93 | 2.78 | 2.63 | 2.54 | 2.47 | 2.38 | 2.33 | 2.29 | 2.20 | 2.11 |
| | 0.001 | 4.17 | 3.92 | 3.66 | 3.49 | 3.38 | 3.23 | 3.14 | 3.08 | 2.92 | 2.78 |

[표 6] $F$ 분포—오른쪽 꼬리 확률(계속)

| $V_2$ \ $V_1$ | $\alpha$ | 1 | 2 | 3 | 4 | 5 | 6 | 7 | 8 | 9 | 10 |
|---|---|---|---|---|---|---|---|---|---|---|---|
| | 0.100 | 2.89 | 2.50 | 2.29 | 2.16 | 2.06 | 2.00 | 1.94 | 1.90 | 1.87 | 1.84 |
| | 0.050 | 4.20 | 3.34 | 2.95 | 2.71 | 2.56 | 2.45 | 2.36 | 2.29 | 2.24 | 2.19 |
| 28 | 0.025 | 5.61 | 4.22 | 3.63 | 3.29 | 3.06 | 2.90 | 2.78 | 2.69 | 2.61 | 2.55 |
| | 0.010 | 7.64 | 5.45 | 4.57 | 4.07 | 3.75 | 3.53 | 3.36 | 3.23 | 3.12 | 3.03 |
| | 0.001 | 13.50 | 8.93 | 7.19 | 6.25 | 5.66 | 5.24 | 4.93 | 4.69 | 4.50 | 4.35 |
| | 0.100 | 2.89 | 2.50 | 2.28 | 2.15 | 2.06 | 1.99 | 1.93 | 1.89 | 1.86 | 1.83 |
| | 0.050 | 4.18 | 3.33 | 2.93 | 2.70 | 2.55 | 2.43 | 2.35 | 2.28 | 2.22 | 2.18 |
| 29 | 0.025 | 5.59 | 4.20 | 3.61 | 3.27 | 3.04 | 2.88 | 2.76 | 2.67 | 2.59 | 2.53 |
| | 0.010 | 7.60 | 5.42 | 4.54 | 4.04 | 3.73 | 3.50 | 3.33 | 3.20 | 3.09 | 3.00 |
| | 0.001 | 13.39 | 8.85 | 7.12 | 6.19 | 5.59 | 5.18 | 4.87 | 4.64 | 4.45 | 4.29 |
| | 0.100 | 2.88 | 2.49 | 2.28 | 2.14 | 2.05 | 1.98 | 1.93 | 1.88 | 1.85 | 1.82 |
| | 0.050 | 4.17 | 3.32 | 2.92 | 2.69 | 2.53 | 2.42 | 2.33 | 2.27 | 2.21 | 2.16 |
| 30 | 0.025 | 5.57 | 4.18 | 3.59 | 3.25 | 3.03 | 2.87 | 2.75 | 2.65 | 2.57 | 2.51 |
| | 0.010 | 7.56 | 5.39 | 4.51 | 4.02 | 3.70 | 3.47 | 3.30 | 3.17 | 3.07 | 2.98 |
| | 0.001 | 13.29 | 8.77 | 7.05 | 6.12 | 5.53 | 5.12 | 4.82 | 4.58 | 4.39 | 4.24 |
| | 0.100 | 2.84 | 2.44 | 2.23 | 2.09 | 2.00 | 1.93 | 1.87 | 1.83 | 1.79 | 1.76 |
| | 0.050 | 4.08 | 3.23 | 2.84 | 2.61 | 2.45 | 2.34 | 2.25 | 2.18 | 2.12 | 2.08 |
| 40 | 0.025 | 5.42 | 4.05 | 3.46 | 3.13 | 2.90 | 2.74 | 2.62 | 2.53 | 2.45 | 2.39 |
| | 0.010 | 7.31 | 5.18 | 4.31 | 3.83 | 3.51 | 3.29 | 3.12 | 2.99 | 2.89 | 2.80 |
| | 0.001 | 12.61 | 8.25 | 6.59 | 5.70 | 5.13 | 4.73 | 4.44 | 4.21 | 4.02 | 3.87 |
| | 0.100 | 2.81 | 2.41 | 2.20 | 2.06 | 1.97 | 1.90 | 1.84 | 1.80 | 1.76 | 1.73 |
| | 0.050 | 4.03 | 3.18 | 2.79 | 2.56 | 2.40 | 2.29 | 2.20 | 2.13 | 2.07 | 2.03 |
| 50 | 0.025 | 5.34 | 3.97 | 3.39 | 3.05 | 2.83 | 2.67 | 2.55 | 2.46 | 2.38 | 2.32 |
| | 0.010 | 7.17 | 5.06 | 4.20 | 3.72 | 3.41 | 3.19 | 3.02 | 2.89 | 2.78 | 2.70 |
| | 0.001 | 12.22 | 7.96 | 6.34 | 5.46 | 4.90 | 4.51 | 4.22 | 4.00 | 3.82 | 3.67 |
| | 0.100 | 2.79 | 2.39 | 2.18 | 2.04 | 1.95 | 1.87 | 1.82 | 1.77 | 1.74 | 1.71 |
| | 0.050 | 4.00 | 3.15 | 2.76 | 2.53 | 2.37 | 2.25 | 2.17 | 2.10 | 2.04 | 1.99 |
| 60 | 0.025 | 5.29 | 3.93 | 3.34 | 3.01 | 2.79 | 2.63 | 2.51 | 2.41 | 2.33 | 2.27 |
| | 0.010 | 7.08 | 4.98 | 4.13 | 3.65 | 3.34 | 3.12 | 2.95 | 2.82 | 2.72 | 2.63 |
| | 0.001 | 11.97 | 7.77 | 6.17 | 5.31 | 4.76 | 4.37 | 4.09 | 3.86 | 3.69 | 3.54 |
| | 0.100 | 2.76 | 2.36 | 2.14 | 2.00 | 1.91 | 1.83 | 1.78 | 1.73 | 1.69 | 1.66 |
| | 0.050 | 3.94 | 3.09 | 2.70 | 2.46 | 2.31 | 2.19 | 2.10 | 2.03 | 1.97 | 1.93 |
| 100 | 0.025 | 5.18 | 3.83 | 3.25 | 2.92 | 2.70 | 2.54 | 2.42 | 2.32 | 2.24 | 2.18 |
| | 0.010 | 6.90 | 4.82 | 3.98 | 3.51 | 3.21 | 2.99 | 2.82 | 2.69 | 2.59 | 2.50 |
| | 0.001 | 11.50 | 7.41 | 5.86 | 5.02 | 4.48 | 4.11 | 3.83 | 3.61 | 3.44 | 3.30 |

[표 6] $F$ 분포—오른쪽 꼬리 확률(계속)

| $V_2$ \ $V_1$ | $\alpha$ | 12 | 15 | 20 | 25 | 30 | 40 | 50 | 60 | 120 | 1,000 |
|---|---|---|---|---|---|---|---|---|---|---|---|
| 28 | 0.100 | 1.79 | 1.74 | 1.69 | 1.65 | 1.63 | 1.59 | 1.57 | 1.56 | 1.52 | 1.48 |
| | 0.050 | 2.12 | 2.04 | 1.96 | 1.91 | 1.87 | 1.82 | 1.79 | 1.77 | 1.71 | 1.66 |
| | 0.025 | 2.45 | 2.34 | 2.23 | 2.16 | 2.11 | 2.05 | 2.01 | 1.98 | 1.91 | 1.84 |
| | 0.010 | 2.90 | 2.75 | 2.60 | 2.51 | 2.44 | 2.35 | 2.30 | 2.26 | 2.17 | 2.08 |
| | 0.001 | 4.11 | 3.86 | 3.60 | 3.43 | 3.32 | 3.18 | 3.09 | 3.02 | 2.86 | 2.72 |
| 29 | 0.100 | 1.78 | 1.73 | 1.68 | 1.64 | 1.62 | 1.58 | 1.56 | 1.55 | 1.51 | 1.47 |
| | 0.050 | 2.10 | 2.03 | 1.94 | 1.89 | 1.85 | 1.81 | 1.77 | 1.75 | 1.70 | 1.65 |
| | 0.025 | 2.43 | 2.32 | 2.21 | 2.14 | 2.09 | 2.03 | 1.99 | 1.96 | 1.89 | 1.82 |
| | 0.010 | 2.87 | 2.73 | 2.57 | 2.48 | 2.41 | 2.33 | 2.27 | 2.23 | 2.14 | 2.05 |
| | 0.001 | 4.05 | 3.80 | 3.54 | 3.38 | 3.27 | 3.12 | 3.03 | 2.97 | 2.81 | 2.66 |
| 30 | 0.100 | 1.77 | 1.72 | 1.67 | 1.63 | 1.61 | 1.57 | 1.55 | 1.54 | 1.50 | 1.46 |
| | 0.050 | 2.09 | 2.01 | 1.93 | 1.88 | 1.84 | 1.79 | 1.76 | 1.74 | 1.68 | 1.63 |
| | 0.025 | 2.41 | 2.31 | 2.20 | 2.12 | 2.07 | 2.01 | 1.97 | 1.94 | 1.87 | 1.80 |
| | 0.010 | 2.84 | 2.70 | 2.55 | 2.45 | 2.39 | 2.30 | 2.25 | 2.21 | 2.11 | 2.02 |
| | 0.001 | 4.00 | 3.75 | 3.49 | 3.33 | 3.22 | 3.07 | 2.98 | 2.92 | 2.76 | 2.61 |
| 40 | 0.100 | 1.71 | 1.66 | 1.61 | 1.57 | 1.54 | 1.51 | 1.48 | 1.47 | 1.42 | 1.38 |
| | 0.050 | 2.00 | 1.92 | 1.84 | 1.78 | 1.74 | 1.69 | 1.66 | 1.64 | 1.58 | 1.52 |
| | 0.025 | 2.29 | 2.18 | 2.07 | 1.99 | 1.94 | 1.88 | 1.83 | 1.80 | 1.72 | 1.65 |
| | 0.010 | 2.66 | 2.52 | 2.37 | 2.27 | 2.20 | 2.11 | 2.06 | 2.02 | 1.92 | 1.82 |
| | 0.001 | 3.64 | 3.40 | 3.14 | 2.98 | 2.87 | 2.73 | 2.64 | 2.57 | 2.41 | 2.25 |
| 50 | 0.100 | 1.68 | 1.63 | 1.57 | 1.53 | 1.50 | 1.46 | 1.44 | 1.42 | 1.38 | 1.33 |
| | 0.050 | 1.95 | 1.87 | 1.78 | 1.73 | 1.69 | 1.63 | 1.60 | 1.58 | 1.51 | 1.45 |
| | 0.025 | 2.22 | 2.11 | 1.99 | 1.92 | 1.87 | 1.80 | 1.75 | 1.72 | 1.64 | 1.56 |
| | 0.010 | 2.56 | 2.42 | 2.27 | 2.17 | 2.10 | 2.01 | 1.95 | 1.91 | 1.80 | 1.70 |
| | 0.001 | 3.44 | 3.20 | 2.95 | 2.79 | 2.68 | 2.53 | 2.44 | 2.38 | 2.21 | 2.05 |
| 60 | 0.100 | 1.66 | 1.60 | 1.54 | 1.50 | 1.48 | 1.44 | 1.41 | 1.40 | 1.35 | 1.30 |
| | 0.050 | 1.92 | 1.84 | 1.75 | 1.69 | 1.65 | 1.59 | 1.56 | 1.53 | 1.47 | 1.40 |
| | 0.025 | 2.17 | 2.06 | 1.94 | 1.87 | 1.82 | 1.74 | 1.70 | 1.67 | 1.58 | 1.49 |
| | 0.010 | 2.50 | 2.35 | 2.20 | 2.10 | 2.03 | 1.94 | 1.88 | 1.84 | 1.73 | 1.62 |
| | 0.001 | 3.32 | 3.08 | 2.83 | 2.67 | 2.55 | 2.41 | 2.32 | 2.25 | 2.08 | 1.92 |
| 100 | 0.100 | 1.61 | 1.56 | 1.49 | 1.45 | 1.42 | 1.38 | 1.35 | 1.34 | 1.28 | 1.22 |
| | 0.050 | 1.85 | 1.77 | 1.68 | 1.62 | 1.57 | 1.52 | 1.48 | 1.45 | 1.38 | 1.30 |
| | 0.025 | 2.08 | 1.97 | 1.85 | 1.77 | 1.71 | 1.64 | 1.59 | 1.56 | 1.46 | 1.36 |
| | 0.010 | 2.37 | 2.22 | 2.07 | 1.97 | 1.89 | 1.80 | 1.74 | 1.69 | 1.57 | 1.45 |
| | 0.001 | 3.07 | 2.84 | 2.59 | 2.43 | 2.32 | 2.17 | 2.08 | 2.01 | 1.83 | 1.64 |

[표 7] 난수표

| | | | | | | | | | | |
|---|---|---|---|---|---|---|---|---|---|---|
| 0000 | 10097 | 32533 | 76520 | 13586 | 34673 | 54876 | 80959 | 09117 | 39292 | 74945 |
| 0001 | 37542 | 04805 | 64894 | 74296 | 24805 | 24037 | 20636 | 10402 | 00822 | 91665 |
| 0002 | 08422 | 68953 | 19645 | 09303 | 23209 | 02560 | 15953 | 34764 | 35080 | 33606 |
| 0003 | 99019 | 02529 | 09376 | 70715 | 38311 | 31165 | 88676 | 74397 | 04436 | 27659 |
| 0004 | 12807 | 99970 | 80157 | 36147 | 64032 | 36653 | 98951 | 16877 | 12171 | 76833 |
| 0005 | 66065 | 74717 | 34072 | 76850 | 36697 | 36170 | 65813 | 39885 | 11199 | 29170 |
| 0006 | 31060 | 10805 | 45571 | 82406 | 35303 | 42614 | 86799 | 07439 | 23403 | 09732 |
| 0007 | 85269 | 77602 | 02051 | 65692 | 68665 | 74818 | 73053 | 85247 | 18623 | 88579 |
| 0008 | 63573 | 32135 | 05325 | 47048 | 90553 | 57548 | 28468 | 28709 | 83491 | 25624 |
| 0009 | 73796 | 45753 | 03529 | 64778 | 35808 | 34282 | 60935 | 20344 | 35273 | 88435 |
| 0010 | 98520 | 17767 | 14905 | 68607 | 22109 | 40558 | 60970 | 93433 | 50500 | 73998 |
| 0011 | 11805 | 05431 | 39808 | 27732 | 50725 | 68248 | 29405 | 24201 | 52775 | 67851 |
| 0012 | 83452 | 99634 | 06288 | 98083 | 13746 | 70078 | 18475 | 40610 | 68711 | 77817 |
| 0013 | 88685 | 40200 | 86507 | 58401 | 36766 | 67951 | 90364 | 76493 | 29609 | 11062 |
| 0014 | 99594 | 67348 | 87517 | 64969 | 91826 | 08928 | 93785 | 61368 | 23478 | 34113 |
| 0015 | 65481 | 17674 | 17468 | 50950 | 58047 | 76974 | 73039 | 57186 | 40218 | 16544 |
| 0016 | 80124 | 35635 | 17727 | 08015 | 45318 | 22374 | 21115 | 78253 | 14385 | 53763 |
| 0017 | 74350 | 99817 | 77402 | 77214 | 43236 | 00210 | 45521 | 64237 | 96286 | 02655 |
| 0018 | 69916 | 26803 | 66252 | 29148 | 36936 | 87203 | 76621 | 13990 | 94400 | 56418 |
| 0019 | 09893 | 20505 | 14225 | 68514 | 46427 | 56788 | 96297 | 78822 | 54382 | 14598 |
| 0020 | 91499 | 14523 | 68479 | 27686 | 46162 | 83554 | 94750 | 89923 | 37089 | 20048 |
| 0021 | 80336 | 94598 | 26940 | 36858 | 70297 | 34135 | 53140 | 33340 | 42050 | 82341 |
| 0022 | 44104 | 81949 | 85157 | 47954 | 32979 | 26575 | 57600 | 40881 | 22222 | 06413 |
| 0023 | 12550 | 73742 | 11100 | 02040 | 12860 | 74697 | 96644 | 89439 | 28707 | 25815 |
| 0024 | 63606 | 49329 | 16505 | 34484 | 40219 | 52563 | 43651 | 77082 | 07207 | 31790 |
| 0025 | 61196 | 90446 | 26457 | 47774 | 51924 | 33729 | 65394 | 59593 | 42582 | 60527 |
| 0026 | 15474 | 45266 | 95270 | 79953 | 59367 | 83848 | 82396 | 10118 | 33211 | 59466 |
| 0027 | 94557 | 28573 | 67897 | 54387 | 54622 | 44431 | 91190 | 42592 | 92927 | 45973 |
| 0028 | 42481 | 16213 | 97344 | 08721 | 16868 | 48767 | 03071 | 12059 | 25701 | 46670 |
| 0029 | 23523 | 78317 | 73208 | 89837 | 68935 | 91416 | 26252 | 29663 | 05522 | 82562 |
| 0030 | 04493 | 52494 | 75246 | 33824 | 45862 | 51025 | 61962 | 79335 | 65337 | 12472 |
| 0031 | 00549 | 97654 | 64051 | 88159 | 96119 | 63896 | 54692 | 82391 | 23287 | 29529 |
| 0032 | 35963 | 15307 | 26898 | 09554 | 33351 | 35462 | 77974 | 50024 | 90103 | 39333 |
| 0033 | 59808 | 08391 | 45427 | 26842 | 83609 | 49700 | 13021 | 24892 | 78565 | 20106 |
| 0034 | 46058 | 85236 | 01390 | 92286 | 77281 | 44077 | 93910 | 83647 | 70617 | 42941 |
| 0035 | 32179 | 00597 | 87379 | 25241 | 05567 | 07007 | 96743 | 17157 | 85394 | 11838 |
| 0036 | 69234 | 61406 | 20117 | 45204 | 15956 | 60000 | 18743 | 92423 | 97118 | 96338 |
| 0037 | 19565 | 41430 | 01758 | 75379 | 40419 | 21585 | 66674 | 36806 | 84962 | 85207 |
| 0038 | 45155 | 14938 | 19476 | 07246 | 43667 | 94543 | 59047 | 90033 | 20826 | 69541 |
| 0039 | 94864 | 31994 | 36168 | 10851 | 34888 | 81553 | 01540 | 35456 | 05014 | 51176 |
| 0040 | 98086 | 24826 | 45240 | 28404 | 44999 | 08896 | 39094 | 73407 | 35441 | 31880 |
| 0041 | 33185 | 16232 | 41941 | 50949 | 89435 | 48581 | 88695 | 41994 | 37548 | 73043 |
| 0042 | 80951 | 00406 | 96382 | 70774 | 20151 | 23387 | 25016 | 25298 | 94624 | 61171 |
| 0043 | 79752 | 49140 | 71961 | 28296 | 69861 | 02591 | 74852 | 20539 | 00387 | 59579 |
| 0044 | 18633 | 32537 | 98145 | 06571 | 31010 | 24674 | 05455 | 61427 | 77938 | 91936 |
| 0045 | 74029 | 43902 | 77557 | 32270 | 97790 | 17119 | 52527 | 58021 | 80814 | 51748 |
| 0046 | 54178 | 45611 | 80993 | 37143 | 05335 | 12969 | 56127 | 19255 | 36040 | 90324 |
| 0047 | 11664 | 49883 | 52079 | 84827 | 59381 | 71539 | 09973 | 33440 | 88461 | 23356 |
| 0048 | 48324 | 77928 | 31249 | 64710 | 02295 | 36870 | 32307 | 57546 | 15020 | 09994 |
| 0049 | 69074 | 94138 | 87637 | 91976 | 35584 | 04401 | 10518 | 21615 | 01848 | 76938 |

[표 7] 난수표(계속)

| 00050 | 09188 | 20097 | 32825 | 39527 | 04220 | 86304 | 83389 | 87374 | 64278 | 58044 |
|---|---|---|---|---|---|---|---|---|---|---|
| 00051 | 90045 | 85497 | 51981 | 50654 | 94938 | 81997 | 91870 | 76150 | 68476 | 64659 |
| 00052 | 73189 | 50207 | 47677 | 26269 | 62290 | 64464 | 27124 | 67018 | 41361 | 82760 |
| 00053 | 75768 | 76490 | 20971 | 87749 | 90429 | 12272 | 95375 | 05871 | 93823 | 43178 |
| 00054 | 54016 | 44056 | 66281 | 31003 | 00682 | 27398 | 20714 | 53295 | 07706 | 17813 |
| 00055 | 08358 | 69910 | 78542 | 42785 | 13661 | 58873 | 04618 | 97553 | 31223 | 08420 |
| 00056 | 28306 | 03264 | 81333 | 10591 | 40510 | 07893 | 32604 | 60475 | 94119 | 01840 |
| 00057 | 53840 | 86233 | 81594 | 13628 | 51215 | 90290 | 28466 | 68795 | 77762 | 20791 |
| 00058 | 91757 | 53741 | 61613 | 62269 | 50263 | 90212 | 55781 | 76514 | 83483 | 47055 |
| 00059 | 89415 | 92694 | 00397 | 58391 | 12607 | 17646 | 48949 | 72306 | 94541 | 37408 |
| 00060 | 77513 | 03820 | 86864 | 29901 | 68414 | 82774 | 51908 | 13980 | 72893 | 55507 |
| 00061 | 19502 | 37174 | 69979 | 20288 | 55210 | 29773 | 74287 | 75251 | 65344 | 67415 |
| 00062 | 21818 | 59313 | 93278 | 81757 | 05686 | 73156 | 07082 | 85046 | 31853 | 38452 |
| 00063 | 51474 | 66499 | 68107 | 23621 | 94049 | 91345 | 42836 | 09191 | 08007 | 45449 |
| 00064 | 99559 | 68331 | 62535 | 24170 | 69777 | 12830 | 74819 | 78142 | 43860 | 72834 |
| 00065 | 33713 | 48007 | 93584 | 72869 | 51926 | 64721 | 58303 | 29822 | 93174 | 93972 |
| 00066 | 85274 | 86893 | 11303 | 22970 | 28834 | 34137 | 73515 | 90400 | 71148 | 43643 |
| 00067 | 84133 | 89640 | 44035 | 52166 | 73852 | 70091 | 61222 | 60561 | 62327 | 18423 |
| 00068 | 56732 | 16234 | 17395 | 96131 | 10123 | 91622 | 85496 | 57560 | 81604 | 18880 |
| 00069 | 65138 | 56806 | 87648 | 85261 | 34313 | 65861 | 45875 | 21069 | 85644 | 47277 |
| 00070 | 38001 | 02176 | 81719 | 11711 | 71602 | 92937 | 74219 | 64049 | 65584 | 49698 |
| 00071 | 37402 | 96397 | 01304 | 77586 | 56271 | 10086 | 47324 | 62605 | 40030 | 37438 |
| 00072 | 97125 | 40348 | 87083 | 31417 | 21815 | 39250 | 75237 | 62047 | 15501 | 29578 |
| 00073 | 21826 | 41134 | 47143 | 34072 | 64638 | 85902 | 49139 | 06441 | 03856 | 54552 |
| 00074 | 73135 | 42742 | 95719 | 09035 | 85794 | 74296 | 08789 | 88156 | 64691 | 19202 |
| 00075 | 07638 | 77929 | 03061 | 18072 | 96207 | 44156 | 23821 | 99538 | 04713 | 66994 |
| 00076 | 60528 | 83441 | 07954 | 19814 | 59175 | 20695 | 05533 | 52139 | 61212 | 06455 |
| 00077 | 83596 | 35655 | 06958 | 92983 | 05128 | 09719 | 77433 | 53783 | 92301 | 50498 |
| 00078 | 10850 | 62746 | 99599 | 10507 | 13499 | 06319 | 53075 | 71839 | 06410 | 19362 |
| 00079 | 39820 | 98952 | 43622 | 63147 | 64421 | 80814 | 43800 | 09351 | 31024 | 73167 |
| 00080 | 59580 | 06478 | 75569 | 78800 | 88835 | 54486 | 23768 | 06156 | 04111 | 08408 |
| 00081 | 38508 | 07341 | 23793 | 48763 | 90822 | 97022 | 17719 | 04207 | 95954 | 49953 |
| 00082 | 30692 | 70668 | 94688 | 16127 | 56196 | 80091 | 82067 | 63400 | 05462 | 69200 |
| 00083 | 65443 | 95659 | 18288 | 27437 | 49632 | 24041 | 08337 | 65676 | 96299 | 90836 |
| 00084 | 27267 | 50264 | 13192 | 72294 | 07477 | 44606 | 17985 | 48911 | 97341 | 30358 |
| 00085 | 91307 | 06991 | 19072 | 24210 | 36699 | 53728 | 28825 | 35793 | 28976 | 66252 |
| 00086 | 68434 | 94688 | 84473 | 13622 | 62126 | 98408 | 12843 | 82590 | 09815 | 93146 |
| 00087 | 48908 | 15877 | 54745 | 24591 | 35700 | 04754 | 83824 | 52692 | 54130 | 55160 |
| 00088 | 06913 | 45197 | 42672 | 78601 | 11883 | 09528 | 63011 | 98901 | 14974 | 40344 |
| 00089 | 10455 | 16019 | 14210 | 33712 | 91342 | 37821 | 88325 | 80851 | 43667 | 70883 |
| 00090 | 12883 | 97343 | 65027 | 61184 | 04285 | 01392 | 17974 | 15077 | 90712 | 26769 |
| 00091 | 21778 | 30976 | 38807 | 36961 | 31649 | 42096 | 63281 | 02023 | 08816 | 47449 |
| 00092 | 19523 | 59515 | 65122 | 59659 | 86283 | 68258 | 69572 | 13798 | 16435 | 91529 |
| 00093 | 67245 | 52670 | 35583 | 16563 | 79246 | 86686 | 76463 | 34222 | 26655 | 90802 |
| 00094 | 60584 | 47377 | 07500 | 37992 | 45134 | 26529 | 26760 | 83637 | 41326 | 44344 |
| 00095 | 53853 | 41377 | 36066 | 94850 | 58838 | 73859 | 49364 | 73331 | 96240 | 43642 |
| 00096 | 24637 | 38736 | 74384 | 89342 | 52623 | 07992 | 12369 | 18601 | 03742 | 83873 |
| 00097 | 83080 | 12451 | 38992 | 22815 | 07759 | 51777 | 97377 | 27585 | 51972 | 37867 |
| 00098 | 16444 | 24334 | 36151 | 99073 | 27493 | 70939 | 85130 | 32552 | 54846 | 54759 |
| 00099 | 60790 | 18157 | 57178 | 65762 | 11161 | 78576 | 45819 | 52979 | 65130 | 04860 |

[표 8] Wilcoxon 순위 합 통계량의 누적확률분포표

$$P = P\{W_s \geq x\} = P\{W_s \leq x^*\}$$

SMALLER SAMPLE SIZE = 2

LARGER SAMPLE SIZE

| 3 | | | 4 | | | 5 | | | 6 | | |
|---|---|---|---|---|---|---|---|---|---|---|---|
| $x$ | $P$ | $x^*$ | $x$ | $P$ | $x^*$ | $x$ | $P$ | $x^*$ | $x$ | $P$ | $x^*$ |
| 8 | .200 | 4 | 10 | .133 | 4 | 11 | .190 | 5 | 13 | .143 | 5 |
| 9 | .100 | 3 | 11 | .067 | 3 | 12 | .095 | 4 | 14 | .071 | 4 |
| 10 | 0 | 2 | 12 | 0 | 2 | 13 | .048 | 3 | 15 | .036 | 3 |
| | | | | | | 14 | 0 | 2 | 16 | 0 | 2 |

| 7 | | | 8 | | | 9 | | | 10 | | |
|---|---|---|---|---|---|---|---|---|---|---|---|
| $x$ | $P$ | $x^*$ | $x$ | $P$ | $x^*$ | $x$ | $P$ | $x^*$ | $x$ | $P$ | $x^*$ |
| 15 | .111 | 5 | 16 | .133 | 6 | 18 | .109 | 6 | 19 | .136 | 7 |
| 16 | .056 | 4 | 17 | .089 | 5 | 19 | .073 | 5 | 20 | .091 | 6 |
| 17 | .028 | 3 | 18 | .044 | 4 | 20 | .036 | 4 | 21 | .061 | 5 |
| 18 | 0 | 2 | 19 | .022 | 3 | 21 | .018 | 3 | 22 | .030 | 4 |
| | | | 20 | 0 | 2 | 22 | 0 | 2 | 23 | .015 | 3 |

SMALLER SAMPLE SIZE = 3

LARGER SAMPLE SIZE

| 3 | | | 4 | | | 5 | | | 6 | | |
|---|---|---|---|---|---|---|---|---|---|---|---|
| $x$ | $P$ | $x^*$ | $x$ | $P$ | $x^*$ | $x$ | $P$ | $x^*$ | $x$ | $P$ | $x^*$ |
| 13 | .200 | 8 | 16 | .114 | 8 | 18 | .125 | 9 | 20 | .131 | 10 |
| 14 | .100 | 7 | 17 | .057 | 7 | 19 | .071 | 8 | 21 | .083 | 9 |
| 15 | .050 | 6 | 18 | .029 | 6 | 20 | .036 | 7 | 22 | .048 | 8 |
| 16 | 0 | 5 | 19 | 0 | 5 | 21 | .018 | 6 | 23 | .024 | 7 |
| | | | | | | 22 | 0 | 5 | 24 | .012 | 6 |
| | | | | | | | | | 25 | 0 | 5 |

| 7 | | | 8 | | | 9 | | | 10 | | |
|---|---|---|---|---|---|---|---|---|---|---|---|
| $x$ | $P$ | $x^*$ | $x$ | $P$ | $x^*$ | $x$ | $P$ | $x^*$ | $x$ | $P$ | $x^*$ |
| 22 | .133 | 11 | 24 | .139 | 12 | 27 | .105 | 12 | 29 | .108 | 13 |
| 23 | .092 | 10 | 25 | .097 | 11 | 28 | .073 | 11 | 30 | .080 | 12 |
| 24 | .058 | 9 | 26 | .067 | 10 | 29 | .050 | 10 | 31 | .056 | 11 |
| 25 | .033 | 8 | 27 | .042 | 9 | 30 | .032 | 9 | 32 | .038 | 10 |
| 26 | .017 | 7 | 28 | .024 | 8 | 31 | .018 | 8 | 33 | .024 | 9 |
| 27 | .008 | 6 | 29 | .012 | 7 | 32 | .009 | 7 | 34 | .014 | 8 |
| 28 | 0 | 5 | 30 | .006 | 6 | | | | 35 | .007 | 7 |
| | | | 31 | 0 | 5 | | | | | | |

[표 8] Wilcoxon 순위 합 통계량의 누적확률분포표(계속)

SMALLER SAMPLE SIZE = 4

LARGER SAMPLE SIZE

| 4 | | | 5 | | | 6 | | | 7 | | |
|---|---|---|---|---|---|---|---|---|---|---|---|
| $x$ | $P$ | $x^*$ | $x$ | $P$ | $x^*$ | $x$ | $P$ | $x^*$ | $x$ | $P$ | $x^*$ |
| 22 | .171 | 14 | 25 | .143 | 15 | 28 | .129 | 16 | 31 | .115 | 17 |
| 23 | .100 | 13 | 26 | .095 | 14 | 29 | .086 | 15 | 32 | .082 | 16 |
| 24 | .057 | 12 | 27 | .056 | 13 | 30 | .057 | 14 | 33 | .055 | 15 |
| 25 | .029 | 11 | 28 | .032 | 12 | 31 | .033 | 13 | 34 | .036 | 14 |
| 26 | .014 | 10 | 29 | .016 | 11 | 32 | .019 | 12 | 35 | .021 | 13 |
| 27 | 0 | 9 | 30 | .008 | 10 | 33 | .010 | 11 | 36 | .012 | 12 |
| | | | 31 | 0 | 9 | | | | 37 | .006 | 11 |

| 8 | | | 9 | | | 10 | | |
|---|---|---|---|---|---|---|---|---|
| $x$ | $P$ | $x^*$ | $x$ | $P$ | $x^*$ | $x$ | $P$ | $x^*$ |
| 34 | .107 | 18 | 36 | .130 | 20 | 39 | .120 | 21 |
| 35 | .077 | 17 | 37 | .099 | 19 | 40 | .094 | 20 |
| 36 | .055 | 16 | 38 | .074 | 18 | 41 | .071 | 19 |
| 37 | .036 | 15 | 39 | .053 | 17 | 42 | .053 | 18 |
| 38 | .024 | 14 | 40 | .038 | 16 | 43 | .038 | 17 |
| 39 | .014 | 13 | 41 | .025 | 15 | 44 | .027 | 16 |
| 40 | .008 | 12 | 42 | .017 | 14 | 45 | .018 | 15 |
| | | | 43 | .010 | 13 | 46 | .012 | 14 |
| | | | | | | 47 | .007 | 13 |

SMALLER SAMPLE SIZE = 5

LARGER SAMPLE SIZE

| 5 | | | 6 | | | 7 | | | 8 | | |
|---|---|---|---|---|---|---|---|---|---|---|---|
| $x$ | $P$ | $x^*$ | $x$ | $P$ | $x^*$ | $x$ | $P$ | $x^*$ | $x$ | $P$ | $x^*$ |
| 34 | .111 | 21 | 37 | .123 | 23 | 41 | .101 | 24 | 44 | .111 | 26 |
| 35 | .075 | 20 | 38 | .089 | 22 | 42 | .074 | 23 | 45 | .085 | 25 |
| 36 | .048 | 19 | 39 | .063 | 21 | 43 | .053 | 22 | 46 | .064 | 24 |
| 37 | .028 | 18 | 40 | .041 | 20 | 44 | .037 | 21 | 47 | .047 | 23 |
| 38 | .016 | 17 | 41 | .026 | 19 | 45 | .024 | 20 | 48 | .033 | 22 |
| 39 | .008 | 16 | 42 | .015 | 18 | 46 | .015 | 19 | 49 | .023 | 21 |
| | | | 43 | .009 | 17 | 47 | .009 | 18 | 50 | .015 | 20 |
| | | | | | | | | | 51 | .009 | 19 |

| 9 | | | 10 | | |
|---|---|---|---|---|---|
| $x$ | $P$ | $x^*$ | $x$ | $P$ | $x^*$ |
| 47 | .120 | 28 | 51 | .103 | 29 |
| 48 | .095 | 27 | 52 | .082 | 28 |
| 49 | .073 | 26 | 53 | .065 | 27 |
| 50 | .056 | 25 | 54 | .050 | 26 |
| 51 | .041 | 24 | 55 | .038 | 25 |
| 52 | .030 | 23 | 56 | .028 | 24 |
| 53 | .021 | 22 | 57 | .020 | 23 |
| 54 | .014 | 21 | 58 | .014 | 22 |
| 55 | .009 | 20 | 59 | .010 | 21 |

[표 8] Wilcoxon 순위 합 통계량의 누적확률분포표(계속)

SMALLER SAMPLE SIZE=6

LARGER SAMPLE SIZE

| 6 | | | 7 | | | 8 | | | 9 | | |
|---|---|---|---|---|---|---|---|---|---|---|---|
| $x$ | $P$ | $x^*$ | $x$ | $P$ | $x^*$ | $x$ | $P$ | $x^*$ | $x$ | $P$ | $x^*$ |
| 47 | .120 | 31 | 51 | .117 | 33 | 55 | .114 | 35 | 59 | .112 | 37 |
| 48 | .090 | 30 | 52 | .090 | 32 | 56 | .091 | 34 | 60 | .091 | 36 |
| 49 | .066 | 29 | 53 | .069 | 31 | 57 | .071 | 33 | 61 | .072 | 35 |
| 50 | .047 | 28 | 54 | .051 | 30 | 58 | .054 | 32 | 62 | .057 | 34 |
| 51 | .032 | 27 | 55 | .037 | 29 | 59 | .041 | 31 | 63 | .044 | 33 |
| 52 | .021 | 26 | 56 | .026 | 28 | 60 | .030 | 30 | 64 | .033 | 32 |
| 53 | .013 | 25 | 57 | .017 | 27 | 61 | .021 | 29 | 65 | .025 | 31 |
| 54 | .008 | 24 | 58 | .011 | 26 | 62 | .015 | 28 | 66 | .018 | 30 |
| | | | 59 | .007 | 25 | 63 | .010 | 27 | 67 | .013 | 29 |
| | | | | | | | | | 68 | .009 | 28 |

| 10 | | |
|---|---|---|
| $x$ | $P$ | $x^*$ |
| 63 | .110 | 39 |
| 64 | .090 | 38 |
| 65 | .074 | 37 |
| 66 | .059 | 36 |
| 67 | .047 | 35 |
| 68 | .036 | 34 |
| 69 | .028 | 33 |
| 70 | .021 | 32 |
| 71 | .016 | 31 |
| 72 | .011 | 30 |
| 73 | .008 | 29 |

SMALLER SAMPLE SIZE=7

LARGER SAMPLE SIZE

| 7 | | | 8 | | | 9 | | | 10 | | |
|---|---|---|---|---|---|---|---|---|---|---|---|
| $x$ | $P$ | $x^*$ | $x$ | $P$ | $x^*$ | $x$ | $P$ | $x^*$ | $x$ | $P$ | $x^*$ |
| 63 | .104 | 42 | 67 | .116 | 45 | 72 | .105 | 47 | 76 | .115 | 50 |
| 64 | .082 | 41 | 68 | .095 | 44 | 73 | .087 | 46 | 77 | .097 | 49 |
| 65 | .064 | 40 | 69 | .076 | 43 | 74 | .071 | 45 | 78 | .081 | 48 |
| 66 | .049 | 39 | 70 | .060 | 42 | 75 | .057 | 44 | 79 | .067 | 47 |
| 67 | .036 | 38 | 71 | .047 | 41 | 76 | .045 | 43 | 80 | .054 | 46 |
| 68 | .027 | 37 | 72 | .036 | 40 | 77 | .036 | 42 | 81 | .044 | 45 |
| 69 | .019 | 36 | 73 | .027 | 39 | 78 | .027 | 41 | 82 | .035 | 44 |
| 70 | .013 | 35 | 74 | .020 | 38 | 79 | .021 | 40 | 83 | .028 | 43 |
| 71 | .009 | 34 | 75 | .014 | 37 | 80 | .016 | 39 | 84 | .022 | 42 |
| | | | 76 | .010 | 36 | 81 | .011 | 38 | 85 | .017 | 41 |
| | | | | | | 82 | .008 | 37 | 86 | .012 | 40 |
| | | | | | | | | | 87 | .009 | 39 |

[표 8] Wilcoxon 순위 합 통계량의 누적확률분포표(계속)

SMALLER SAMPLE SIZE=8

LARGER SAMPLE SIZE

| 8 | | | 9 | | | 10 | | |
|---|---|---|---|---|---|---|---|---|
| $x$ | $P$ | $x^*$ | $x$ | $P$ | $x^*$ | $x$ | $P$ | $x^*$ |
| 80 | .117 | 56 | 86 | .100 | 58 | 91 | .102 | 61 |
| 81 | .097 | 55 | 87 | .084 | 57 | 92 | .086 | 60 |
| 82 | .080 | 54 | 88 | .069 | 56 | 93 | .073 | 59 |
| 83 | .065 | 53 | 89 | .057 | 55 | 94 | .061 | 58 |
| 84 | .052 | 52 | 90 | .046 | 54 | 95 | .051 | 57 |
| 85 | .041 | 51 | 91 | .037 | 53 | 96 | .042 | 56 |
| 86 | .032 | 50 | 92 | .030 | 52 | 97 | .034 | 55 |
| 87 | .025 | 49 | 93 | .023 | 51 | 98 | .027 | 54 |
| 88 | .019 | 48 | 94 | .018 | 50 | 99 | .022 | 53 |
| 89 | .014 | 47 | 95 | .014 | 49 | 100 | .017 | 52 |
| 90 | .010 | 46 | 96 | .010 | 48 | 101 | .013 | 51 |
| | | | | | | 102 | .010 | 50 |

SMALLER SAMPLE SIZE=9

LARGER SAMPLE SIZE

| 9 | | | 10 | | |
|---|---|---|---|---|---|
| $x$ | $P$ | $x^*$ | $x$ | $P$ | $x^*$ |
| 100 | .111 | 71 | 106 | .106 | 74 |
| 101 | .095 | 70 | 107 | .091 | 73 |
| 102 | .081 | 69 | 108 | .078 | 72 |
| 103 | .068 | 68 | 109 | .067 | 71 |
| 104 | .057 | 67 | 110 | .056 | 70 |
| 105 | .047 | 66 | 111 | .047 | 69 |
| 106 | .039 | 65 | 112 | .039 | 68 |
| 107 | .031 | 64 | 113 | .033 | 67 |
| 108 | .025 | 63 | 114 | .027 | 66 |
| 109 | .020 | 62 | 115 | .022 | 65 |
| 110 | .016 | 61 | 116 | .017 | 64 |
| 111 | .012 | 60 | 117 | .014 | 63 |
| 112 | .009 | 59 | 118 | .011 | 62 |
| | | | 119 | .009 | 61 |

SMALLER SAMPLE SIZE=10

LARGER SAMPLE SIZE

| 10 | | |
|---|---|---|
| $x$ | $P$ | $x^*$ |
| 122 | .109 | 88 |
| 123 | .095 | 87 |
| 124 | .083 | 86 |
| 125 | .072 | 85 |
| 126 | .062 | 84 |
| 127 | .053 | 83 |
| 128 | .045 | 82 |
| 129 | .038 | 81 |
| 130 | .032 | 80 |
| 131 | .026 | 79 |
| 132 | .022 | 78 |
| 133 | .018 | 77 |
| 134 | .014 | 76 |
| 135 | .012 | 75 |
| 136 | .009 | 74 |

[표 9] Wilcoxon 부호 순위 합 통계량의 누적확률분포표

$$P = P\{W^+ \geq x\} = P\{W^+ \leq x^*\}$$

| $n=3$ | | | $n=4$ | | | $n=5$ | | | $n=6$ | | |
|---|---|---|---|---|---|---|---|---|---|---|---|
| $x$ | $P$ | $x^*$ | $x$ | $P$ | $x^*$ | $x$ | $P$ | $x^*$ | $x$ | $P$ | $x^*$ |
| 5 | .250 | 1 | 8 | .188 | 2 | 12 | .156 | 3 | 17 | .109 | 4 |
| 6 | .125 | 0 | 9 | .125 | 1 | 13 | .094 | 2 | 18 | .078 | 3 |
| 7 | 0 | | 10 | .062 | 0 | 14 | .062 | 1 | 19 | .047 | 2 |
| | | | 11 | 0 | | 15 | .031 | 0 | 20 | .031 | 1 |
| | | | | | | 16 | 0 | | 21 | .016 | 0 |
| | | | | | | | | | 22 | 0 | |

| $n=7$ | | | $n=8$ | | | $n=9$ | | | $n=10$ | | |
|---|---|---|---|---|---|---|---|---|---|---|---|
| $x$ | $P$ | $x^*$ | $x$ | $P$ | $x^*$ | $x$ | $P$ | $x^*$ | $x$ | $P$ | $x^*$ |
| 22 | .109 | 6 | 27 | .125 | 9 | 34 | .102 | 11 | 40 | .116 | 15 |
| 23 | .078 | 5 | 28 | .098 | 8 | 35 | .082 | 10 | 41 | .097 | 14 |
| 24 | .055 | 4 | 29 | .074 | 7 | 36 | .064 | 9 | 42 | .080 | 13 |
| 25 | .039 | 3 | 30 | .055 | 6 | 37 | .049 | 8 | 43 | .065 | 12 |
| 26 | .023 | 2 | 31 | .039 | 5 | 38 | .037 | 7 | 44 | .053 | 11 |
| 27 | .016 | 1 | 32 | .027 | 4 | 39 | .027 | 6 | 45 | .042 | 10 |
| 28 | .008 | 0 | 33 | .020 | 3 | 40 | .020 | 5 | 46 | .032 | 9 |
| | | | 34 | .012 | 2 | 41 | .014 | 4 | 47 | .024 | 8 |
| | | | 35 | .008 | 1 | 42 | .010 | 3 | 48 | .019 | 7 |
| | | | | | | | | | 49 | .014 | 6 |
| | | | | | | | | | 50 | .010 | 5 |

[표 9] Wilcoxon 부호 순위 합 통계량의 누적확률분포표(계속)

| $n=11$ | | | $n=12$ | | | $n=13$ | | | $n=14$ | | |
|---|---|---|---|---|---|---|---|---|---|---|---|
| $x$ | $P$ | $x^*$ | $x$ | $P$ | $x^*$ | $x$ | $P$ | $x^*$ | $x$ | $P$ | $x^*$ |
| 48 | .103 | 18 | 56 | .102 | 22 | 64 | .108 | 27 | 73 | .108 | 32 |
| 49 | .087 | 17 | 57 | .088 | 21 | 65 | .095 | 26 | 74 | .097 | 31 |
| 50 | .074 | 16 | 58 | .076 | 20 | 66 | .084 | 25 | 75 | .086 | 30 |
| 51 | .062 | 15 | 59 | .065 | 19 | 67 | .073 | 24 | 76 | .077 | 29 |
| 52 | .051 | 14 | 60 | .055 | 18 | 68 | .064 | 23 | 77 | .068 | 28 |
| 53 | .042 | 13 | 61 | .046 | 17 | 69 | .055 | 22 | 78 | .059 | 27 |
| 54 | .034 | 12 | 62 | .039 | 16 | 70 | .047 | 21 | 79 | .052 | 26 |
| 55 | .027 | 11 | 63 | .032 | 15 | 71 | .040 | 20 | 80 | .045 | 25 |
| 56 | .021 | 10 | 64 | .026 | 14 | 72 | .034 | 19 | 81 | .039 | 24 |
| 57 | .016 | 9 | 65 | .021 | 13 | 73 | .029 | 18 | 82 | .034 | 23 |
| 58 | .012 | 8 | 66 | .017 | 12 | 74 | .020 | 17 | 83 | .029 | 22 |
| 59 | .009 | 7 | 67 | .013 | 11 | 75 | .016 | 16 | 84 | .025 | 21 |
| | | | 68 | .010 | 10 | 76 | .013 | 15 | 85 | .021 | 20 |
| | | | | | | 77 | .011 | 14 | 86 | .018 | 19 |
| | | | | | | 78 | .009 | 13 | 87 | .015 | 18 |
| | | | | | | 79 | | 12 | 88 | .012 | 17 |
| | | | | | | | | | 89 | .010 | 16 |

| $n=15$ | | | | | |
|---|---|---|---|---|---|
| $x$ | $P$ | $x^*$ | $x$ | $P$ | $x^*$ |
| 83 | .104 | 37 | 92 | .036 | 28 |
| 84 | .094 | 36 | 93 | .032 | 27 |
| 85 | .084 | 35 | 94 | .028 | 26 |
| 86 | .076 | 34 | 95 | .024 | 25 |
| 87 | .068 | 33 | 96 | .021 | 24 |
| 88 | .060 | 32 | 97 | .018 | 23 |
| 89 | .053 | 31 | 98 | .015 | 22 |
| 90 | .047 | 30 | 99 | .013 | 21 |
| 91 | .042 | 29 | 100 | .011 | 20 |
| | | | 101 | .009 | 19 |

index

# 찾아보기

### ㅈ



### ㅊ



### ㅋ



### ㅌ



### ㅍ

ㅎ



F



T



Z

M/E/M/O

M/E/M/O

이공계 대학생들이 알아야 할

# 확률과 통계

지은이 이민영
펴낸이 조경희
펴낸곳 경문사
펴낸날 2023년 2월 1일 1판 1쇄
등 록 1979년 11월 9일 제1979-000023호
주 소 04057, 서울특별시 마포구 와우산로 174
전 화 (02)332-2004 팩스 (02)336-5193
이메일 kyungmoon@kyungmoon.com

값 27,000원

ISBN 979-11-6073-589-5